长江中游河道崩岸机理与综合治理技术

姚仕明　岳红艳　何广水　黎礼刚　著

科学出版社

北京

内 容 简 介

崩岸作为河道平面变形的主要形式,直接影响河床演变、河势与岸线稳定,进而影响防洪安全、航道畅通、涉水工程正常运行及岸线利用等,作为河道整治重要组成部分的护岸工程是控制河势与稳定岸线的基本手段,是治理河道崩岸的唯一措施。因此,研究河道崩岸机理与综合治理技术具有重要的理论与实际意义。本书以长江中游河道为主要研究对象,通过现场调查、资料收集与分析、水槽试验、现场试验和理论分析等相结合的技术手段,综合研究揭示了长江中游河道的崩岸机理、不同类型护岸工程效果及破坏机理,提出了河道岸坡稳定性评估方法、护岸工程新技术与设计参数,介绍了环保生态型护岸工程技术及应用实例,展望了生态护岸工程的应用前景。

本书资料翔实、内容丰富,可供河流研究人员、江湖治理与防洪工程技术人员及高等院校相关专业师生参考。

图书在版编目(CIP)数据

长江中游河道崩岸机理与综合治理技术/姚仕明等著.—北京:科学出版社,2016

ISBN 978-7-03-043689-4

Ⅰ.①长… Ⅱ.①姚… Ⅲ.①长江-中游-护岸-研究 Ⅳ.①TV882.2

中国版本图书馆 CIP 数据核字(2015)第 048029 号

责任编辑:周 炜 / 责任校对:桂伟利
责任印制:张 倩 / 封面设计:左 讯

科 学 出 版 社 出版
北京东黄城根北街 16 号
邮政编码:100717
http://www.sciencep.com

中国科学院印刷厂印刷
科学出版社发行 各地新华书店经销
*
2016 年 7 月第 一 版 开本:720×1000 1/16
2016 年 7 月第一次印刷 印张:25
字数:502 000
定价:158.00 元
(如有印装质量问题,我社负责调换)

前　言

　　长江中游河道宜昌至湖口全长约 955km,流经湖北、湖南、江西、安徽等省。其岸线崩退不仅改变河道的平面形态,引起上下游河势的调整变化,而且影响防洪、航运、涉水工程的正常运行与岸线利用,以及沿江两岸工农业生产与人民生命、财产的安全等。同时,随着沿江两岸国民经济与社会的发展,对河势、航道、堤岸稳定及河岸带生态环境等方面的要求越来越高,相应河道崩岸所构成的威胁与造成的损失也越来越大。因此,深入开展长江中游河道崩岸机理与综合治理技术研究是十分必要与迫切的。

　　本书是在水利部公益性行业科研专项经费项目"长江中游河道崩岸综合治理技术研究(200901004)"成果的基础上撰写而成的。全书共 9 章。第 1 章为绪论,介绍开展本项研究工作的意义及研究进展;第 2 章介绍长江中游干流河道崩岸与护岸工程现状,以及崩岸时空分布特点与护岸工程存在的主要问题;第 3 章分析长江中游河道崩岸的主要因素,研究揭示崩岸的成因,重点是大尺度、危害性大的崩窝发展过程及水沙输移规律;第 4 章分析指出不同因素对岸坡稳定性的影响,提出河道岸坡监测分析与稳定性评估方法,并以荆江河段为例,结合监测资料,评估监测岸段的稳定性;第 5 章研究揭示粗细颗粒抛石、四面六边体、混凝土铰链排、网模卵石排、钢筋混凝土网架促淤沉箱等水下护岸工程的效果及破坏机理;第 6 章介绍宽缝加筋生态混凝土水上护坡技术与网模卵石排水下护岸技术,针对护岸工程的破坏机理,研究提出不同类型护岸工程的加固技术;第 7 章介绍长江中游河道崩岸治理工程的布置及治理工程的优势技术方案,并提出崩岸综合治理非工程措施;第 8 章调查长江中游环境友好型护岸工程的植物群落分布,试验研究不同植物受水淹没的影响,从护岸材料与护岸结构两方面评价不同护岸工程的优劣,提出环境友好型护岸工程的优化建议;第 9 章为结语,介绍本次研究取得的主要结论,展望生态护岸技术的研究方向与应用前景。

　　本书分工如下:第 1 章由姚仕明、岳红艳撰写;第 2 章由何广水、姚仕明撰写;第 3 章由岳红艳、姚仕明、陈栋撰写;第 4 章由姚仕明、何广水、王博撰写;第 5 章由岳红艳、姚仕明、陈栋撰写;第 6 章由姚仕明、何广水撰写;第 7 章由何广水撰写;第 8 章由黎礼刚、李凌云、岳红艳、闵凤阳、王天巍、季华撰写;第 9 章由姚仕明撰写。全书由姚仕明与岳红艳统稿。

　　特别需要说明的是,本书相关项目是在各参加单位的共同努力下完成的,参加项目研究单位和主要完成人如下。长江科学院:姚仕明、朱勇辉、岳红艳、何广水、李飞、渠庚、唐峰、陈栋、邹双朝、黎礼刚、李凌云、王家生、李昊洁、魏国远、郭小虎、张文二、黄莉、韩向东、李荣辉、刘亚、崔占峰、党祥、王博、熊连生、谷利华、张慧、刘心愿、周哲华、闵凤阳等；长江勘测规划设计研究院：曾令木、胡春燕、汪红英、王罗斌、任昊、叶小云；湖北省河道堤防建设管理局：杨维明、陈冬桥、张艳霞、闫立艳、张根喜、张卫军、陈飞、方绍清、刘国亮等；湖南省岳阳市长江修防处：胡世忠、吴文胜等；华中农业大学：王天巍、季华（承担了长江中游护岸带植物群落分布调查研究工作）。在项目研究过程中，得到清华大学王兴奎教授，长江科学院余文畴教授级高级工程师、卢金友教授级高级工程师、董耀华教授级高级工程师等指导。在此对他们的辛勤劳动表示诚挚的感谢。

本书得到水利部公益性行业科研专项经费项目（200901004）和国家自然科学基金项目（51379018）的资助，特此致谢。

限于作者水平，书中难免存在疏漏和不妥之处，敬请读者批评指正。

目　　录

第1章 绪 论

1.1 长江中游干流河道基本情况

1.1.1 河道形态

长江中游干流河道自宜昌至湖口全长约955km,由宜枝(60.8km)、上荆江(171.7km)、下荆江(175.5km)、岳阳(77.0km)、武汉(70.3km)、鄂黄(60.8km)与九江(90.7km,含湖口~小孤山长37.8km的下游段)等7个重点河段和陆溪口(22.4km)、嘉鱼(31.6km)、簰洲湾(73.8km)、叶家洲(28.2km)、团风(28.8km)、韦源口(33.3km)、田家镇(34.3km)与龙坪(31.6km)等8个一般河段组成[1],沿程流经山区与平原河流过渡段(宜枝河段)、冲积平原,并受两岸众多天然节点控制,形成宽窄相间的平面形态,主要由顺直形(图1.1)、弯曲形(图1.2)、蜿蜒形(图1.3)和分汊形(图1.4)等4类河型组成,以分汊形最为发育。长江中游干流河道深泓高程沿程呈锯齿形起伏状变化,总体表现为河道宽阔处深泓高程高、河道窄处或弯道顶冲段或节点段深泓高程低,长江中游深泓高程最低点位于田家镇河段的马口附近,其高程为−90.0m左右;沿程横断面形态变化与河道平面形态、河道边界条件、河床组成等因素有关,一般情况下,单一弯道段的断面形态以偏"V"形为主,长直过渡段与顺直微弯单一河道的断面形态以"U"形或偏"U"形为主,而对于分汊河段或多股流路共存的河段,其断面形态复杂,由两个或两个以上的凹槽复合而成,多表现为"W"形或偏"W"形。长江中游河道河床组成以杨家脑为界,其上游为砂卵石河床,在水流冲刷作用下可形成粗化覆盖层,抗冲性较强,其下游为沙质河床,其河床中值粒径多为0.16~0.20mm,抗冲性较弱。总体而言,

图1.1 顺直形河段河势图(岳阳河段)

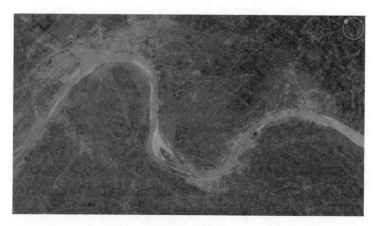

图1.2　弯曲形河段河势图(沙市、公安与郝穴河段)

图1.3　蜿蜒形河段河势图(下荆江出口熊家洲河段)

　　(a) 弯曲形分汊河道　　　　　　　　(b) 鹅头形与顺直微弯形分汊河道

图1.4　分汊形河段河势图

宜昌至枝城河段,河岸抗冲能力强,历年岸线稳定少变,仅个别地段发生崩岸;荆江河段松滋口以下由丘陵过渡到冲积平原,两岸抗冲能力逐渐减弱,崩岸时有发生,尤其是下荆江河道蜿蜒曲折,横向变形大,崩岸剧烈;城陵矶以下河段两岸抗冲能力也比较弱,在水流作用下常发生崩岸。

1.1.2　水文泥沙特征

由于受长江干流三峡工程蓄水运用、洞庭湖与鄱阳湖水系及支流汉江等水利水电工程建设和人类活动的影响,长江中游干流河道的主要控制站的水沙条件发生了较大的变化,对其冲淤过程及演变也带来了一定的影响。

三峡水库下游干流河道的径流量主要来自长江上游、洞庭湖水系、汉江支流、鄱阳湖水系以及沿程区间其他支流等,除了荆江河段因右岸的松滋口、太平口、藕池口等三口(以下简称三口,调弦口于 1959 年建闸控制)分流入洞庭湖使沿程年径流量减少外,其他干流河道的年径流量因湖泊及支流入汇沿程增加。三峡水库蓄水运用前,长江上游宜昌站,洞庭湖湘江、资水、沅江、澧水(以下简称四水),皇庄站,鄱阳湖赣江、抚河、信江、饶河、修河等五河(以下简称五河)多年平均径流量分别占大通站的 48.3%、18.7%、5.3%、12.2%,共计占大通站的 84.5%。三峡水库蓄水运用以来,宜昌站、洞庭湖四水、皇庄站、鄱阳湖五河多年平均径流量(2003~2007 年)分别占大通站的 48.3%、19.0%、6.0%、11.2%,共计占大通站的 84.5%。三峡水库蓄水运用前后相比,洞庭湖四水年均径流量占大通站的百分比增加 0.3%、皇庄站增加 0.7%、鄱阳湖五河减小 1.0%、宜昌站保持一致。因此,三峡水库下游主要水系在其蓄水前后的年均径流量比例组成并没有发生显著变化[2]。

三峡水库蓄水运用以来(2003~2012 年),坝下游干流河道各控制站年均径流量较蓄水前多年平均(2002 年以前)值有所偏枯,偏小幅度均在 10% 以内;输沙量减小更为明显,各站减幅均在 65% 以上,减小幅度沿程递减,宜昌站、汉口站与大通站输沙量分别为 0.482 亿 t、1.143 亿 t、1.450 亿 t,与蓄水前均值相比,减幅分别为 90%、71%、66%;三峡水库蓄水运用前宜昌站至大通站的含沙量沿程减小,年均含沙量由 1.13kg/m³ 减为 0.472kg/m³,即大通站的含沙量约为宜昌站的 42%;三峡水库蓄水运用后,宜昌站含沙量大幅度减少,仅为三峡水库蓄水前的 10.7%,而且粒径也明显变细,宜昌站至监利站的含沙量因河床冲刷补给沿程增加,螺山站因洞庭湖出口城陵矶站低含沙水流的入汇而有所减小,汉口站、大通站的含沙量因沿程的冲刷补给稍有增加,但汉口站、大通站减幅仍很明显,仅为三峡水库蓄水前的 20.5%、36.7%。三峡水库蓄水运用前后水库下游泥沙来源及输移过程发生显著变化,三峡水库蓄水运用前水库下游河道泥沙主要来自长江上游,宜昌站与汉口站、大通站多年平均输沙量相比分别为 123.6%、

115.2%,扣除荆江分流后进入洞庭湖区的泥沙淤积,加上沿程支流水系泥沙入汇,干流河道泥沙输移基本平衡。三峡水库蓄水运用后,水库下游河道泥沙输移平衡被打破,宜昌站与汉口站、大通站多年平均值(2003~2012年)相比分别为42.2%、33.2%,长江上游的来沙量不及汉口站输沙量的一半、仅为大通站输沙量的1/3,这意味着水库下游河道由三峡水库蓄水前输沙基本平衡转为总体冲刷状态。三峡水库蓄水运用前后水库下游主要水文站径流量、输沙量和含沙量统计见表1.1和表1.2。

表 1.1　长江中游主要水文站径流量、输沙量和含沙量统计

项目	统计时段	宜昌	枝城	沙市	监利	螺山	汉口	大通
径流量/$10^8 m^3$	多年平均(三峡蓄水前)	4369	4450	3942	3576	6460	7111	9052
	2003~2012 年平均	3978	4073	3758	3631	5880	6693	8376
输沙量/$10^4 t$	多年平均(三峡蓄水前)	49200	50000	43400	35800	40900	39800	42700
	2003~2012 年平均	4821	5845	6928	8358	9648	11426	14500
含沙量/(kg/m^3)	多年平均(三峡蓄水前)	1.13	1.12	1.10	1.00	0.633	0.560	0.472
	2003~2012 年平均	0.121	0.144	0.184	0.230	0.164	0.171	0.173

注:三峡工程蓄水前统计年份,宜昌站为 1950~2002 年,枝城站为 1955~2002 年(其中 1960~1991 年为宜昌+长阳站),沙市站为 1956~2002 年(1956~1990 年为新厂站),监利站为 1951~2002 年(缺 1960~1966 年),螺山站和汉口站均为 1954~2002 年。

表 1.2　长江中游主要分、汇流径流量、输沙量和含沙量统计

项目	统计时段	松滋口	太平口	藕池口	洞庭湖城陵矶	汉江仙桃	鄱阳湖湖口
径流量/$10^8 m^3$	多年平均(三峡蓄水前)	417	162	326	2965	404	1501
	2003~2012 年平均	293	92	109	2292	—	1403
输沙量/$10^4 t$	多年平均(三峡蓄水前)	4610	1880	5850	4290	3820	953
	2003~2012 年平均	591	159	376	1746	—	1241
含沙量/(kg/m^3)	多年平均(三峡蓄水前)	1.11	1.16	1.79	0.145	0.946	0.063
	2003~2012 年平均	0.202	0.173	0.345	0.076	—	0.088

注:三峡工程蓄水前统计年份,松滋口(新江口+沙道观)、太平口(弥陀寺)、藕池口(康家岗+管家铺)为 1956~2002 年,洞庭湖城陵矶站为 1952~2002 年,汉江仙桃站为 1955~2002 年(缺 1968~1971 年),鄱阳湖湖口站为 1952~2002 年。

三峡水库蓄水前,宜昌站至大通站的悬沙多年平均中值粒径为 0.009~0.012mm,以粒径小于 0.031mm 的泥沙含量所占比例最大,超过 65%,沿程各站年均泥沙输移量为 2.54 亿~3.72 亿 t,粒径为 0.031~0.125mm 的泥沙含量约19%,沿程各站年均泥沙输移量为 0.69 亿~0.93 亿 t,粒径大于 0.125mm 的泥沙含量沿程变化相对较大，最小为枝城站，泥沙含量为 6.9%，最大为螺山站，泥沙含量为 13.5%，沿程各站年均泥沙输移量为 0.31 亿～0.44 亿 t。三峡水库蓄水后，大量泥沙被拦截在库内，水库下泄的水流含沙量大幅度减小，出库泥沙粒径明显偏细，与三峡水库蓄水运用前相比，主要变化表现如下。

（1）沿程悬沙中值粒径变化范围增大，由蓄水前的 0.009～0.012mm 变为 0.005～0.038mm，以监利站的中值粒径为最大，宜昌站为最小，大通站未变，主要是由河床冲刷补给和粗细泥沙的沿程交换所致。

（2）三峡水库蓄水运用后下游干流河道控制站的年均输沙量沿程增加，但各粒径级泥沙沿程恢复程度不同，粒径小于 0.031mm 的泥沙所占比例仍最大，但较蓄水前有所减少，监利站减少最多，其比例不足 50%，该粒径级的泥沙沿程增加，年均值由宜昌站的 0.402 亿 t 增加至大通站的 1.072 亿 t；粒径为 0.031～0.125mm 的泥沙所占比例有所减少，年均输沙量宜昌站至监利站沿程增加，监利站至螺山站有所减小，螺山站至大通站沿程增加；粒径大于 0.125mm 的泥沙所占比例除宜昌站与大通站外均增加，其中监利站增幅最大，由蓄水前的 9.6% 增加至蓄水后的 34.2%，该粒径级的年均输沙量到监利站恢复至最高水平，接近蓄水前的水平，汉口站该粒径级泥沙输移量在蓄水前后相近，但至大通站该粒径级的泥沙输移量明显减少，不足汉口站的 50%。

（3）2013 年，宜昌站的悬沙中值粒径又增加至 0.009mm，水库下游河道其他主要控制站的悬沙中值粒径差距有所减小，但悬沙中值粒径最大仍为监利站，为 0.019mm，与 2003～2012 年的年均值相比，粒径小于 0.031mm 的泥沙所占比例有所增加，粒径为 0.031～0.125mm 和大于 0.125mm 的泥沙所占比例有所减少。详见表 1.3 和图 1.5。

表 1.3 三峡水库坝下游主要控制站不同粒径级沙重百分数对比[3]

范围	时段	沙重百分数/%							
		黄陵庙	宜昌	枝城	沙市	监利	螺山	汉口	大通
$d \leq 0.031mm$	多年平均	—	73.9	74.5	68.8	71.2	67.5	73.9	73.0
	2003～2012 年	88.3	86.0	72.7	60.0	48.1	61.5	61.5	74.9
	2013 年	91.9	91.6	88.6	76.6	61.5	73.8	69.5	80.0
$0.031mm < d \leq 0.125mm$	多年平均	—	17.1	18.6	21.4	19.2	19.0	18.3	19.2
	2003～2012 年	8.5	8.0	10.9	13.1	18.7	14.6	16.4	17.8
	2013 年	7.7	7.5	9.9	11.5	15.5	12.2	15.8	13.7
$d > 0.125mm$	多年平均	—	9.0	6.9	9.8	9.6	13.5	7.8	7.8
	2003～2012 年	3.2	6.0	16.4	27.1	34.2	24.1	21.2	7.3
	2013 年	0.4	0.9	1.5	11.9	23.0	14.0	14.7	6.3

范围	测站 时段	沙重百分数/%							
		黄陵庙	宜昌	枝城	沙市	监利	螺山	汉口	大通
中值粒径/mm	多年平均	—	0.009	0.009	0.012	0.009	0.012	0.010	0.009
	2003~2012 年	0.005	0.005	0.008	0.015	0.038	0.014	0.015	0.009
	2013 年	0.009	0.009	0.010	0.012	0.019	0.012	0.013	0.009

注：①宜昌、监利站多年平均统计年份为 1986~2002 年；枝城站多年平均统计年份为 1992~2002 年；沙市站多年平均统计年份为 1991~2002 年；螺山站、汉口站、大通站多年平均统计年份为 1987~2002 年。②2010~2013 年长江干流各主要测站的悬移质泥沙颗粒分析均采用激光粒度仪。

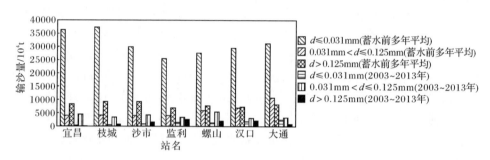

图 1.5　三峡水库运用前后下游控制站不同粒径级泥沙输移量对比

1.1.3　河道边界条件

除宜昌至枝城河段为山区向平原河流过渡及沿江两岸分布的山体与硬土质岸坡外，长江中游干流河道主要由上层为黏性土、下层为粉细砂或细砂组成二元结构为主的河岸，其上、下层的抗冲性差别大，上层的黏土层抗冲性较强，而下层的细砂层抗冲性较差。

长江中游河道河床组成沿程变化总的趋势是由粗变细。宜枝河段河道顺直微弯，河床覆盖层厚 0~30m，以砂砾石为主，近年来河段总体以冲刷为主，但仍有一定储量的砂砾石料，床沙以中粗砂为主；河床岸坡绝大部分由砂岩、砂砾岩基岩或老黏土组成，仅枝城附近的清江河口附近发育有少量的第四系冲积层砂、土质岸坡；岸坡及河势较为稳定。荆江河段河道蜿蜒曲折，河床覆盖层厚度达 100m 以上，该段水流侧向侵蚀作用强，动力下切作用弱，床沙以水流挟带沉积的细砂为主；两岸堤防岸坡以土质、砂质岸坡为主，局部地段为淤积质岸坡；河势及岸坡的稳定性均较差。城汉河段除簰洲湾河段弯曲蜿蜒外，基本比较顺直，河床覆盖层厚度为 50~100m，床沙的分布及质量、储量与河道内古河床沉积砂层密切相关；堤防岸坡以土质岸坡为主，局部存在砂质、淤泥质岸坡，总体岸坡稳定性较差，且左岸岸坡较右岸岸坡稳定性差，河势相对稳定。武汉以下两岸基岩节点成对或交错发育,河道相对较为顺直,河床覆盖层厚度一般为 20～40m;现河床大部分已下切至老的沉积细砂、中砂甚至砂砾石层中;堤防岸坡为双层结构,上部为黏土、壤土土质岸坡,下部为粉细砂层砂质岸坡。

新中国成立以来,长江中游干流河道经过六十多年的治理,其河道边界条件已发生显著变化,崩岸段基本得到治理,大大限制了平滩河槽的横向变形范围与幅度,对控制长江中游总体河势稳定起到了重要作用。下荆江系统裁弯工程与河势控制工程、界牌河段防洪与航运综合整治工程、武汉河段江滩综合治理等重点河段整治工程有效控制了这些河段的河势。2000 年以来,交通部门先后实施了长江航道清淤应急工程,自上而下实施了长江中游枝江河段浅滩航道整治工程、三八滩守护工程、瓦口子、马家咀、周公堤至天星洲、藕池口、碾子湾、监利乌龟洲、界牌河段二期、陆溪口、嘉鱼至燕子窝、武桥水道、罗湖洲、戴家洲、牯牛沙、武穴水道、张家洲南港下浅区等航道整治工程,对控制与稳定中枯水河槽发挥了重要作用。

总体而言,长江中游干流河道实施的大量整治工程增强了河道边界的抗冲性,限制了河道横向变形的范围与幅度,达到了控制总体河势基本稳定的目标。长江中游干流河道正逐渐成为受人类影响与约束越来越强的河道。

1.1.4　三峡水库运用以来河床演变主要特点[4]

经过六十多年的治理,长江中游护岸工程与河(航)道整治工程的实施,增强了河道边界的稳定性与抗冲性,限制了河道横向变形范围与幅度,有效控制了河道的总体河势。

(1)三峡水库运用以来,进入长江中下游河道的泥沙大幅度减少,其河道冲淤由总体基本平衡转为总体冲刷。

据统计[2],2002 年以前,由长江上游宜昌站、洞庭湖水系城陵矶站、支流汉江皇庄站及鄱阳湖水系湖口站进入长江中下游干流河道的年均泥沙量合计为 5.97 亿 t,而荆江三口分流进入洞庭湖的年均泥沙量为 1.33 亿 t,大通站年均输沙量为 4.27 亿 t,进出宜昌至大通干流河道的年均输沙量差值为 0.37 亿 t,约占进入干流河道总年均输沙量的 6.2%。据统计[5],20 世纪 80 年代末 90 年代初,长江中下游干流河道年均采砂量约为 0.26 亿 t,近年来,长江中下游干流河道年均采砂量已超过 0.40 亿 t。考虑到长江中下游干流河道建筑砂石料开采与吹填采砂等的影响,其年均开采砂石量与进出宜昌至大通干流河道的年均输沙量差值相差不大,因此可认为三峡水库运用前长江中下游干流河道输沙基本平衡。三峡水库蓄水后,宜昌站的年均输沙量不足其蓄水前的 1/10,为 0.482 亿 t,而宜昌以下沿程输沙量逐渐增加,至大通站年均输沙量增加为 1.448 亿 t,约占该站蓄水前平均值的 34%。长江上游、两湖水系及支流汉江进入干流的年均泥沙量为 0.684 亿 t,荆江三口、大通站输出的年均泥沙量为 1.557 亿 t,进出相差 0.873 亿 t。由此可看出,长江中下游宜昌至大通河段总体处于冲刷状态,冲刷主要发生在宜昌至监利段,年均冲刷量为 0.463 亿 t。

根据长江中下游干流河道历年实测的河道地形图分析[6,7],1966 年 5 月~1998 年 10 月,宜昌至大通河段平滩河槽累积淤积量为 6.71 亿 m³,年均淤积强度为 1.81 万 m³/km;宜昌至湖口河段 1975~1998 年平滩河槽累积淤积量为 3.78 亿 m³,年均淤积强度为 1.72 万 m³/km;1998 年 10 月~2002 年 10 月,平滩河槽累积冲刷量为 5.47 亿 m³,年均冲刷强度为 14.33 万 m³/km;1975~2002 年,平滩河槽累积冲刷量为 1.69 亿 m³,年均冲刷强度为 0.65 万 m³/km;可以看出三峡水库蓄水运用前宜昌至湖口河段总体冲淤基本平衡。三峡水库蓄水运用以来,宜昌至湖口河段平滩河槽冲刷量为 11.876 亿 m³,且冲刷以枯水河槽为主,其冲刷量为 10.575 亿 m³。从冲淤量沿程分布来看,宜昌至城陵矶河段河床冲刷较为剧烈,平滩河槽下的冲刷量为 7.664 亿 m³,占总冲刷量的 65%;城陵矶至汉口、汉口至湖口河段冲刷量分别为 1.256 亿 m³、2.957 亿 m³,分别占总冲刷量的 11%、25%。

(2)宜昌至枝城近坝段受三峡水库蓄水影响时间最早,其砂卵石河床冲刷粗化速度快且冲淤渐趋相对平衡状态。

三峡水库蓄水运用以来,宜枝河段河床冲刷发展速度快。根据河道实测资料统计分析[8],宜枝河段在 2002 年 9 月~2012 年 10 月平滩河槽累积冲刷泥沙 1.45 亿 m³(包括河道采砂的影响),年均冲刷强度约为 24.6 万 m³/km,河床平均冲深约 2.2m,主要为枯水河槽的冲刷,累积冲刷 1.32 亿 m³,占平滩河槽冲刷量的 91%。宜昌河段(宜 34~宜 5)与宜都河段(宜 5~枝 3)相比,其平滩河槽的年平均冲刷强度约为宜都河段的 30%。

三峡水库蓄水运用以来,宜枝河段冲刷总体随时间推移,冲刷强度逐渐减弱,同时也可以看出,本河段冲刷量与宜昌站的径流量存在一定的关系,年径流量大其冲刷量相对也大(图 1.6)。例如,2006 年宜昌站年径流量明显偏小,该河段冲淤量很小;2008 年宜昌站的年径流量并不小但冲淤量也很小,主要原因是 2008 年汛期月均径流量相对均匀,缺少大流量的冲刷作用,而且 2008 年发生了罕见的秋季洪水,10 月份与 11 月份的径流量比一般年份多 300 亿 m³,加上期间下游河道水位较低,其所引起的冲刷比较剧烈,而这期间的冲刷在进行年度冲淤计算时计入下一年度,这可能就是 2008 年本河段冲淤基本平衡而 2009 年径流量虽不大而冲刷相对严重的主要原因。

宜枝河段剧烈冲刷引起该河段的洲滩总体呈现萎缩状态,深槽变化较洲滩变化更为剧烈,深槽变化以范围扩展、槽底高程降低为主,深泓纵剖面平均冲刷下切 3.8m,断面宽深比减小。伴随河床冲刷,床沙粗化明显,床沙 d_{50} 由 2003 年 11 月的 0.638mm 增大到 2012 年 10 月的 23.59mm,根据泥沙起动公式[9]计算,在水深为 3~20m 范围内,其起动流速由 0.61~0.84m/s 增加为 1.32~1.81m/s,由此可

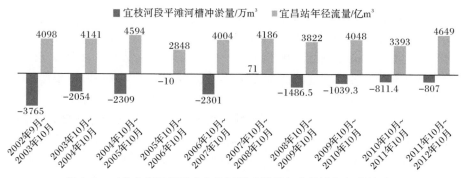

图 1.6 三峡水库运用以来宜枝河段冲淤量与宜昌站年径流量对比

看出本河段河床的抗冲性随床面粗化而明显增强,河道的冲刷幅度会随河床的进一步冲刷粗化而逐渐减小,并渐趋于冲淤相对平衡的状态。

(3)三峡水库运用后,其下游弯道段凸岸边滩遭受冲刷,急弯段存在"切滩撇弯"现象。

长江中下游弯道段在自然条件下的演变主要表现为凹岸冲刷崩退,凸岸淤长,弯顶下移,主流变化遵循小水傍岸、顶冲点上提,大水趋直、顶冲点下挫的规律;当弯道发展到一定程度时,在一定的水流、河床边界及上下游河势条件下,可能发生切滩撇弯,甚至自然裁弯。但在弯道凹岸段被护岸工程控制不再崩退时,弯道段仍基本能保持年度的输沙平衡,而且弯道凹岸深槽与凸岸边滩在年际冲淤交替变化中维持相对稳定。三峡水库蓄水运用后,其下游荆江河段的弯道演变呈现新的变化,主要表现为中水流量作用时间增加,中枯水河槽冲刷扩大,弯道调关凸岸边滩因低含沙水流的长期作用而出现累积性冲刷(图 1.7);有的过度弯曲的弯道,河床冲刷过程会发生切滩撇弯,如七弓岭河弯(图 1.8)。荆江弯道段凸岸边滩的普遍冲刷与弯曲段的切滩撇弯的主要原因是严重欠饱和含沙水流的长期作用。

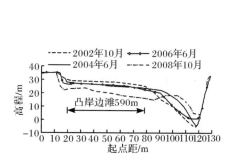

图 1.7 调关弯道段典型横断面冲淤变化[10]

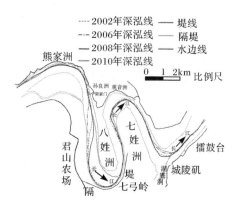

图 1.8 七弓岭弯道段深泓线平面变化[11]

（4）三峡水库运用后，长江中下游分汊河道短汊发展占优。

三峡水库运用后，下泄水流含沙量大幅度减少，有利于分汊河道总体冲刷，但具体到不同亚类的分汊河道影响会不同。分汊河道演变受来沙减少影响的响应主要表现在滩槽演变幅度总体会有所减小，分流区在遵循"洪淤枯冲"规律的基础上总体偏向冲刷，短汊因阻力小发展占优，距离大坝越近受其影响越大。

三峡水库蓄水前，关洲右汊冲淤变化幅度不大，左汊冲淤变化幅度较大，但年际间冲淤基本平衡。三峡水库蓄水运用后，关洲左汊（距离短）与右汊（距离长）均发生冲刷，其左汊冲刷量约为右汊的 4 倍（图 1.9）。另外，2002～2006 年，监利乌龟洲汊道段的左汊（支汊，距离长）、右汊（主汊，距离短）均发生冲刷，左汊冲刷量约为 296 万 m³，右汊冲刷量约为 1134 万 m³，其右汊冲刷量约为左汊的 4 倍。城陵矶以下分汊河道主汊基本比支汊距离短，三峡水库运用 10 年来城陵矶以下主要汊道段的冲淤也表现出短（主）汊占优的规律（表 1.4）。

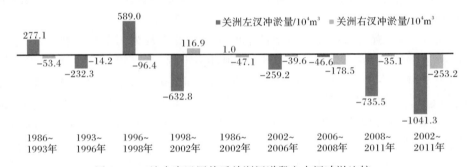

图 1.9　三峡水库运用前后关洲汊道段左右汊冲淤比较

表 1.4　三峡水库蓄水运用后城陵矶以下主要汊道段泥沙冲淤统计[12]

（单位：10⁴m³）

汊道名称	所在河段	2001 年 10 月～2008 年 10 月		2008 年 10 月～2012 年 10 月	
		左汊	右汊	左汊	右汊
中洲	陆溪口河段	282	701（主汊）	1650	−3070
护县洲	嘉鱼河段	−524（主汊）	20	−300	200
团洲	簰洲河段	−993（主汊）	249	−2430	150
天兴洲	武汉河段	−663	−898（主汊）	1410	−260
戴家洲	戴家洲河段	−267	−712（主汊）	290	−1420
牯牛洲	蕲州河段	609（主汊）	−142	−600	100
新洲	龙坪河段	1629	−765（主汊）	500	−900

1.2　河道崩岸研究进展

河道崩岸及其防治是河道开发与治理领域中十分重要的课题。自 20 世纪 60 年代以来,随着长江护岸工程建设的蓬勃发展,长江水利委员会和中下游各省市十分重视河道崩岸成因和护岸工程技术方面的研究和经验总结。20 世纪 90 年代以后,特别是 1998 年长江流域遭受大洪水后,国内又有许多学者进行了相关的研究。

国外学者在 20 世纪 70 年代以前对河道崩岸的研究成果较少,20 世纪 80 年代以后主要从河岸的侵蚀与稳定出发进行研究,直接研究河道崩岸机理的成果并不多[13]。

鉴于影响河道崩岸的因素十分复杂,涉及的专业较多,国内外许多学者对此问题的研究采用的途径和方法是多样的,对河道崩岸问题的研究所持有的观点和理论也不尽相同。关于河道崩岸的治理和护岸工程技术方面,国内外均取得了很大的进展。尽管发展的途径和采用的技术不同,但都取得了很好的效果,积累了许多宝贵的工程经验。

1.2.1　国内河道崩岸机理研究进展

针对长江中下游河道崩岸的分析研究,许多学者进行了开创性的工作。20 世纪 60 年代初,唐日长等[14]根据河道实测资料,分析了影响下荆江蜿蜒形河道崩塌强度的主要因素:①作用于河床的水流强度,包括水流动量及其持续时间、水流流态等;②河岸土质组成;③河床形态,包括河道的弯曲半径、滩槽高差等。通过研究,认为汛期水流对崩岸起着主要作用,崩岸强度主要取决于水流的输沙能力;同一河弯不同时段的崩岸强度随着该时段平均流量的平方及其持续时间的增大而增大;对于二元相结构的河岸,崩岸强度随着河槽最深点以上的河岸沙层厚度与岸滩高度的比值的增大而增大;当凹岸弯曲半径减小到一定程度使汛期水流动力轴线偏离凹岸时,会减弱崩岸的强度。20 世纪 70 年代,荆江河床实验站、汉口水文总站和南京河床实验站根据长江河道观测资料,分别对荆江河段、城陵矶至九江的中游河段和下游河段的崩岸进行分析,得出影响凹岸崩塌强度的主要因素是水流强度、河弯形态及河岸土质条件。崩岸一般总是先冲深近岸河床,使岸坡变陡而发生崩塌,崩塌发生后土体掩护河床,冲刷转缓,待水流将其搬运以后,又开始新的冲刷和崩塌。长江中下游崩岸多数发生在河床冲深后,岸坡失去稳定,崩岸以滑坡的形式出现,在自然状态下,一定的土质条件具有一定的滑坡形态。在长江下游无论在弯道还是顺直段,无论是否存在环流还是环流强与弱,江岸的崩塌并向下游发展主要是近岸纵向具有较大流速并沿程增加,由此导致近岸河床逐渐刷深而产生崩岸[15~17]。

20 世纪 80 年代,陈引川等[18]对长江河道崩岸作了进一步研究,并对"口袋形"大崩窝的形成条件作了初步探讨,认为造成长江下游河道崩岸的主要因素是:①水流条件,在水深流急、单宽流量大的条件下,在河岸抗冲薄弱的部位淘刷后,形成强大的回流,对河岸造成剧烈的冲刷;②土质条件,窝崩的发生与河岸黏性土覆盖层的厚度以及河床质粒径粗细有关;③河岸抗冲不连续性条件,在水流冲刷强度相同的情况下,当河岸抗冲性沿程比较连续时,岸线基本上平行后退,岸线平面形态呈"锯齿形",当河岸局部建有丁坝、矶头等建筑物或河岸抗冲性不连续时,河岸有可能形成"鸭梨形"或"口袋形"的大崩窝。崩岸过程中强烈的回流起着淘刷岸脚、分解并搬运崩坍土体的主导作用。

余文畴等[19]于 20 世纪 80 年代中期对"口袋形"大崩窝进行了研究,根据实测资料描述了该类型崩窝形成的过程。大崩窝的发生是从较深部位的某一部分开始锲入,然后,随着崩窝的扩大,坍塌江岸的部位逐渐移向等高线较高的部位,最终形成与回流强度相适应的平面形态。余文畴[20]进一步认为,在弯道受水流强烈顶冲情况下,即使河岸没有凸出的建筑物,也有可能形成"口袋形"大崩窝,因为很强的近岸水流遇到抗冲性较弱的河岸,就会突进河岸形成旋转性很强的回流,这是进入崩窝的一股水流产生的回流,而不是因界面分离水流剪切作用产生的回流,然后随着崩窝尺度的扩大,回流减弱而与河岸"口袋形"的形态相对平衡。

对于"口袋形"崩窝,丁普育等[21]根据马鞍山恒兴洲、无为大堤古家祠堂、惠生堤五显殿的崩岸形态和过程以及河岸地质条件与日本发生地震处的土体泥沙级配曲线相比较,认为土体液化可能是其主要原因。这是长江中下游河道崩岸研究中首次提出土体液化问题。

20 世纪 80 年代末 90 年代初,李宝璋[22]在分析长江南京河段窝崩成因时,提出形成窝崩的动力因素是大尺度纵轴(水流方向)螺旋流。螺旋流从面层分离出近似窝崩口门宽的一股流量,以大于两旁的流速进入口门内,接着转变为竖轴螺旋流,形成高速回流由面层向底层运动,对窝底有强烈的下切冲刷力,从底部带走大量泥沙向窝外运动,又归入河床内纵轴螺旋流底层。此外,窝崩时产生的次生流能量,如异重流作用、土体崩塌的冲击力、河床内底层螺旋流的吸引力,对窝崩起辅助作用。同时,还指出窝崩是泥沙运动的结果,都发生在江岸上层为亚黏土或淤泥质亚黏土下层为粉细沙层的二元结构河岸,时间大多在汛期高水位持续较长期间,并认为河床内深槽不断刷深并逼近岸边是发生窝崩的条件和信号。

20 世纪 90 年代,特别是 1998 年长江发生大洪水后,长江河道崩岸引起社会各界的关注,对长江河道崩岸机理进行了更广泛的探讨。王家云等[23]、王永[24]认为长江安徽河段崩岸的主要影响因素是水流的冲刷作用,其次是河岸地质条件及高低水位的突变产生的外渗压力。此外,在河道中滥采床砂也会促使崩岸的发生。

黄本胜等[25]认为引起岸滩失稳的主要因素有岸滩土体本身的物理性质、状态指标、强度指标及其变化,河床的冲刷深度,河道水位的变化及其引起的渗透水压力等;并引入边坡稳定分析和渗流计算方法,对各主要影响因素进行了敏感性分析;认为导致崩岸的主要原因是水流对河床和河岸的冲刷、土体本身的物理力学指标和外界因素的扰动;最后还提出了建立冲积河流岸滩稳定性计算模型的思路。

吴玉华等[26]针对江西省彭泽县马湖堤1996年发生的特大崩岸事件,提出崩岸的主要原因是不利的地质结构、水流对岸坡的长期冲蚀淘刷、深泓迫近江岸、堤内鱼塘积水、长江水位降落较快以及上部加载和砂土震动液化等因素的综合作用。

冷魁[27]认为地下水运动对崩岸仅起抑制或促进作用,而长江下游发生的窝崩不可能是由于渗透压力造成较大土体崩坍的大规模窝崩,也不可能是由震动液化造成的。他认为窝崩大多数发生在汛后或枯季,其主要原因是:汛后水流逐渐归槽坐弯,由于水流动能减小,其运动所需的曲率半径也变小,从而使河道主流流路随流量的减小而变得越来越弯曲,主流顶冲江岸,且由于枯季流量变幅小,顶冲点较为固定,从而使弯顶处河床刷深、深槽楔入。他还提出了边坡临界起动流速公式,指出当河道边坡某处垂线平均流速大于起动流速且某一高程的深槽向岸边楔入时,此处土体开始出现坍塌,窝崩随之发生。

毛昶熙等[28]研究提出,崩岸险情多在洪水持续时间较久、水位回落时发生,就是由迎流顶冲淘刷边岸河床和堤岸中的饱和孔隙水压力来不及消散引起的,并具体分析了渗流对崩岸的作用。

陈祖煜等[29]研究指出,长江崩岸原因可归结为渗透力、水流淘刷坡脚、暴雨入渗岸坡土体和波浪动水压力的作用。

岳红艳[30]选取木屑作为模型沙,在水槽中进行了弯道中的崩岸试验和"口袋形"窝崩试验,得出了崩岸过程中的泥沙输移特点、岸坡破坏特点以及流量与崩塌率的关系。

王延贵[31]通过模型试验采用粉煤灰模拟了顺直形和弯曲形河道中的不同形式的崩岸过程,研究了河床冲刷、河势变化及水位升降等对河岸崩塌的影响。通过河岸崩塌稳定性分析和考虑河岸土质、边坡形态、渗透力、侧向淘刷等多种因素,导出了一般性的河岸稳定系数公式,并提出了河岸临界崩塌高度来衡量河岸的稳定性。

夏军强等[32,33]将平面二维水沙数学模型与黏性河岸冲刷模型结合,建立了河床变形的平面二维混合模型,模拟了概化顺直河段在不同冲淤条件下的河岸后退过程。研究成果表明,该混合模型不仅能较好地模拟出河道内的水沙运动与河床纵向冲淤过程,而且能模拟出滩岸的后退与淤长过程,尤其能模拟滩岸的冲刷与崩塌过程。

王路军[34]利用概化水槽试验开展了直道和弯道水流模型试验在多因素组合作用下单一因素变化对岸坡稳定性影响的模拟研究。直道模型主要进行了不同水流顶冲角作用、不同流速作用、不同水头差作用、不同坡比及不同坡前退水速度条件下的坡体破坏过程试验,分析各影响因素对坡体破坏的作用;张幸农等[35]也对不同天然沙和黏土组成比例的弯道窝崩进行了探索性试验。

然而,天然河道的崩岸十分复杂,影响因素众多,崩岸试验模拟难度较大,迄今为止,不少学者已围绕崩岸机理开展了大量的分析与研究工作,也取得了丰富的研究成果,但在崩岸模拟技术及近岸水沙运动与崩岸过程的耦合机制认识上仍存在不足,制约着深入认识崩岸的机理。

1.2.2　国外河道崩岸机理研究进展

1965年,美国河道稳定工程工作委员会[36]对美国境内冲积河流的研究表明,河岸的侵蚀有多种类型。岸缘坍失及其持续侵蚀最主要的原因是水流冲刷水下坡脚。当泥沙从坡脚移走后,岸坡就变陡直至失稳而造成坍塌。坍入河道中的土体被水流运往下游,此后继续发生崩岸,周而复始。岸坡滑塌是侵蚀的另一种方式,当历时长的洪水造成河岸土壤完全饱和后,若水位紧接着迅速降落,将造成岸坡滑塌。由黏性土壤组成并且不能自由排水的河岸,将会发生崩坍。由于渗漏和风浪或船形波的作用还可能造成小的河岸侵蚀。上述对崩岸性质的描述应该说是比较全面的。

20世纪80年代初,Simons等[37]认为影响河岸侵蚀的主要因素为水力参数、河床与河岸物质组成的特性等,并提出对于较宽的河道,河岸水流剪切力的最大值约为河底剪切力的0.77,而其他各项影响因素之和在最不利的情况下仅为河底剪切力的0.6,认为水力参数是最主要的影响因素。Hemphill等[38]对各类河道边界剪切应力与河床冲刷之间的关系进行分析,指出随着河宽的增大,河岸最大剪切应力与河床最大剪切应力的比值在0.8左右。此外,美国具有丰富经验的工程师与地质学家认为,在重要岸线侵蚀的全部河流中90%~99%发生在主汛期,这也说明水力因素在河岸遭到侵蚀以致崩坍过程中起主导作用。

Grissinger[39]认为,黏性土质河岸的崩坍不仅与水力要素相关,而且与土体的自身重量有关,它们的相对重要性由河岸自身的特性决定。例如,在密西西比北部地区,当河槽下切后河岸变高并变陡,易受重力作用失稳而崩坍,在这种情况下重力因素比水力因素对崩岸的影响更为重要。

河岸冲刷与崩岸在天然河道中普遍存在,最有可能发生在蜿蜒形河道的迁移过程中。当河道水流流经某个弯道时,沿着凹岸的流速(和拖曳力)增加,一般情况下,弯曲段的水流拖曳力是上下游顺直段的两倍,因此弯曲段的冲刷普遍要比顺直段严重,强弯的水流拖曳力也比弯曲半径较大的河弯要强。Nanson 等[40] 通过研究大量蜿蜒形河道的迁移率证明了以上几点,他们同时还发现当曲率半径 (r) 与河宽 (w) 的比值 r/w 低于 6 时河岸冲刷率会随着 r/w 的降低而增加,当 r/w 为 2～3 时达到最大值。Biedenharn 等[41] 研究了路易斯安那州的雷德河上 160 个弯曲段的 r/w 与河岸泥沙组成对冲刷率的影响,同样发现最大冲刷率发生在 r/w 为 2～3 时。

Osman 等[42] 从河床冲深与河岸侵蚀两个方面进行分析,认为引起崩岸最常见的原因是河岸侧向侵蚀过程使河道宽度增加并使岸坡变陡,或者是河床下切增加河岸高度。河床冲深和河岸侵蚀率又是河岸物质组成、河岸几何形态、河床物质组成及水流特性的函数。因土体过重而引起的崩岸取决于土壤性质与河岸几何形态。河岸的稳定性随黏结力系数 c 和内摩擦角 φ 的增大而增大,随土壤的密度、河岸高度、河岸坡角的增大而减小。Osman 等在研究崩岸过程中,利用安全系数 $F_s = F_R/F_D$ 的大小来判断河岸是否崩塌,F_R 表示河岸抗滑力,F_D 表示水流冲刷动力。

Darby 等[43] 在 Osman 学者的研究基础上,通过增加土体孔隙水重量与静水压力来研究不同土体特性对河岸稳定性的影响,进而分析崩岸的原因,认为崩岸并不一定只局限于河岸侵蚀与坡脚冲深时才发生。其崩岸分析方法与 Osman 相似,仍然是考虑土体所受阻力与动力的关系,但在影响因素及安全系数的临界取值上有所不同。这种崩岸分析方法实质与 Osman 一样,是广义的边坡稳定性问题。

Millar 等[44] 认为河岸泥沙压实、与细沙掺混及与底部大量的泥沙黏结都会增加河岸的稳定,提出河岸泥沙的中值粒径 D_{50} 和摩擦休止角 ϕ' 是河岸稳定性分析的关键参数,并重点分析了河岸的植被情况与摩擦休止角 ϕ' 的关系。

Hagerty 等[45] 通过总结前人关于俄亥俄河的研究,认为崩岸和岸蚀的范围受航道水位持续性的影响,并且河岸崩坍基本上发生在临近或在控制航道水位以上的地方。

Hagerty 等[46] 认为水流冲刷造成河岸的侵蚀甚至崩坍并不能解释所有的崩岸现象,在冲积河流中影响崩岸的力学原因非常复杂。通过对大量的野外观测资料的研究,他们认为对多元结构组成的河岸,发生崩岸的模式分别为拉力破坏、悬臂梁破坏和切应力破坏。发生以上破坏的主要原因:①河岸由多元结构组成;②河流中的水位与地下水位经常不一致,引起渗漏与管涌,在水位差较大的情况下,这种现象更为严重;③渗漏和管涌均可带走泥沙,使其垫层变薄,上层土体失去或减小支撑力,从而引发崩岸。

Youdeowei[47] 研究表明,尼日利亚的尼日尔三角洲河口地区的崩岸主要是由洪水期水流流速很大冲刷河床造成的。

美国土木工程协会[48]通过研究河宽调整模型,认为黏性与非黏性河岸的坍塌机理有着明显的区别,黏性河岸比非黏性河岸的稳定性高一些。对于黏性层较厚的河岸,一些受到扰动的土块,由于黏结力的存在使一些未受扰动的河岸泥土一同沿滑动曲面滑入河槽,破坏滑动面一般位于河岸较深处;对于非黏性层较厚的河岸,由于泥沙的输移或沿浅的滑动曲面抗剪失效而坍塌,因此破坏临界面一般位于河岸较浅处。

Fukuoka[49]在日本新川河道的河漫滩上,通过采用挖沟方法对二元结构河岸的崩塌过程进行了冲刷试验研究,认为二元结构河岸的崩塌过程分为三个阶段:首先水流对河岸下部非黏性土层进行淘刷,然后上部悬空的黏性土层发生崩塌,最后崩塌下来的土块被水流冲散而带走。

Nagata等[50]提出了一种数值分析方法,建立了非平衡输沙数学模型研究平面岸线崩退的变化速率及河床变形的过程,同时这个模型也可用于研究交错浅滩对河岸侵蚀的影响,该模型能够计算河岸侵蚀量的纵向分布。对于无黏性组成的河岸,其侵蚀过程:首先近岸的河床遭到冲刷,接着受侵蚀的河岸失稳而坍塌,然后坍塌的泥沙淤积在河岸坡脚处,最后水流将淤积的泥沙带走。如此周而复始,造成河岸不断的崩退。

综上所述,国内外学者对冲积河道崩岸的成因(或机理)进行了大量的研究,主要从河流动力学和土力学两个角度开展了工作,取得了丰富的研究成果,但仍然存在以下问题。

(1)河道崩岸成因理论研究学科单一性较强。现有研究工作大多是基于河流已发生崩岸现象的影响因素分析或经验性总结。虽然也有大量的基于概化物理图形的崩塌模式研究,但存在模式考虑因素的全面性、概化的合理性等方面的问题,最终仍表现为机理认识的不够深入,尚难以满足实际应用的需求。然而,河道崩岸的发生属于内因与外因交织耦合作用下的产物,其形成机理涉及诸多学科,包括河床演变学、泥沙动力学、水力学、水文学和土力学等。河道崩岸的发生过程中其内部的土力学参数一直在发生着变化,而且水流条件包括流速横向垂向分布、环流强弱等同时也在发生变化,其耦合作用机制的深入研究是成功揭示冲积河岸崩岸机理的关键所在。

(2)窝崩成因专题试验相对较少。对窝崩区内的水流特性和泥沙运动规律研究仍显不足。由于研究思路、方法和测量技术的限制,以往对于窝崩机理的研究中,结合多学科知识专门针对窝崩的大型室内概化试验研究成果较少,同时实际窝崩发生前后的水文地形资料较少,制约了对窝崩发生过程中的水流、土体参数相互作用机制的研究。

(3)动岸模拟技术的发展有利于崩岸机理试验研究的深入。在崩岸试验研究过程中,河床组成模拟相对容易些,可根据泥沙的起动与沉降相似设计相应的模型沙即可,但天然河道河岸组成比较复杂,模拟起来比较困难,目前还没有比较成熟的模拟方法与技术。就长江中下游冲积河岸而言,多数由上层为抗冲性较强的黏土层与下层为抗冲性较弱的粉细砂或砂层组成,采用常规模拟方法难以满足模型河岸组成与天然基本相似。因此,需要改进动岸模拟方法与技术,只有这样才能推进崩岸机理试验研究的深入。

1.2.3　河道崩岸预测研究进展

河道崩岸作为一种灾害类型,造成的危害和损失十分严重。崩岸是河道发生平面变形的一种表现形式,其发生具有突发性。若能及时对崩岸进行预测,相应采取一定的工程措施,将会减少崩岸造成的损失。

目前国内外学者模拟预测河床(含河岸)横向变形的研究[48,51,52]主要包括三类模拟方法:经验方法、极值假说方法和水动力学-土力学方法。这些方法都是用来预测河道由冲淤不平衡状态到冲淤平衡状态时河宽调整的大小,无法确定河道处于冲淤不平衡情况下的河宽变化。

经验方法。现有部分模型中采用经验方法模拟河道的横向展宽过程。这种方法往往是在分析实测资料的基础上,建立各种经验关系式,来估计河宽变化的大小。采用经验方法模拟河道的横向展宽过程,方法简单,但具有很大的局限性。首先它们只能在资料来源的范围内适用;其次它们不能考虑到河岸的几何形态对河道展宽的影响;另外,这些方法更不能考虑河岸冲刷、崩塌时内在的力学机理。

极值假说方法。为模拟河道的横向展宽过程,往往在泥沙数学模型的基础上,引入一个附加方程式,来预测河宽的变化。这个方程式通常依据某一参数的最大值或最小值来表示,如水流功率最小、水流能耗率最小、临界切应力和输沙率最大等。这些方法统称为极值假说方法。当前借助于极值假说方法模拟河道横向变形,两个最为典型的模型是张海燕的 FLUVIAL.12 模型和杨志达的 GSTARS 模型。极值假说方法模拟河道展宽过程具有很大的局限性:首先它们仅适用于预测河道由不平衡状态向平衡状态的河宽调整,无法预测河道处于不平衡状态下河宽的调整过程;其次只能估计河宽变化的总量,无法确切估计左右岸的变化情况;另外,这些方法一般仅适用于非黏性河岸的展宽模拟。

水动力学-土力学方法。鉴于经验方法和极值假说方法模拟河道的横向展宽过程存在很多缺陷。因此,在河道横向展宽模拟方面取得的进展,主要是来自于力学方法。近年来,一种建立在力学机理分析基础上的水动力学-土力学方法正逐渐发展起来。这种方法主要采用水动力学模型计算河床冲淤变形,然后用土力学模型分析河岸的稳定性,并计算河岸的崩塌量,适用于非黏性河岸和黏性河岸。

另外,许全喜等[53]建立了基于 BP 神经网络的河道崩岸预测模型,利用此模型对荆江石首弯道 1965～2003 年的崩岸情况进行了模拟和预测。唐金武等[54]提出了用稳定岸坡作为崩岸判别指标,统计了长江中下游不同河型、不同河岸地质的稳定坡比,探讨了深泓冲刷深度计算公式,据此可通过计算三峡水库蓄水后两岸实际坡比,并与稳定坡比对比,进而预测两岸崩塌位置。

由于影响崩岸因素众多,近岸水流作用力与冲刷、岸坡土体的抗冲性、岸坡组成及形态、水位变化、岸坡覆盖植被情况、坡面荷载、地震作用等均会对岸坡的稳定性产生影响,而且在不同情况下,主导崩岸的因素也不一样,所以给崩岸的预测带来很大的难度。目前对崩岸预测理论方面的研究还不成熟,预测结果与实际情况差距往往较大,距离实际应用仍存在一定的差距。

1.3　河道护岸工程研究进展

近 50 多年来,长江中下游护岸工程技术处于不断发展与探索的过程,在实践中积累了较丰富的经验[55]。在护岸工程形式上,由传统的守点工程,包括矶头、丁坝,改进为平顺型护岸,并逐步在工程实践中广泛采用。在护岸材料上,20 世纪 50～70 年代,采用抛石、沉柴排、柴枕,20 世纪 80～90 年代开始采用混凝土铰链排、塑护软体排、枕和模袋混凝土等新材料新技术。同时,对护岸工程的破坏机理、护岸效果和施工方法等方面进行了大量的试验研究。国外在大江大河的治理中采用新材料较早,美国于 20 世纪 30～40 年代就在密西西比河下游采用了混凝土铰链排。日本多为山区河流,采用丁坝护岸工程较多。西欧河流中采用软体排护岸工程较多,护岸工程中运用土工织物较广泛。

1.3.1　护岸的主要工程形式[56]

随着科学技术和工程实践的发展,护岸的工程形式也在不断改进和完善。护岸工程按布局、结构、形式、材料及与水流关系等的不同可分为各种类型。例如,护岸工程按与水位的关系可分为淹没、非淹没防护工程;按构造情况可分为透水、不透水防护工程;按材料的使用年限可分为永久性、临时性工程;根据是否间断,将主要护岸形式分为连续性(直接)护岸与非连续性(间接)护岸。

1960 年 2 月,美国河道整治和稳定委员会成立了河道稳定工程工作委员会,主要从事收集和分析冲积河道河槽稳定工程施工中的资料,并编写相应的报告。通过对美国境内冲积河流上河槽稳定工程的研究表明,规划中采用两种护岸工程类型,即连续性工程和间断性工程。前者又可分为两部分,即水下沉排和岸坡铺砌。在密西西比河下游,水下沉排由铰接混凝土板组成;而在密西西比河中游及其他河道上,多采用块石、块石护基、铅丝捆梢、木料沉排或铅丝石笼铺底;岸坡铺砌,主要采用块石铺砌,有的河道则采用沥青铺砌。

我国幅员辽阔,河流众多,包括自然地理条件、气候条件、水文泥沙特性迥然不同的大小河流,河道特性千差万别,各河流的护岸传统、护岸工程形式、结构以及工程经验大相径庭。在这种情况下,我国有关部门根据各江河的河道特性和护岸工程经验,将不同护岸形式归类于以下五类:坡式护岸、坝式护岸、墙式护岸、桩式护岸和生物护岸,并在《堤防工程设计规范》(GB 50286—2013)中制定了有关护岸工程的技术标准[57]。

1) 坡式护岸

坡式护岸是沿河流岸坡抵御水流冲刷的防护工程,在长江河道整治中称为平顺护岸,是将构筑物材料直接铺护在滩岸临水坡面防止水流对堤岸的冲刷。护岸后,岸线比较平顺。这种防护形式对河床边界的平面形态改变较小,对近岸水流结构的影响也较小,不影响航运。经过六十余年护岸工程的实践,平顺护岸越来越广泛运用于长江中下游干流河道治理工程中,目前已成为长江中下游护岸工程的主要形式,其护岸效果较好,有利于保护堤岸、稳定河势及工程的自身稳定。在水深流急险要岸段、重要城市市区、港埠码头等处更需采用平顺护岸。

平顺护岸工程实施后,基本上没有改变近岸水流的流速场,因而纵横向输沙条件起初并未改变。但由于岸坡受到保护,横向变形得以控制,水流只能从坡脚外未保护的河床上得到泥沙补给,于是坡脚外未护河床受到普遍刷深。在河道较为平顺且崩岸强度不大时,断面形态调整不大。但是在弯道特别是当弯曲曲率较大和崩岸速度较大时,由于护岸坡脚外的冲刷和对岸边滩的淤积,断面流速分布调整较大,断面形态会向窄深发展。平顺护岸不存在由局部水流结构产生的局部冲刷坑。这一点与坝式护岸具有明显的不同。平顺护岸的维护加固工程量较小,工程经济效益较好[58~60]。

2) 坝式护岸

坝式护岸按平面布置有丁坝、顺坝以及丁坝与顺坝相结合的勾头丁坝,在长江护岸工程中的矶头也可看成一种短丁坝形式。坝式护岸按结构材料与水流、潮流流向关系可选用透水、不透水、淹没、非淹没、上挑、正挑、下挑等形式。坝式护岸是一种间断性的、重点防护的护岸形式,有干扰水流的作用,在一定条件下常为一些宽河道护岸、海堤滩岸防护所采用。在长江中游荆江大堤历史上曾采用矶头群护岸工程。在长江河口段江面宽阔、水浅流缓岸段,常采用丁坝、顺坝保滩促淤,保护江堤海塘安全。

实践表明,丁坝护岸工程虽然在建成后可抑制和减缓河岸的崩退速度,并对防冲止坍具有一定的作用,但由于一般丁坝工程的间距较大,有效保护岸线的范围有限;同时丁坝对水流有强烈的干扰作用,在丁坝前后各形成一个强烈的回流,造成上下游岸坡崩坍,在坝头形成螺旋绕流,淘刷基础形成巨大的冲刷坑而容易引起工程自身失稳,导致护岸工程的损坏和破坏。

矶头群护岸工程和丁坝作用相近。由于矶头突出江岸,容易扰乱近岸水流结构,产生局部冲刷坑,使矶头和江岸容易失去稳定而产生崩塌。

丁坝护岸形式,在长江口河道宽阔段,水浅流缓,采用丁坝造滩,防止潮汐双向水流对河岸的淘刷,效果十分明显。但是,在主要受到径流作用的水深流急的河弯段,由于丁坝对水流和近岸河床演变带来剧烈的影响,工程的稳定和加固较为困难,甚至出现垮坝事故。

因此,长江中下游河道在重要城镇、堤外无滩的确保堤段、港口码头岸段不宜采用丁坝和矶头护岸[50,59,61]。

黄河下游河道泥沙淤积,河道宽浅,沙滩众多,主流摆动频繁,较普遍采用丁坝、垛(短丁坝、矶头)辅以平顺护岸,取得了保护堤岸和"以坝护弯、以弯导流"控制河势的效果。

3) 墙式护岸

墙式护岸也称重力式护岸,平顺沿堤岸设置,具有断面小、占地少的优点。常用于河道狭窄、堤外无滩、受水流淘刷严重的重要崩岸堤段,如城镇、重要工业区堤岸等。

墙式护岸可分为直立式、陡坡式、折线式、卸荷台阶式等形式。墙式护岸一般宜在较好的地基上采用,如地基承载力不能满足要求时,需对地基进行加固处理,还可在墙体结构上采取适当的措施。墙式护岸基础深,应按防冲要求采取护基、护脚措施,特别在水流冲刷严重的岸段要加强护基、护脚。

墙式护岸沿长度方向需设置变形缝。墙体需设排水孔并作防渗处理。

4) 桩式护岸

桩式护岸是崩岸险工处置的方法之一。它对维护陡岸的稳定、保护坡脚不受水流的冲刷、保滩促淤作用明显。

维护岸坡稳定的阻滑桩可采用木桩、钢桩、预制钢筋混凝土桩、灌注桩等,常在抢险中运用。保护坡脚不受水流淘刷的护岸桩,常与墙式护岸配合采用,一般宜设于砌石脚外的滩面。目前这种护岸桩已逐渐被板桩或地下连续墙所取代。护岸保滩促淤的桩坝常用于多沙河流的护岸。按顺坝形式布置的桩坝,可采用桩间留有适当间隙的成排大直径灌注桩组成;按透水短丁坝群布置的桩坝,可以木桩或预制混凝土桩为骨架,配以编篱、堆石等构成屏蔽。

我国海堤工程过去采用桩式护岸较多,如钱塘江堤采用木桩或石桩护岸,有悠久历史。美国密西西比河中游现还保留不少木桩堆石坝。黄河下游过去采用过木桩坝,长江口地区采用过桩石护岸,但近年来为钢筋混凝土桩坝或其他形式所取代。沿海地区桩坝促淤保滩工程较多,效果均较好。

钢桩、预制钢筋混凝土桩、大孔径灌注桩等施工比较复杂,用于港口、码头较多,造价也较高,需进行技术经济比较后再合理运用于崩岸除险加固工程中。

5）生物护岸

凡有条件采用植被、植树、植草等生物防护措施的岸、滩，可设置防浪林台、防浪林带、草皮护坡等。生物防护措施投资省、易实施，对消波、促淤、固土保堤作用显著[62]。我国沿海广泛种植芦竹、杞柳、红树林等，对消波、促淤、保滩、保堤效果很好，因此对于河、湖在不影响行洪的条件下应广泛种植，滨海堤岸滩地更适宜尽量采用生物防护措施。生物防护也需根据水势、水位（潮位）、流速、风况及当地气候、土壤和水质条件制定规划，按"因地制宜、适地适植、合理布局"原则实施。

美国在不同的地区，根据当地的环境特性来选用合适的植被。如北大西洋地区，建议使用美国海滩草（American beachgrass）和苦藜（bitter quinoa）等，而在南部海湾地区，则使用海燕麦（sea oats）和铁道蔓生植物（railroad vining plant）。植被是一种廉价、简单的控制河岸侵蚀的方法，但它不能防止侵蚀，也不能阻止由地下水渗流引起的河岸后退，同时受气候、土壤特性、盐分等因素的影响。因此，它常和其他护岸工程联合使用。

护岸工程采用的形式与水流条件、河道特性的关系非常密切。河道范围内的地质条件也影响着防护工程的形式和范围。由于护岸措施的工程效果不可能精确估计，所以在选择某一特定河段上的护岸工程时，最好的指导应是该河流上或同类河流上的成功经验。对于不同的河段可能采用不同的护岸形式；即使对于同一河流，因崩岸类型的不同，采用的治理形式也可能不同。

1.3.2 国内外护岸材料和护岸技术[56]

1）抛石

抛石护岸是最常采用的传统方法，具有抗冲能力和自我调整能力强的优点。材料来源广，价格便宜，施工简单，无论新护或加固均可采用。因此，抛石在长江中下游护岸工程中广泛采用。目前，在长江中下游护岸工程中散抛块石工程量在各种形式工程总量中仍占 90% 以上。抛石的缺点是工程整体性较差，运行期间需加以补充维护。对于河道水深坡缓、流速较小的崩岸段可考虑选择经济有效的小颗粒石料取代尺度较大的块石。镇扬河段和畅洲的护岸采用了较小粒径的块石[63]，无为大堤外的惠生堤采用了小粒径的尾矿石进行护岸[64]，下荆江熊家洲弯道段采用了鹅卵石护岸[65]，均取得了较好的效果。

在工业先进的国家，抛石护岸仍广泛应用于河道整治及护岸工程中。美国许多中小河流的护岸工程仍在广泛采用趾槽式块石护岸，即在规划的河岸整治线上挖槽填石，待岸线崩塌退至该处后自动形成防护线。美国密西西比河下游的丁坝在 20 世纪 60 年代以前都采用木桩坝，自 1964 年起，堆石丁坝逐步被采用，经过长期实践，直至 20 世纪 80 年代仍为航道整治建筑物的主要形式。20 世纪 80 年代，联邦德国境内莱茵河的整治工程仍然大量采用堆石丁坝。

2）石笼

石笼是国内常采用的传统结构，经常与抛石护脚结合使用。石笼的运用在欧洲也有一百多年的历史。

国内采用过的石笼有竹笼、铅丝笼、木笼、钢筋笼等，其中钢筋笼效果最好。木笼整体性强，但较易损坏。过去常用铅丝、竹篾、荆条编笼，现在还采用土工网、土工格栅做成网格笼，内装块石、卵石、砾石构成石笼。网格大小以不漏石为宜，可在坡度较陡的河岸使用。石笼比混凝土或沥青护岸更能适应河床地形。

国外石笼的外笼为镀锌金属丝网篮（为防止海水侵蚀可采用一种聚乙烯外笼），设计成长方形六面体，富有柔性，又不会松脱，折叠成扁平，捆扎运往工地，然后手工装配成型。可在坡度较陡的河岸中使用。石笼的护岸效果比较稳定。据欧洲有关资料，其耐久性可达 75 年之久。施工条件简单，适于任何季节施工。

合金钢网柔性石兜也是一种石笼形式，系选用特种不锈钢丝，以"六角网"格形式编织而成。网石兜为圆形筒状，装填块石后可直接吊装实施抛投。在水流速度不是很大的情况下进行护岸时，采用网石兜系列产品护趾，只需用散抛块石量的 1/3，就可达到很好的防护效果。1999 年 8 月柔性块体新技术在钱塘江强涌潮地段萧山围垦二十三工段应用；在浙江省衢州市三江治理中，采用网石箱并使用江中卵砾石作填充料，对河岸基础进行加固，有效地阻止了凹岸顶冲和崩岸。

3）柴枕

柴枕一般采用一定厚度梢料层或苇料层作外壳，内裹块石或填泥土、外用铁丝束扎成圆形枕状物，每隔 30～50cm 捆扎一档，抛在岸坡枯水位以下护脚，上面加压枕石。柴枕以上应接护坡石，柴枕外脚宜加抛块石。

柴枕多用于滩岸抗冲能力差、易发生大型窝崩的护岸段，特别是重点险工段，宜先抛铺柴枕，再抛压枕石。此外，迎流顶冲、崩岸强度大、堤外滩较窄、河床抗冲能力较弱的岸段，也适合抛柴枕。长江中游荆江河段较多采用。

4）沉排

沉排是护岸工程护脚、护底的结构形式。沉排面积大、抗冲性强，有整体性和柔韧性，能适应坡面、床面变形，但造价较高，施工技术比较复杂。

密西西比河下游最早在 1882～1883 年开始使用编柳排，直到 20 世纪 40 年代先后经历了框架沉排、柳捆沉排、铰接混凝土沉排的发展过程。此外，还采用过加筋沥青沉排、滚筒式柔性混凝土帘护岸。

铰接混凝土板是美国主要用于不稳定河岸的护岸材料。密西西比河下游护岸工程采用最多。铰接混凝土板沉排的制作和铺设过程可以机械化生产。

我国沉排主要有柴排、土工织物软体排、混凝土铰链排和模袋混凝土排等。

（1）柴排。

柴排是用塘柴、柳枝、竹梢先扎成直径 12～15cm 的梢龙，构成上下对称的十字格,中间夹梢料形成排体,上压块石使其下沉,铺护在预定需保护的河床上,抗御水流冲刷。20 世纪 50~60 年代柴排采用较多,其尺寸可达 60m×90m;后主要用于长江河口丁坝和顺坝的护底。目前柴排较少采用。

(2) 土工织物软体排。

选择的土工织物材料应具有质轻、强度高、抗老化,满足枕体或排体抗拉、抗剪要求的特点。它利用土工织物的反滤功能做成沉排铺放在岸坡前受冲的部位,排体随排前河床冲刷的发展可以适应变形,自行调整坡度至稳定坡度,达到护底和护脚、保护岸坡的目的。

国内土工织物作为护岸工程首次在长江下游嘶马段应用。1974 年 10 月,江苏省江都县采用聚氯乙烯编织布、上扣混凝土预制块的软体排。20 世纪 80 年代以来,塑料编织布广泛应用于长江中下游的护岸工程中。湖北省荆州地区在洪湖县田家口、监利县天星阁采用过塑料编织袋土枕及织物枕垫护岸[66]。此后,湖南省华容县也用此法在上车湾新河作护岸[67]。此外,上海市将此护岸材料首先用于海塘工程,在奉贤县护坎工程中采用土工布代替碎石反滤层,在崇明县用土工布替代柴排护底,均取得了较好的效果[68]。

(3) 混凝土铰链排。

混凝土铰链排在长江上是一种新型河道护岸形式,它是通过钢制扣件将预制混凝土板连接并组合成排的护岸结构形式,一般由排体和系排梁组成。自 20 世纪 80 年代中期以来,先后在长江武汉河段天兴洲、湖南澧水津市河段、长江镇扬河段等河道护岸工程中采用,取得了较好效果,积累了一定的经验[69]。1998 年洪水后在长江中下游武汉市龙王庙、石首市茅林口,耙铺大堤、黄广大堤、同马大堤、无为大堤等护岸中相继采用。

(4) 模袋混凝土。

模袋混凝土是由上下两层具有一定强度、稳定性和渗透性的高质量机织化纤布制为模型袋,内充具有一定流动度的混凝土或砂浆,在灌注压力作用下,混凝土或砂浆多余的水分从模袋内被挤出,待凝结后即形成高密度高强度的固结体——模袋混凝土。模袋主要可分为两类:一类是填充混凝土后成为整体式混凝土模袋;另一类是铰接式混凝土模袋,是在一般模袋混凝土基础上发展起来的,它克服了前者柔韧性差的缺点。

20 世纪 60 年代末该技术已在美国纽约阿勒格尼工兵水库大坝的岸坡上使用,70 年代中后期开始广泛地应用于航道、港湾码头、道路桥梁和水库大坝等方面。我国模袋混凝土主要用于运河、航道、船闸、海堤等护坡工程,在江河堤防护岸中应用并不很多。20 世纪 90 年代末,此项技术开始应用到长江中下游上荆江的文村夹、九江河段张家洲与马湖堤等护岸工程中。

5）混凝土异形体

混凝土异形体在海岸防护工程中应用广泛，各类大的混凝土异形体，如四脚锥体、工字型、格栅型、扭工字型、翼型等做海堤防护工程已有很多实例。混凝土异形体消浪作用较好，可减小波浪的爬高，且块体彼此嵌合，容易形成群体，工程十分坚固、耐久，抗御洪潮台风浪灾害能力强。湖南岳阳长江修防处将混凝土异形体护岸防冲材料应用于长江下荆江急流顶冲段护岸工程。

混凝土异形体护岸，宜布置在水流顶冲、坡陡、急需加固的弯道凹岸处，并且已有一定粒径较小的材料作底层。

6）透水体护岸

透水体在国内外护岸工程中已有多年历史，如枵槎、沉梢等，应用于多沙河流上缓流促淤效果很好。

（1）沉梢坝。

沉梢坝即沉树枝石坝，是用块石系在树枝扎成的树排上，直立地沉在江中必要的地方，组成一种透水坝。对于减缓流速，促使窝塘淤积效果明显，从而起到保护崩岸段的作用，且建成后不易被水冲毁。

1985 年以来，先后在长江下游镇扬河段的几个窝塘内实施了沉梢坝工程[70]，结果表明，回淤速度较快，一般只需一个汛期回淤达 50％以上。1999～2000 年在马鞍山小黄洲左缘大窝崩的治理中也应用了沉梢坝技术，取得了成功的经验。

（2）四面六边透水框架。

框架可以用钢筋混凝土杆件或木（竹）杆件制作，杆长 1m，施工时最好将 3～4个框架成串抛投。其作用是减速护岸，即局部改变水流的流态，降低岸边流速，将其降到不冲流速以下，甚至降到可以落淤的程度。实践表明，这种护岸框架减速落淤效果很好，自身稳定性也很好，并且不存在基础被冲刷问题。四面六边透水框架群以平顺护岸布置为好。

江西省九江市东升堤实施的钢筋混凝土四面六边透水框架，实测减速率为47％～75％。江西省彭泽县金鸡岭采用毛竹制作的四面六边透水框架，造价仅为钢筋混凝土框架造价的 1/3[55]。

（3）透水桩坝。

透水桩坝是区别于传统实体坝的一种透水体，其主要作用是减缓过坝流速，坝后落淤造滩从而保护崩岸段。其主要是用混凝土制成管桩或钢管桩，然后用潜水钻机造孔沉桩，在需要保护的岸坡前形成一道透水的桩坝，在黄河下游使用取得了很好的效果。

7）生态型护岸技术

生态型护岸是河岸防护的新方法，能较好地满足护岸工程的结构要求和环境要求，在旅游地区其综合效益更加显著，可作为永久河岸防护工程。除了起着生态保护作用外,还有结构简单、适应不均匀沉降、施工简便等优点。

目前生态型护岸在国外已有较广泛的应用,可分为植被护坡、网笼、笼石挡土墙、网笼垫块护坡、复合植被护坡等。当河岸有植被时,水流对河岸的冲刷程度会有不同程度的降低,它取决于植被的种类和密度,良好的植被可提高土壤的抗剪强度,从而使冲刷率大为降低。据 Charlton 等的观察资料表明,英国的卵石河流,两岸有成行的树木,河岸崩塌使河道展宽的宽度比没有树木情况下小约 30%;对于沙质河流,树木的影响将更大。这说明有植被的河岸要比没有植被的河岸发生崩岸的概率小。

8) 土工包技术

高分子工业的发展使土工织物越来越多地应用于护岸工程。该项技术先将河滩的淤积土通过抓斗、反铲或挖泥船放在一个预先设有土工布的开底船中,然后将土工布缝起来形成一个大包。开底船行至指定位置后将土工包抛入江中。

19 世纪 50 年代,在荷兰沿海海岸的护岸工程中首先应用尼龙纤维制成的沙袋护岸;美国在佛罗里达州海岸的护岸工程采用聚氯乙烯单丝编织物代替传统的沙砾石护岸材料;日本成功地使用尼龙制成织垫和沙袋,以抗御水流的侵蚀;20 世纪 60 年代,土工织物在国外海岸护岸工程中得到广泛应用。此技术可以为江岸贴上一层具有一定强度和防冲能力的外坡,具有施工强度高、生产工艺先进、质量易于保证、用于清淤固堤等优点。

9) 其他护岸材料和护岸技术

国内外还有其他护岸材料和护岸技术,如水泥固化土、水下不分散混凝土、土工锚钉挂网喷混凝土、钢构槎和土壤固化护坡技术等。此外,20 世纪 90 年代,印度西孟加拉邦的胡格利河口附近的 Nayachara 岛西岸曾采用外涂沥青的黄麻土工织物作为护岸垫层,上面再加抛石。外涂沥青的黄麻作为合成土工材料已广泛用于印度的护岸工程,其主要优点是经济、取材方便,黄麻土工织物能阻止河岸土壤的移动,且渗透性较好,其缺点是强度随时间推移而明显减小。

1.4 研究意义

长江中游河道宜昌至湖口全长约 955km,流经湖北、湖南、江西、安徽等省,其中左岸除九江河段的段窑至湖口对岸为安徽省约 12km 岸线、右岸除湖南岳阳市长江岸线 163km、江西九江河段的部分岸线 88km 外均为湖北省岸线,长江中游河道湖北省岸线所占的长度约为 86.3%,湖南约为 8.5%,江西约为 4.6%,安徽约为 0.6%。由于长江中游河道沿程各河段的水流泥沙条件、河床边界条件及河型不同,沿程崩岸类型及尺度也存在差别。宜昌至枝城河段,河岸抗冲能力强,历年岸线稳定少变,仅个别地段发生崩岸;荆江河段松滋口以下由丘陵过渡到冲积平原,两岸抗冲能力逐渐减弱,崩岸时有发生,尤其是下荆江河道蜿蜒曲折,横向变形大,崩岸剧烈;城陵矶以下河段两岸抗冲能力也比较弱,在水流作用下常发生崩岸。岸线的崩退不仅改变河道的平面形态,引起上下游河势的调整变化,而且影响防洪、航运、涉水工程的正常运行与岸线利用,以及沿江两岸工农业生产与人民生命财产的安全等。同时,随着沿江两岸国民经济与社会的发展,对河势、航道、堤岸稳定及河岸带生态环境等方面的要求越来越高,相应崩岸所构成的威胁与造成的损失也越来越大。因此,深入开展长江中游河道崩岸综合治理技术研究是十分必要与迫切的。

长江中下游护岸工程虽历史悠久,但在新中国成立之前沿江两岸实施的护岸工程仍是十分有限的,且多以守点护岸为主,河道两岸基本处于自然状态,崩岸时有发生。新中国成立以来,党和政府对长江崩岸治理十分重视,实施了规模宏大的护岸工程。据不完全统计,截至 2004 年,长江中下游护岸工程抛石总量达8959.7 万 m³,建成丁坝 700 余条,柴排 408.9 万 m²,混凝土铰链排 117.1 万 m²,还有其他的护岸材料及形式,护岸总长度达 1325km,占崩岸总长的 85% 以上,这些护岸工程在历年抗洪和维护河势稳定中发挥了重要作用,成为了防洪工程体系的组成部分和河势控制工程中的重要工程措施,也为航道畅通与岸线利用创造了良好的条件。

护岸工程的实施会使工程范围内的横向河床变形受到抑制,但近岸未护处的纵向与垂向冲刷加剧,深泓刷深并内移,进而使护岸工程发生调整;对不同材料与结构形式的护岸工程,其调整变化、适用能力与破坏机理是不同的。护岸工程系典型的动态工程,运行过程中存在安全不确定性与风险及有效运行年限,做不到一劳永逸。一般情况下,护岸工程的调整需要经历一定的水文过程,在这期间,若护岸工程出现破损得不到及时加固,则使护岸工程破坏程度加剧,严重情况下会使已建护岸工程失效,起不到稳定河岸的作用。因此,对已建护岸工程实施及时有效的加固是保证其发挥正常功效的关键。然而,由于缺乏对长江中游河道护岸工程的病理与老化以及加固技术等方面的研究,所以如何对已建护岸工程进行有效加固是治河工作者非常关心并迫切需要解决的问题。

三峡及其上游控制型水库建成运用后,坝下游河道年内径流与泥沙分配过程会发生变化,特别是来沙量将显著减小,粒径明显变细,使得坝下游河道发生长时间、长距离的冲刷,河势出现新的变化,会产生新的险工段,对堤岸稳定及已有护岸工程的安全运行等均会带来不利影响。三峡水库蓄水运用以来,荆江河段的崩岸频次有所增加,影响河势与堤岸稳定,危及防洪、航运及涉水工程的安全等。另外,以往长江中游河道已实施的护岸工程均未考虑三峡及其上游控制型水库建成运用所带来的影响,这些护岸工程能否适应新的水沙条件以及如何有效加固现有不同类别的护岸工程值得研究。

综上所述,为了适应沿江社会经济可持续发展的要求,积极应对新形势下长江中游河道崩岸、以往实施的护岸工程与堤岸稳定等关键问题,开展长江中游河道崩岸与护岸工程现状调查、崩岸成因研究、不同材料与结构形式的护岸工程病理分析与已实施的护岸工程加固技术以及崩岸综合治理技术等具有十分重要的意义。

参 考 文 献

[1] 水利部长江水利委员会. 长江中下游干流河道治理规划(2012 年修订). 2014.

[2] 姚仕明,卢金友. 三峡水库蓄水运用前后坝下游水沙输移特性研究. 水力发电学报,2011, 30(3):117-123.

[3] 长江水利委员会水文局. 2013 年度三峡水库进出库水沙特性、水库淤积及坝下游河道冲刷分析. 2014.

[4] 姚仕明,卢金友. 长江中下游河道演变规律及冲淤预测. 人民长江,2013,44(23):22-28.

[5] 姚仕明,刘同宦. 长江流域泥沙资源供需矛盾及对策. 人民长江,2010,41(15):10-14.

[6] 长江水利委员会水文局. 长江中下游现状河道冲淤变化分析报告. 2002.

[7] 长江水利委员会水文局. 三峡水库进出库水沙特性、水库淤积及坝下游河道冲淤综合分析报告. 2010.

[8] 长江水利委员会水文局. 2012 年度三峡水库进出库水沙特性、水库淤积及坝下游河道冲淤分析报告. 2013.

[9] 卢金友. 长江泥沙起动流速公式探讨. 长江科学院院报,1991,8(4):57-63.

[10] 何广水,姚仕明,金中武. 长江荆江河段弯道凸岸边滩非典型冲刷研究. 人民长江,2011, 42(17):1-3.

[11] 卢金友,姚仕明,邵学军,等. 三峡工程运用后初期坝下游江湖响应过程. 北京:科学出版社,2012.

[12] 许全喜. 三峡工程运用前后长江中游河湖泥沙冲淤演变研究//三峡工程运用 10 年长江中游江湖演变与治理学术研讨会,武汉,2013.

[13] 岳红艳,余文畴. 长江河道崩岸机理. 人民长江,2002,33(8):20-22.

[14] 唐日长,贡炳生,周正海. 荆江大堤护岸工程初步分析研究//湖北省水利学会第一次年会,武汉,1962.

[15] 长江流域规划办公室荆江河床实验站. 荆江护岸河段河床演变分析//长江中下游护岸工程经验选编. 北京:科学出版社,1978.

[16] 长江流域规划办公室汉口水文总站河道队. 长江中下游城陵矶至九江护岸工程稳定性调查分析//长江中下游护岸工程经验选编. 北京:科学出版社,1978.

[17] 长江流域规划办公室南京河床实验站. 长江下游崩岸与护岸//长江中下游护岸工程经验选编. 北京:科学出版社,1978.

[18] 陈引川,彭海鹰. 长江中下游大崩窝的发生及防护//长江中下游第三次护岸工程经验交流会,扬州,1985.

[19] 余文畴,曾静贤. 长江护岸丁坝局部冲刷和防护研究//第二届中日河工坝工会议,东京,1986.

[20] 余文畴. 嘶马河弯的整治工程. 长江志季刊,2003,(1):50-55.

[21] 丁普育,张敬玉. 江岸土体液化与崩坍关系的探讨//长江中下游第三次护岸工程经验交流会,扬州,1985.

[22] 李宝璋. 浅谈长江南京河段窝崩成因及防护. 人民长江,1992,23(11):26-28.

[23] 王家云,董光琳. 安徽省长江护岸工程损坏及崩岸原因分析. 水利管理技术,1998,18(1): 62-64.

[24] 王永. 长江安徽段崩岸原因及治理措施分析. 人民长江,1999,30(10):19-20.

[25] 黄本胜,李思平,邱静,等. 冲积河流岸滩的稳定性计算模型初步研究//河流模拟理论与实践. 武汉:武汉水利电力大学出版社,1998.

[26] 吴玉华,苏爱军,崔政权,等. 江西省彭泽县马湖堤崩岸原因分析. 人民长江,1997,28(4): 27-30.

[27] 冷魁. 长江下游窝崩形成条件及防护措施初步研究. 水科学进展,1993,4(4):281-287.

[28] 毛昶熙,段祥宝,毛佩郁. 江河大堤防洪现状与渗流防冲调研. 人民黄河,1998,20(4): 29-31.

[29] 陈祖煜,孙玉生. 长江堤防崩岸机理和工程措施探讨. 中国水利,2000,601(2):28-29.

[30] 岳红艳. 长江河道崩岸机理的初步探讨. 武汉:长江科学院硕士学位论文,2001.

[31] 王延贵. 冲积河流岸滩崩塌机理的理论分析及试验研究. 北京:中国水利水电科学研究院博士学位论文,2003.

[32] 夏军强,王光谦,吴保生. 黄河下游河床纵向与横向变形的数值模拟——I二维混合模型的应用. 水科学进展,2003,14(4):389-395.

[33] 夏军强,王光谦,吴保生. 黄河下游河床纵向与横向变形的数值模拟——II二维混合模型的应用. 水科学进展,2003,14(4):396-399.

[34] 王路军. 长江中下游崩岸机理的大型室内试验研究. 南京:河海大学硕士学位论文,2005.

[35] 张幸农,应强,陈长英,等. 江河崩岸的概化模拟试验研究. 水利学报,2009,40(3):263-267.

[36] 美国河道整治工程委员会. 冲积河道的河槽稳定工程. 美国土木工程学会会刊:水道与港口,1965,91(1):7-36.

[37] Simons D B,Li R M. Bank erosion on regulated rivers//Hey R D,Bathurst J C,Thorne C R. Gravel-bed Rivers. Chichester:John Wiley & Sons,1982:717-754.

[38] Hemphill R W,Bramley M E. Protection of River and Canal Banks. London:Butterworth, 1989.

[39] Grissinger E H. Bank erosion of cohesive materials//Hey R D,Bathurst J C,Thorne C R. Gravel-bed Rivers. Chichester:John Wiley & Sons,1982:273-287.

[40] Nanson G C,Hickin E J. A statistical analysis of bank erosion and channel migration in Western Canada. Bulletin Geological Society of America,1986,97(8):497-504.

[41] Biedenharn D S,Combs P G,Hill G J,et al. Relationship between channel migration and radius of curvature on the red river//Proceedings of the International Symposium on

Sediment Transport Modeling, American Society of Civil Engineers, Hydraulics Division, New Orleans, 1989:536-541.

[42] Osman A M, Thorne C R. Riverbank stability analysis. I: Theory. Journal of Hydraulic Engineering, 1988, 114(2):134-150.

[43] Darby S E, Thorne C R. Simulation of near bank aggradation and degradation for width adjustment models//Proceedings of the Second International Conference on Hydraulic and Environment. Modeling of Coast, Aldershot, 1992:431-442.

[44] Millar R G, Quick M C. Effect of bank stability on geometry of gravel rivers. Journal of Hydraulic Engineering, 1993, 119(12):1143-1163.

[45] Hagerty D J, Spoor M F, Parola A C. Near bank impacts of river stage control. Journal of Hydraulic Engineering, 1993, 121(2):196-207.

[46] Hagerty D J, Spoor M F, Kennedy J F. Interactive mechanisms of alluvial-stream bank erosion//Proceedings of the Third International Symposium on River Sedimentation, Jackson, 1986:1160-1168.

[47] Youdeowei P O. Bank collapse and erosion at the upper reaches of the Ecole Creek in the Niger Delta area of Nigeria. Bulletin of the International Association of Engineering Geology, 1997, 55(1):167-172.

[48] ASCE Task Committee on Hydraulics. Bank mechanics, and modeling of river width adjustment. I: processes and mechanisms. II: modeling. Journal of Hydraulic Engineering, 1998, 17(9):881-917.

[49] Fukuoka S. 自然堤岸冲蚀过程的机理. 赵渭军, 译. 水利水电快报, 1996, 17(2):29-33.

[50] Nagata N, Hosoda T, Muramoto Y. Numerical analysis of river channel processes with bank erosion. Journal of Hydraulic Engineering, 2000, 126(4):243-251.

[51] 张幸农, 应强, 陈长英. 长江中下游崩岸险情类型及预测预防. 水利学报, 2007, (增刊):246-250.

[52] 夏军强. 河岸冲刷机理研究及数值模拟. 北京:清华大学博士学位论文, 2002.

[53] 许全喜, 谈广鸣, 张小峰. 长江河道崩岸预测模型的研究与应用. 武汉大学学报(工学版), 2004, 37(6):9-12.

[54] 唐金武, 邓金运, 由星莹, 等. 长江中下游河道崩岸预测方法. 四川大学学报(工程科学版), 2012, 44(1):75-81.

[55] 余文畴, 卢金友. 长江中下游河道整治和护岸工程实践与展望. 人民长江, 2002, 33(8):15-17.

[56] 余文畴, 卢金友. 长江河道崩岸与护岸. 北京:中国水利水电出版社, 2008.

[57] 水利部水利水电规划设计总院. GB 50286—2013 堤防工程设计规范. 北京:中国计划出版社, 2013.

[58] 潘庆燊, 余文畴, 曾静贤. 抛石护岸工程试验研究. 泥沙研究, 1981, (1):76-84.

[59] 欧阳履泰, 余文畴. 长江中下游护岸形式的分析研究. 水利学报, 1985, 16(3):1-9.

[60] 余文畴, 钟行英, 吴中贻, 等. 平顺抛石护岸若干问题水槽定性实验//长江中下游护岸工程

经验选编.北京:科学出版社,1978.

[61] 余文畤.谈谈长江中下游护岸的丁坝问题.人民长江,1986,17(2):40-42.

[62] 孙江岷,张群英,王文秀,等.河道堤防植物护坡综述.黑龙江水专学报,1998,25(2):67-69.

[63] 陈寅光,赵启承.长江护岸工程抛石粒径的探讨//长江中下游第三次护岸工程经验交流会,扬州,1985.

[64] 方晓龙.小颗粒石料在无为大堤大拐护岸中的试验效果//长江中下游第四次护岸工程经验交流会,岳阳,1989.

[65] 姚仕明,卢金友,岳红艳.小颗粒石料护岸工程技术研究.泥沙研究,2007,(3):4-8.

[66] 刘继春,等.软体沉排护岸初探——塑料织物土枕护岸实验报告//长江中下游第三次护岸工程经验交流会,扬州,1985.

[67] 汤迪凡.塑料编织布护岸工程//长江中下游第三次护岸工程经验交流会,扬州,1985.

[68] 陈一山,魏梓兴.上海市海塘工程浅析//长江中下游第五次河道整治与管理经验交流会,九江,1993.

[69] 张燕菁,熊铁.关于天兴洲铰链混凝土板——聚酯纤维织布沉排护坡工程//长江中下游第三次护岸工程经验交流会,扬州,1985.

[70] 赵启承,叶树森.沉梢护岸工程效果的研究//长江中下游第五次河道整治与管理经验交流会,九江,1993.

第2章 长江中游干流河道崩岸与护岸工程
调查与评估

2.1 崩岸调查与评估

在水流泥沙运动与河床边界相互作用下,河岸受到各种因素的影响发生崩坍、滑塌变形称为崩岸,包括自然岸段的崩塌与已护工程的坍塌。受河道近岸河床冲刷与水流作用力、水位变化、岸坡形态与河岸组成、岸坡土体力学性质、河岸植被类型、护岸工程等众多因素的影响,崩岸特征主要表现为弧形窝崩、条形倒崩、浪坎洗崩、坡面滑挫、枯水平台塌陷等形式。

长江中游干流河道的崩岸情况与当年的来水来沙情况和相关河段实施的护岸情况有密切的关系,尤其是遭受大洪水年份,洪水持续时间长,洪峰流量大,河道冲淤变化也大,河势调整较一般水文年剧烈,相应发生崩岸的次数、范围及强度要大。例如,在1998年大洪水作用下,长江中下游共发生了330余处崩岸险情,其中重大崩岸险情中游有17处,下游有39处,而且均为大尺度的窝崩[1]。20世纪50年代以来,长江中游河道经历了6次大洪水的造床作用(其中1954年、1998年为流域性洪水,1981年为长江上游大洪水,1983年、1996年和1999年为长江中下游大洪水),这些年份的大洪水均对长江中游河道的演变带来了较大影响。此外,2003年6月三峡水库开始蓄水运用,改变了长江中游河道的来水来沙条件,对其演变也带来了较大影响。考虑到1981年以前长江中游河道岸线的护岸工程相对较少,岸坡基本处于自然状态;1981~1998年,其岸线逐步实施了一些护岸工程,主要位于防洪险要与对河势起控制作用的重要岸线段;1998年10月~2003年4月,中央政府投入了大量资金,实施了长江重要堤防隐蔽工程,对长江中下游河道崩岸及险工段进行了较为系统的整治。2003年6月三峡水库蓄水运用以来,荆江实施了部分河势控制应急工程与长江重要堤防隐蔽工程中的下荆江剩余河势控制工程。另外,2002年以后,国家加大了长江中下游航道整治工程的投入力度,先后实施了一系列航道整治工程,对控制河道边界条件也发挥了重要作用。

因长江中游河(航)道整治工程的逐步实施,目前的河道边界尤其是河岸边界与1980年相比已经发生了显著变化,对防洪、岸线利用及航道等影响较大的崩岸段基本得到了治理。因崩岸在不同时期所造成的影响与后果不同,对其重视程度也不一样,所以不同阶段崩岸数据统计的全面性与完整性存在差异,总体而言,随着社会经济的不断发展,人类对河道的需求越来越多,崩岸所构成的威胁与带来的损失也越来越大,在河道治理与管理中所受到的重视程度也越来越大。

2.1.1　崩岸程度等级评价技术指标

长江中游河道崩岸特征主要表现为弧形窝崩、条形倒崩、浪坎洗崩、坡面滑挫、枯水平台外缘塌陷等形式,弧形窝崩、条形倒崩、浪坎洗崩基本发生在未守护的自然岸段,而枯水平台外缘塌陷、坡面裂缝滑挫、坡面垮塌基本发生在已护岸段,二者的归属不一样。因此,对于自然岸段与已护岸段,河道崩岸评价的划分标准是不一样的。

1. 自然岸段崩岸程度等级评价技术指标

在河岸边界处于自然状态时,长江中游河道的部分河段崩岸较为剧烈,最为典型的是下荆江的蜿蜒形河段,河道岸线变化几乎是"十年河东、十年河西",河身蠕动与自然裁弯均可导致岸线的大幅度变化。下荆江河段在自然条件下除右岸的石首市东岳山、鹅公凸～章华港、华容县塔市驿等天然节点外,其余岸段几乎没有稳定的河岸边界,崩岸范围几乎为整个岸线段。下荆江中洲子人工裁弯段的莱家铺弯道段在 20 世纪 50 年代崩岸强度可达 150m/a,60 年代可达 100m/a;中洲子人工裁弯新河在发展初期,1967 年 5 月～1968 年 6 月,河宽由 74m 增加至 826m,即年崩率达 720m[2],年坍失土地面积 4600 余亩,崩岸强度为历史之最。在城陵矶以下的分汊河道,如岳阳河段的鸭栏至铁山咀段,武汉河段的龙王庙、月亮湾段,九江河段的永安段、汇口段等,自然条件下的崩岸强度也较为剧烈。

为了便于对长江中游河道崩岸资料的统计与归类,结合崩岸调查和经验,将其崩岸强度分为 4 个等级:崩岸岸线后退强度 20m/a 以下为弱崩,20～50m/a 为较强崩,50～80m/a 为强崩,80m/a 以上为剧崩[1]。

2. 已护岸段崩岸程度等级评价技术指标

护岸工程段的崩岸发展过程主要表现为:水下边坡冲刷变陡→水下坡面护岸体调整或受损→枯水平台外缘塌陷→坡面裂缝滑挫→坡面垮塌。评价护岸工程段的崩岸强度需要考虑崩岸发展过程所处的阶段、崩岸点的数量和分布情况、单个崩岸点裂缝弧线最高点的坡面相对位置和弧线长度。为了便于对已护岸段崩岸资料的统计与归类,结合已护岸段崩岸发展过程和经验,将其崩岸强度分为 4 个等级,具体如下。

(1) 仅枯水平台外缘塌陷、塌陷地段 3 处以内,塌陷地段累计总长度占上下游塌陷端点间距离不足 20% 为弱崩。

(2) 枯水平台塌陷、坡面滑挫裂缝吊坎高度为 0.3～1.0m、坡面滑挫裂缝 3 处以上,滑挫裂缝地段累计总长度占上下游滑挫裂缝端点间距离为 20%～40%,单个崩岸点裂缝弧线最高点位于半坡以下为较强崩。

(3) 枯水平台塌陷、坡面滑挫裂缝吊坎高度为 1.0～2.0m、坡面滑挫裂缝 3 处以上,滑挫裂缝地段累计总长度占上下游滑挫裂缝端点间距离为 40%～60%,单个崩岸点裂缝弧线弦长 30～50m、最高点位于半坡以上为强崩。

(4) 枯水平台塌陷、坡面滑挫裂缝吊坎高度在 2.0m 以上、坡面滑挫裂缝 3 处以上,滑挫裂缝地段累计总长度占上下游滑挫裂缝端点间距离超过 60%,单个崩岸点裂缝弧线弦长 50m 以上、最高点位于坡高 2/3 以上为剧崩。

2.1.2　崩岸基本情况调查与评估

长江中游干流河道崩岸评估主要是通过收集与查阅其历史档案资料,结合近年来的河道巡查与现场调查的资料,弄清楚其崩岸的历史情况和现状,并运用上述的崩岸程度等级评价技术指标对其进行评估。由于 20 世纪 50～70 年代护岸的工程规模比较小,除荆江、武汉等重点河段的险工段实施了护岸工程外,在这一时期一般岸段因当时的经济条件限制很少实施护岸工程,在历史档案资料中关于自然岸段的崩岸记录资料也较少。因此,本书中长江中游干流河道崩岸评估只针对在录的崩岸情况,资料收集与调查的截止时间为 2012 年 8 月 31 日。

在长江中游干流河道崩岸统计与分析中,涉及年次崩岸长度、年次崩岸累计总长度及崩岸范围累计叠加总长度等。本书中,年次崩岸长度是指年内某岸段发生的崩岸长度 $b(i)$,计量单位为 m;年次崩岸累计总长度 $\sum_{i=1}^{n} b(i)$ 是指某岸段每年的崩岸长度总和;崩岸范围累计叠加总长度 $d(n)$ 是指历年的崩岸所覆盖和直接影响区域的长度总和,单位为 m。例如,同一地段在 n 年内每年都发生了崩岸,崩岸长度为 $b(i)$,在 n 年统计年份内的年次崩岸累计总长度为 $\sum_{i=1}^{n} b(i)$,单位为 m。崩岸范围累计叠加总长度仅计算一次。

1. 宜枝河段

根据 1980 年 8 月～2012 年 8 月的河道滩岸崩塌记录资料统计与崩岸程度等级评价技术指标,宜枝河段的崩岸特征主要是弱崩和少量的较强崩,在 1980 年 8 月～1998 年 8 月、1998 年 9 月～2003 年 6 月、2003 年 7 月～2012 年 8 月的 3 个时期,宜枝河段年次崩岸累计总长度分别为 9963m、3652m、7228m,年平均长度分别为 553.5m、730m、814m,见表 2.1。

三峡水库运用后,宜枝河段崩岸主要分布在镇江阁、九码头、宝塔河、云池、后江沱、龙窝、北水港等地段,崩岸范围累计叠加总长度 7228m,约占岸线总长度的

5.9%;其中,宜枝河段左岸崩岸范围累计叠加总长度 3250m,约占岸线总长度 5.3%;右岸崩岸范围累计叠加总长度 3978m,约占岸线总长度 6.5%。河段崩岸发生的时间主要在 9～11 月,见表 2.2。

表 2.1 不同时期宜枝河段崩岸范围叠加统计与评估

统计期间	崩岸累计总长度/m	弱崩		较强崩	
		长度/m	百分比/%	长度/m	百分比/%
1980 年 8 月～1998 年 8 月	9963	8117	81.5	1846	18.5
1998 年 9 月～2003 年 6 月	3652	3142	86	510	14
2003 年 7 月～2012 年 8 月	7228	7228	100	—	—

表 2.2 三峡水库运用后宜枝河段年次崩岸情况统计

序号	行政辖区	地名	岸别	当时岸况	桩号范围	长度/m	特征	等级	发生时间
1	宜昌市	镇江阁	左	已护	0+100～0+300	200	挫崩	弱崩	2010 年 12 月
2	宜昌市	九码头	左	已护	4+000～4+520	520	挫崩	弱崩	2010 年 11 月
3	宜昌市	宝塔河	左	已护	5+240～5+840	600	挫崩	弱崩	2010 年 10 月
4	宜昌市	云池	左	未护	3+670～3+920	250	挫崩	弱崩	2010 年 10 月
5	宜昌市	云池	左	已护	2+760～3+840	1080	挫崩	弱崩	2010 年 10 月
6	宜昌市	红港码头下	左	已护	4+900～5+500	600	挫崩	弱崩	2010 年 11 月
7	宜昌市	清静庵	右	未护	0+120～0+720	600	条崩	弱崩	2010 年 11 月
8	宜昌市	红光港机厂	右	未护	0+150～0+750	600	条崩	弱崩	2010 年 12 月
9	宜都市	烂泥岗	右	未护	0+400～1+000	600	条崩	弱崩	2004 年 5 月
10	宜都市	后江沱	右	已护	7+500～7+600	100	挫崩	弱崩	2012 年 4 月
11	宜都市	后江沱	右	已护	8+100～8+200	100	条崩	弱崩	2008 年 10 月
12	宜都市	后江沱	右	未护	8+700～9+378	678	挫崩	弱崩	2012 年 4 月
13	宜都市	龙窝	右	未护	7+500～8+200	700	条崩	弱崩	2011 年 10 月
14	宜都市	杨家湖	右	未护	8+500～8+700	200	条崩	弱崩	2005 年 8 月～2007 年 10 月
15	宜都市	杨家湖	右	未护	8+700～9+000	300	窝崩	弱崩	2006 年 9 月
16	宜都市	北水港	右	已护	6+300～6+400	100	挫崩	弱崩	2009 年 7 月
			合计			7228			2003～2012 年

2. 上荆江河段

根据 1963 年 8 月～2012 年 8 月的河道滩岸崩塌记录资料统计与崩岸程度等级评价技术指标,上荆江河段的崩岸特征主要是弱崩、少量的较强崩和强崩,在 1963 年 8 月～1980 年 8 月、1980 年 9 月～1998 年 8 月、1998 年 9 月～2003 年 6

月、2003年7月～2012年8月的4个时期,上荆江河段年次崩岸累计总长度分别为9870m、34455m、20578m、39078m。崩岸累计年平均长度分别为580.6m、1914.2m、4116m、4342m,见表2.3。

表2.3　不同时期上荆江河段崩岸范围叠加统计与评估

统计期间	崩岸累计总长度/m	弱崩		较强崩		强崩	
		长度/m	百分比/%	长度/m	百分比/%	长度/m	百分比/%
1963年8月～1980年8月	9870	8470	85.8	1400	14.2	—	
1980年9月～1998年8月	34455	32537	94.4	1178	3.5	740	2.1
1998年9月～2003年6月	20578	19118	92.9	1460	7.1	—	
2003年7月～2012年8月	39078	39078	100	—		—	

　　三峡水库运用后上荆江河段崩岸主要分布在左岸的同勤垸、焦岩子、两美垸、赵家河、新口、龙洲垸、学堂洲围堤、观音矶、文村夹、西流堤、耀新民垸,与右岸的徐家溪、林家垴、火箭闸、黄家台、李家渡、朝家堤、陈家湾、吴鲁湾、斗湖堤、南五洲、黄水套等岸段(图2.1～图2.6),崩岸范围累计叠加总长度36762m,约占岸线总长度10.8%。其中,上荆江河段左岸崩岸范围累计叠加总长度9802m,约占左岸岸线总长度5.7%;右岸崩岸范围累计叠加总长度26960m,约占右岸岸线总长度15.7%。上荆江河段崩岸发生的时间主要在退水期与枯水期的9月～次年4月,见表2.4。

图2.1　顾家店镇同勤垸崩岸(2005年6月)

图2.2　上百里洲林家垴崩岸段(2011年4月)

图2.3　沙市河段腊林洲上段崩岸
(2011年11月)

图2.4　西流堤7+000附近崩岸
(2011年11月)

图 2.5　雷洲边滩上段崩岸(2011 年 11 月)　　图 2.6　郝穴河弯南五洲崩岸(2009 年 5 月)

表 2.4　三峡水库运用后上荆江河段年次崩岸情况统计

序号	行政辖区	地名	岸别	当时岸况	桩号范围	长度/m	特征	等级	发生时间
1	枝江市	同勤垸	左	已护	2+092～3+182	1090	挫崩	弱崩	2005 年 8 月
2	枝江市	焦岩子	左	已护	3+582～4+092	510	挫崩	弱崩	2006 年 4 月
3	枝江市	两美垸	左	已护	1+000～1+570	570	挫崩	弱崩	2006 年 7 月
4	枝江市	赵家河	左	已护	7+870～8+181	311	挫崩	弱崩	2009 年 8 月
5	枝江市	新口	左	未护	23+200～23+400	200	条崩	弱崩	2010 年 8 月
6	荆州区	龙洲垸	左	已护	1+900～2+450	550	条崩	弱崩	2007 年 9 月
7	荆州区	龙洲垸	左	已护	4+500～5+500	1000	条崩	弱崩	2007 年 9 月，2011 年 11 月
8	荆州区	学堂洲围堤	左	已护	5+520～5+400	120	挫崩	弱崩	2010 年 8 月
9	荆州区	学堂洲	左	已护	4+900～5+100	200	挫崩	弱崩	2011 年 9 月
10	沙市区	观音矶	左	已护	760+080～760+300	220	挫崩	弱崩	2011 年 8 月
11	沙市区	航道码头	左	已护	756+960～757+000	40	挫崩	弱崩	2007 年 8 月
12	沙市区	柳林二港区	左	已护	755+550～755+770	220	挫崩	弱崩	2007 年 10 月，2011 年 9 月
13	沙市区	东区水厂	左	已护	753+150～753+300	150	挫崩	弱崩	2011 年 8 月
14	江陵县	文村夹	左	未护	734+150～733+750	400	条崩	弱崩	2005 年 1 月
15	江陵县	文村夹	左	未护	734+400～735+200	800	条崩	弱崩	2006 年 6 月
16	江陵县	西流堤	左	未护	12+100～12+575	475	条崩	弱崩	2007 年 3 月
17	江陵县	西流堤	左	未护	12+708～12+462	246	条崩	弱崩	2005 年 12 月，2006 年 9 月
18	江陵县	西流堤	左	未护	12+725～12+825	100	条崩	弱崩	2006 年 6 月
19	江陵县	西流堤	左	未护	09+500～09+800	300	挫崩	弱崩	2011 年 4 月
20	江陵县	耀新民垸	左	未护	08+300～06+000	2300	条崩	弱崩	2010 年 3 月
21	宜都市	徐家溪	右	未护	1+150～1+400	250	条崩	弱崩	2004 年 8 月
22	枝江市	林家垱	右	已护	19+000～19+730	730	挫崩	弱崩	2005 年 7 月

续表

序号	行政辖区	地名	岸别	当时岸况	桩号范围	长度/m	特征	等级	发生时间
23	枝江市	林家垴	右	已护	17+930～19+000	1070	挫崩	弱崩	2005 年 7 月
24	枝江市	火箭闸	右	已护	17+800～17+930	130	挫崩	弱崩	2005 年 7 月
25	枝江市	黄家台	右	已护	13+830～15+950	2120	挫崩	弱崩	2005 年 11 月～ 2006 年 5 月
26	枝江市	坝洲尾	右	已护	10+870～12+600	1730	挫崩	弱崩	2004 年 11 月～ 2005 年 5 月
27	枝江市	李家渡	右	已护	8+230～9+960	1730	挫崩	弱崩	2006 年 11 月～ 2010 年 4 月
28	枝江市	羊子庙	右	已护	8+230～7+150	1080	挫崩	弱崩	2006 年 9 月～ 2010 年 5 月
29	枝江市	郝家洼子	右	已护	6+780～4+790	1990	挫崩	弱崩	2010 年 8 月
30	枝江市	解放	右	已护	1+800～0+030	1770	挫崩	弱崩	2010 年 8 月
31	枝江市	双红滩	右	已护	67+000～66+150	850	挫崩	弱崩	2010 年 8 月
32	松滋市	财神殿	右	已护	727+050～726+800	250	挫崩	弱崩	2005 年 8 月
33	松滋市	黄昏台	右	已护	723+700～723+600	100	挫崩	弱崩	2005 年 8 月
34	松滋市	朝家堤	右	已护	726+300～725+950	350	挫崩	弱崩	2006 年 6 月
35	松滋市	涴市镇	右	已护	715+500～715+400	100	挫崩	弱崩	2005 年 4 月
36	松滋市	涴市镇	右	已护	714+450～714+250	200	挫崩	弱崩	2005 年 11 月
37	松滋市	涴市横堤	右	已护	714+200～713+400	800	挫崩	弱崩	2006 年 4 月
38	松滋市	朝家堤～ 财神殿	右	已护	725+900～727+600	1700	挫崩	弱崩	2007 年 1 月～ 2007 年 12 月
39	松滋市	采穴镇～ 黄昏台	右	已护	723+800～725+200	1400	挫崩	弱崩	2007 年 1 月～ 2007 年 12 月
40	松滋市	涴市横堤	右	已护	713+400～714+200	800	挫崩	弱崩	2007 年 3 月～ 2007 年 6 月
41	荆州区	陈家湾闸	右	已护	708+600～708+800	200	挫崩	弱崩	2011 年 12 月
42	荆州区	陈家湾矶头	右	未护	707+200～707+400	200	挫崩	弱崩	2011 年 11 月
43	荆州区	陈家湾	右	未护	707+200～707+500	300	挫崩	弱崩	2006 年 4 月
44	公安县	北闸	右	未护	696+000～696+800	800	挫崩	弱崩	2011 年 3 月
45	公安县	腊林洲	右	未护	695+500～696+400	900	挫崩	弱崩	2010 年 10 月
46	公安县	雷家渡	右	已护	675+000～675+050	50	挫崩	弱崩	2005 年 3 月
47	公安县	新四弓	右	已护	675+200～675+280	80	挫崩	弱崩	2005 年 3 月

序号	行政辖区	地名	岸别	当时岸况	桩号范围	长度/m	特征	等级	发生时间
48	公安县	陈家台	右	已护	680+650～680+700	50	挫崩	弱崩	2005 年 3 月
49	公安县	吴鲁湾	右	未护	663+800～665+150	1350	条崩	弱崩	2004 年 11 月～ 2011 年 4 月
50	公安县	青龙庙	右	已护	656+550～656+750	200	挫崩	弱崩	2007 年 3 月
51	公安县	斗湖堤	右	已护	653+950～653+980	30	挫崩	弱崩	2008 年 2 月
52	公安县	斗湖堤	右	已护	654+270～654+330	60	挫崩	弱崩	2009 年 5 月
53	公安县	二圣寺	右	已护	651+200～651+260	60	挫崩	弱崩	2009 年 4 月
54	公安县	朱家湾	右	已护	648+100～648+130	30	挫崩	弱崩	2005 年 3 月
55	公安县	南五洲	右	未护	36+300～37+100	800	挫崩	弱崩	2006 年 3 月
56	公安县	南五洲	右	未护	37+100～36+450	650	条崩	弱崩	2009 年 3 月～ 2009 年 5 月
57	公安县	南五洲(农丰)	右	已护	27+450～27+650	200	挫崩	弱崩	2011 年 5 月
58	公安县	南五洲	右	未护	29+500～31+000	1500	条崩	弱崩	2007 年 5 月, 2010 年 5 月
59	公安县	黄水套	右	已护	619+900～620+250	350	挫崩	弱崩	2010 年 6 月～ 2011 年 6 月
	合计					36762			2003～2012 年

3. 下荆江河段

根据 1958 年 8 月～2012 年 8 月的河道滩岸崩塌记录资料统计与崩岸程度等级评价技术指标,下荆江河段的崩岸特征主要是弱崩、较强崩、强崩和剧崩,在 1958 年 8 月～1980 年 8 月、1980 年 9 月～1998 年 8 月、1998 年 9 月～2003 年 6 月、2003 年 7 月～2012 年 8 月的 4 个时期下荆江河段年次崩岸累计总长度分别为 82868m、216265m、40505m、104364m。崩岸累计年平均长度分别为 4875m、12015m、8101m、11596m,见表 2.5。

表 2.5 不同时期下荆江河段崩岸范围叠加统计与评估

统计期间	崩岸累计总长度/m	弱崩		较强崩		强崩		剧崩	
		长度/m	百分比/%	长度/m	百分比/%	长度/m	百分比/%	长度/m	百分比/%
1958 年 8 月～ 1980 年 8 月	82868	39553	47.7	20805	25.1	8510	10.3	14000	16.9

续表

统计期间	崩岸累计总长度/m	弱崩		较强崩		强崩		剧崩	
		长度/m	百分比/%	长度/m	百分比/%	长度/m	百分比/%	长度/m	百分比/%
1980 年 9 月～1998 年 8 月	216265	139255	64.4	36130	16.7	22610	10.5	18270	8.4
1998 年 9 月～2003 年 6 月	40505	18430	45.5	16615	41.0	2610	6.4	2850	7.1
2003 年 7 月～2012 年 8 月	104364	75050	71.9	29314	28.1	—	—	—	—

　　三峡水库运用后,下荆江河段崩岸主要分布在左岸的茅林口、向家洲、沙埠矶(合作垸)、北碾垸、北碾子湾、金鱼沟、中洲子、铺子湾、集成垸、天星阁、杨岭子、盐船套、团结闸、姜介子、熊家洲河弯、八姓洲西侧、观音洲,与右岸的北门口、连心垸、调关、八十丈、新沙洲、天字一号、洪水港、荆江门、张家墩、七弓岭等岸段(图 2.7～图 2.23),崩岸累计叠加总长度 52484m,约占岸线总长度 14.9%。其中,下荆江河段左岸崩岸范围累计叠加总长度 25373m,约占左岸岸线总长度14.4%;右岸崩岸范围累计叠加总长度 27111m,约占右岸岸线总长度 15.4%。河段崩岸发生的时间主要在 9 月～次年 4 月,见表 2.6。

图 2.7　北门口地段(2010 年 3 月)

图 2.8　北碾子湾血防闸下游(2007 年 7 月)

图 2.9　茅林口桩号 37+200 附近
(2011 年 11 月)

图 2.10　北碾子湾桩号 4+200 附近
(2011 年 11 月)

图 2.11　连心垸桩号 1+200 附近
（2011 年 11 月）

图 2.12　中洲子桩号 6+800 附近
（2011 年 11 月）

图 2.13　监利河段铺子湾地段
（2010 年 3 月）

图 2.14　铺子湾桩号 18+000 附近
（2011 年 2 月）

图 2.15　天星阁桩号 41+640 附近
（2011 年 11 月）

图 2.16　盐船套桩号 30+200 附近
（2011 年 11 月）

图 2.17　姜介子桩号 17+200 附近
（2011 年 11 月）

图 2.18　熊家洲河弯桩号 7+200 附近
（2011 年 11 月）

图 2.19　八姓洲西侧狭颈附近
（2011 年 11 月）

图 2.20　观音洲桩号 564+100 附近
（2011 年 11 月）

图 2.21　观音洲桩号 564＋500 附近　　　　图 2.22　新沙洲桩号 12＋300 附近
（2011 年 3 月）　　　　　　　　　　　　（2009 年 2 月）

图 2.23　天字一号崩岸处（2005 年 4 月）

表 2.6　三峡水库运用后下荆江河段年次崩岸情况统计

序号	行政辖区	地名	岸别	当时岸况	桩号范围	长度/m	特征	等级	发生时间
1	石首市	茅林口	左	已护	33＋800～34＋136	336	窝崩	弱崩	2004 年 5 月
2	石首市	茅林口	左	已护	34＋500～34＋650	150	窝崩	弱崩	2006 年 5 月
3	石首市	茅林口	左	已护	35＋700～35＋900	200	窝崩	弱崩	2006 年 5 月
4	石首市	茅林口	左	已护	36＋250～36＋500	250	窝崩	弱崩	2006 年 5 月
5	石首市	茅林口	左	已护	37＋000～37＋200	200	窝崩	弱崩	2006 年 6 月
6	石首市	向家洲	左	已护	25＋450～26＋000	550	窝崩	较强崩	2007 年 3 月
7	石首市	沙埠矶（合作垸）	左	已护	26＋000～28＋000	2000	窝崩	弱崩	2007 年 4 月
8	石首市	北碾垸	左	已护	0＋030～0＋090	60	窝崩	较强崩	2005 年 9 月
9	石首市	北碾垸	左	已护	0＋000～0＋040	40	窝崩	弱崩	2007 年 7 月
10	石首市	北碾垸	左	已护	0＋620～0＋880	260	窝崩	较强崩	2007 年 10 月
11	石首市	北碾子湾	左	已护	4＋020～4＋220	200	挫崩	弱崩	2007 年 6 月，2011 年 11 月

序号	行政辖区	地名	岸别	当时岸况	桩号范围	长度/m	特征	等级	发生时间
12	石首市	北碛子湾	左	已护	5+900～5+980	80	挫崩	弱崩	2011年10月
13	石首市	金鱼沟	左	已护	18+775～18+895	120	窝崩	弱崩	2004年4月
14	石首市	金鱼沟	左	已护	19+370～19+500	130	窝崩	弱崩	2004年4月
15	石首市	金鱼沟	左	已护	20+260～20+360	100	窝崩	弱崩	2004年5月
16	石首市	中洲子	左	已护	1+900～2+000	100	窝崩	弱崩	2004年3月
17	石首市	中洲子	左	已护	2+200～2+320	120	窝崩	弱崩	2011年3月
18	石首市	中洲子	左	未护	5+580～5+950	370	窝崩	弱崩	2010年12月
19	石首市	中洲子	左	未护	6+720～8+300	1580	窝崩	弱崩	2010年12月
20	石首市	中洲子	左	未护	6+420～8+300	1880	窝崩	弱崩	2012年8月
21	监利县	铺子湾	左	已护	13+350～15+500	2150	挫崩	弱崩	2006年3月
22	监利县	铺子湾	左	已护	16+000～17+312	1312	窝崩	较强崩	2006年3月，2008～2010年每年7～9月
23	监利县	铺子湾	左	已护	12+350～13+250	900	挫崩	弱崩	2006年11月
24	监利县	铺子湾	左	已护	15+500～16+000	500	窝崩	弱崩	2006年4月，2009年10月
25	岳阳市	集成垸	左	已护	0+000～1+960	1960	挫崩	弱崩	2009年11月～2010年4月
26	监利县	天星阁	左	已护	41+000～41+100	100	条崩	弱崩	2006年3月
27	监利县	天星阁	左	已护	43+140～43+300	160	条崩	弱崩	2006年9月
28	监利县	天星阁	左	已护	43+710～43+820	110	条崩	弱崩	2006年10月
29	监利县	杨岭子	左	未护	33+700～33+900	200	窝崩	弱崩	2009年8月，2011年3月
30	监利县	盐船套	左	未护	25+000～25+500	500	挫崩	弱崩	2011年2月
31	监利县	团结闸	左	已护	23+240～24+505	1265	条崩	较强崩	2009年10月，2004年12月
32	监利县	团结闸	左	已护	23+770～23+960	190	条崩	弱崩	2006年2月
33	监利县	姜介子	左	已护	17+700～17+900	200	挫崩	弱崩	2011年7月
34	监利县	熊家洲河弯	左	已护	10+830～10+900	70	条崩	弱崩	2006年3月
35	监利县	熊家洲河弯	左	已护	6+485～6+535	50	条崩	弱崩	2006年4月
36	监利县	熊家洲河弯	左	已护	10+130～10+310	180	条崩	弱崩	2006年5月
37	监利县	熊家洲河弯	左	未护	5+850～5+950	100	条崩	弱崩	2009年11月
38	监利县	八姓洲西侧	左	未护	0+000～5+700	5700	条崩	弱崩	2008年11月～2012年8月

续表

序号	行政辖区	地名	岸别	当时岸况	桩号范围	长度/m	特征	等级	发生时间
39	监利县	八姓洲	左	已护	3+600～3+700	100	条崩	弱崩	2007 年 9 月
40	监利县	八姓洲	左	已护	2+100～2+300	200	条崩	弱崩	2007 年 9 月
41	监利县	观音洲	左	未护	564+300～564+420	120	窝崩	较强崩	2009 年 10 月
42	监利县	观音洲	左	已护	565+050～565+150	100	条崩	弱崩	2007 年 9 月
43	监利县	观音洲	左	已护	566+600～566+900	300	条崩	弱崩	2007 年 9 月～2007 年 12 月
44	监利县	观音洲	左	未护	564+000～564+180	180	挫崩	弱崩	2011 年 2 月
45	石首市	天星洲左缘	右	未护	0+000～2+750	2750	条崩	弱崩	2006 年 11 月～2008 年 8 月
46	石首市	送江码头	右	已护	3+150～3+300	150	窝崩	较强崩	2004 年 8 月
47	石首市	北门口	右	已护	S5+860～S5+890	30	窝崩	弱崩	2007 年 3 月
48	石首市	北门口	右	已护	S8+900～S9+000	100	条崩	弱崩	2008～2011 年每年 8～12 月
49	石首市	北门口	右	未护	S8+990～S12+200	3300	条崩	弱崩	2008～2011 年每年 8～12 月
50	石首市	连心垸	右	已护	0+130～0+185	55	窝崩	较强崩	2006 年 4 月
51	石首市	连心垸	右	已护	0+130～0+185	55	窝崩	较强崩	2011 年 4 月
52	石首市	调关矶头	右	已护	528+700～528+800	100	窝崩	弱崩	2003 年 10 月
53	石首市	调关矶头	右	已护	529+270～529+480	210	窝崩	弱崩	2004 年 11 月
54	石首市	调关矶头	右	已护	529+360～529+450	90	窝崩	弱崩	2005～2008 年每年 7～10 月
55	石首市	八十丈	右	已护	522+470～522+530	60	挫崩	弱崩	2011 年 12 月
56	石首市	八十丈	右	已护	523+120～523+200	80	挫崩	弱崩	2011 年 12 月
57	岳阳市	新沙洲	右	已护	12+000～12+020	20	挫崩	弱崩	2009 年 1 月
58	岳阳市	新沙洲	右	已护	12+200～12+218	18	挫崩	弱崩	2009 年 1 月
59	岳阳市	新沙洲	右	已护	12+234～12+275	41	挫崩	弱崩	2009 年 1 月
60	岳阳市	新沙洲	右	已护	12+296～12+312	16	挫崩	弱崩	2009 年 1 月
61	岳阳市	新沙洲	右	已护	12+343～12+375	32	挫崩	弱崩	2009 年 1 月
62	岳阳市	新沙洲	右	已护	12+390～12+460	70	挫崩	较强崩	2009 年 1 月
63	岳阳市	新沙洲	右	已护	12+533～12+545	12	挫崩	弱崩	2009 年 1 月
64	岳阳市	新沙洲	右	已护	12+660～12+700	40	挫崩	较强崩	2009 年 1 月
65	岳阳市	新沙洲	右	已护	12+800～12+820	20	挫崩	弱崩	2009 年 1 月
66	岳阳市	顺尖村	右	已护	14+200～14+400	200	条崩	弱崩	2009 年 11 月～2010 年 4 月

序号	行政辖区	地名	岸别	当时岸况	桩号范围	长度/m	特征	等级	发生时间
67	岳阳市	丙寅洲	右	未护	15+800～16+800	1000	条崩	弱崩	2009年11月～2010年4月
68	岳阳市	丙寅洲	右	未护	18+100～19+100	1000	条崩	弱崩	2009年11月～2012年5月
69	岳阳市	天字一号	右	未护	25+170～27+150	1980	窝崩	弱崩	2003年12月～2007年5月
70	岳阳市	天字一号	右	已护	23+240～24+780	1540	挫崩	弱崩	2007年12月～2008年4月
71	岳阳市	天字一号	右	未护	27+150～30+500	3350	条崩	弱崩	2007年11月～2012年3月
72	岳阳市	洪水港	右	已护	2+350～2+680	330	挫崩	弱崩	2004～2009年每年9～10月
73	岳阳市	洪水港	右	已护	3+900～4+300	400	挫崩	弱崩	2005年9～11月
74	岳阳市	洪水港	右	已护	4+400～4+700	300	挫崩	弱崩	2009年9～11月
75	岳阳市	洪水港	右	已护	3+690～3+710	20	挫崩	弱崩	2009年9～11月
76	岳阳市	洪水港	右	未护	10+200～10+700	500	挫崩	弱崩	2009年9～12月
77	岳阳市	洪水港	右	未护	8+800～9+300	500	挫崩	弱崩	2009年9～10月
78	岳阳市	洪水港	右	未护	9+500～9+700	200	挫崩	弱崩	2010年9～12月
79	岳阳市	荆江门	右	未护	5+500～6+500	1000	条崩	弱崩	2003年8月，2006年8月
80	岳阳市	荆江门	右	已护	4+000～4+500	500	挫崩	弱崩	2006年8月，2008年8月
81	岳阳市	荆江门	右	已护	3+300～3+320	20	条崩	弱崩	2012年7月
82	岳阳市	荆江门	右	已护	4+180～4+300	120	条崩	较强崩	2012年8月
83	岳阳市	张家墩	右	已护	62+300～63+400	1100	挫崩	弱崩	2010年10月
84	岳阳市	张家墩	右	未护	61+750～62+300	550	条崩	弱崩	2010年9月
85	岳阳市	张家墩	右	未护	63+400～64+000	600	条崩	弱崩	2010年9月
86	岳阳市	七弓岭	右	已护	0+000～1+000	1000	条崩	弱崩	2003年10月～2004年2月
87	岳阳市	七弓岭	右	已护	5+200～5+222	22	窝崩	弱崩	2003年9
88	岳阳市	七弓岭	右	已护	10+820～10+860	40	窝崩	弱崩	2005年10月
89	岳阳市	七弓岭	右	已护	12+490～12+550	60	窝崩	弱崩	2005年9月
90	岳阳市	七弓岭	右	未护	13+970～17+500	3530	窝崩	较强崩	2003年9月～2012年4月
合计						52484			2003～2012年

4. 岳阳河段

根据 1980 年 8 月～2012 年 8 月岳阳河段滩岸崩塌记录资料统计与崩岸程度等级评价技术指标,该河段的崩岸特征主要是弱崩和少量的较强崩。在 1980 年 8 月～1998 年 8 月、1998 年 9 月～2003 年 6 月、2003 年 7 月～2012 年 8 月的 3 个时期该河段年次崩岸累计总长度分别为 30083m、7710m、16392m。崩岸累计年平均长度分别为 1671m、1542m、1821m,见表 2.7。

表 2.7　不同时期岳阳河段崩岸范围叠加统计与评估

统计期间	崩岸累计总长度/m	弱崩		较强崩	
		长度/m	百分比/%	长度/m	百分比/%
1980 年 8 月～1998 年 8 月	30083	29523	98.1	560	1.9
1998 年 9 月～2003 年 6 月	7710	7710	100	—	—
2003 年 7 月～2012 年 8 月	16392	15632	95.4	760	4.6

三峡水库运用后,岳阳河段崩岸主要分布在左岸的界牌、新堤夹、老官庙、石码头、叶王家洲、乌林,与右岸的道人矶、白螺汽渡、儒溪、鸭栏、童家墩等地段(图 2.24～图 2.27),崩岸范围累计叠加总长度 13492m,约占岸线总长度 8.8%。其中,岳阳河段左岸崩岸范围累计叠加总长度 6690m,约占左岸岸线总长度 8.7%;右岸崩岸范围累计叠加总长度 6802m,约占右岸岸线总长度 8.8%。河段崩岸发生的时间主要在 11 月～次年 5 月,见表 2.8。

图 2.24　岳阳河段儒溪崩岸地段(2010 年 10 月)　　图 2.25　岳阳河段乌林附近(2011 年 4 月)

图 2.26　岳阳河段新堤闸附近(2007 年 5 月)　　图 2.27　岳阳河段下复粮洲附近(2007 年 5 月)

表 2.8　三峡水库运用后岳阳河段年次崩岸情况统计

序号	行政辖区	地名	岸别	当时岸况	桩号范围	长度/m	特征	等级	发生时间
1	洪湖市	界牌	左	已护	521+500～520+000	1500	挫崩	弱崩	2007 年 3 月
2	洪湖市	新堤夹	左	已护	503+000～502+400	600	挫崩	弱崩	2003 年 12 月
3	洪湖市	新堤夹	左	已护	508+180～508+100	80	挫崩	弱崩	2007 年 3 月
4	洪湖市	新堤夹	左	已护	508+050～507+800	250	挫崩	弱崩	2007 年 10 月
5	洪湖市	新堤夹	左	已护	506+000～507+000	1000	挫崩	弱崩	2007 年 10 月
6	洪湖市	新堤夹	左	已护	503+000～502+400	600	挫崩	弱崩	2003 年 12 月
7	洪湖市	新堤夹	左	未护	502+400～501+500	900	挫崩	弱崩	2010 年 12 月
8	洪湖市	老官庙	左	已护	501+460～501+300	160	挫崩	弱崩	2004 年 11 月
9	洪湖市	石码头	左	已护	500+500～500+000	500	挫崩	弱崩	2004 年 12 月
10	洪湖市	叶王家洲	左	已护	496+000～497+000	1000	挫崩	弱崩	2009 年 5 月
11	洪湖市	乌林	左	未护	491+000～490+900	100	挫崩	弱崩	2007 年 5 月
12	岳阳市	道人矶	右	已护	10+700～11+460	760	挫崩	较强崩	2007 年 5 月
13	岳阳市	白螺汽渡	右	未护	11+460～12+500	1040	窝崩	弱崩	2007 年 5 月
14	岳阳市	儒溪	右	未护	0+500～1+072	572	窝崩	弱崩	2005 年 11 月
15	岳阳市	儒溪	右	未护	2+350～3+100	750	窝崩	弱崩	2006 年 7 月
16	岳阳市	儒溪	右	未护	3+136～4+086	950	窝崩	弱崩	2008 年 11 月
17	岳阳市	鸭栏	右	已护	3+700～4+680	980	挫崩	弱崩	2010 年 11 月
18	岳阳市	童家墩	右	已护	13+000～14+750	1750	挫崩	弱崩	2010 年 11 月
	合计					13492			2003～2012 年

5. 陆溪口、嘉鱼河段

根据 1980 年 8 月～2012 年 8 月陆溪口、嘉鱼河段滩岸崩塌记录资料统计与崩岸程度等级评价技术指标,该河段的崩岸特征主要是弱崩和少量的较强崩,在 1980 年 8 月～1998 年 8 月、1998 年 9 月～2003 年 6 月、2003 年 7 月～2012 年 8 月的 3 个时期陆溪口、嘉鱼河段年次崩岸累计总长度分别为 16150m、3360m、10435m。崩岸累计年平均长度分别为 897m、672m、1159m,见表 2.9。

表 2.9　陆溪口、嘉鱼河段崩岸范围叠加统计与评估

统计期间	崩岸累计总长度/m	弱崩		较强崩	
		长度/m	百分比/%	长度/m	百分比/%
1980 年 8 月～1998 年 8 月	16150	14965	92.7	1185	7.3
1998 年 9 月～2003 年 6 月	3360	2900	86.3	460	13.7
2003 年 7 月～2012 年 8 月	10435	7975	76.4	2460	23.6

　　三峡水库运用后,陆溪口、嘉鱼河段崩岸主要分布在左岸的中洲右缘、宝塔洲、天门洲、刘家边,与右岸的窑咀、洪庙、陆溪口、亭子湾、刘家墩、邱家湾至桃红、凉亭等地段,崩岸范围累计叠加总长度 9390m,约占岸线总长度 8.8%。其中,陆溪口、嘉鱼河段左岸崩岸范围累计叠加总长度 4260m,约占左岸岸线总长度7.96%;右岸崩岸范围累计叠加总长度 5130m,约占右岸岸线总长度 9.6%。陆溪口、嘉鱼河段崩岸发生的时间主要在枯水期的 11 月～次年 4 月,见表 2.10。

表 2.10　三峡水库运用后陆溪口、嘉鱼河段年次崩岸情况统计

序号	行政辖区	地名	岸别	当时岸况	桩号范围	长度/m	特征	等级	发生时间
1	洪湖市	中洲右缘	左	未护	Z0+600～Z2+500	1900	条崩	较强崩	2004 年 11 月～2008 年 8 月
2	洪湖市	宝塔洲	左	未护	468+300～467+740	560	条崩	较强崩	2006～2012 年
3	洪湖市	天门洲	左	未护	430+500～429+000	1500	条崩	弱崩	2008～2012 年
4	洪湖市	刘家边	左	已护	440+900～440+600	300	挫崩	弱崩	2010 年 4 月
5	咸宁市	赤壁干堤	右	未护	344+450～344+850	400	挫崩	弱崩	2011 年 4 月
6	咸宁市	赤壁干堤矶湾	右	未护	343+300～343+420	120	挫崩	弱崩	2011 年 4 月
7	咸宁市	赤壁干堤窑咀	右	已护	342+500～342+900	400	挫崩	弱崩	2011 年 5 月
8	咸宁市	赤壁干堤	右	未护	339+220～339+300	80	挫崩	弱崩	2011 年 4 月
9	咸宁市	洪庙	右	已护	325+500～326+500	1000	挫崩	弱崩	2010 年 7 月
10	咸宁市	陆溪口	右	已护	324+100～324+800	700	挫崩	弱崩	2010 年 7 月
11	咸宁市	亭子湾	右	已护	322+750～323+200	450	挫崩	弱崩	2005 年 2 月
12	咸宁市	刘家墩	右	未护	318+000～318+750	750	挫崩	弱崩	2010 年 7 月
13	咸宁市	邱家湾至桃红	右	未护	311+020～311+800	780	挫崩	弱崩	2010 年 7 月～2011 年 7 月
14	咸宁市	凉亭	右	未护	303+200～303+650	450	挫崩	弱崩	2004 年 7 月～2012 年 8 月
		合计				9390			2003～2012 年

6. 簰洲湾河段

　　根据 1980 年 8 月～2012 年 8 月簰洲湾河段滩岸崩塌记录资料统计与崩岸程度等级评价技术指标,该河段的崩岸特征主要是弱崩和少量的较强崩,在 1980 年8 月～1998 年 8 月、1998 年 9 月～2003 年 6 月、2003 年 7 月～2012 年 8 月的 3 个时期簰洲湾河段年次崩岸累计总长度分别为 13687m、10760m、20330m。崩岸累计年平均长度分别为 760m、2152m、2259m,见表 2.11。

表 2.11　不同时期簰洲湾河段崩岸范围叠加统计与评估

统计期间	崩岸累计总长度/m	弱崩		较强崩	
		长度/m	百分比/%	长度/m	百分比/%
1980 年 8 月～1998 年 8 月	13687	10277	75.1	3410	24.9
1998 年 9 月～2003 年 6 月	10760	7800	72.5	2960	27.5
2003 年 7 月～2012 年 8 月	20330	20230	99.5	100	0.5

　　三峡水库运用后,簰洲湾河段崩岸主要分布在左岸的胡家湾、新沟、邓家口镇,与右岸的殷家阁、老官至倒口、簰洲、河埠、黑埠、新洲、沙堡、居字号、中湾、谭家窑等地段(图 2.28～图 2.30),崩岸范围累计叠加总长度 11650m,约占岸线总长度 8.03%。其中,左岸崩岸范围累计叠加总长度 3400m,约占左岸岸线总长度 4.7%;右岸崩岸范围累计叠加总长度 8250m,约占右岸岸线总长度 11.4%。河段崩岸发生的时间主要在 11 月～次年 3 月,见表 2.12。

图 2.28　四邑公堤 263+000 附近崩岸
（2013 年 2 月）

图 2.29　簰洲大堤 24+000 附近崩岸
（2013 年 2 月）

图 2.30　簰洲湾东荆河出口新沟附近崩岸(2011 年 4 月)

表 2.12　三峡水库运用后簰洲湾河段年次崩岸情况统计

序号	行政辖区	地名	岸别	当时岸况	桩号范围	长度/m	特征	等级	发生时间
1	洪湖市	胡家湾	左	未护	394+400～396+300	1900	窝崩	弱崩	2006 年 7 月～2012 年 7 月
2	汉南区	新沟	左	未护	394+200～393+990	210	挫崩	弱崩	2006 年 7 月～2012 年 7 月
3	汉南区	新沟	左	已护	393+990～393+500	490	窝崩	弱崩	2006 年 7 月～2012 年 7 月
4	汉南区	邓家口镇	左	已护	374+000～373+200	800	挫崩	弱崩	2006 年 7 月～2012 年 7 月
5	咸宁市	四邑殷家阁	右	已护	270+500～271+000	500	挫崩	弱崩	2008 年 7 月
6	咸宁市	老官至倒口	右	已护	266+730～268+530	1800	挫崩	弱崩	2006 年 7 月～2012 年 7 月
7	咸宁市	老官至倒口	右	未护	264+300～264+100	200	挫崩	弱崩	2006 年 7 月～2012 年 7 月
8	咸宁市	簰洲	右	已护	10+900～12+500	1600	挫崩	弱崩	2006 年 7 月～2012 年 7 月
9	咸宁市	河埠	右	已护	13+500～14+000	500	挫崩	弱崩	2008～2012 年
10	咸宁市	河埠	右	未护	14+000～14+500	500	条崩	弱崩	2008～2012 年
11	咸宁市	黑埠	右	未护	17+800～18+500	700	条崩	弱崩	2008～2012 年
12	咸宁市	新洲	右	未护	24+100～25+100	1000	条崩	弱崩	2008～2012 年
13	咸宁市	沙堡	右	未护	38+250～39+500	1250	条崩	弱崩	2008～2012 年
14	江夏区	居字号	右	已护	249+545～249+605	50	窝崩	较强崩	2006 年 10 月
15	江夏区	中湾	右	已护	247+860～247+910	50	窝崩	较强崩	2007 年 11 月
16	江夏区	谭家窑	右	未护	241+250～241+350	100	窝崩	弱崩	2009 年 3 月
合计						11650			2003～2012 年

7. 武汉河段

根据 1980 年 8 月～2012 年 8 月武汉河段滩岸崩塌记录资料统计与崩岸程度等级评价技术指标,该河段的崩岸特征主要是弱崩和少量的较强崩,在 1980 年 8 月～1998 年 8 月、1998 年 9 月～2003 年 6 月、2003 年 7 月～2012 年 8 月的 3 个时期武汉河段年次崩岸累计总长度分别为 19725m、9050m、3080m。崩岸累计年平均长度分别为 1096m、1810m、342m,见表 2.13。

表 2.13　不同时期武汉河段崩岸范围叠加统计与评估

统计期间	崩岸累计总长度/m	弱崩		较强崩	
		长度/m	百分比/%	长度/m	百分比/%
1980 年 8 月～1998 年 8 月	19725	18025	91.4	1700	8.6
1998 年 9 月～2003 年 6 月	9050	9050	100	—	—
2003 年 7 月～2012 年 8 月	3080	3080	100	—	—

　　三峡水库运用后,武汉河段崩岸主要分布在苕窝子、武湖、严家村至海口闸等地段,崩岸范围累计叠加总长度 3080m,约占岸线总长度 2.2%。其中,武汉河段左岸崩岸范围累计叠加总长度 2280m,约占岸线总长度 3.2%;右岸崩岸范围累计叠加总长度 800m,约占岸线总长度 1.1%。该河段崩岸发生的时间主要在 11 月～次年 4 月,见表 2.14。

表 2.14　三峡水库运用后武汉河段年次崩岸情况统计

序号	行政辖区	地名	岸别	当时岸况	桩号范围	长度/m	特征	等级	发生时间
1	汉南区	苕窝子	左	已护	350+800～352+300	1500	挫崩	弱崩	2007 年 11 月
2	汉阳区	一桥下游	左	已护	0+175～0+287	80	挫崩	弱崩	2010 年 3 月
3	汉阳区	一桥下游	左	已护	0+288～0+412	100	挫崩	弱崩	2012 年 2 月
4	黄陂区	武湖	左	未护	3+200～3+800	600	条崩	弱崩	2012 年 4 月
5	江夏区	严家村至海口闸	右	未护	225+100～225+900	800	条崩	弱崩	2012 年 2 月
		合计				3080			2003～2012 年

8. 叶家洲、团风河段

　　根据 1980 年 8 月～2012 年 8 月叶家洲、团风河段滩岸崩塌记录资料统计与崩岸程度等级评价技术指标,该河段的崩岸特征主要是弱崩,在 1980 年 8 月～1998 年 8 月、1998 年 9 月～2003 年 6 月、2003 年 7 月～2012 年 8 月的 3 个时期叶家洲、团风河段年次崩岸累计总长度分别为 12370m、3015m、4194m。崩岸累计年平均长度分别为 687m、603m、466m,见表 2.15。

表 2.15　不同时期叶家洲、团风河段崩岸范围叠加统计与评估

统计期间	崩岸累计总长度/m	弱崩	
		长度/m	百分比/%
1980 年 8 月～1998 年 8 月	12370	12370	100
1998 年 9 月～2003 年 6 月	3015	3015	100
2003 年 7 月～2012 年 8 月	4194	4194	100

　　三峡水库运用后,叶家洲、团风河段崩岸主要分布在左岸的尹魏段和江咀段(图2.31),崩岸范围累计叠加总长度1856m,约占岸线总长度1.6%。崩岸主要发生在 10 月~次年 4 月,见表 2.16。

图 2.31　团风河段江咀附近崩岸(2011 年 4 月)

表 2.16　三峡水库运用后叶家洲、团风河段年次崩岸情况统计

序号	行政辖区	地名	岸别	当时岸况	桩号范围	长度/m	特征	等级	发生时间
1	新洲区	尹魏	左	未护	253+570~254+070	500	条崩	弱崩	2011 年 5 月
2	浠水县	江咀	左	未护	215+200~216+556	1356	条崩	弱崩	2008 年 4 月~2010 年 4 月
		合计				1856			2003~2012 年

9. 鄂黄河段

　　根据 1980 年 8 月~2012 年 8 月鄂黄(黄州、戴家洲、黄石)河段滩岸崩塌记录资料统计与崩岸程度等级评价技术指标,该河段的崩岸特征主要是弱崩与较强崩,在 1980 年 8 月~1998 年 8 月、1998 年 9 月~2003 年 6 月、2003 年 7 月~2012 年 8 月的 3 个时期鄂黄河段年次崩岸累计总长度分别为 34480m、12005m、20040m。崩岸累计年平均长度分别为 1916m、2401m、2227m,见表 2.17。

表 2.17　不同时期鄂黄河段崩岸范围叠加统计与评估

统计期间	崩岸累计总长度/m	弱崩		较强崩	
		长度/m	百分比/%	长度/m	百分比/%
1980 年 8 月~1998 年 8 月	34480	27643	80.2	6837	19.8
1998 年 9 月~2003 年 6 月	12005	9570	79.7	2435	20.3
2003 年 7 月~2012 年 8 月	20040	20040	100	—	—

　　三峡水库运用后,鄂黄河段崩岸主要分布在左岸的李家洲林场、吕杨林,与右岸的刘楚贤至三江口、昌大堤团山头、李家湾至四房湾等地段(图2.32),崩岸范围累计叠加总长度12040m,约占岸线总长度9.9%。其中,鄂黄河段左岸崩岸范围累计叠加总长度3290m,约占左岸岸线总长度5.4%;右岸崩岸范围累计叠加总长度8750m,约占右岸岸线总长度14.4%。河段崩岸发生的时间主要在5~10月,见表2.18。

图2.32　戴家洲河段林场附近崩岸(2011年4月)

表2.18　三峡水库运用后鄂黄河段年次崩岸情况统计

序号	行政辖区	地名	岸别	当时岸况	桩号范围	长度/m	特征	等级	发生时间
1	黄州区	李家洲林场	左	未护	201+000~204+000	3000	条崩	弱崩	2006年5月~2010年4月
2	浠水县	吕杨林	左	已护	177+300~177+200	100	挫崩	弱崩	2003年10月
3	浠水县	吕杨林	左	已护	179+450~179+500	50	挫崩	弱崩	2006年11月
4	浠水县	吕杨林	左	已护	180+600~180+740	140	挫崩	弱崩	2007年10月
5	鄂州市	刘楚贤至三江口	右	未护	117+800~123+250	5450	窝崩	弱崩	2008年8月~2012年8月
6	鄂州市	昌大堤团山头	右	未护	73+500~74+800	1300	条崩	弱崩	2003年8月~2012年8月
7	鄂州市	李家湾至四房湾	右	未护	65+400~67+400	2000	条崩	弱崩	2008年8月~2012年8月
	合计					12040			2003~2012年

10. 韦源口、田家镇河段

　　根据1980年8月~2012年8月韦源口、田家镇河段滩岸崩塌记录资料统计与崩岸程度等级评价技术指标,该河段的崩岸特征主要是弱崩,在 1980 年 8 月～1998 年 8 月、1998 年 9 月～2003 年 6 月、2003 年 7 月～2012 年 8 月的 3 个时期韦源口、田家镇河段年次崩岸累计总长度分别为 7568m、5288m、6646m。崩岸累计年平均长度分别为 420m、1057m、738m,见表 2.19。

表 2.19　不同时期韦源口、田家镇河段崩岸范围叠加统计与评估

统计期间	崩岸累计总长度/m	弱崩		较强崩	
		长度/m	百分比/%	长度/m	百分比/%
1980 年 8 月～1998 年 8 月	7568	6168	81.5	1400	18.5
1998 年 9 月～2003 年 6 月	5288	5288	100	—	—
2003 年 7 月～2012 年 8 月	6646	6646	100	—	—

三峡水库运用后,韦源口、田家镇河段崩岸主要分布在茅山闸、邸家咀、上河口、十五厢、菖湖急水口、富池张湾、道士袱等地段,崩岸范围累计叠加总长度 2217m,约占岸线总长度 1.6%。其中,左岸崩岸范围累计叠加总长度 667m,约占左岸岸线总长度 1.0%;右岸崩岸范围累计叠加总长度为 1550m,约占右岸岸线总长度 2.3%。河段崩岸发生的时间主要在 4～9 月,见表 2.20。

表 2.20　三峡水库运用后韦源口、田家镇河段年次崩岸情况统计

序号	行政辖区	地名	岸别	当时岸况	桩号范围	长度/m	特征	等级	发生时间
1	浠水县	茅山闸	左	未护	143+823～144+000	177	窝崩	弱崩	2003～2012 年 8 月
2	蕲春县	邸家咀	左	未护	113+150～113+350	200	窝崩	弱崩	2003～2010 年 6～8 月
3	蕲春县	上河口	左	未护	118+100～118+200	100	窝崩	弱崩	2003～2010 年 5～10 月
4	蕲春县	十五厢	左	已护	111+030～111+220	190	挫崩	弱崩	2009～2010 年 3 月
5	阳新县	菖湖急水口	右	未护	5+400～6+300	900	挫崩	弱崩	2010 年 7～8 月
6	阳新县	富池张湾	右	未护	0+500～0+700	200	挫崩	弱崩	2010 年 7 月
7	阳新县	富池张湾	右	未护	3+600～4+000	400	挫崩	弱崩	2007 年 5 月
8	阳新县	道士袱	右	已护	44+650～44+600	50	挫崩	弱崩	2009 年 4 月
		合计				2217			2003～2012 年

11. 龙坪、九江河段

根据 1980 年 8 月~2012 年 8 月龙坪、九江河段(部分)河段滩岸崩塌记录资料统计与崩岸程度等级评价技术指标,龙坪、九江河段(部分)的崩岸特征主要是弱崩和少量的较强崩,在 1980 年 8 月~1998 年 8 月、1998 年 9 月~2003 年 6 月、2003 年 7 月~2012 年 8 月的 3 个时期龙坪、九江河段年次崩岸累计总长度分别为 35400m、2820m、8700m。崩岸累计年平均长度分别为 1967m、564m、967m,见表 2.21。

表 2.21　不同时期龙坪、九江河段崩岸范围叠加统计与评估

统计期间	崩岸累计总长度/m	弱崩		较强崩	
		长度/m	百分比/%	长度/m	百分比/%
1980 年 8 月~1998 年 8 月	35400	30200	85.3	5200	14.7
1998 年 9 月~2003 年 6 月	2820	2550	90.4	270	9.6
2003 年 7 月~2012 年 8 月	8700	9700	100	—	—

三峡水库运用后,龙坪、九江河段(部分)崩岸主要分布在刘费段、汪家洲、李英段等地段,崩岸范围累计叠加总长度 3800m,约占岸线总长度 5.3%。河段崩岸发生的时间主要在 3~5 月,见表 2.22。

表 2.22　三峡水库运用后龙坪、九江河段(部分)河段年次崩岸情况统计

序号	行政辖区	地名	岸别	当时岸况	桩号范围	长度/m	特征	等级	发生时间
1	黄梅县	刘费段	左	已护	7+600~9+100	1500	窝崩	弱崩	2005 年 4 月
2	黄梅县	汪家洲	左	已护	32+000~33+000	1000	挫崩	弱崩	2010 年 3 月
3	黄梅县	李英段	左	已护	1+500~2+801	1300	挫崩	弱崩	2006 年 3 月~2008 年 5 月
	合计					3800			2003~2012 年

2.1.3　崩岸的时空分布特点

根据崩岸调查、资料统计分析与评估,长江中游干流河道崩岸与来水来沙条件、河岸河床组成、河道冲淤及人类活动等诸多因素有关,其时空分布具有以下主要特点。

1. 崩岸沿程分布随河岸地质条件不同呈现出不均衡性

长江中游河道崩岸由弱至强的河段依次为宜枝段、黄石至武穴段、上荆江、城

陵矶至黄石段、武穴至九江段和下荆江(表 2.23)。

表 2.23　长江中游河段年次崩岸累计年平均长度统计

统计年限	1963 年 8 月~ 1980 年 7 月		1980 年 8 月~ 1998 年 8 月		1998 年 9 月~ 2003 年 6 月		2003 年 7 月~ 2012 年 8 月	
河段名称	长度 /m	百分比 /%	长度 /m	百分比 /%	长度 /m	百分比 /%	长度 /m	百分比 /%
宜枝	—	—	553.5	0.46	730	0.6	814	0.67
上荆江	580.6	0.17	1914.2	0.56	4116	1.2	4342	1.27
下荆江	4875	1.39	12015	3.42	8101	2.31	11596	3.3
岳阳	—	—	1671	1.09	1542	1.01	1821	1.18
陆溪口、嘉鱼	—	—	897	0.84	672	0.63	1159	1.08
簰洲湾	—	—	760	0.52	2152	1.48	2259	1.56
武汉	—	—	1096	0.78	1810	1.29	342	0.24
叶家洲、团风	—	—	687	0.6	603	0.53	466	0.41
鄂黄	—	—	1916	1.58	2401	1.97	2227	1.83
韦源口、田家镇	—	—	420	0.31	1057	0.78	738	0.55
龙坪、九江(部分)	—	—	1967	1.37	564	0.39	967	0.67
合计			23896.7		23748		26731	

注:百分比为崩岸累计年平均长度占河段岸线长度百分比值。

长江中游自宜昌至枝城,河岸主要由丘陵阶地组成,抗冲性强,河岸稳定,崩岸很少发生。枝城至藕池口的上荆江河段,其中江口上游左岸有阶地、右岸松滋口以下为上百里洲,江口以下河道两岸地貌为河漫滩,均由现代河流冲积物组成,卵石层大多埋入河床沙层以下,河岸上部为粉质黏土、粉质壤土和沙壤土等,下部为沙层,抗冲性相对较弱,历史上崩岸时有发生。但由于该河段内较早修建了护岸工程,并于 20 世纪 50 年代以后进行了加固,崩岸现象并不十分严重,主要崩坍段位于学堂洲、腊林洲、窖金洲、雷洲和南五洲等几处高河漫滩河岸。2002 年以来在文村夹附近与突起洲左汊左岸也频发崩岸。下荆江在自然条件下为蜿蜒形河道,形成宽达 20~40km 的河曲带,河床沉积物为中细沙,卵石层深埋床面以下,河岸大部分为现代沉积物,主要为二元相结构,系河道自身摆动形成的冲积层,沉积年代较近,抗冲性弱,易遭受水流冲刷发生崩岸。在系统人工裁弯工程和河势控制工程实施前,下荆江是长江中下游崩岸最活跃的河段,其崩岸频度与强度均十分剧烈,由于裁弯工程与河势控制工程的逐步实施,主要险段与起控制河势作用的岸段得到守护,现已成为限制性弯曲河道。城陵矶以下的中游河段主要为分汊形河道,河岸主要为二元相结构,自然状态下崩岸也较普遍,但其中黄石至武穴因两岸受山体控制,崩岸则较少发生。

2. 大洪水年河道崩岸范围和强度呈现明显增大趋势

1954 年属全流域性洪水、1981 年为长江上游发生大洪水,1983 年为城陵矶以下中下游较大洪水,均对长江中下游河道演变带来较大的影响。显然,这些年份的崩岸都曾十分严重,但由于客观条件的限制缺乏系统的崩岸调查统计。1998 年为长江流域性洪水,根据有关部门对长江中下游河道崩岸进行的系统调查和统计表明,在 1998 年大洪水作用下,长江中下游河道共发生了 330 余处崩岸险情,其中中游重大险情有 17 处(表 2.24),而且均为大尺度的窝崩[1]。这一方面说明大洪水年份崩岸比一般水文年严重,崩岸处数大大多于同年代的其他年份;另一方面说明自 20 世纪 50 年代以来实施了近半个世纪护岸工程后,长江中下游河道崩岸仍然是一个较为严重的问题。

表 2.24　1998 年汛期长江中游河道发生的主要崩岸险情统计

序号	省份	县市	崩岸地点	所在河段	岸别	出险时间	险情简述
1	湖北	荆州	杨二月矶	上荆江	左岸	8 月	滩面刷深 1m,矶头前沿由高程 15m 刷深至 3.1m
2	湖北	江陵	郝穴铁牛矶	上荆江	左岸	8 月	滩面冲出深槽,矶头前沿冲刷坑扩大,最深至 -5.3m
3	湖北	石首	向家洲	下荆江	左岸	6~9 月	崩长 2km,崩宽 40~70m,局部达 100m,护岸工程破坏严重
4	湖北	石首	北门口	下荆江	右岸	6~9 月	6 月 13 日发生两次崩岸,崩长 130m,崩宽 30~60m;10 月 14 日发生大窝崩,崩宽 100m
5	湖北	石首	鱼尾洲	下荆江	左岸	5~6 月	发生崩岸 10 处,累计崩长 800m
6	湖北	石首	中洲子	下荆江	左岸	6~9 月	19 点矶头以下大幅度崩岸,崩长 1000m,崩宽 20~50m
7	湖北	石首	八十丈	下荆江	右岸	6~9 月	桩号 524+100~524+200 段发生崩岸,崩长 100m
8	湖北	石首	章华港	下荆江	右岸	6~9 月	桩号 497+270~497+570 段发生崩岸,崩长 300m
9	湖北	石首	连心垸	下荆江	右岸	6~10 月	桩号 1+800~2+000 段发生崩岸,崩长 200m,枯水平台崩坍 50m
10	湖北	监利	乌龟洲	下荆江	江心洲	6~10 月	由于 1998 年汛期主泓北移,顶冲乌龟洲头及其右缘,不断崩退,崩长 4.3km,平均崩宽 200m
11	湖北	监利	铺子湾	下荆江	左岸	6~9 月	受主泓南移影响,铺子湾顶冲点移至 10+000 以下,崩岸发展,崩长 1200m,崩宽 50~60m

序号	省份	县市	崩岸地点	所在河段	岸别	出险时间	险情简述
12	湖北	洪湖	虾子沟	簰洲湾	左岸	6～10 月	受水流顶冲,不断崩退,崩长 300m
13	湖南	岳阳	洪水港	下荆江	右岸	9 月	崩长 1600m,崩宽 5～10m
14	湖南	岳阳	荆江门	下荆江	右岸	9 月	11 矶阻水严重,该段 1998 年最大刷深达 11.7m,深泓已至 -25.9m,水下坡比变陡,达(1:1.0)～(1:1.5),-10m 槽长 1000m
15	湖南	临湘	水堤拐	岳阳河段	右岸	7 月 2 日	窝崩
16	湖南	岳阳	新月子	岳阳河段	右岸	7 月 3 日	窝崩
17	江西	九江	永安堤	九江河段	右岸	7 月 19 日	崩长 20m,崩顶至堤脚

3. 崩岸沿时分布具有一定周期性,其年内分布主要发生在汛期和汛后退水期

根据沙市、汉口站多年平均径流量和输沙量年内分配情况统计(表 2.25),长江中游的来水来沙主要集中在汛期,5～10 月,沙市站的径流量与输沙量分别占全年的 76.7%、94%,汉口站的径流量与输沙量分别占全年的 73.4%、87.8%;而枯水期的 12 月～次年 3 月,沙市站的径流量与输沙量分别占全年的 12.6%、2.2%,汉口站的径流量与输沙量分别占全年的 14.3%、4.7%。不难看出,长江中游河道输水输沙,尤其是输沙,主要集中在汛期的 5～10 月,该段时期来水过程对河槽的塑造能力较强,近岸河床的变形幅度也较大,引发的崩岸也较多。汛后退水期也是崩岸发生比较多的时期,主要原因是汛期及汛后退水期河道冲淤后塑造的近岸河床地形处于失稳的临界状态,加之汛后退水期至少有两大因素会促进河岸的崩塌,一方面是河道高水位时水体对岸坡侧压力较大,随着水位下降水体侧压力减小;另一方面,河道水位逐渐下降,岸坡内部水体外渗,存在渗透压力,不利于岸坡稳定。

表 2.25　沙市站、汉口站多年平均径流量和输沙量年内分配

月份	沙市站				汉口站			
	径流量/亿 m³	年内分配/%	输沙量/10⁶ t	年内分配/%	径流量/亿 m³	年内分配/%	输沙量/10⁶ t	年内分配/%
1	119.2	3.02	2.0	0.46	222.8	3.2	3.52	0.9
2	97.2	2.47	1.5	0.34	207.1	2.9	2.99	0.8
3	121.2	3.08	2.3	0.53	296.4	4.1	5.61	1.4
4	170.5	4.33	5.6	1.28	429.1	6.0	13.10	3.4
5	288.6	7.32	20.4	4.66	670.7	9.4	26.40	6.8
6	417.8	10.60	48.6	11.10	791.5	11.1	39.90	10.3

月份	沙市站				汉口站			
	径流量 /亿 m³	年内分配/%	输沙量 /10⁶ t	年内分配/%	径流量 /亿 m³	年内分配/%	输沙量 /10⁶ t	年内分配/%
7	697.1	17.69	129.4	29.54	1151	16.0	90.9	23.4
8	612.9	15.55	101.2	23.11	1004	14.1	78.2	20.1
9	572.1	14.52	77.4	17.67	901.4	12.6	65.9	16.9
10	434.9	11.03	34.7	7.92	725.7	10.2	40.0	10.3
11	249.5	6.33	11.2	2.56	453.5	6.3	15.8	4.1
12	160.1	4.06	3.7	0.84	290.8	4.1	6.40	1.6

注:沙市站统计年份 1956~1969 年、1971~2001 年,1991 年以前为新厂站资料;汉口站统计年份1954~2004 年。

4. 三峡水库蓄水运用后突发性崩岸增多

2003 年 6 月三峡水库蓄水运用以来,位于坝下游的长江中游河道的来沙量大幅度减少,引起该河段出现了自上而下的冲刷调整。其中,荆江河段冲刷调整较为剧烈。河道演变的特点主要表现为枯水河槽冲刷较为严重,弯道近岸深槽向下游冲刷发展,熊家洲、七弓岭、观音洲等弯道凹岸护岸工程末端及其下游未护岸段河岸崩塌较为剧烈;新沙洲、八姓洲、七姓洲等凸岸边滩汛期遭冲刷切割,出现明显的撇弯切滩现象。由此引起新沙洲护岸工程于 2008 年 12 月出现了较大幅度的崩塌现象。两弯之间的顺直过渡段因河床冲刷调整,2004 年 3 月文村夹段出现了较明显的崩岸险情;2005 年 5 月"天字一号"已护工程段的下游未护岸段出现多处崩岸现象,2006 年 5 月北碾子湾已护工程段的下游未护岸段出现多处崩岸现象,2007 年由于乌龟洲右缘岸线的大幅度崩塌,其下游的铺子湾弯道顶冲点大幅度上提,2008 年、2009 年在原平工段的范围内出现了十分严重的崩岸险情,崩岸线接近堤脚;2009 年 5 月南五洲出现了多处崩岸;2010 年汛后八姓洲西侧岸线出现了明显的冲刷崩塌;2013 年北碾子湾岸段出现多处崩岸险情(图 2.33)。

图 2.33　石首河段北碾子湾岸段已护岸段的崩塌(2013 年 3 月)

5. 随着护岸工程的不断增加,河道崩岸以自然岸段崩塌为主转变为以已护岸段的崩塌为主

2003 年 6 月以前,崩岸主要发生在自然岸段,多以窝崩和条崩的特征形式出现;2003 年 7 月～2012 年 8 月,长江中游河道崩岸主要发生在已护岸段,多以挫崩的特征形式出现。崩岸主要发生在上荆江、下荆江、岳阳、陆溪口、嘉鱼、簰洲湾等河段,这些河段的崩岸范围累计叠加总长度约 122.3km,约占长江中游河道崩岸范围累计叠加总长度 79.7%;长江中游河道崩岸范围累计叠加总长度约155.4km,约占岸线总长度 8.3%。其中左岸崩岸范围累计叠加总长度 65.4km,右岸崩岸范围累计叠加总长度 90km,见表 2.26。

表 2.26　三峡水库运用后长江中游河道崩岸范围累计叠加长度统计

河段名称	总长度/m	百分比/%	左岸长度/m	百分比/%	右岸长度/m	百分比/%
宜枝	7228	5.9	3250	5.3	3978	6.5
上荆江	36549	10.8	9689	5.6	26860	15.7
下荆江	52244	14.9	25263	14.4	26981	15.4
岳阳	13492	8.8	6690	8.7	6802	8.8
陆溪口、嘉鱼	9390	8.8	4260	7.96	5130	9.6
簰洲湾	11650	8.03	3400	4.7	8250	11.4
武汉	3080	2.2	2280	3.2	800	1.1
叶家洲、团风	1856	1.6	1856	3.3	—	—
鄂黄	12040	9.9	3290	5.4	8750	13.4
韦源口、田家镇	3117	1.6	667	0.99	2450	2.3
龙坪、九江(部分)	4800	3.4	4800	6.7		
合计	155446	8.2	65445	6.97	90001	9.3

注:百分比为崩岸叠加长度占河段岸线长度百分比值;统计时段为 2003 年 7 月～2012 年 8 月。

长江中游河道崩岸以自然岸段崩塌为主转变为以已护岸段崩塌为主的主要原因为:①随着长江中游河(航)道整治工程与护岸工程的不断实施,其险工险段及对河势控制起作用的岸段基本实施了护岸工程,过去常发生崩塌的岸段基本受到护岸工程保护,但实施的护岸工程也是动态工程,存在安全运行周期,而且近岸河床变形对护岸工程的安全运行也会带来直接影响;②三峡水库运用后,进入水库下游的泥沙大幅度减少,粒径也明显变细,河道总体出现累积性冲刷,近岸河床冲刷也因此而加剧,以往实施的护岸工程没有考虑三峡工程运行导致的下游河道冲刷对河道岸坡稳定所带来的不利影响。三峡水库运用以来,长江中游河道尤其是荆江河道已护岸段出现崩岸增加的现象与河道累积性冲刷有关。与此同时,长

江中游部分河段河势的调整也引发了崩岸加剧的现象,如荆江石首河段的北门口、北碾子湾及八姓洲西侧、七姓洲部分岸段等。

2.2　护岸工程调查

2.2.1　护岸工程实施与分布情况

长江中游河道护岸工程历史悠久,早于明朝成化年间(公元 1465 年)在荆江大堤黄滩堤兴建护岸工程,清乾隆五十三年(1788 年)大水后,修建了沙市杨林矶、黑窑厂矶、观音矶、二郎矶、蔡家湾矶等矶头护岸工程,以后又修建了刘大巷矶、郝穴矶、龙二渊矶、杨二月矶等矶头护岸工程。中游其他河段也陆续兴建了一些零星的护岸工程,例如,武汉自 1898 年起,在汉口武昌两岸兴建了驳岸及石矶,1931年前后续建汉江口龙王庙到武汉关、麻阳街至堤角的防水墙驳岸与水上护坡。

新中国成立后,各级政府十分重视长江堤防工程建设,20 世纪 50 年代,在荆江的沙市与郝穴河段、武汉河段的青山镇等地,大规模地开展抛石、沉柴排护岸;60 年代以后,普遍采用抛石进行护岸,包括荆江大堤护岸工程加固、下荆江裁弯河势控制工程、临湘江堤护岸、武汉市区险工段加固等;到 1998 年汛前,长江中游河道护岸工程已具有一定的规模;1998 年汛后,国家加大对长江中下游河道护岸工程的建设,尤其是 1999~2003 年的长江重要堤防隐蔽工程护岸工程建设的投资规模比 1998 年前的累积量还要大,主要包括下百里洲江堤加固、荆南干堤加固、下荆江河势控制、岳阳长江干堤加固、洪湖监利干堤加固、咸宁干堤加固、簰洲湾河段整治、武汉市长江干堤加固、黄冈长江干堤加固等工程中的护岸工程。

三峡水库于 2003 年 6 月蓄水运用后,长江中游河道又实施了部分河段的护岸工程,包括荆江河势控制工程 2006 年度实施项目、下荆江河势控制工程 2010 年度实施项目,以及航道整治工程包含的护岸工程项目,工程投资总规模约 8 亿元(2010 年价格水平),其中,近一半工程投资是在航道整治工程项目中实施的。

据统计,截至 2012 年 8 月,长江中游河道的护岸工程总长度 773.449km,约占岸线总长的 40.5%,其中位于左岸的护岸工程总长度 432.954km,约占左岸岸线总长的 45.3%;位于右岸的护岸工程总长度 340.495km,占右岸岸线总长的35.7%。

1. 宜枝河段

宜枝河段的护岸工程位于左岸的宜昌市城区、伍家洋坝、宜昌港务共联码头、虎牙滩、林家河、云池、沙湾垸桂溪湖、吕杨林、苦草坝垸、白洋集镇、沙渍坪垸天螺寺地段和右岸的向家沱、全意闸、后江沱、吴家台子、杨家湖、北水港地段,护岸工程总长 27.151km,约占宜枝河段岸线总长 22.3%。其中,位于左岸的护岸工程总长 22.622km,约占宜枝河段左岸岸线总长 37.2%;位于右岸的护岸工程总长 4.529km,约占宜枝河段右岸岸线总长 7.4%。见表 2.27。

表 2.27　宜枝河段护岸工程情况统计

序号	地段名	岸别	桩号范围	长度/m	水上护坡形式	水下护坡形式
1	宜昌市城区	左	0+000~10+560	10560	浆砌石、预制混凝土块、干砌石	抛石
2	伍家洋坝	左	10+560~13+100	2540	干砌石、预制混凝土块	抛石
3	宜昌港务共联码头	左	13+950~14+600	650	干砌石、预制混凝土块	抛石
4	虎牙滩	左	19+900~20+350	450	浆砌石	抛石
5	林家河	左	0+000~0+300	300	浆砌石	抛石
6	云池	左	4+655~8+710	4055	干砌石	—
7	沙湾垸桂溪湖	左	4+718~5+339	621	毛石粗排	抛石
8	吕杨林	左	5+400~7+496	2096	干砌石	抛石
9	苦草坝垸、白洋集镇	左	2+700~3+400	700	毛石粗排	—
10	沙渍坪垸天螺寺	左	0+250~0+900	650	卵石护坡	—
11	向家沱	右	5+810~5+910	100	干砌石	未处理
12	全意闸	右	7+630~7+730	100	干砌石	抛石
13	后江沱	右	7+731~9+100	1369	干砌石	抛石
14	吴家台子	右	2+000~3+860	1860	干砌石	抛石
15	杨家湖	右	8+500~8+600	100	干砌石	抛石
16	北水港	右	5+800~6+800	1000	浆砌石	未处理
	合计			27151		

宜枝河段护岸工程均为平顺护岸,其水上工程主要采用砌石的材料结构形式,在城区地段的水上护岸工程主要采用浆砌石的材料结构形式,一般地段主要采用干砌石(或毛石粗排)的材料结构形式;水下护岸工程主要采用抛石的材料结构形式;云池、苦草坝垸、白洋集镇、沙渍坪垸天螺寺、向家沱、北水港等地段因近岸河床质主要为卵石,抗冲刷性较好,只对枯水位以上部位岸坡实施了护岸工程。图 2.34~图 2.36 为宜枝河段不同护岸结构形式。

图 2.34　城背溪段浆砌石护岸工程
（2011 年 11 月）

图 2.35　杨家湖段干砌石护岸工程
（2011 年 9 月）

图 2.36　白洋段卵石护岸工程（2011 年 4 月）

2. 上荆江河段

上荆江河段的护岸工程包括矶头与平顺护岸两种形式，以平顺护岸为主，矶头护岸是历史上受财力限制采用"守点顾线"形成的。目前，上荆江仍保留且发挥护岸功能的矶头主要有沙市河弯的观音矶、二郎矶、杨二月矶，郝穴河弯的冲和观矶、祁家渊矶、谢家榨矶、黄林垱上下矶、灵官庙矶、龙二渊矶、铁牛矶等。上荆江护岸工程主要分布在洋溪、枝江、涴市、沙市、公安、郝穴等河弯的弯道凹岸与主流贴岸段，护岸工程总长 199.14km，约占上荆江河段岸线总长 58.2%。其中，位于左岸的护岸工程总长 113.792km，约占上荆江河段左岸岸线总长 66.6%；位于右岸的护岸工程总长 85.348km，约占上荆江河段右岸岸线总长 49.91%。见表 2.28。

表 2.28　上荆江河段护岸工程情况统计

序号	地段名	岸别	桩号范围	长度/m	水上护坡形式	水下护坡形式
1	同勤垸	左	2+839～3+532	693	卵石护坡	抛石
2	同勤垸焦岩子	左	3+582～4+092	510	卵石护坡	抛石
3	仁合垸罗家河	左	6+000～6+400	400	卵石护坡	—
4	两美垸	左	1+000～1+570	570	卵石护坡	—
5	两美垸	左	2+020～2+130	110	干砌石	—
6	福德垸太山石	左	2+700～3+400	700	毛石粗排	抛石

续表

序号	地段名	岸别	桩号范围	长度/m	水上护坡形式	水下护坡形式
7	四合垸尹家河	左	7+740～9+000	1260	毛石粗排	抛石
8	四合垸尹家白屋	左	9+000～11+000	2000	毛石粗排	抛石
9	下百里洲市区段	左	0+000～0+510	510	预制混凝土块	—
10	下百里洲市区段	左	1+000～1+300	300	预制混凝土块	抛石
11	下百里洲市区段	左	2+150～2+350	200	预制混凝土块	抛石
12	滕家河至黄家河段	左	3+030～6+340	3310	干砌石、预制混凝土块	抛石
13	黄家河至赵家河段	左	6+800～7+920	1120	干砌石、预制混凝土块	抛石
14	赵家河至中码头段	左	8+181～10+050	1869	预制混凝土块	抛石
15	下百里洲江口段	左	10+530～11+310	780	预制混凝土块	抛石
16	下百里洲龙潭寺段	左	11+690～16+650	4960	预制混凝土块	抛石
17	下百里洲斋届河至王家垴段	左	17+100～21+820	4720	预制混凝土块	抛石
18	龙洲垸	左	4+800～2+100	2700	—	抛石
19	学堂洲	左	4+800～2+100	2700	干砌石	抛石
20	新河口	左	761+500～760+520	980	干砌石	抛石
21	观音矶	左	760+52～760+350	170	浆砌石	抛石
22	观音矶至谷码头	左	760+350～756+200	4150	预制混凝土块	抛石
23	航道码头至盐卡	左	756+200～748+000	8200	干砌石	抛石
24	盐卡至木沉渊	左	748+000～745+000	3000	干砌石	抛石
25	木沉渊至陈家湾	左	745+000～738+700	6300	干砌石	抛石
26	文村夹	左	735+600～733+050	2550	钢丝网石垫	抛石、模袋混凝土
27	西流堤	左	13+350～10+200	3150	预制混凝土块、干砌石	抛石
28	冲和观至灵官庙	左	676+400～713+000	36600	干砌石	抛石
29	夏家脑	左	713+000～711+000	2000	干砌石	抛石
30	龙二渊	左	711+000～710+000	1000	浆砌石	抛石
31	铁牛矶	左	710+000～708+000	2000	现浇混凝土、干砌石	抛石
32	郝穴	左	708+000～707+800	200	干砌石	抛石
33	刘家车路至熊良弓	左	707+800～697+100	10700	干砌石	抛石
34	柳口	左	46+810～45+760	1050	干砌石	抛石
35	谭剅子	左	44+960～45+760	800	干砌石	抛石
36	复兴洲	左	42+540～44+070	1530	干砌石	抛石
37	徐家溪段	右	0+900～1+000	100	干砌石	镇脚

序号	地段名	岸别	桩号范围	长度/m	水上护坡形式	水下护坡形式
38	洋溪段	右	0+600~0+700	100	未处理	镇脚
39	上百里洲林家垴	右	19+300~19+730	430	干砌石	—
40	上百里洲林家垴	右	17+930~19+000	1070	干砌石	土工布、堆码石
41	上百里洲火箭闸	右	17+800~17+930	130	卵石护坡	抛石
42	上百里洲黄家台	右	13+830~15+950	2120	预制混凝土块	抛石
43	上百里洲洒路	右	13+680~13+830	150	预制混凝土块	抛石
44	上百里洲坝洲尾	右	10+870~12+600	1730	预制混凝土块	抛石
45	上百里洲付家渡	右	9+960~10+870	910	预制混凝土块、毛石粗排	抛石
46	上百里洲陈家渡	右	8+230~9+960	1730	预制混凝土块	抛石
47	上百里洲肖家堤拐	右	6+780~7+150	370	干砌石	抛石
48	上百里洲郝家洼子	右	4+790~6+780	1990	毛石粗排	—
49	上百里洲张家桃园	右	4+360~4+790	430	预制混凝土块	抛石
50	上百里洲解放	右	1+800~4+360	2560	毛石粗排	抛石
51	上百里洲毛家屋场	右	71+550~73+665	2115	预制混凝土块	抛石
52	上百里洲杨家河	右	71+550~73+665	2115	预制混凝土块	抛石
53	上百里洲曹家河	右	71+550~73+665	2115	预制混凝土块	抛石
54	上百里洲曹家河	右	68+500~69+300	800	预制混凝土块	抛石
55	上百里洲吴家矶	右	67+300~67+800	500	预制混凝土块	抛石
56	上百里洲双红滩	右	67+715~64+200	3515	预制混凝土块	抛石
57	财神殿至丙码头	右	727+100~720+575	6525	干砌石	抛石、柴枕
58	丙码头至浇市横堤	右	719+650~713+300	6350	干砌石	抛石、柴枕
59	查家月堤	右	713+300~710+450	2850	预制混凝土块	抛石、柴枕
60	神保垸	右	3+398~1+950	1448	预制混凝土块、干砌石	抛石
61	杨家尖	右	704+900~703+800	1100	预制混凝土块	抛石
62	腊林洲	右	695+400~691+900	3500	钢丝网石垫	软体排、抛石
63	西流湾	右	686+200~689+000	2800	干砌石	抛石
64	埠河	右	684+200~682+900	1300	干砌石	抛石
65	陈家台	右	681+500~677+680	3820	预制混凝土块	抛石
66	新四弓	右	677+680~675+050	2630	预制混凝土块	抛石
67	雷家洲	右	667+600~665+300	2300	钢丝网石垫	软体排、抛石
68	西湖古庙	右	664+200~661+400	2800	预制混凝土块	抛石
69	双石碑	右	661+400~657+150	4250	干砌石	抛石

续表

序号	地段名	岸别	桩号范围	长度/m	水上护坡形式	水下护坡形式
70	青龙庙	右	657+150~654+200	2950	干砌石、浆砌石	抛石
71	斗湖堤	右	654+200~651+550	2650	浆砌石	抛石
72	二圣寺	右	651+550~650+280	1270	干砌石	抛石
73	朱家湾	右	650+280~649+120	1160	浆砌石	抛石
74	杨厂镇	右	649+120~645+500	3620	干砌石	抛石
75	南五洲	右	37+000~36+450	550	干砌石	抛石
76	覃家渊	右	29+960~29+340	620	钢丝网石垫	抛石
77	覃家渊	右	27+800~26+300	1500	预制混凝土块、干砌石	抛石
78	黄水套	右	620+775~617+600	3175	干砌石	抛石
79	无量庵	右	617+600~616+400	1200	预制混凝土块	抛石
	合计			199140		

　　上荆江河段护岸工程水上工程的材料结构形式主要有卵石、干砌石、浆砌石、预制混凝土块、干砌石＋预制混凝土块、钢丝网石垫等,其中,以干砌石、预制混凝土块的材料结构形式居多;水下工程的材料结构形式主要有抛石、模袋混凝土＋抛石、土工布＋堆码石、抛石＋柴枕、软体排＋抛石等,其中,以抛石的材料结构形式居多。图 2.37~图 2.40 为上荆江河段不同护岸结构形式。

图 2.37　腊林洲钢丝网石垫护坡
（2011 年 4 月）

图 2.38　观音矶地段浆砌石护坡
（2011 年 4 月）

图 2.39　文村夹地段模袋混凝土护坡
（2007 年 3 月）

图 2.40　铁牛矶地段抛石护坡
（2007 年 3 月）

3. 下荆江河段

下荆江河段的护岸工程主要分布在石首、北碾子湾、调关、中洲子、鹅公凸至新沙洲、监利河弯、天字一号、荆江门、熊家洲河弯、七号岭、观音洲弯道的凹岸,护岸工程总长163.476km,约占下荆江河段岸线总长46.44%。其中,位于左岸的护岸工程总长84.331km,约占下荆江河段左岸岸线总长47.9%;位于右岸的护岸工程总长79.145km,约占下荆江河段右岸岸线总长45.0%。见表2.29。

表 2.29　下荆江河段护岸工程情况统计

序号	地段名	岸别	桩号范围	长度/m	水上护坡形式	水下护坡形式
1	茅林口	左	37+500～35+000	2500	预制混凝土块、干砌石	铰链排、抛石
2	范家台	左	35+000～33+800	1200	—	抛石
3	陀阳树至古长堤	左	33+800～28+000	5800	预制混凝土块	抛石
4	沙埠矶(合作垸)	左	28+000～26+140	1860	钢丝网石垫	软体排、抛石
5	向家洲	左	26+000～24+100	1900	预制混凝土块、干砌石	柴枕、抛石
6	鱼尾洲	左	6+700～3+780	2920	预制混凝土块、干砌石	柴枕、抛石
7	北碾垸	左	0+000～7+300	7300	预制混凝土块	柴枕、抛石
8	柴码头	左	7+300～8+200	900	干砌石	抛石
9	金鱼沟	左	15+300～20+420	5120	预制混凝土块、干砌石	抛石
10	中洲子	左	0+210～6+420	1190	预制混凝土块、干砌石、钢丝网石垫	抛石、柴枕、土工布
11	姚圻垴至监利城南	左	627+400～636+440	9000	干砌石	抛石、柴枕
12	监利城南至铺子湾	左	22+606～20+000	2606	—	抛石、柴枕
13	铺子湾	左	20+000～16+220	3780	干砌石	抛石、柴枕
14	铺子湾	左	16+220～11+620	4600	预制混凝土块、干砌石、浆砌石	抛石、柴枕
15	集成垸	左	2+960～6+350	3390	干砌石	抛石
16	天星阁	左	44+470～40+060	4410	预制混凝土块、干砌石	抛石、柴枕
17	盐船套(杨岭子)	左	34+350～33+150	545	预制混凝土块	网模卵石排、抛石、土工布
18	团结闸	左	24+500～22+280	2220	预制混凝土块、干砌石	抛石
19	熊家洲河弯	左	19+500～6+730	12770	预制混凝土块、干砌石	抛石、柴枕、土枕、鹅卵石
20	八姓洲	左	3+920～1+120	2800	预制混凝土块、干砌石	抛石
21	观音洲	左	566+920～564+440	7520	预制混凝土块、浆砌石	抛石
22	天星洲左缘	右	0+000～2+275	2275	预制混凝土块	软体排、抛石

续表

序号	地段名	岸别	桩号范围	长度/m	水上护坡形式	水下护坡形式
23	藕池口新滩左缘	右	0+000～0+765	765	预制混凝土块	软体排、抛石
24	送江码头	右	0+000～3+600	3600	预制混凝土块	抛石
25	丢家垸	右	0+200～0+635	435	干砌石	抛石
26	造船厂	右	568+950～568+000	950	干砌石	抛石
27	三义寺	右	567+100～567+210	110	干砌石	抛石
28	北门口	右	6+000～9+000	3000	预制混凝土块、干砌石	柴枕、抛石、钢丝网石垫
29	寡妇夹	右	1+000～3+000	2000	预制混凝土块	柴枕、抛石
30	连心垸	右	2+500～0+000	2500	干砌石	抛石
31	调关矶头	右	529+500～527+900	1600	预制混凝土块、干砌石	抛石
32	调关沙湾	右	527+900～527+120	780	预制混凝土块	抛石
33	调关芦家湾	右	527+120～524+260	2860	预制混凝土块、干砌石	抛石
34	调关八十丈	右	524+260～521+880	2380	预制混凝土块、干砌石	抛石
35	鹅公凸	右	512+000～510+280	1720	干砌石	抛石
36	茅草岭	右	510+280～509+200	1080	预制混凝土块、干砌石	抛石
37	章华港	右	501+090～498+000	3090	预制混凝土块、干砌石	抛石
38	新沙洲(塔市驿)	右	0+000～7+400	7400	预制混凝土块、干砌石	抛石
39	新沙洲(江洲)	右	7+400～10+100	2700	预制混凝土块、干砌石	石笼、混凝土块、抛石
40	新沙洲	右	10+100～14+600	4500	预制混凝土块、干砌石	抛石
41	天字一号	右	21+050～27+150	6100	预制混凝土块、干砌石、浆砌石	软体排、抛石
42	洪水港	右	0+000～8+700	8700	土工格栅石垫	石笼、混凝土块、抛石
43	荆江门	右	0+000～5+500	5500	预制混凝土块、干砌石、土工格栅石垫	柴枕、塑枕、抛石、钢筋石笼、混凝土异形体
44	张家墩	右	62+300～63+400	1100	预制混凝土块、干砌石	抛石
45	七弓岭	右	0+000～14+000	14000	预制混凝土块、干砌石	柴枕、塑枕、抛石、钢筋石笼、混凝土异形体
	合计			163476		

　　下荆江曾在监利河弯与荆江门实施了矶头护岸,目前,监利河弯的矶头因河势调整矶头淤埋而失去了护岸功能。1983~1993 年分别对荆江门的 12 处矶头(1964~1974 年实施)护岸,包括 1~10 矶头、12~13 矶头,进行了削矶改造,1999~2000 年又对 11 矶头实施了削矶改造,都变成了平顺护岸。因此,下荆江护岸工程均为平顺护岸。

　　下荆江河段护岸工程水上工程的材料结构形式主要有干砌石、浆砌石、预制混凝土块、钢丝网石垫等,其中,干砌石、预制混凝土块结构形式居多;水下工程的材料结构形式主要有抛石、模袋混凝土+卵石、抛石+柴枕、软体排+抛石、柴枕+塑枕+抛石+钢筋石笼+混凝土异形体、网模卵石排等,其中,抛石结构形式居多。图 2.41~图 2.48 为下荆江河段不同护岸结构形式。

图 2.41　杨岭子地段宽缝加筋生态混凝土
护坡工程(2011 年 9 月)

图 2.42　天字一号地段浆砌石+干砌石
护坡工程(2011 年 4 月)

图 2.43　新沙洲地段预制混凝土块+
干砌石护坡工程(2011 年 4 月)

图 2.44　观音洲地段预制混凝土块
护坡工程(2011 年 5 月)

图 2.45　洪水港地段土工格栅石垫
护坡工程(2007 年 6 月)

图 2.46　茅林口地段铰链混凝土排水下
护脚工程施工(2010 年 4 月)

图 2.47　杨岭子地段网模卵石排水下护脚
　　　　工程施工(2011 年 3 月)

图 2.48　熊家洲地段卵石水下护脚工程
　　　　(2005 年 3 月)

4. 岳阳河段

岳阳河段为顺直分汊形河段,护岸工程主要分布在左岸的螺山至皇堤宫、新堤闸至叶王家洲段和右岸的擂鼓台至道人矶、鸭栏至大清江段,护岸工程总长 65.159km,约占岳阳河段岸线总长 42.3%。其中,位于左岸的护岸工程总长 27.76km,约占岳阳河段左岸岸线总长 36.1%;位于右岸的护岸工程总长 37.399km,约占岳阳河段右岸岸线总长 48.6%,见表 2.30。另外,1994～2000 年,界牌河段实施的航道整治工程在右岸的鸭栏至叶家墩之间实施了 14 道丁坝工程,以达到稳定右边滩的目的。

表 2.30　岳阳河段护岸工程情况统计

序号	地段名	岸别	桩号范围	长度/m	水上护坡形式	水下护坡形式
1	螺山镇外滩	左	530+400～527+200	3200	平铺石	抛石
2	螺山船闸出口	左	527+200～526+000	1200	预制混凝土块、干砌石、浆砌石	抛石、柴枕
3	周家咀	左	526+000～522+600	3400	平铺石、干砌石	抛石、柴枕
4	朱家峰	左	522+600～519+000	3600	平铺石、现混凝土、干砌石	抛石
5	皇堤宫	左	519+000～517+500	1500	预制混凝土块、干砌石	抛石
6	新堤闸	左	510+000～506+955	3045	干砌石	抛石
7	新堤	左	506+955～502+400	4555	浆砌石	抛石
8	沙坝子	左	502+400～501+350	1050	预制混凝土块、干砌石	抛石
9	石码头	左	500+000～498+700	1300	浆砌石	抛石
10	叶王家洲	左	498+700～493+790	4910	浆砌石	抛石、柴枕
11	擂鼓台(下游)	右	5+000～7+710	2710	预制混凝土块、干砌石	抛石
12	象骨港	右	7+710～8+330	620	预制混凝土块、干砌石、浆砌石	抛石、混凝土异形体块
13	烟灯矶	右	8+330～9+500	1170	预制混凝土块、干砌石	抛石、混凝土异形体块、钢筋石笼、透水框架

序号	地段名	岸别	桩号范围	长度/m	水上护坡形式	水下护坡形式
14	北尾	右	9+500～10+880	1380	干砌石、预制混凝土块	抛石
15	岳化、招商码头	右	10+880～11+460	580	预制混凝土块	抛石
16	石龙村	右	12+500～13+500	1000	干砌石	抛石
17	丁山村	右	13+500～16+000	2500	预制混凝土块	抛石
18	塘湾	右	17+985～18+680	695	预制混凝土块、干砌石、浆砌石	抛石
19	儒溪	右	23+600～25+600	2000	预制混凝土块	抛石
20	鸭栏	右	0+900～4+924	4024	平铺石、现浇混凝土、铰链板	抛石
21	边洲	右	0+900～2+000	1100	干砌石	抛石、柴枕
22	界路	右	2+750～4+300	1550	干砌石	抛石、柴枕
23	新洲脑	右	4+700～6+300	1600	干砌石	抛石
24	长旺洲	右	6+930～10+400	3470	干砌石	抛石
25	李家墩	右	10+400～11+450	1050	干砌石	抛石、柴枕
26	叶家墩	右	11+450～13+590	2140	干砌石、预制混凝土块	抛石、柴枕
27	童家墩	右	13+590～15+000	1410	干砌石、预制混凝土块	抛石、柴枕
28	蔡家庄	右	15+000～16+500	1500	干砌石、预制混凝土块	抛石、柴枕
29	西尾沟	右	16+500～16+700	200	干砌石	抛石、柴枕
30	烟波尾、大清江	右	16+700～21+500	4800	干砌石、预制混凝土块	抛石、柴枕
31	大清江	右	21+500～22+000	500	预制混凝土块	抛石
32	临湘黄盖湖	右	0+000～1+400	1400	预制混凝土块	抛石
	合计			65159		

　　岳阳河段护岸工程水上工程的材料结构形式主要有干砌石、浆砌石、平铺石、预制混凝土块等,其中,干砌石、预制混凝土块结构形式居多;水下工程的材料结构形式主要有抛石、抛石+透水框架、抛石+柴枕、抛石+混凝土异形体块等,其中,抛石结构形式居多。图2.49～图2.52为岳阳河段不同护岸结构形式。

图2.49　大清江地段六方块护坡工程
（2008年6月）

图2.50　北尾地段透水框架+抛石水下
护脚工程（2011年3月）

图 2.51　北尾地段混凝土异形体块水
下护脚工程(2011 年 3 月)

图 2.52　界牌河段航道整治河势控制
丁坝工程(2007 年 2 月)

5. 陆溪口、嘉鱼河段

陆溪口、嘉鱼河段护岸工程主要分布在套口、彭家码头、宏恩矶、田家口、叶家边、王家边等地段,总长 41.850km,约占陆溪口、嘉鱼河段岸线总长 39.1%。其中,位于左岸的护岸工程总长 24.085km,约占陆溪口、嘉鱼河段左岸岸线总长 45.0%;位于右岸的护岸工程总长 17.765km,约占陆溪口、嘉鱼河段右岸岸线总长 33.2%。见表 2.31。

表 2.31　陆溪口、嘉鱼、簰洲湾河段护岸工程情况统计

序号	地段名	岸别	桩号范围	长度/m	水上护坡形式	水下护坡形式
1	老湾	左	476+270~476+000	270	—	抛石、柴枕
2	路老湾至粮洲弯道	左	476+000~470+000	6000	预制混凝土块	抛石、柴枕
3	套口	左	459+750~458+700	1050	预制混凝土块	抛石
4	彭家码头	左	450+750~449+600	1150	—	抛石、柴枕
5	宏恩矶	左	449+600~446+800	2800	预制混凝土块	抛石、柴枕
6	田家口	左	446+800~444+700	2100	干砌石	抛石、柴枕
7	叶家边	左	444+700~443+300	1400	—	抛石、柴枕
8	王家边	左	443+300~440+700	2600	干砌石	抛石、柴枕
9	刘家边	左	440+700~437+850	2850	干砌石	抛石
10	燕窝	左	429+000~426+000	3000	干砌石	抛石
11	东堤角	左	426+000~425+135	865	抛石	抛石
12	杨树林至虾子沟	左	416+300~409+000	7300	预制混凝土块	抛石、柴枕
13	胡家湾	左	400+278~398+000	2278	预制混凝土块	抛石
14	新沟	左	393+990~389+480	4510	干砌石、预制混凝土块	抛石
15	邓家口	左	375+500~373+200	2300	干砌石、预制混凝土块	抛石
16	大咀	左	366+300~364+700	1600	预制混凝土块	抛石

序号	地段名	岸别	桩号范围	长度/m	水上护坡形式	水下护坡形式
17	窑咀	右	342+800～341+000	1800	干砌石	抛石
18	洪庙	右	326+500～324+835	1665	—	抛石
19	陆溪镇至亭子湾	右	323+900～321+740	2160	干砌石	抛石
20	邱家湾	右	318+000～312+000	6000	干砌石	抛石
21	上、下桃红	右	310+820～308+680	2140	干砌石	抛石
22	凉亭	右	303+200～299+200	4000	干砌石	抛石
23	肖潘	右	275+350～264+300	11050	预制混凝土块、浆砌石、抛石	抛石
24	簰洲镇	右	8+700～14+000	5300	预制混凝土块、浆砌石、干砌石	抛石
25	三新垸	右	20+000～23+720	3720	预制混凝土块	抛石
26	双窑	右	252+300～251+300	1000	干砌石	抛石
27	居字号	右	251+300～249+120	2180	干砌石、预制混凝土块	抛石
28	中湾	右	249+120～245+300	3820	干砌石	抛石
29	红灯	右	245+300～244+650	650	干砌石	抛石
30	谭家窑	右	244+650～242+700	1950	干砌石	抛石
31	致富	右	241+210～240+360	850	干砌石	抛石

护岸工程总长度为 90.358km；其中，陆溪口河段护岸工程长度为 21.085km，嘉鱼河段护岸工程长度为 20.765km，簰洲湾河段护岸工程长度为 48.508km

陆溪口、嘉鱼河段护岸工程水上工程的材料结构形式主要有干砌石、散抛石、预制混凝土块等，其中，干砌石结构形式居多；水下工程的材料结构形式主要有抛石、抛石、柴枕等，其中，抛石结构形式居多。

6. 簰洲湾河段

簰洲湾河段护岸工程主要分布在胡家湾、新沟、邓家口、大咀、肖潘、簰洲镇、三新垸、双窑、居字号、中湾等地段，总长 48.508km，约占簰洲湾河段岸线总长33.5%。其中，位于左岸的护岸工程总长 17.988km，约占簰洲湾河段左岸岸线总长 24.8%；位于右岸的护岸工程总长 30.52km，约占簰洲湾河段右岸岸线总长42.1%。见表 2.31。

簰洲湾河段护岸工程水上工程的材料结构形式主要有干砌石、浆砌石、散抛石、预制混凝土块等，其中，预制混凝土块结构形式居多；水下工程的材料结构形式主要有抛石、抛石＋柴枕等，其中，抛石结构形式居多。

7. 武汉河段

武汉河段护岸工程主要分布在苔窝子、军山堤、中营寺、汉阳南岸沿江堤、龙王庙、天兴洲右缘、武湖、柴泊湖、石咀、东岳庙、月亮湾、武青堤等地段,总长52.903km,约占武汉河段岸线总长 37.6%。其中,位于左岸的护岸工程总长31.338km,约占武汉河段左岸岸线总长 44.6%;位于右岸的护岸工程总长21.565km,约占武汉河段右岸岸线总长 30.7%。见表 2.32。

表 2.32　武汉河段护岸工程情况统计

序号	地段名	岸别	桩号范围	长度/m	水上护坡形式	水下护坡形式
1	茗窝子	左	351+880~350+200	1680	干砌石	抛石
2	军山堤	左	341+550~338+850	2700	干砌石	抛石
3	中营寺	左	332+920~329+200	3720	预制混凝土块	抛石
4	长江大桥下游	左	0+175~0+412	237	预制混凝土块	抛石
5	汉阳南岸沿江堤	左	0+412~2+900	2488	预制混凝土块	抛石
6	龙王庙	左	38+900~40+210	1310	浆砌石	抛石、混凝土铰链排
7	王家巷码头至武汉客运港	左	40+210~41+285	1075	浆砌石	抛石
8	汉口江滩公园	左	41+285~48+054	6769	预制混凝土块	—
9	天兴洲洲头	左	0+000~4+300	4300	预制混凝土块	混凝土铰链排
10	天兴洲右缘	左	11+700~12+900	1200	—	砂枕
11	武湖	左	3+315~0+696	2619	干砌石	抛石
12	柴泊湖	左	3+240~0+000	3240	干砌石	抛石
13	石咀	右	63+700~62+800	900	预制混凝土块	抛石
14	东岳庙	右	61+787~61+287	500	干砌石	抛石
15	袁家河	右	55+600~55+100	500	干砌石	抛石
16	白沙洲大桥上游	右	54+100~53+700	400	干砌石	抛石
17	白沙洲大桥下游	右	53+200~52+700	500	干砌石	抛石
18	鲇鱼套至平湖门	右	44+444~43+313.5	1130.5	浆砌石	抛石
19	平湖门至曾家码头	右	43+313.5~39+839	3474.5	预制混凝土块	抛石
20	曾家巷至滨江码头	右	39+839~37+980	1859	浆砌石	抛石
21	武昌江滩广场	右	37+980~36+337	1643	预制混凝土块	抛石
22	月亮湾	右	35+492~36+337	845	浆砌石	抛石
23	武青堤	右	28+930~24+620	4310	预制混凝土块	抛石
24	工业港子堤	右	1+769~0+000	1769	浆砌石	抛石
25	工业港堤	右	0+000~2+434	2434	浆砌石	抛石
26	万人档	右	12+710~11+410	1300	预制混凝土块	模袋混凝土、模袋砂
	合计			52903		

武汉河段护岸工程水上工程的材料结构形式主要有干砌石、浆砌石、预制混凝土块等,其中,预制混凝土块结构形式居多;水下工程的材料结构形式主要有抛石、抛石＋混凝土铰链排、模袋混凝土＋模袋砂等,其中,抛石结构形式居多。

8. 叶家洲、团风河段

叶家洲河段护岸工程主要分布在尹魏、吊尾、罗湖洲右缘等地段,总长7.52km,约占叶家洲河段岸线总长13.3%,均位于河道左岸。团风河段护岸工程总长13.48km,约占团风河段岸线总长23.4%,均位于河道左岸。见表2.33。

表 2.33　叶家洲、团风、鄂黄河段护岸工程情况统计

序号	地段名	岸别	桩号范围	长度/m	水上护坡形式	水下护坡形式
1	尹魏上段	左	257+800～254+550	3250	干砌石	抛石
2	尹魏中段	左	254+480～254+070	410	干砌石	抛石
3	尹魏下段	左	253+580～249+720	3860	干砌石	抛石
4	吊尾上段	左	245+730～242+580	3150	干砌石	抛石
5	吊尾中段	左	242+580～241+000	1580	—	抛石
6	吊尾下段	左	241+000～239+000	2000	干砌石	抛石
7	堵龙堤	左	232+550～233+000	450	干砌石	抛石
8	罗湖洲右缘	左	0+000～6+300	6300	预制混凝土块	软体排、抛石
9	汪家墩	左	197+550～198+425	875	干砌石	抛石
10	吕杨林	左	184+310～182+800	1510	—	抛石
11	吕杨林	左	176+740～181+400	4660	干砌石	混凝土铰链排、抛石
12	吕杨林	左	181+400～176+740	4660	干砌石	混凝土铰链排、抛石
13	吕杨林	左	176+740～176+230	510	干砌石	抛石
14	陈港口	左	170+630～174+800	4170	干砌石	混凝土铰链排、抛石
15	忘江山	左	167+180～169+430	2250	干砌石	抛石
16	四一堤	左	163+197～165+500	2303	干砌石	抛石
17	二四广	左	160+170～162+180	2010	干砌石	抛石
18	刘楚贤	右	117+800～112+540	5260	预制混凝土块	抛石
19	郑家湾上段	右	112+540～109+600	2940	干砌石、预制混凝土块	抛石
20	郑家湾中段	右	109+600～108+010	1590	预制混凝土块	抛石
21	郑家湾下段	右	108+010～105+490	2520	干砌石、预制混凝土块	抛石
22	洋澜	右	100+260～98+600	1660	干砌石	混凝土铰链排、抛石
23	洋澜闸	右	97+732～96+553	1179	干砌石	混凝土铰链排、抛石
24	观音港	—	79+500～77+000	2500	抛石	抛石

续表

序号	地段名	岸别	桩号范围	长度/m	水上护坡形式	水下护坡形式
25	戴家洲右缘	—	0+000~3+260	3260	钢丝网石垫	软体排、抛石
26	四房湾	右	67+500~69+500	2000	干砌混凝土块	抛石
27	昌大堤	右	65+050~65+350	300	预制六方块	沉排、抛石
28	黄石港堤	右	63+600~57+290	6310	干砌石、预制混凝土块	抛石
29	沈家营堤上段	右	57+220~56+196	1024	干砌石、浆砌石	抛石
30	沈家营堤下段	右	56+063~55+855	208	干砌石	—
31	代司湾堤	右	55+007~54+744	263	—	抛石
32	石灰窑堤上段	右	52+750~52+550	200	—	抛石
33	石灰窑堤中段	右	52+570~51+510	1060	干砌石、浆砌石	—
34	石灰窑堤下段	右	50+850~50+300	550	—	抛石

护岸工程总长度为 76.772km;其中,叶家洲护岸工程长度为 7.52km,团风护岸工程长度为 13.48km,鄂黄护岸工程长度为 55.772km

叶家洲、团风河段护岸工程水上工程的材料结构形式主要有干砌石、预制混凝土块等,其中,干砌石结构形式居多;水下工程的材料结构形式主要有抛石、软体排+抛石等,其中,抛石结构形式居多。

9. 鄂黄河段

鄂黄(黄州、戴家洲、黄石)河段护岸工程主要分布在吕杨林、陈港口、忘江山、四一堤、二四广、刘楚贤、郑家湾、洋澜、观音港、黄石港堤等地段,总长 55.772km,约占鄂黄河段岸线总长 45.9%。其中,位于左岸的护岸工程总长 22.948km,约占鄂黄河段左岸岸线总长 37.7%;位于右岸的护岸工程总长 32.824km,约占鄂黄河段右岸岸线总长 54.0%。见表 2.33。

鄂黄河段护岸工程水上工程的材料结构形式主要有干砌石、浆砌石、预制混凝土块、钢丝网石垫等,其中,干砌石结构形式居多;水下工程的材料结构形式主要有抛石、混凝土铰链排+抛石、软体排+抛石等,其中,抛石结构形式居多。

10. 韦源口、田家镇河段

韦源口、田家镇河段护岸工程主要分布在丝茅径、横坝头、扎营港、凉棚湖、马口、道士袱等地段,其中,韦源口河段护岸工程总长 4.35km,约占该河段岸线总长 6.5%;位于左岸的护岸工程总长 3.75km,约占该河段左岸岸线总长 11.3%;位于右岸的护岸工程总长 0.6km,约占该河段右岸岸线总长 1.8%。田家镇河段护岸工程总长 5.54km,约占田家镇河段岸线总长 8.07%,均位于河道左岸。见

表2.34。

表 2.34　韦源口、田家镇河段护岸工程统计

序号	地段名	岸别	桩号范围	长度/m	水上护坡形式	水下护坡形式
1	丝茅径	左	142+210～145+960	3750	干砌石	抛石
2	横坝头	左	111+000～111+800	800	干砌石	抛石
3	扎营港	左	108+224～106+334	1890	干砌石	抛石
4	凉棚湖	左	103+500～104+150	650	干砌石	抛石
5	马口	左	100+700～101+500	800	—	抛石
6	马口	左	99+300～100+700	1400	干砌石	抛石
7	道士袱	右	44+950～44+350	600	浆砌石	抛石
合计				9890		

韦源口、田家镇河段护岸工程水上工程的材料结构形式主要为干砌石等；水下工程的材料结构形式主要为抛石。

11. 龙坪、九江河段

龙坪河段护岸工程主要分布在武穴、五里庙、龙坪、李英弯道等地段，总长22.1km，约占龙坪河段岸线总长 35.0%。其中，位于左岸的护岸工程总长20.8km，约占龙坪河段左岸岸线总长 65.8%；位于右岸的护岸工程总长 1.3km，约占龙坪河段右岸岸线总长 4.1%。九江河段（部分）护岸工程主要分布在汪家洲、刘佐至费家湾、段窑、郭家湾至新开河、新开河至九江、新港镇等地段，总长 66.5km，约占九江河段（部分）岸线总长 75.6%。其中，位于左岸的护岸工程总长 37.0km，约占九江河段（部分）左岸岸线总长 87.1%；位于右岸的护岸工程总长 29.5km，约占九江河段（部分）右岸岸线总长 67.0%。见表 2.35。

表 2.35　龙坪、九江河段（部分）护岸工程统计

序号	地段名	岸别	桩号范围	长度/m	水上护坡形式	水下护坡形式
1	武穴	左	71+400～63+500	7900	干砌石	抛石
2	五里庙	左	63+500～60+050	3450	预制混凝土块	抛石
3	龙坪	左	60+050～60+500	450	干砌石	抛石
4	李英弯道	左	0+000～6+000	6000	干砌石	抛石
5	鸭蛋洲头	左	0+400～3+400	3000	干砌石	抛石
6	汪家洲	左	35+500～29+500	6000	干砌石	抛石
7	刘佐至费家湾	左	12+500～7+500	5000	干砌石	抛石
8	段窑	左	7+500～0+000	7500	干砌石	抛石

序号	地段名	岸别	桩号范围	长度/m	水上护坡形式	水下护坡形式
9	张家洲头至老官厂	左	0+000～12+700	12700	干砌石＋预制混凝土块	抛石
10	梅家湾至丁家口	左	6+000～11+800	5800	干砌石	抛石
11	梁公堤	右	0+000～1+300	1300	干砌石	抛石
12	郭家湾至新开河	右	21+800～31+800	10000	预制混凝土块、干砌石	抛石
13	新开河至九江	右	0+000～12+500	12500	预制混凝土块、干砌石	抛石
14	新港镇	右	14+300～21+300	7000	预制混凝土块、干砌石	抛石

护岸工程总长度为 88.6km；其中，龙坪河段护岸工程长度为 22.1km，九江河段护岸工程长度为 66.5km

龙坪、九江河段（部分）护岸工程水上工程的材料结构形式主要有干砌石、预制混凝土块等，其中，干砌石结构形式居多；水下工程的材料结构形式主要为抛石等。

2.2.2　护岸工程经济寿命

护岸工程是维持河道岸线稳定的一种有效措施，被广泛应用于冲积平原河道治理工程中。但河道护岸工程系动态工程，并非一劳永逸，且有其自然寿命，尤其是水下护岸工程的水毁是影响河道护岸工程自然寿命的主要因素。护岸工程作为一种普通的建筑工程，与其他建筑工程类似，有其自然寿命和经济寿命。护岸工程的经济寿命由工程实施后需要维修间隔年数、工程的抗水毁、抗无意外力损伤、工程的自然老化以及社会经济发展需要重建等因素确定。护岸工程的自然寿命是工程实际发挥作用的时间期限或工程存在的时间期限；护岸工程自然寿命的长度是以经济寿命长度为中位数而变动的。

1. 水上护坡工程

在河道水上护坡工程的自然寿命中，一般要经历沉陷、稳固、塌陷的演变过程。水上护坡工程是建立在软弱地基基础上的，在工程运行初期将不可避免会出现沉陷，沉陷主要发生在工程完工后的第一个水文年。干砌石护坡工程在第一个运行水文期沉陷变形最为明显。干砌石护坡工程基本是每年汛后一小修（常规性维修）、5 年一大修；浆砌石、预制混凝土块、模袋混凝土等护坡形式往往在工程完工后的第一个水文年出现许多裂缝，主要是由不均匀沉陷引起的。热镀锌钢丝网石垫、土工格栅石垫护坡的不均匀沉陷表现为平整坡面的"微波窝曲"状态。水上护坡工程的沉陷缝隙所在部位的地质结构一般为两类不同土层的结合部，因为此部位为滩地地下水溢出相对集中的位置。

河道水上护坡工程经历了沉陷过程后，在较长时间内，每个块体的空间位置变化甚微,进入了"稳固"正常运行阶段,在每年中、枯水期地下水的作用下,基础坡面的土体中有部分物质溶解随地下水流失,也有部分物质随集中溢出的滩地地下水带出流失,沉陷缝隙所在部位的地下水溢出相对集中,地下水的长年累积影响,在局部位置逐步形成空洞或架空层,最后发展为局部护坡面的塌陷,若不及时维修,面积较小的塌陷点在经历一个汛期后塌陷面积可能会迅速扩大,造成已护工程的破坏。在长江中游已建的一些预制混凝土块与块石护坡工程中出现了不同程度的护坡面塌陷与破损现象。如图 2.53～图 2.57 所示。

图 2.53　下荆江姜界子地段预制混凝土块护坡工程的损坏情况(2011 年 4 月)

图 2.54　下荆江熊家洲地段预制混凝土块护坡工程的损坏情况(2011 年 4 月)

图 2.55　下荆江洪水港地段预制混凝土块护坡工程的损坏情况(2011 年 4 月)

图 2.56　下荆江荆江门地段预制混凝土块护坡工程的损坏情况(2011 年 4 月)

图 2.57　下荆江熊家洲地段块石护坡工程的损坏情况(2005 年 4 月)

从实际工程的运行来看,预制混凝土块护坡工程的初次维修期大约为 10 年,10 年以后的年维修工程量将相对增多。按平均每年的维修工程费用为(当年)新建工程费的 5% 估算,开始需维修后的工程自然寿命约 20 年,再加上初次维修前的 10 年,预制混凝土块护坡工程的自然寿命约 30 年,其经济寿命取 30 年与实际情况较为接近。经过 30 多年水流、风化侵蚀的预制混凝土块基本不能用于新护坡工程,其残值率取 0 与实际情况较为接近。

长江河道水上护坡工程的材料结构形式主要有干砌石、浆砌石、预制混凝土块、热镀锌钢丝网石垫、土工格栅石垫、模袋混凝土等。这些结构形式的工程的自然寿命与其损毁机理密切相关,作为坡面的保护层,其本身的强度至少可以耐久 50 年,作为河道水上护坡工程材料是以其群体的组合关系来发挥作用。干砌石、浆砌石、现浇混凝土、宽缝加筋生态混凝土、热镀锌钢丝网石垫、土工格栅石垫、模袋混凝土等材料护坡形式的功能原理和破坏机理与预制混凝土块基本相同,除土工格栅为石油化工产品,抗老化强度相对较弱外,其他材料本身强度较高,除干砌石护坡工程是对坡面松散覆盖外,其他形式是对坡面密实覆盖,因此,现浇混凝土、宽缝加筋生态混凝土、热镀锌钢丝网石垫、模袋混凝土护坡的经济寿命与预制混凝土块的经济寿命相当,其经济寿命取 30 年与实际情况较为接近。不同护岸材料的经济寿命见表 2.36。

表 2.36　水上护坡工程经济寿命（一般工程部位）

护坡工程的材料结构形式	经济寿命/年	护坡工程的材料结构形式	经济寿命/年
热镀锌钢丝网石垫	30	模袋混凝土	30
宽缝加筋生态混凝土	30	干砌石	20
预制混凝土块	30	土工格栅石垫	20
浆砌石	30		

2. 水下护脚工程

在现有的长江中下游河道护岸工程中,水下抛石护岸工程所占比例在 90% 左右,抛石工程的维护加固周期因工程段所处地理位置的河势变化和近岸河床的冲刷情况以及经济条件而长短不一,短则 3～5 年,长则 20～30 年,一般而言,抛石护岸工程的维护加固周期在 10～20 年(表 2.37)。按长江水利委员会编制的《长江中下游平顺护岸工程设计技术要求》(试行)中的 7.1.5 条款确定水下加固工程量,单位长度的(水下)工程量占相关地段新护岸水下工程量的 30%～50%,按以上资料可以基本计算出水下抛石护岸工程的自然寿命,水下抛石护岸工程的自然寿命为 20.0～66.7 年,综合平均为 37.7 年。因此,水下抛石护岸工程的经济寿命取 30 年、残值率取 8% 与实际情况比较接近。

表 2.37　抛石护岸工程自然寿命计算成果统计

加固周期/年	加固工程量占相关地段新护岸水下工程量的比率			
	0.3	0.4	0.45	0.5
10	33.3	25.0	22.2	20
15	50.0	37.5	33.3	30
20	66.7	50.0	44.4	40
平均自然寿命/年	50.0	37.5	33.3	30

其他护脚工程材料结构形式主要有钢筋混凝土板铰链排、钢筋网石笼、柴枕柴排、预制混凝土块土工布软体排、模袋混凝土排、网模卵石排、混凝土异形体、四面六边透水框架、土工砂土包、充砂管袋等;按工程实施后需要维修间隔年数、工程的抗水毁、工程的自然老化或锈蚀以及社会经济发展需要重建等因素确定其经济寿命(表 2.38),残值率取 8% 与实际情况比较接近。

表 2.38　水下护脚工程经济寿命（一般工程部位）

工程的材料结构形式	经济寿命/年	工程的材料结构形式	经济寿命/年
钢筋混凝土板铰链排	30	模袋混凝土	15
钢筋混凝土网架沉箱	30	抛石	30

续表

工程的材料结构形式	经济寿命/年	工程的材料结构形式	经济寿命/年
预制混凝土块土工布软体排	30	混凝土异形体块	30
钢筋网石笼	30	四面六边透水框架	30
网模卵石排	30	土工砂土包	10
柴枕柴排	15	充砂管袋	10

从长江中游河道的护岸工程的调查资料来看,有约 35% 的水下抛石工程量是 1980 年前实施的,历经 30 多年的近岸冲淤调整,继续能发挥作用的工程量有限, 在没有系统加固的老护岸工程段出现崩岸现象就在情理之中了。

2.2.3　护岸工程存在的主要问题

根据三峡水库蓄水运用以来河道崩岸统计资料分析,2003 年 7 月～2012 年 8 月,长江中游河道的护岸段崩岸长度约 83.2km,约占护岸总长度的 10.8% (表 2.39)。护岸段出现较大范围的崩岸现象,说明长江中游河道护岸工程实施后, 并非一劳永逸,护岸工程不仅有其寿命限制(表现为耐久性),还存在一些其他问 题。根据现场调查与资料分析可知,长江中游河道护岸工程存在的主要问题表现 在三方面:①较大冲刷幅度条件下现有护岸工程的稳定性问题;②部分地段护岸 工程本身质量问题;③护岸段崩岸风险的控制问题。

表 2.39　三峡水库运用以来长江中游河道护岸段崩岸统计

河段名称	护岸总长度/m	护岸段崩岸合计长度/m	护岸段崩岸与护岸长度比值/%
宜枝河段	27151	3300	12.2
上荆江河段	188430	28741	15.3
下荆江河段	165410	22104	13.4
岳阳河段	64646	9180	14.2
陆溪口、嘉鱼河段	44350	2850	6.4
簰洲湾河段	49308	5790	11.7
武汉河段	52903	1680	3.2
叶家洲、团风河段	21000	4194	20.0
鄂黄河段	55772	290	0.5
韦源口、田家镇河段	9890	240	2.4
龙坪、九江(部分)河段	88600	4800	5.4
合计	767460	83169	10.8

1. 较大冲刷幅度条件下现有护岸工程的稳定性问题

护岸工程是通过护岸体保护岸坡免遭冲刷而控制岸坡崩退,进而达到保护岸坡稳定的目的。然而,坡面护岸体随坡面特别是护岸体前沿区域的冲刷而处于动态调整过程,每类护岸材料结构形式均有其寿命与适应条件,超过寿命服役的护岸工程需要维护加固,否则会逐渐遭到破坏,直至失去护岸的作用。

三峡水库蓄水运用后,长江中游河道冲刷明显加剧,2002 年 10 月～2012 年10 月,长江中游河道宜昌至湖口河段冲刷 11.876 亿 m³,且主要冲刷发生在枯水河槽,因河道的冲刷,近岸岸坡会逐渐变陡,以往实施的护岸工程会随着岸坡的冲刷而发生调整,对于冲刷幅度较大的岸坡其护岸体的调整也较为剧烈,若现有护岸体不能适应近岸的冲刷调整,则会出现水毁现象,影响护岸工程的稳定,严重时会使护岸工程失效。

2. 部分地段护岸工程本身质量问题

护岸工程基本属于隐蔽工程,工程的施工质量对工程的安全运行具有重要影响,一些施工质量缺陷会在工程完工后显示出来,长则需十多年、短则几周时间,一场大暴雨或大洪水之后就能发现一些工程质量缺陷。对于水上护坡工程,坡面基础层的软基若没有处理完善,就不可避免引起坡面工程塌陷、水毁坡坏甚至部分坡面工程失效;坡面砌块或构件间的连接带处理若存在质量缺陷,也容易引起水毁坡坏甚至部分坡面工程失效。

护岸工程中的枯水平台部分工程出现塌陷或流失,多数情况下是因为工程施工时在松土上砌筑枯水平台防护层;水下工程是在水面上施工,护岸体通过在动水中飘落到设计的理想施工小区,施工定位船的定位、移位会直接影响工程的施工质量;对于抛石护岸而言,石料船的堆码状况和现场施工、监理人员的责任心对水下工程质量的影响较大。水下工程施工质量缺陷的危害性一般需要较长的时间才能显示出来,水下工程不均匀施工所形成的堆积体,在冲淤变幅不大的地段其水下矶头或潜丁坝的效应不大明显,但在冲刷幅度较大的地段,这种效应是比较明显的,主要是在施工后的堆石矶头或潜丁坝的"上下腮"形成复杂的流态,淘刷岸坡,加剧局部冲刷与坡面护岸体的调整,进而造成护岸工程的水毁,引起护岸段发生崩岸。

3. 护岸段崩岸风险的控制问题

护岸工程包括枯水位以上的护坡工程与枯水位以下的护脚工程,水上护坡工程虽然在平滩水位以上时基本位于水下,但在枯水期因水位较低会在水面以上,可以通过巡查观察其有无破损;但对于水下护脚工程而言,因工程常年位于水下,其水毁程度或存在的缺陷不能像陆地环境下的工程容易被发现,现有的技术手段与仪器设备均难以检测水下工程的运行与稳定状况,只有当工程破坏延伸到枯水位以上后才容易被发现,然而此时的护岸工程已基本失去作用,所以护岸区域发生崩岸的风险重点位于水下部分。因此,加强水下护岸工程与其近岸河床变形监测与稳定性评估是十分重要的,对评估存在崩岸风险高的河段及时实施加固工程是控制护岸工程发生崩岸的有效措施。据不完全统计,截至目前,在长江中游河道 767.5km 的护岸工程段中只有荆江 154km 岸段的护岸工程开展了安全运行监测,仅约占长江中游河道护岸工程总长的 20%。针对长江中游河道水沙条件与河道冲刷调整趋势的变化,迫切需要对长江中游河道护岸段进行全面的河势监测与护岸工程的稳定性评估,只有通过河势监测与护岸工程的稳定性评估,才能及早发现崩岸隐患,通过及时的加固工程措施抑制护岸段崩岸风险的发生和扩大,进而更好发挥护岸工程的长期作用。

控制护岸工程的崩岸风险就是要通过采取护岸工程的稳定性评估与及时加固的预防性治理措施来降低崩岸风险,这有利于长期发挥护岸工程的河势控制作用、保障防洪安全、航道畅通及沿岸区域涉水工程的安全运营,投入的资金相对要少。如果等到护岸工程出险后再来治理,所造成的各方面损失均较大。特别是直接危及堤防安全的护岸工程一旦出险,后果不堪设想。因此,面对长江中游河道新的形势,必须高度重视长江中游河道的预防性治理措施,切实做到防患于未然。

2.3　小　　结

长江中游河道长约 955km,除宜昌至枝城长约 61km 为由山区河流向平原河流过渡外,基本为冲积平原河流,自然条件下崩岸较为严重,尤以下荆江崩岸最为严重。新中国成立以来,通过崩岸治理、河势控制等工程措施,两岸的重要险工段均得到有效控制,岸线的稳定性明显增强。

鉴于三峡水库蓄水运用后长江中游河道水沙条件变化与冲淤调整,了解与掌握长江中游河道崩岸与护岸工程的现状对做好长江中游河道崩岸综合治理是非常重要的。本章通过对长江中游河道崩岸情况与护岸工程现状的调查和资料统计分析,得出的主要结论如下。

(1) 长江中游河道崩岸沿程分布根据河岸地质条件不同呈现出不均衡性。具体表现:在自然状态下,崩岸由弱至强的长河段可依次概括为宜枝段、黄石至武穴段、上荆江、城陵矶至黄石段、武穴至九江段和下荆江。

(2) 大洪水年河道崩岸范围和强度呈现明显增大趋势;崩岸分布在时间上具有一定周期性,崩岸年内分布主要发生在汛期和汛后退水期;2003 年 6 月以前,崩岸主要发生在自然岸段,多以窝崩和条崩的特征形式出现;2003~2012 年崩岸主要发生在已护弯道凹岸中下段,多以挫崩的特征形式出现,且突发性崩岸增多。

(3) 截至 2012 年 8 月,长江中游河道的护岸工程总长度 767.46km。长江中游河道水上护坡工程的材料结构形式主要包括干砌石、浆砌石、预制混凝土块、钢丝网石垫、土工格栅石垫、宽缝加筋生态混凝土等。1998 年大水前,主要以干砌石护坡为主;1998 年大水后,主要以预制混凝土块护坡为主,水下平顺护脚工程的材料结构形式主要包括抛石、铰链混凝土排、压载软体排、模袋混凝土、砂枕、沉梢、小颗粒石料及网模卵石排等,主要以抛石护岸为主。

(4) 长江中游河道护岸工程主要存在以下四方面的问题:护岸工程的耐久性问题;较大冲刷幅度条件下现有护岸工程的稳定性问题;部分地段护岸工程本身质量问题;护岸段崩岸风险的控制问题。

参 考 文 献

[1] 余文畴,卢金友.长江河道崩岸与护岸.北京:中国水利水电出版社,2008.

[2] 长江水利水电科学研究院.下荆江中洲子裁弯试验工程新河护岸工程初步经验总结//长江中下游护岸工程经验选编.北京:科学出版社,1978.

第3章 长江中游河道崩岸成因研究

3.1 河道崩岸影响因素分析

3.1.1 崩岸影响因素的宏观定性分析[1]

从宏观来说,长江中游河道崩岸影响因素包括自然因素和人为因素。然而,在大多数情况下,长江中游河道的崩岸绝大部分是河道自然演变产生的,因此本书研究重点是自然因素。冲积平原河流是水流与河床相互作用的产物,在河道平面变形的崩岸区内,挟沙水流的动力作用使近岸河床和河岸泥沙发生起动、扬动、输移,而河床边界条件决定了近岸河床抗冲性能以及约束水流的固有特性。在整个河床演变的过程中,挟沙水流动力条件是主导因素。下面对挟沙水流动力条件、河床边界条件和人为因素进行宏观分析。

1. 挟沙水流动力条件

1) 挟沙水流纵向冲刷作用

挟沙水流纵向冲刷作用决定着河流的纵向输沙和河道整体变形的强度。由不同水文年和年内不同分布的来水来沙条件构成长江河道不同河段的纵向输沙关系,直接影响着相应河段的河床演变特性,河道的平面变形就是其中一个重要的影响方面。由来水来沙条件形成的近岸水流泥沙运动,通过对近岸河床的冲刷,产生不同的平面变形。在河道平面变形的过程中,弯道凹岸或受水流作用较强的顺直岸段,多数时段内近岸河床床面的泥沙都处于起动、推移、扬动并由水流输向下游的状态。一般来说,这里的水流挟沙能力均较大、离饱和含沙量还有差距,使近岸河床床面受到冲刷而造成相应的崩岸。近岸河床冲深与河岸崩塌的强度直接取决于纵向水流的作用,取决于近岸流速和单宽流量以及水流对于河岸顶冲的角度。

根据长江中游河道不同河段表面或垂线平均流速分布资料(图3.1~图3.3)可知,河道平滩以下河槽岸坡的流速一般在高洪水期大于中低水期,弯道凹岸与主流贴岸段及分汊河道的汇流区主流侧岸段流速大于弯道凸岸与主流远离的岸段及分汊河道放宽段,冲刷能力与水流输沙能力均较强,由此造成的崩岸强度与规模也较大。

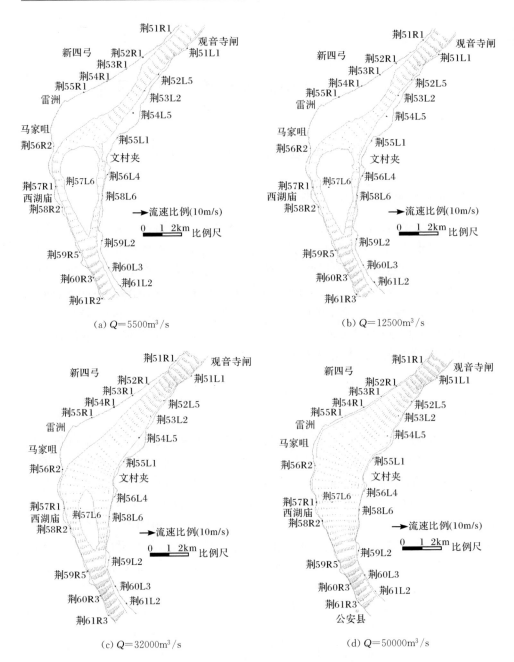

(a) $Q＝5500\text{m}^3/\text{s}$　　　　　　　　　　　(b) $Q＝12500\text{m}^3/\text{s}$

(c) $Q＝32000\text{m}^3/\text{s}$　　　　　　　　　　(d) $Q＝50000\text{m}^3/\text{s}$

图 3.1　上荆江观音寺至公安河段表面流场分布图

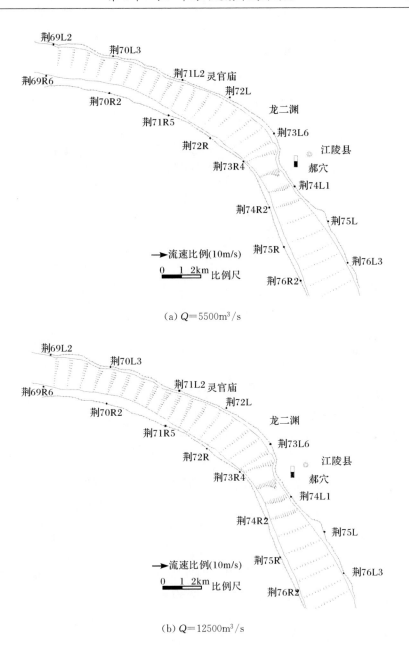

(a) $Q=5500\text{m}^3/\text{s}$

(b) $Q=12500\text{m}^3/\text{s}$

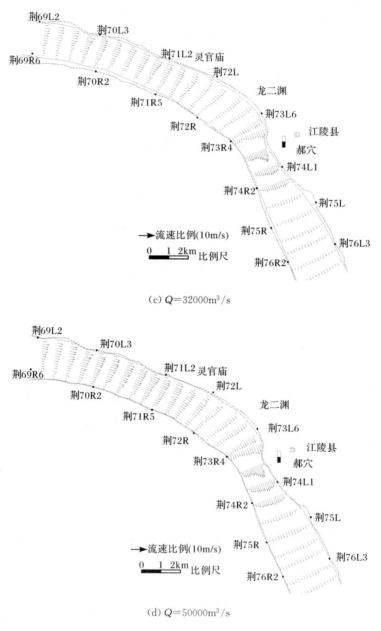

(c) $Q=32000\text{m}^3/\text{s}$

(d) $Q=50000\text{m}^3/\text{s}$

图 3.2　上荆江郝穴河段表面流场分布图

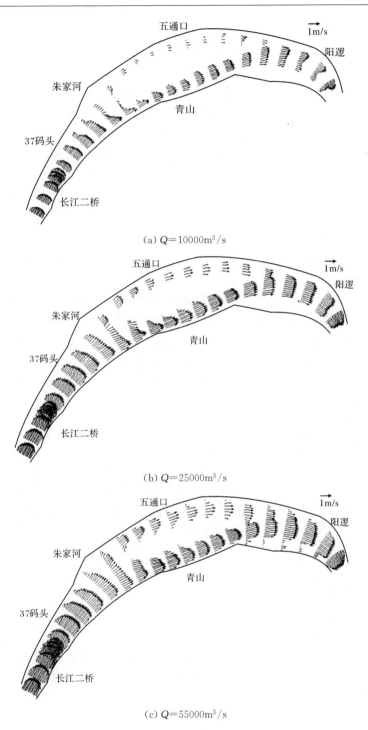

(a) $Q=10000\text{m}^3/\text{s}$

(b) $Q=25000\text{m}^3/\text{s}$

(c) $Q=55000\text{m}^3/\text{s}$

图 3.3　武汉天兴洲河段垂线平均流场分布图

2) 环流作用

环流对河道崩岸的影响也是一个重要因素。"九曲回肠"的下荆江是长江中游河道中崩岸最为严重的河段。其中,环流与纵向水流一起形成的螺旋流,使凹岸河床发生冲刷,螺旋流底部旋度较大,有利于底部泥沙的横向输移,同时,环流改变悬移质泥沙的输移规律,导致横向输沙不平衡,有利于将凹岸的泥沙更多输送到斜对岸,进而影响河弯发育及演变,所以弯道环流在下荆江蜿蜒形河道演变及崩岸中具有显著的作用。然而,由于弯道崩岸主要还是由于纵向水流的动力作用,弯道环流横向输沙难以将崩岸的泥沙输向对岸部位,凸岸的淤积仍主要由纵向水流作用而形成,所以在下荆江仍然是以纵向水流的作用为主导地位。在城陵矶以下的长江中游分汊河道,除了弯曲过度的鹅头形支汊以外,环流对河道崩岸的直接影响相对较小,但环流在泥沙输移与局部河床地貌形态塑造中的作用不可忽视,因为由纵向水流与环流共同作用下的河道床面形态的演变会影响河岸稳定。

3) 回流作用

回流是一种次生流,是在一定边界条件下产生的。一般情况下,回流的作用具有二重性。当纵向水流达到一定强度时,回流能使近岸床面泥沙起动、悬浮,通过与纵向水流的掺混交换,对江岸产生一定的淘刷作用,造成相应的崩岸,从而使已形成的崩窝尺度增大;相反,当纵向水流较弱时,就可能在边界突出的下游近岸部位形成淤积,也可能在已形成的崩窝内产生淤积。在某种特殊的情况下,竖轴回流可能形成尺度很大的"口袋形"崩窝。

4) 波浪作用

波浪对岸的冲击作用常发生在风吹程较大的岸段或岸滩,其作用是间歇性的,在汛期流量大河面宽遇台风时可能对崩岸产生一定的影响;在枯水期船行波也可能会有一定影响。波浪作用仅在水体表面对岸滩冲击作用较大,一般只引发洗崩。波浪作用在长江中游河道内对河岸侵蚀的影响较小,其崩岸的尺度和速度均较小。

2. 河床边界条件

1) 河弯曲率

河弯曲率是河道平面形态的重要指标,是历史河床过程和现代河流动力作用的结果,反过来对水流的运动也起着一定的控制作用。对河道崩岸来说,河弯曲率约束纵向水流作用的方向,曲率越大,水流对河岸的顶冲角也越大,水流近岸贴流的岸线越长,相应环流也较强,因而在河床边界条件中河弯曲率对崩岸的影响是非常显著的。

2) 河床组成

河床泥沙这里特指枯水位以下河槽部分的床沙,这部分河槽是河床演变中冲淤变化最活跃的部分。河床泥沙组成包括少部分推移质,其主要由悬移质中床沙质堆积而成,集中体现了在水流作用下泥沙运动所具备的固有特性,是直接反映泥沙运动状态的因素。河道平面变形的强度就取决于泥沙输移和河床冲淤的强度。所以说,河床组成是河道崩岸发生的重要条件。

3) 河岸组成

在二元结构组成的河岸中,上层河漫滩相沉积的细颗粒泥沙,是在悬移质床沙质堆积的基础上,属于冲泻质部分的堆积。河漫滩黏性土层的厚薄表达河岸抗冲性的程度。一般来说,黏性土层厚度越大,河岸抗冲性越强,崩坍后的土体对原河床掩护并隔开水流冲刷的时间越长,崩岸速率会相对较弱。下层(沙层顶板至枯水位之间)沙质(或粉沙质)河岸属悬移质中床沙质堆积,是河岸泥沙发生冲淤的主体,实际上与上述河床泥沙密不可分。只有在这部分河床受到冲刷、岸坡变陡后上部河岸才会坍塌,其厚度相对于上层黏性土越厚,则越易引发崩岸。所以,河岸组成对崩岸的影响还受制于河床组成这一因素。

4) 滩槽高差

这一因素既是在水流动力作用下河道平面变形过程中形成的反映岸坡特征的横断面形态,同时又是影响岸坡稳定产生崩岸的因素。显然,滩槽高差越大,岸坡越不稳定,越易引发崩岸。

5) 河岸地下水作用

河岸地下水作用包括河岸地下水来源、河道内水位变化幅度和速率对岸坡稳定的影响。造成这类崩岸有时也与水流前期冲刷有关,表现为汛期冲刷坡脚后,在汛后至枯水期较易引发岸坡失去稳定而产生崩岸。

3. 人为因素

对长江中游河道崩岸有直接影响的人为因素主要包括近岸河床采砂、已建和正在兴建的凸出建筑物使水流产生复杂流态以及在近岸江滩上附加荷载等。通常河床近岸受到水流冲刷而产生崩岸,但如在河岸附近采砂将容易诱发崩岸和加速崩岸发生。由于近岸部位泥沙颗粒较粗,受经济利益驱使常发生非法采砂现象,经常造成严重崩岸。已建的丁坝、矶头和凸出的码头等产生的局部水流结构,不仅可能对建筑物本身构成损坏甚至破坏,而且可能造成上、下游崩岸。在涉水工程施工过程中或工程运行中,近岸江滩突加荷载,包括岸滩附近临时仓库堆积货物、临时采集的江砂以及临时堆放的弃土等荷载,加之岸边、岸上打桩震动,极易发生滑坡崩岸。

上述三种人为因素在无控制情况下,由于未认识其危害,完全没有管理措施,崩岸极易发生;在有管理措施情况下,多数崩岸能得到有效控制。当河道管理制度健全,岸线利用得到很好的控制,执法力度很强时,崩岸在绝大多数情况下都是可防止的。所以,对人为因素引发的崩岸,通过加强河道管理是能够避免的。

3.1.2 崩岸影响因素定量分析

由于影响长江中游河道崩岸的因素涉及面广且错综复杂,各个因素之间是互相联系、互相制约的。为了对长江中游河道崩岸影响因素进行综合评价,说明各因素对崩岸影响的程度,可采用模糊综合评估的层次分析法,对其重要性用量的方式予以表达,以便提供重点影响因素进行深入的研究[2]。

1. 层次分析法原理

层次分析法(analytic hierarchy process,AHP)在 20 世纪 70 年代中期由 Saaty 教授提出,是综合定性与定量分析,是对多目标多准则的系统进行分析评价的一种方法。为了表示两事物相对权重的对比,层次分析法用标度来量化判断语言。标度的合理性是决策正确性的基础。对于两两比较判断采用的标度应根据实际情况,凭借丰富的经验,符合其合理性原则和传递性原则。

衡量标度优劣的标准是看它在多大程度上符合人们对事物好坏(或大小)的等级之间比较的数量概念,这里采用指数标度来进行计算。将两两比较判断等级分为同等重要、稍微重要、重要、明显重要、强烈重要、极端重要 6 个等级,其判断尺度定义见表 3.1。

表 3.1　判断矩阵标度及其含义

指数标度		含义
9^0	1	表示两个因素相比,具有同等重要性
$9^{(1/8)}$	1.3161	表示两个因素相比,一个因素比另一个因素稍微重要
$9^{(2/8)}$	1.7321	表示两个因素相比,一个因素比另一个因素重要
$9^{(4/8)}$	3	表示两个因素相比,一个因素比另一个因素明显重要
$9^{(6/8)}$	5.1962	表示两个因素相比,一个因素比另一个因素强烈重要
$9^{(8/8)}$	9	表示两个因素相比,一个因素比另一个因素极端重要

层次分析法主要步骤:①建立描述研究对象系统内部独立的递阶层次结构模型;②对同属一级的因素以上一级因素为准则进行两两比较,根据判断尺度确定其相对重要度,建立判断矩阵;③层次单排序计算各因素的相对重要度及其一致性检验;④层次总排序计算各因素的综合重要度及其一致性检验。

2. 崩岸因素层次结构模型的建立与判断矩阵的确定

对长江中游崩岸影响综合评价时,以崩岸影响作为目标,列为第一层,即目标层。崩岸影响因素包括自然因素和人为因素两大类,这 2 个因素列为第二层。直接影响第二层的因素有 5 个,其中自然因素有 2 个:挟沙水流动力条件、河床边界条件;人为因素有 3 个:近岸挖沙、突加荷载、水工建筑物,将它们列为第三层。直接影响第三层的因素共有 18 个,列为第四层。其分层情况见层次分析结构模型图(图 3.4)。

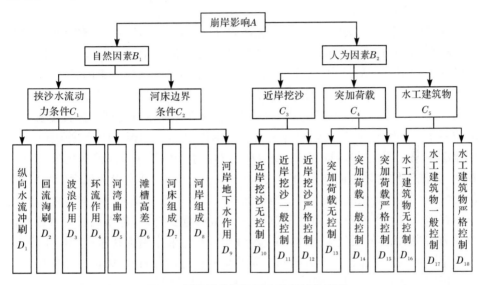

图 3.4　崩岸影响评价层次分析结构模型

将各层次中诸因素按照指数标度两两比较。根据它们之间的相对重要性,列出判断矩阵,进行崩岸影响分析。由于长江中游河道岸线长,挟沙水流动力条件与河床河岸组成条件因地而异,其崩岸原因比较复杂,故针对具体河段,造成崩岸的影响因素会有所不同。这里就长江中游河道崩岸的总体情况而言,分析造成其崩岸的各影响因素的具体排序。

一般情况下,长江中游河道的崩岸绝大部分是河道自然演变产生的,故在第一层中自然因素(B_1)与人为因素(B_2)相比,B_1 比 B_2 强烈重要,标度值取为 $9^{(6/8)}$ 即 5.1962,得出判断矩阵见表 3.2(对角线为 1 的意思是本身相比,同等重要,以下各表同理)。

一条冲积平原河流是挟沙水流与河床相互作用的产物。在崩岸区,挟沙水流的动力作用使近岸河床和岸坡范围内的泥沙发生起动、输移,而河床边界条件决定了河岸及近岸河床抗拒起动和抗冲性能及约束水流的固有特性。但是,在整个河床运动过程中,挟沙水流动力条件又是主导因素。故在自然因素中,挟沙水流动力条件(C_1)比河床边界条件(C_2)重要,即在表 3.3 中 C_1 比 C_2 的标度值取为 1.7321。

　　在人为因素中,主要是近岸挖沙、已建的水工建筑物(包括丁坝、防波堤等)以及施工过程中的突加荷载(包括岸滩附近仓库堆积货物的重量、打桩震动、弃土等)对崩岸的影响。其中经济利益驱使下出现的近岸挖沙(C_3)现象和长期对近岸河床和河岸起作用的沿江水工建筑物(C_5)对崩岸的影响可视为同等重要,它们相对于突加荷载(C_4)对崩岸的影响视为重要,故在表 3.4 中 C_3 比 C_4 的标度值为1.7321,C_3 比 C_5 的标度值为1。

　　在挟沙水流动力条件中,纵向水流冲刷(D_1)决定了河流输沙和整体变形的强度,弯道环流作用(D_4)在较为顺直的长江中游分汊河道中并不起明显作用,然而在蜿蜒形的下荆江河道中,弯道环流作用对崩岸的影响则是显著的,但它毕竟是次生流,与纵向水流一起构成螺旋流,故 D_1 对于 D_4 是重要的,即表 3.5 中 D_1 比 D_4 的标度值为 1.7321;回流也是一种次生流,是在纵向水流达到一定强度和一定的边界条件下形成的,对江岸起着一定的淘刷作用,可以说纵向水流冲刷(D_1)比回流淘刷(D_2)明显重要,即表 3.5 中 D_1 比 D_2 的标度值为 3;波浪作用(D_3)是间歇性的,波浪仅水体表面作用力较大,一般只引发洗崩,其崩岸的尺度较小,因而 D_1 比 D_3 可以说是极端重要(河口地带除外),即表 3.5 中 D_1 比 D_3 的标度值为 9。

　　在河床边界条件中,河弯曲率(D_5)是河型的重要指标,是历史河床过程和河流动力作用的结果,反过来对水流的运动也起着约束作用。具体对崩岸来说,河弯曲率决定纵向水流作用的方向和水流贴岸的长度,因而在河床边界条件中作为平面形态因素的 D_5 应属于第一位;同时河床组成(D_7)是河流在造床作用中的产物,体现了泥沙运动主体部分即床沙质运动所具备的固有特性,在重要性比较过程中,D_7 与 D_5 相比,应视为同等重要,标度值为 1。河岸组成(D_8)一般来说包含河漫滩相沉积的细颗粒泥沙,是在床沙质堆积的基础上,属于冲泻质部分的堆积,在崩岸中也是在床沙质运动的基础上因岸坡失去稳定产生崩岸的。因而 D_7 比 D_8 重要,标度值为 1.7321。同理,滩槽高差(D_6)表征岸坡横断面形态,也是在河床冲深情况下影响岸坡稳定产生崩岸的,因而 D_7 比 D_6 重要,标度值也为1.7321。河岸地下水作用(D_9)体现一些特殊水文过程。由于它通过岸坡土体力学指标而起作用,所以把它划为河床边界条件的范畴。其作用表现为汛期冲刷坡脚之后,汛后至枯水期落水过程较快,使岸坡失去稳定产生崩岸。与河床组成相比,D_7 比 D_9 明显重要,标度值为 3。河床边界条件中的各因素两两比较后具体标度值见表 3.6。

　　在三种人为因素中,又可各自分成三种情况来比较:一是无控制情况,由于未认识其危害,完全没有管理措施情况下,崩岸极易发生;二是有一般控制情况,此时多数崩岸能得到控制;三是有严格控制情况,此时崩岸在绝大多数情况下是可防止的。因此对造成崩岸来说,这三种情况之间的标度值可考虑为 1、5.1962 和 9,其具体比较的标度值见表 3.7~表 3.9。

将图 3.4 中 A、B、C、D 各层关系构成判断矩阵,各矩阵的单排序及最后的总排序在计算机上编程计算,详细结果见表 3.2～表 3.11。

表 3.2　判断矩阵 A-B 及其计算结果

A（崩岸影响）	B_1	B_2	权重	序位	一致性检验
B_1（自然因素）	1	5.1962	0.8386	1	$\lambda_{\max}=2$
B_2（人为因素）	1/5.1962	1	0.1614	2	CI=0

表 3.3　判断矩阵 B_1-C（自然因素）及其计算结果

B_1（自然因素）	C_1	C_2	权重	序位	一致性检验
C_1（挟沙水流动力条件）	1	1.7321	0.634	1	$\lambda_{\max}=2$
C_2（河床边界条件）	1/1.7321	1	0.366	2	CI=0

表 3.4　判断矩阵 B_2-C（人为因素）及其计算结果

B_2（人为因素）	C_3	C_4	C_5	权重	序位	一致性检验
C_3（近岸挖沙）	1	1.7321	1	0.388	1	
C_4（突加荷载）	1/1.7321	1	1/1.7321	0.224	2	$\lambda_{\max}=3$ CI=0
C_5（水工建筑物）	1	1.7321	1	0.388	1	

表 3.5　判断矩阵 C_1-D 及其计算结果

C_1（挟沙水流动力条件）	D_1	D_2	D_3	D_4	权重	序位
D_1（纵向水流冲刷）	1	3	9	1.7321	0.4976	1
D_2（回流淘刷）	1/3	1	3	1/1.3161	0.1782	3
D_3（波浪作用）	1/9	1/3	1	1/5.1962	0.0553	4
D_4（环流作用）	1/1.7321	1.3161	5.1962	1	0.2689	2

一致性检验:$\lambda_{\max}=4.009$,$CI=\dfrac{\lambda_{\max}-n}{n-1}\approx0$,这说明判断矩阵具有满意的一致性。

表 3.6　判断矩阵 C_2-D 及其计算结果

C_2（河床边界条件）	D_5	D_6	D_7	D_8	D_9	权重	序位
D_5（河弯曲率）	1	1.7321	1	1.7321	3	0.2883	1
D_6（滩槽高差）	1/1.7321	1	1/1.7321	1	1.3161	0.1578	2
D_7（河床组成）	1	1.7321	1	1.7321	3	0.2883	1
D_8（河岸组成）	1/1.7321	1	1/1.7321	1	1.3161	0.1578	2
D_9（河岸地下水作用）	1/3	1/1.3161	1/3	1/1.3161	1	0.1078	3

一致性检验：$\lambda_{\max}=5.01$，$CI=\dfrac{\lambda_{\max}-n}{n-1}\approx 0$，这说明判断矩阵具有满意的一致性。

表 3.7　判断矩阵 C_3-D 及其计算结果

C_3（近岸挖沙）	D_{10}	D_{11}	D_{12}	权重	序位	一致性检验
D_{10}（近岸挖沙无控制）	1	5.1962	9	0.7571	1	
D_{11}（近岸挖沙一般控制）	1/5.1962	1	3	0.1476	2	$\lambda_{\max}=3$
D_{12}（近岸挖沙严格控制）	1/9	1/3	1	0.0852	3	$CI=0$

表 3.8　判断矩阵 C_4-D 及其计算结果

C_4（突加荷载）	D_{13}	D_{14}	D_{15}	权重	序位	一致性检验
D_{13}（突加荷载无控制）	1	5.1962	9	0.7571	1	
D_{14}（突加荷载一般控制）	1/5.1962	1	3	0.1476	2	$\lambda_{\max}=2$
D_{15}（突加荷载严格控制）	1/9	1/3	1	0.0852	3	$CI=0$

表 3.9　判断矩阵 C_5-D 及其计算结果

C_5（水工建筑物）	D_{16}	D_{17}	D_{18}	权重	序位	一致性检验
D_{16}（水工建筑物无控制）	1	5.1962	9	0.7571	1	
D_{17}（水工建筑物一般控制）	1/5.1962	1	3	0.1476	2	$\lambda_{\max}=2$
D_{18}（水工建筑物严格控制）	1/9	1/3	1	0.0852	3	$CI=0$

表 3.10　层次 B-C 权重总排序

层次 B ＼ 层次 C	B_1 0.8386	B_2 0.1614	权重	序位	一致性检验
C_1（挟沙水流动力条件）	0.634	0	0.5317	1	
C_2（河床边界条件）	0.366	0	0.3069	2	$CI=\displaystyle\sum_{i=1}^{2}B_i CI=$
C_3（近岸挖沙）	0	0.388	0.0626	3	$(0.8386+0.1614)$
C_4（突加荷载）	0	0.224	0.0362	4	$\times 0=0$
C_5（水工建筑物）	0	0.388	0.0626	3	

表 3.11　权重总排序

层次 C ＼ 层次 D	C_1 0.5317	C_2 0.3069	C_3 0.0626	C_4 0.0362	C_5 0.0626	权重	序位
D_1（纵向水流冲刷）	0.4976	0	0	0	0	0.265	1
D_2（回流淘刷）	0.1782	0	0	0	0	0.095	3
D_3（波浪作用）	0.0553	0	0	0	0	0.029	8

续表

层次 C 层次 D	C_1 0.5317	C_2 0.3069	C_3 0.0626	C_4 0.0362	C_5 0.0626	权重	序位
D_4（环流作用）	0.2689	0	0	0	0	0.143	2
D_5（河弯曲率）	0	0.2883	0	0	0	0.088	4
D_6（滩槽高差）	0	0.1578	0	0	0	0.048	5
D_7（河床组成）	0	0.2883	0	0	0	0.088	4
D_8（河岸组成）	0	0.1578	0	0	0	0.048	5
D_9（河岸地下水作用）	0	0.1078	0	0	0	0.033	7
D_{10}（近岸挖沙无控制）	0	0	0.7571	0	0	0.047	6
D_{11}（近岸挖沙一般控制）	0	0	0.1476	0	0	0.009	10
D_{12}（近岸挖沙严格控制）	0	0	0.0852	0	0	0.005	11
D_{13}（突加荷载无控制）	0	0	0	0.7571	0	0.027	9
D_{14}（突加荷载一般控制）	0	0	0	0.1476	0	0.005	11
D_{15}（突加荷载严格控制）	0	0	0	0.0852	0	0.003	12
D_{16}（水工建筑物无控制）	0	0	0	0	0.7571	0.047	6
D_{17}（水工建筑物一般控制）	0	0	0	0	0.1476	0.009	10
D_{18}（水工建筑物严格控制）	0	0	0	0	0.0852	0.005	11

一致性检验：$CI = \sum_{i=1}^{5} C_i CI \approx 0$，这说明判断矩阵具有满意的一致性。

3. 崩岸因素权重排序

由表 3.11 可看出，在 18 个因素的崩岸影响权重总排序中，纵向水流冲刷的权重排第一，这可将经验认识（即一般情况下纵向水流冲刷是影响长江中游河道崩岸的首要因素）进一步量化，同时可反映出纵向水流冲刷在众多因素中的相对重要性程度。它对崩岸的影响主要表现在流量的大小，即水流动能的大小。例如，汉口天兴洲分汊河段右汊青山夹在 20 世纪 50~60 年代为由支汊向主汊发展阶段，由于主、支汊的交替，右汊分流比逐渐增大，主流冲刷青山夹左岸中部发生崩岸且崩岸位置较固定。根据 1956~1964 年资料，该处平均崩岸面积与青山夹年汛期平均流量（据汉口站流量与青山夹流量相关关系求得）具有较好的关系[3]，从而可知流量的大小会对崩岸产生重要影响。可以看出，在较长的时段内崩岸强度主要受纵向水流冲刷的影响。同时，深泓逼岸、水流顶冲、挟沙能力大小等都体现出纵向水流对崩岸的作用。

环流作用和河弯曲率分别排第二和第四，这二者的影响在下荆江蜿蜒形河段中是统一的。河道弯曲半径小,水流对于河岸的交角大,顶冲作用强,同时弯道环流也强,二者的权重之和为 0.231,仍小于纵向水流冲刷的权重,然而与纵向水流共同作用下,三者权重之和为 0.496。可见,下荆江蜿蜒形河道在自然演变情况下崩岸发生之频繁,崩岸速度之大,理应是首屈一指的。对于城陵矶以下的分汊河道,一般来说不存在系统的弯道环流结构,但河弯曲率在纵向水流对河岸的作用中仍具有重要影响,特别是影响主流线与河岸的交角和河弯贴流的长度。

在挟沙水流动力条件因素中,回流淘刷导致崩岸也具有一定的作用,其权重排第三。一般情况下它的形成取决于一定的纵向水流条件。然而对于在特殊的水流和边界条件下形成的"口袋形"窝崩,这种回流造成的崩窝危害最大。

河床组成权重排第四,说明它对长江中游崩岸的发生也具有较大的作用,体现了基本河槽泥沙运动的强弱对崩岸的宏观影响。长江中游河床相的粉砂、细砂,极易起动、扬动、输移,近岸河床受到冲刷形成深槽,随着水流继续冲刷,深槽逐渐向岸坡逼近,河岸变陡增高,失去稳定易发生崩岸,所以河床组成条件所表现的抗冲性在崩岸事件中是与水流动力条件相互作用中矛盾的另一方面,对崩岸的发生及其强度理应起着重要的作用。

河岸组成与滩槽高差的权重并列排第五。二元结构具有上层河漫滩相的河岸组成,形成条件较复杂,其构成也较复杂。随着土体黏粒含量不同体现出不同的抗冲性,同时随着土体的物理力学性质不同而表现出不同的边坡稳定性。但这两个崩岸影响因素在河床演变中都是以床沙组成及其运动情况为前提的。

无控制情况下的近岸挖沙会直接改变河床在自然情况下的组成情况,破坏水沙平衡,引起水流与河床的重新调整,并将对局部河段的河势产生不利影响,加速岸坡冲刷,甚至会使河岸边坡变陡引起崩岸。在长江中游,因非法采砂而导致江岸崩塌的事故时有发生,并严重影响堤防安全。

无控制情况下的江边水工建筑物可能形成局部水流结构导致局部冲刷,它对崩岸影响程度与无控制情况下的近岸挖沙的权重并列排第六,均是不可忽视的因素。

河岸地下水作用权重排第七。高水位持续时间和河岸地下水作用影响土体的力学性质,产生崩岸往往表现为以岸坡不稳定而发生的局部或孤立的崩窝。当河岸处于水流冲刷发生平面变形的过程中,则河岸地下水作用诱发的崩岸将对河道的平面变形起某种程度的促进作用。

波浪作用权重排第八,风成浪和船行波对崩岸的影响是局部和间歇性的。水面宽阔,风浪、船舶航行引起的船行波均会对河岸产生冲刷。

还需提出的是,突加荷载的因素(排第九),尤其是在沿江水利或港口码头工程施工过程中如完全不加控制,河岸滩上堆建材,河岸附近打桩震动等都有可能诱发崩岸。江滩上的临时堆场、企业营运的堆场对岸坡稳定产生影响,也应当予以重视。

对于人为因素的几个方面都应当发挥人的主观能动性加以控制和预防。加强采砂管理和科学论证,进行合理开采;加强水工建筑物附近河床及河岸的观测,采取适当的措施对其本身和上下游一定范围内作必要的防护和加固;加强新建工程施工组织管理,避免施工期内岸滩上荷载过重以及采取必要的削坡减载措施,都将使崩岸发生率减至最小。

在总结已有经验认识的基础上,采用层次分析法分析计算上述各个影响因素,其权重总排序结果在理论上和实践中都是可以接受的。在河道崩岸研究中,要从河流动力学观点出发,从整体上分析影响河道演变、河床冲淤和河道平面变形的因素,从具体崩岸形成的过程中紧密围绕水流泥沙运动特性和河道形态、河床组成条件进行研究;同时还要结合边坡稳定性方面的研究,全面探讨崩岸机理。另外,还需联系工程实际,采取必要的控制和预防崩岸的措施。

在治理长江中游河道崩岸的过程中,主要任务是预防由纵向水流冲刷、河弯曲率较大、河床冲淤变化剧烈和河岸土质抗冲性差所引起的崩岸。其中,稳定河势——对水流冲刷严重的部位实施崩岸治理,调整河势——使河弯曲率适度,改善水流流场和流态,是治河工程中的重要任务。从人为因素对崩岸的影响程度来看,有控制的影响条件是至关重要的。

3.2　长江中游河道崩岸机理

本节将利用长江中下游河道原型观测资料,结合河流动力学及河床演变学的理论知识,剖析长江中游河道崩岸机理。

3.2.1　河型成因、河道形态与平面变形之间的关系

研究表明,一条冲积平原河流的河型成因有两个基本趋向:一是趋于耗散河流的能量;二是趋于达到输沙平衡[4]。下荆江蜿蜒河道的河型成因是在水流泥沙运动条件和河床边界条件下,通过在纵向增加河长和在断面上保持凹岸冲刷与凸岸淤积基本均衡的单一河道来达到既耗散水流能量又满足泥沙输移趋于平衡的。下荆江的蜿蜒形河道在形成过程中和河道形态定型后,演变的基本特征就是通过凹岸冲刷、凸岸淤积的平面变形达到和保持蜿蜒曲折的平面形态。长江中下游分汊形河道的河型成因则是选择通过平面变形增大河宽形成分汊的形式,实现耗散水流能量并力求与流量相对较大、含沙量相对较小的水沙条件建立输沙平衡。也就是说,分汊河道在造床过程中和河道定型后,其演变特征是通过拓宽而达到保持分汊的平面形态。这就是河型成因中的水流泥沙运动条件,是河流自身的动力因素。上述两种河型的成因,在满足上述河流动力作用的同时,还应具备与其相

应的河床边界条件。下荆江河道的二元结构河岸,具有抗冲性适度(即可冲性适度)的边界条件,能使得凸岸淤积与凹岸冲刷保持均衡的速度而不发生切滩,从而保持以单一河槽为断面形态达到纵向输沙平衡。长江中下游分汊河道河岸为抗冲性相对更弱的二元结构,在流量相对较大和含沙量相对较小的水沙条件下,边滩淤积不能及时与崩岸保持均衡,从而以分汊河槽为断面形态降低挟沙能力,与较小的含沙量相适应达到纵向输沙平衡。当然,下荆江蜿蜒形河道和中下游分汊形河道的上述河床边界条件也是在长期造床过程中河流本身的冲积作用形成的。也就是说,从形成条件来讲,水流与河床的作用是相辅相成的[5]。因此河床边界条件是河型成因的又一重要因素,也是河道平面冲刷变形的重要因素。如果在河道河型成因和构成一定的平面变形特征并造成河道的崩岸中,水流泥沙运动是主导因素,那么,河床边界条件就是崩岸的制约因素。

　　以上两种河型的河道形态都是通过长期的造床过程而形成的。当河道形态形成后,在来水来沙和河床边界条件相互作用下,河道发生的变形,体现了河床冲淤的动态特征。其中,河床的平面冲刷变形是动态变化的一个最重要的方面。因此,研究河道崩岸的宏观因素,归根结底就是研究不同河型的平面形态和河道平面变形的规律。

　　通过半个世纪以来的河道治理,目前长江中游河道的平面变形已经受到一定的控制。宜昌至枝城由于边界条件的约束其平面形态相对稳定,局部河段仍有崩岸。上荆江在历史上就受到堤防护岸工程的防护,加上近期的不断加固,平面变形中的弯道凹岸后退和蠕动下移均受到控制,崩岸较少发生;但在未护岸的部分岸段,如曲率较平缓的顺直过渡段,或因河势有新的调整,或因在某些水文年受水流冲刷而时有崩岸;在以上弯曲河段河道转折处多有江心洲,由于水流条件存在周期性变化,汊内河岸和江心洲也常有崩岸发生。下荆江20世纪60年代末~70年代初,在实施中洲子、上车湾人工裁弯和沙滩子发生自然裁弯而构成系统裁弯以后,通过80年代后期和1998年大洪水后的河势控制与护岸加固,现在的下荆江河道,除了调关弯道和下段的七弓岭至观音洲仍为蜿蜒形态之外,实际上已基本成为受到较强控制的弯曲形河道。目前由于三口分流的减少,特别是三峡水库蓄水后含沙量的显著减少,河势仍在调整,未加防护的岸段和护岸工程标准较低的岸段仍有可能继续发生崩岸。城陵矶以下的分汊河道,除黄石至田家镇段受两岸山体控制平面变形较小,以及少数重点河段(如岳阳、南京、镇扬)实施了较系统的河势控制工程崩岸发生较少外,大多数分汊河段基本上仍处于自然状态。虽然在崩岸段为保护大堤安全也不同程度地实施了护岸工程,但并未全面实施稳定平面形态的河势控制工程,尤其是作为分汊河段组成部分的江心洲,崩岸基本没有得到治理。

　　三峡水库运用后,其下游河道水沙输移的相对平衡被打破,来沙的大幅度减少使得下游河道发生长时间、长距离的冲刷,河道形态发生新的变化,甚至局部河段的河型可能发生转化。截至目前,三峡水库已运行 10 年,坝下游宜昌站、监利站、汉口站蓄水后的年均输沙量仅分别为蓄水前的 10%、23%、29%,含沙量分别为蓄水前的 11%、23%、30%。为了适应新的水沙条件,沿程河道形态也随之发生动态调整,主要表现在以下几个方面:①对于宜昌至杨家脑河段的砂卵石河床,河道会因冲刷粗化而逐渐达到新的相对平衡,沿程深泓高程会因冲刷而下降,断面宽深比总体也会有所减小,河道水流的挟沙能力会因床面泥沙的有限补给而长期处于严重欠饱和状态;②对于杨家脑以下荆江河段的沙质河床而言,河道形态的变化受制于滩槽与河岸的相对抗冲性,对于河岸保护较好且两岸约束性强的河段,总体表现为枯水河槽的刷深为主,断面宽深比会减小,而高滩与河岸的抗冲没有得到有效保护,则在不饱和水流作用下会出现冲刷崩退,尤其是弯道凸岸遭冲刷后难以恢复,甚至凸岸出现累积性冲刷,进而导致河势出现较大调整,例如,荆江郝穴河弯凸岸冲刷导致崩岸(图 3.5),调关急弯段的小河口边滩出现冲沟,荆江出口段的七弓岭弯道出现切滩撇弯现象(图 3.6),引发新的崩岸段;③过渡段的趋势性变化明显,主要表现为过渡段的下移,近岸河床冲刷加剧,威胁已护工程稳定或出现新的险工段;④城陵矶以下分汊河段在上游来沙大幅减少条件下总体呈冲刷趋势,而且多数汊道的主支汊均表现为冲刷,只是冲刷幅度存在差异,另外,因城陵矶以下分汊河道在自然条件下的含沙量相对荆江河段而言要小,三峡水库蓄水前汉口站的年均含沙量(0.56kg/m³)与枝城站(1.12kg/m³)之比为 0.5,三峡水库运用以来汉口站的年均含沙量(0.144kg/m³)与枝城站(0.171kg/m³)之比为0.84,不难看出,三峡水库运用后城陵矶以下分汊河道含沙量减少的绝对值明显小于荆江河段,因此,城陵矶以下分汊河段的冲淤及演变过程对三峡水库运用的响应要小于荆江河段。

图 3.5　南五洲民垸上码头堤段桩号为 36+900 附近处崩岸(2009 年 5 月)

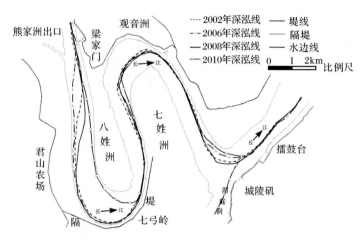

图 3.6　三峡水库运用以来荆江出口段深泓线变化

3.2.2　河道崩岸的主导因素

1. 来水来沙对河道崩岸的影响

长江自宜昌出峡谷后进入中下游冲积平原。长江中游自宜昌至湖口长955km,其中宜昌至枝城为山区河流向平原河流过渡的河段,区间有清江入汇;枝城至城陵矶为荆江河段,以藕池口为界分为上、下荆江,长分别为 172km 和175km,其左岸有沮漳河入汇,右岸有松滋、太平、藕池和调弦四口分流入洞庭湖,四口分流分沙以及湘江、资水、沅江、澧水等入湖支流来水来沙经湖泊调蓄后在城陵矶汇入长江,干支流在汇流处相互顶托,构成复杂的江湖关系;城陵矶至湖口长546km,区间主要有汉江入汇。长江中游河道来水来沙情况(表 3.12)的统计表明,长江汉口站的年径流量和年输沙量分别为 7147 亿 m³ 和 4.04 亿 t,是一条具有巨大径流量和输沙量的大河,河流尺度大,其河道演变包括均具有较大规模的河床纵向冲淤变形和横向平面变形,必然对长江中游河道崩岸产生重大影响。这里主要分析来水来沙条件对崩岸的影响。

表 3.12　长江中游干支流来水来沙情况

干流河段	支流名称	河长/km	流域面积/km²	控制站名	集水面积/km²	年径流量/亿 m³	年输沙量/万 t
宜枝段	(干流)	61	—	宜昌	1005501	4380	50100
	清江	425	16700	搬鱼嘴	15563	140.1	833
上荆江	(干流)	175	—	新厂	1032206	3946	44500
	沮漳河	322	7339	猴子岩+马头岩	—	26.5	75(沮河)

续表

干流河段	支流名称	河长 /km	流域面积 /km²	控制站名	集水面积 /km²	年径流量 /亿 m³	年输沙量 /万 t
下荆江	（干流）	173	—	监利	1033274	3589	36300
	澧水	383	18496	三江口	15242	165	648
	沅江	1033	89163	桃源	85250	656	1560
	资水	653	28142	桃江	27429	230	333
	湘江	856	94660	湘潭	82896	650	1140
	汨罗江	257	—	汨罗	6080	43	—
	洞庭湖出流	—	—	七里山	—	2980	4700
城九段（城陵矶至九江段）	（干流）	546	—	螺山	1294911	6471	41500
				汉口	1488036	7147	40400
	汉江	1577	15900	碾盘山	142056	539	12200（丹江口建库前）

1) 流量及其年内年际分布

长江中游河道各长河段水文控制站流量特征值见表 3.13。流量是来水来沙条件中最活跃的因素。唐日长等[6]通过分析,对下荆江来家铺河弯 1961～1962 年 8 个时段的崩岸总量(ΔW)与相应时段内平均流量的平方($\bar{Q}^2$)及持续的天数(Δt)建立了较好的关系(图 3.7),可以看出,正在发展中的河弯,各时段崩岸体积总量 ΔW 随$\bar{Q}^2 \Delta t$ 的增大而增大,体现了河道通过崩岸的造床作用。此外,在自然条件下的下荆江蜿蜒形河道中,通过两年内 8 个测次的观测,在来家铺弯道崩岸土体累积达到 1630 万 m³,由此可见长江水流冲刷和输移作用之强。同时,人们也通过调查统计取得崩岸与流量关系的定性成果。20 世纪 80 年代,陈引川等[7]通过对下游大通站 1980～1984 年大于造床流量(45000m³/s)的各年日平均流量进行统计并结合南京河段的崩岸调查,发现当 $\sum Q^2 T < 2.0 \times 10^{11}$($Q \geqslant$ 45000m³/s,T 为时间,以天数计)时,窝崩较少发生;当 $\sum Q^2 T \geqslant 2.5 \times 10^{11}$ 时,窝崩发生就较为频繁(表 3.14),也说明了流量大和持续时间长对河床的冲刷作用也强。

表 3.13　长江中下游河道流量特征值　　　　　　（单位：m³/s）

| 河段 | 站名 | 多年平均流量 (Q_{cp}) | 历年最大流量 | | 历年最小流量 | | 年际分布不均匀性 $\alpha = \dfrac{Q_{max} - Q_{min}}{Q_{cp} - Q_{min}}$ | 统计年份 |
			流量 (Q_{max})	发生期	流量 (Q_{min})	发生期		
宜枝段	宜昌	13900	70800	1981 年 7 月 18 日	2770	1979 年 3 月 8 日	6.11	1950～2000
上荆江	新厂	12400	55200	1989 年 7 月 12 日	2900	1960 年 2 月 10 日	5.51	1955～1969 1971～2000
下荆江	监利	11400	46300	1998 年 8 月 17 日	2650	1952 年 2 月 5 日	4.99	1951～1965 1967～2000
城汉段	螺山	20500	78800	1954 年 8 月 17 日	4060	1963 年 2 月 5 日	4.55	1954～2000
汉九段	汉口	22600	76100	1954 年 8 月 14 日	4830	1963 年 2 月 7 日	4.01	1952～2000
下游段	大通	28700	92600	1954 年 8 月 1 日	4620	1979 年 1 月 31 日	3.65	1950～2000

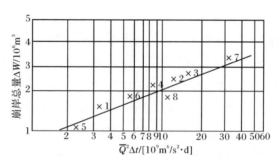

图 3.7　下荆江来家铺河弯 1961～1962 年崩岸量与流量历时关系

表 3.14　南京河段窝崩与大通站流量及持续时间的关系

年份	>45000m³/s 的天数/d	$\sum Q^2 T(Q > 45000\text{m}^3/\text{s})$	南京大桥以下发生窝崩的次数
1980	91	2.73×10^{11}	6 次
1981	21	0.48×10^{11}	基本未发生
1982	86	2.19×10^{11}	1～2 次
1983	120	3.53×10^{11}	10 次
1984	58	1.44×10^{11}	1～2 次

　　流量在年内分布情况表明，长江中下游洪水期 4 个月径流量占全年的百分数为 51.2%～61.6%；平水期 4 个月和枯水期 4 个月分别占 27.5%～33.5%和

10.9%～15.2%,这一特性基本上决定了崩岸发生的年内分布,即洪水期水流对河床作用最强,河道崩岸主要应发生在汛期,也就是说主要应发生在7～10月或6～9月。考虑到近岸河床受到冲刷后泥沙的输移直至岸坡变陡需要一个变化累积的过程,崩岸更多地应发生在汛后的退水期或更晚时期。

岸坡失去稳定还与汛后水位退落的速度和地下水的活动有关。根据长江中下游河道月平均水位变化的特点,一个水文年汛后水位消落最快发生在9～12月,其平均水位在3个月的间隔中下降值占一个水文年平均消落值的68.7%～75.3%(表3.15)。因此,有的崩岸在前期近岸河床冲深的基础上,也发生在汛后11～12月,甚至第二年的1月份。归根结底,不管汛期还是汛后发生崩岸,河道平面变形中的崩岸一般来说主要是洪水期水流冲刷作用的结果。

表 3.15　长江中下游各河段汛后退水期水位变化

| 河段 | 水文站名称 | 月平均水位/m | | | | 9～12月水位消落 | | 统计年份 |
		9月	10月	11月	12月	幅度/m	占水文年消落值百分数/%	
宜枝段	宜昌	48.05	46.14	43.14	40.9	7.15	75.3	1950～2000
上荆江	新厂	35.86	34.39	32.22	30.45	5.41	74.5	1955～1969 1971～2000
下荆江	监利	31.90	30.21	27.80	25.74	6.16	69.1	1951～1965 1967～2000
城汉段	螺山	27.41	25.63	22.70	19.90	7.51	69.5	1954～2000
汉九段	汉口	22.80	21.23	18.41	15.56	7.24	70.4	1952～2000
下游段	大通	11.25	10.14	8.08	5.85	5.40	68.7	1950～2000

关于年际流量变化对崩岸的影响,先从年际流量分布不均匀性的特征值 α 来看, α 值越大说明径流量年际之间分布越不均衡。长江中下游各长河段 α 值见表3.13。由于长江中下游干流集水面积大,气候条件温和湿润,产流模数较大,所以与其他气候条件较为干旱少雨的大江河和很多较小河流相比,其 α 值相对较小,说明径流在年际之间变化并不很大,即年际分布均匀性程度较高,也即河流的年际之间来水条件稳定性程度较高。反映在河道平面变形中,一方面巨大的径流量使河岸的变化崩岸规模可能较大;另一方面径流年际变化并不很大,使得河道崩岸部位变化相对较小,有利于河床平面形态的形成和平面变形保持较稳定的变化状态,有利于该量变过程中的单向演进。

三峡水库运用后,其下游河道的来流过程因水库调度而发生一定的变化,主要表现为枯水期的流量有所增加且变化幅度较小,汛前因降至汛限水位而增加泄量,汛期削峰作用及汛后需蓄水至正常蓄水位而减少泄量。具体流量过程年内有所调平,变差系数减小,对造床作用较大的高峰洪水被削减,洪中枯流路摆幅有所减小,这些有利于河床平面形态的形成和平面变形保持较稳定的变化状态。

2) 输沙率及其年内年际分布

研究表明,长江中下游各长河段输沙率(Q_s)与流量(Q)之间有以下指数关系(图3.8):

$$Q_s = kQ^m$$

各长河段系数 k 与指数 m 值见表3.16。

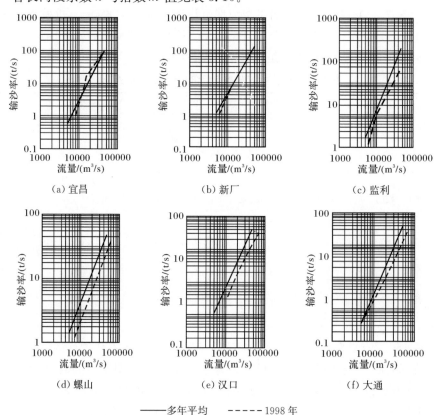

图3.8　长江中下游1998年月平均流量和输沙率与多年平均输沙率和流量关系比较

表3.16　长江中下游各长河段输沙率与流量关系中的系数 k 和指数 m 值

河段	水文站名称	k	m
宜枝段	宜昌	0.20×10^{-8}	2.29
上荆江	新厂	1.40×10^{-8}	2.13
下荆江	监利	2.80×10^{-8}	2.10
城汉段	螺山	3.10×10^{-6}	1.53

续表

河段	水文站名称	k	m
汉九段	汉口	1.70×10^{-8}	2.02
下游段	大通	7.27×10^{-10}	2.30

河岸崩岸的发生和发展并构成河道的平面变形,纵向水流输沙起着重要作用。长江中下游河道各河段多年平均悬移质输沙率为 $13.5 \sim 16.0 t/s$。对于一条流量与悬移质输沙率均巨大,而河床与河岸为抗冲性很弱的大尺度河流来说,其河床冲淤变化与河道平面变形必然很大,其河道的崩岸范围、崩窝尺度和崩岸强度也必然很大。

可以认为,在目前长江中下游各长河段河道形态已基本定形的情况下,各河段的悬移质输沙率与流量的关系 $Q_s = kQ^m$ 也基本表达了与其河道形态和河床演变相均衡、相适应的关系。从宏观的河床演变来看,当某水文年来水来沙条件基本上在上述关系 $Q_s = kQ^m$ 的一定变化幅度内时,河床冲淤变化将保持为一种通常的状态,河道平面变形也将保持通常的规模,河道崩岸也将维持在一定的范围和中等的强度;当某水文年内水沙条件显示水少沙多,其输沙关系显著处于上述关系线的上方时,河道在宏观上将处于淤积态势,河道崩岸范围和强度可能会小得多;当水文年内水沙条件显示水多沙少,其输沙关系显著处于关系线下方时,河道整体上可能产生大的冲刷,相应地将使河道崩岸的范围和强度均较大。例如,1998 年长江发生流域性洪水,将各月平均流量和输沙率与多年平均的输沙率和流量关系相比较,可以看出,自下荆江至长江下游段,同流量下输沙率偏小很多(图 3.8),使得长江中下游发生了大范围的崩岸。据调查统计,该年长江中下游共发生崩岸 330 多处,其范围和强度远大于一般水文年份。当水文年内显示水少沙也少的情况时,河道在宏观上一般是小冲小淤或微冲微淤,河道崩岸的规模也会较小;在水多沙多的情况下,河道在整体上冲淤均较剧烈,也会产生较强的崩岸。由于含沙量在断面上的分布较为均匀,所以在来水来沙条件中,对河道崩岸的影响因素主要是流量。也就是说,流量对崩岸的影响比含沙量更为重要。当然,以上是对河道作宏观整体上的分析,对于具体河段来说,由于处于不同的河势条件和不同的演变过程及演变趋势,崩岸也会表现其特殊性[7]。

三峡水库运用后,因水库拦沙作用,下泄的沙量大幅度减小,粒径明显变细,三峡水库蓄水运用 10 年来,宜昌站的年均来沙量仅为蓄水前年均值的 10%,从而使水库下游河段发生长距离、长时间的持续冲刷。总体而言,河道的持续冲刷对已护岸段与自然岸段的河岸稳定均会带来不利影响,会加剧崩岸发生的频次与幅度。

综上所述,河道的来水来沙条件对崩岸的影响主要表现在以下四个方面[1]。

(1) 流量是崩岸的直接因素。在流量大的情况下,来沙少更有利于河道冲刷,即更有利于崩岸的发生;来沙较多时,河道在宏观上冲淤变化大,崩岸也较易发生。在流量较小的情况下,来沙多有利于河道淤积,使河段崩岸较少发生,即使来沙较少,整个河道也是微冲微淤,也将使河道崩岸较少发生。

(2)年内汛期水流对近岸河床的冲刷作用是主要的,故崩岸多发生在汛期。由于崩岸河床冲刷使岸坡变陡是累积性过程,所以崩岸更多发生在汛末。考虑到河道中汛后水位的退落和岸坡地下水的渗流作用,崩岸也会发生在汛后乃至枯季。

(3)长江中下游因气候温暖湿润,集水面积大,年际间径流分布不均匀程度并不很大,总体表现为较稳定的态势,因而在较大洪水年对河道的平面形态破坏并不大,水流对河岸的作用方向和冲刷范围历年变化并不很大,使得河道崩岸较确定地朝单向发展,也使河道平面变形较为稳定地朝单向发展。

(4)三峡水库运用后,径流过程的变化有利于河床平面形态的形成和平面变形保持较稳定的变化状态,来沙的减少引起的河道持续冲刷对已护岸段与自然岸段的河岸稳定均会带来不利影响,会加剧崩岸发生的频次与幅度。

2. 水流对河岸的动力作用[7,8]

在冲积平原河流中,河道崩岸在大数情况下都发生在弯道凹岸,顺直段发生崩岸情况较少。然而,随着不同的水文条件,在顺直段,特别是具有犬牙交错边滩的顺直段,主流线与岸线有一定的交角,因而也构成对河岸的顶冲作用,也会造成强度较弱的崩岸。作为一种典型的崩岸,这里主要讨论水流对弯道凹岸的动力作用。众所周知,河道水流在运动中都具有一定的动量,在河道不同的平面形态和断面形态条件下,水流的流速分布沿程将发生变化,从而使水流动量沿程产生变化。这样,从宏观上水流受弯道凹岸的约束作用时,由于动量的变化对河岸会产生一个作用力。水体质量越大,水流流速越大,水流方向变化越大,无疑这个作用力就越大。

为了在宏观上定性地分析水流对河岸的动力作用,建立了概化的水流对河岸的动力作用模型。假设水流为恒定均匀流,流量为 Q,断面平均流速为 v,弯道进口断面 1-1 和出口断面 2-2 的法线方向 d_1 和 d_2 经过弯道后变化的角度为 β(即转折角),在单位时间内水流因动量变化对河岸的作用合力为 R,取直角坐标 x、y 轴(图 3.9),则进、出口断面法线方向与 x 轴的内交角分别为 α_1、α_2,据动量方程

$$R_x = \rho Q v (\cos\alpha_1 - \cos\alpha_2)$$

$$R_y = \rho Q v (\sin\alpha_1 + \sin\alpha_2)$$

$$R = \sqrt{R_x^2 + R_y^2} = \sqrt{2}\rho Q v \sqrt{1 - \cos(\alpha_1 + \alpha_2)}$$

式中,ρ 为水的密度。由几何关系可知,$\alpha_1 + \alpha_2 = \beta$,经过三角函数的演算,可得

$$R = 2\rho Q v \sin\frac{\beta}{2}$$

显然,水流对河岸的作用力 R 在宏观上与流量 Q、流速 v 和转折角 β 有关,即与河流水体的质量(即河道的断面尺度)、流速和河道形态有关。河道尺度越大,即水体的质量越大,对河岸作用力的惯性越大;流速越大,凹岸近岸河槽的作用流速冲刷能力越大;河道形态变化越大,特别是在较短河长内转折角越大,对水流控制和约束作用越大,相应水流对河岸的顶冲作用越强。显然,以上都是促使崩岸不断发生的水流动力因素。

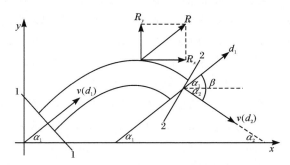

图 3.9　弯道水流在动量变化下对河岸动力作用示意图

这些水流动力因素如何通过具体的水流泥沙运动而导致河床冲刷、岸坡变陡,最后发生崩岸的过程和机理却是十分复杂的。这就需要对崩岸河段的流速场和含沙量分布情况进行具体分析,即对崩岸段近岸河床的水力泥沙运动条件进行分析。

暂且不考虑整个过程中不同阶段的具体作用,我们仍然从宏观的角度来探讨水流对河岸的动力作用与崩岸的关系。假定该段弯道的崩岸强度,即河岸在单位时间内平均后退的宽度为 $\Delta B/\Delta t$,则水流对河岸的作用力 R 在力的方向上单位时间内所做的功称为崩岸的有效功率,即 $R\Delta B/\Delta t$。显然,这是一个虚拟的功率,因为它概化了该时段内水流使河床不断冲深、岸坡不断变陡、崩岸的土体不断崩坍下滑并逐渐被水流带向下游这一宏观做功的过程。然而,之所以称为有效功率,是因为这个宏观的合力和在该时段内将崩岸的土体移走都是客观存在的。可以说,$R\Delta B/\Delta t$ 是一个综合性指标,体现了水流与河岸的相互作用对崩岸影响的结果。影响有效功率的因素有三方面,即来水来沙条件、河床形态和河床边界条件。当在年径流量大、水流动力作用大、来沙量少相当于挟沙力趋大,河床平面和断面形态使水流对河岸顶冲强和近岸深槽水流更集中,以及河床边界条件易冲等情况下,河流对崩岸做的有效功率就越多,河道平面变形就越大;反之,河流对崩岸做的有效功率就越少,河道的平面变形相应就越小。河道平面变形的崩岸有效功率在数值上仅占河流总能耗的一部分。在不同的河流、河型和河道特性中,其有效功率所占河流总能耗的比例也不会相同,它们之间可能具有一定的联系,也许还可以更好地反映河道的平面稳定性或建立某种新的横向稳定性指标。

3. 河道崩岸中近岸的水力泥沙运动条件

1) 弯道凹岸的近岸流速与含沙量分布特点

河道观测资料表明,崩岸河段断面流速分布很不均匀,弯道凹岸深槽部位的垂线平均流速比凸岸部位一般要大得多。根据下荆江来家铺弯道 1963 年来 17 和来 15 断面共 9 次观测资料统计(表 3.17)[9],两个断面深槽部位流速分别为断面平均流速的 1.05～1.50 倍(测次平均)和 1.04～1.72 倍(测次平均);而来 17 断面深槽部位 4 个测次的含沙量分别为断面平均值的 0.91～0.99、0.87～1.05、0.89～0.97 和 0.89～1.06,大部分数值小于 1。从来 17 断面上各垂线平均流速的变差系数 C_v 值计算来看,4 个测次的 C_v 值分别为 0.19、0.22、0.37 和 0.40;而该断面垂线平均含沙量分布则较均匀,断面上滩、槽部位的数值差不多,4 个测次断面上的垂线平均含沙量 C_v 值分别为 0.09、0.17、0.20 和 0.21。这一水力、泥沙因子在断面上的分布明显表现出两个特点:①垂线流速分布的不均匀性——凹岸深槽部位流速显著大于断面平均流速;②垂线含沙量分布则较为均匀且深槽部位含沙量一般小于断面平均含沙量。这种分布特性应是造成弯道凹岸冲刷并发生崩岸的主要原因。它所形成的弯道断面形态是典型的偏 V 形,也是横断面上各流束的水流挟沙力和悬移质含沙量之间的纵向相适应的结果。也就是说,在断面上各垂线含沙量分布较均匀的情况下,保持纵向水流挟沙力的平衡应当是大流速对应大水深即形成深槽部位,小流速对应小水深即形成边滩部位。

表 3.17　来家铺弯道深槽部位流速和含沙量为断面平均值的倍数(1963 年)

	测量时间(月.日)	5.27	6.12	—	7.1	7.27	8.21	9.8	10.16	12.21
来17断面	流速 /(m/s) 平均	1.20	1.30	—	1.29	1.30	1.50	1.46	1.26	1.05
	流速 /(m/s) 范围	1.15～1.25	1.13～1.46	—	1.18～1.40	1.17～1.43	1.39～1.60	1.36～1.55	1.16～1.35	0.92～1.18
	含沙量 /(kg/m³) 平均	0.95	—		0.96	—		0.92		0.98
	含沙量 /(kg/m³) 范围	0.91～0.99	—		0.87～1.05	—		0.89～0.97		0.89～1.06
	测量时间(月.日)	5.27	6.12	6.14	7.1	7.29	8.20	9.8	10.15	12.19
来15断面	流速 /(m/s) 平均	1.17	1.36	1.30	1.20	1.04	1.39	1.51	1.72	1.50
	流速 /(m/s) 范围	1.02～1.31	1.24～1.47	1.17～1.42	1.06～1.14	0.81～1.27	1.28～1.49	1.44～1.58	1.58～1.85	1.36～1.64

2）近岸河床泥沙的起动和扬动条件

从推移质泥沙运动角度看，崩岸之所以发生，是因为近岸河床能被冲刷，因而就要求泥沙能够起动并推移，在推移质输沙来量补给不足的情况下，河床便发生冲刷，以致可能使崩岸发生。根据适合于长江河道沙质河床的起动流速公式 $U_c =$ $1.47\sqrt{\frac{\gamma_s - \gamma}{\gamma}gd}\left(\frac{h}{d}\right)^{\frac{1}{6}}$[10]，如按近岸河床粒径为 0.20～0.25mm 考虑，在近岸深槽部位 10～20m 水深条件下，河床泥沙的起动流速为 0.51～0.61m/s。可见，长江中游河道近岸河床泥沙在一个水文年内大多数时间都能起动。但在长江中游河道，河床中的推移质输沙率很小，充其量只有悬移质输沙率的 1% 左右，因此，对河床发生冲淤影响的主要是悬移质运动，这就要求近岸河床的泥沙在水流作用下，不仅能够起动而且应当扬动，成为悬移状态并被水流携向下游。根据泥沙扬动的概念，河床的泥沙颗粒跃起的高度大于数倍的床沙粒径就可由推移状态进入悬移状态，因此，扬动流速应比起动流速稍大一些。根据多年来长江河道观测可以认为，在长江中游河道天然状态下，弯道凹岸近岸河床泥沙在一个水文年大多数时间内基本上都能处于一种扬动状态，即大多数时间内近岸河床都处在可冲刷状态。在这种情况下，当近岸水流挟沙力大于悬移质含沙量时河床便可发生冲刷，从而为崩岸的发生提供了近岸河床易被冲刷的边界条件。

3）水流紊动结构对崩岸的影响

众所周知，天然河道的水流都为紊流，长江中游河道水流雷诺数的数量级高达 $10^6 \sim 10^8$，水流各流层之间发生强烈的掺混现象。近岸河床的边壁更是高流速梯度区，在水流紊动过程中是"涡体制造厂"。这些涡体在掺混过程中导致近岸河床与河岸（二元结构的下层）散粒状态下的中、细沙发生强烈扬动、悬浮，以致使床面发生冲刷。特别需要指出的是，当主流、深泓靠岸时，在河床形成"偏 V 形"的断面形态中，近岸为流速和水深均较大的深槽部位，水流能量集中，单宽流量 $q = hv$ 很大，即深槽部位的流束不仅水体质量大而且具有较高的流速，也具有较大的动量。由于深泓或深槽部位离岸较近，水流动量对河岸构成很大的横向梯度。这一横向梯度使近岸水流内部孕育着大尺度涡体的随机产生。一方面，大尺度涡体具有较高的能量，一旦随机形成，可能直接作用于近岸河床，直接以机械能做功的形式攫取河床泥沙，强烈地冲刷河床；另一方面，当大尺度涡体破碎逐次分解成小尺度涡体产生紊动时，便以"紊动能"的形式继续扬起河床泥沙和悬浮泥沙，并由水流带向下游。当河道平面变形中发生崩岸形成崩窝后，在突咀以下崩窝内发生回流，其能量是由主流与回流的交界面通过水体掺混动量传递而提供的。这种回流的尺度与对岸坡的冲刷能力，不一定与原先岸坡冲刷后土体失去稳定形成的崩窝尺度相适应，这就是崩窝内可能发生淤积或继续使崩窝冲刷扩大的原因。因此，崩窝在回流作用后的尺度与主流的动量横向梯度构成的大尺度涡体拟序结构有关,当然还与河岸可冲土质的抗冲性有关。以上就是水流的紊动结构,特别是大尺度涡体结构对于崩岸的一般影响。

4. 河道中次生流对崩岸的作用[6]

河道中次生流很多,各种次生流的尺度和强度也不相同。本节主要就弯道环流和竖轴回流两种尺度较大的次生流对崩岸的作用进行分析。

1) 弯道环流对崩岸的作用

在河弯半径较小、曲率较大的河道中弯道环流对河床冲淤的作用比较显著。水流在弯道中急剧转向时,由于离心力的惯性作用,遇到凹岸边界时其动能在岸壁处会转化为位能,水位有一定的升高,在横比降的作用下产生横向环流,与纵向水流一起构成纵轴螺旋流,即弯道环流。同时,由于水流的顶冲作用,在岸壁壅高的水面以下存在一个理论上的"滞点"(x),"滞点"以上形成一个与上述横向环流反向的漩涡,在局部岸段范围内构成面流方向指向凸岸的小螺旋流。图 3.10 为下荆江来家铺河段 1964 年实测的环流分布图[11]。由图可见,在荆 131(左岸为凹岸)、来 17 和来 19(右岸为凹岸)断面上,除了弯道螺旋流为主的环流,在凹岸的上部还有一个尺度较小、流向相反的螺旋流。这一实测的环流分布图,证明了弯道中存在尺度一大一小、方向相反的主环流结构。显然,尺度较大的弯道环流在水流中占主导地位,它以较大的能量将含沙量较小的水体带至凹岸而将含沙量较大的凹岸底部水流带向凸岸下游,由此造成凹岸由中细沙组成的河床不断冲深,近岸岸坡不断变陡而发生崩岸;而尺度较小的凹岸上部的螺旋流,仅在距离较短的范围内形成螺旋流,与流速较大的表层纵向水流一起,形成的旋度并不大,对凹岸的冲刷作用仅发生在河岸二元结构上部黏性土层,而该部位河岸抗冲性较强,因此对河岸冲刷变形的作用并不大。所以,只有尺度较大的弯道螺旋流对崩岸作用是显著的。

研究表明,弯道环流最大强度一般位于河弯的顶点部位和靠近顶点的弯道下部[12],这就决定了处于发展中的河弯具有向下游蠕动的规律,弯顶附近和偏下游的部位就是崩岸强度最大的部位。

2) 竖轴回流对崩岸的作用

当河道中纵向水流在平面上遇到障碍时,如河岸凸出的自然边界或人工建筑物,便在其上下游侧形成竖轴回流。它的形成往往还派生其他流态,所以局部水流结构异常复杂。现以非淹没丁坝的水流结构为例(图 3.11)。当水流遇到丁坝的阻碍时,在丁坝上游面形成第一个竖轴回流(A)和相应的"滞点"(x)。同时,由于水流遇到丁坝的阻滞,动能变为位能,靠坝处水面抬高,在水面以下和床面以上某处各形成一个"滞点"(x_1 和 x_2),x_2 以下为下降水流,构成底部漩涡。靠近坝头的底部漩涡,与纵向水流一起形成绕坝头底部螺旋流,这是造成坝头河床局部冲刷的原因;x_1 以上水流上升,形成一个方向相反的漩涡,也与纵向水流的表层一起

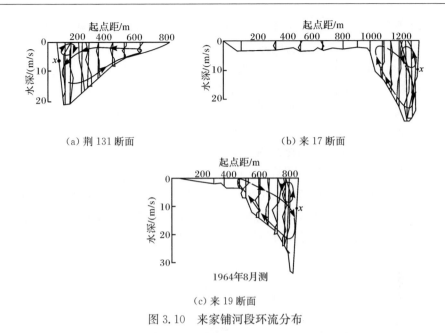

(a) 荆 131 断面　　　　　　　　　　(b) 来 17 断面

1964年8月测

(c) 来 19 断面

图 3.10　来家铺河段环流分布

构成绕坝表层螺旋流,只是由于表层漩涡较弱而纵向水流表层流速较大,加上绕坝水流的分离流态复杂,所以绕坝表层水流沿纵轴的螺旋性并不显著。此外,绕坝水流在通过坝头后即发生分离,在交界面处产生一系列漩涡不断掺混,将主流动量传递到坝下游侧水体,于是形成坝下游较大尺度的竖轴回流(B)。当丁坝坝头为垂直时,纵向绕流表层流速大,惯性大,扩散角较小,而底层流速小,惯性小,扩散角较大,因而坝头以下主流与回流(B)之间的分离面不是铅直的而是一个不稳定的斜面。在这个斜面上形成的一系列的漩涡不断上升到水面就是阵发性的"泡漩",构成表层分离线以内的"泡区"。这类大尺度泡漩加剧坝头下游局部冲刷,促进冲刷坑的进一步发展。当丁坝坝头为斜坡时,底层分离线外移,绕坝的表层流和底层流的扩散角可能比较接近,甚至近于重合,从而减弱泡的发生,这样就

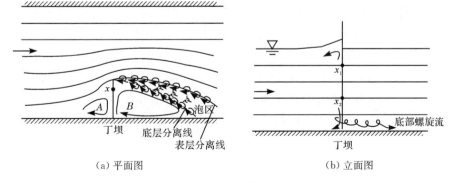

(a) 平面图　　　　　　　　　　　(b) 立面图

图 3.11　丁坝水流结构示意图

可能减轻坝头的局部冲刷。这就是将丁坝坝头设计为斜坡,坡度平缓比坡度较陡的丁坝可减少局部冲刷深度的机理。

在分析丁坝局部水流结构的基础上,进一步分析竖轴回流对于崩岸的影响。竖轴回流(A)构成对崩岸的影响,表现在平面上河岸受回流(A)近岸流速的作用,同时还有坝上游侧靠近岸的下降水流形成的横轴漩涡的作用,共同构成对坝上游侧近岸河床的冲刷,使得在一些丁坝上游坝根处发生坍塌。有的丁坝发生水流自上游侧冲刷坝根"抄后路"的破坏现象,就是这一竖轴回流作用的结果。图 3.12 为老海坝九龙港 12 号丁坝在施工前原为凸出岸边的土咀,长为 100m,为了利用土咀挑流,沉排 4 块,面积达 1900m²,抛石 5000m³;修丁坝时又在坝基沉排 3600m²,接着抛石 10000m³,由于水深大坝体出水面仅 6m 长,坡脚伸出则达 80m,上游强大回流淘刷丁坝上腮和坝根河床,终于发生了严重"抄后路"现象。

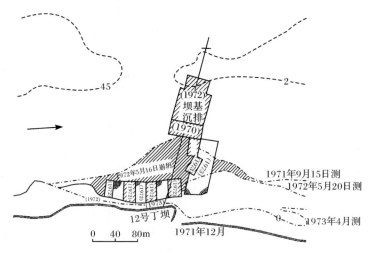

图 3.12　老海坝 12 号丁坝出险过程

图中括号内数字系施工年份

竖轴回流(B)性质不一样,其具有二重性。一般来说,由于受到丁坝的掩护作用,靠交界面水流掺混生成一系列漩涡,动量传递构成的回流一般强度较弱,在坝下游常发生淤积现象,这就是长江口大间距的长丁坝往往产生淤积并且能造成一定宽度滩地的原因。然而,在长江中下游水深流急处的丁坝或矶头,坝下游的竖轴回流近岸流速大,常造成坝下游更加强烈的崩岸并形成尺度较大的崩窝。图 3.13 为老海坝 1 号丁坝下游侧河岸因回流冲刷,对坝造成强烈的破坏,几乎自下游将坝根崩穿,后经大力抢护才化险为夷[13]。

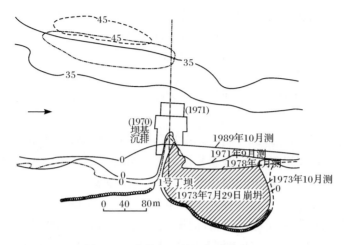

图 3.13　老海坝 1 号丁坝出险过程

图中括号内数字系施工年份

3.2.3　河道崩岸的制约因素

长江中游河床演变及崩岸的主导因素是水流动力作用,而两岸地质地貌、河床边界条件也起着重要的制约作用。长江中游崩岸是河道平面变形的组成部分,是水流与河床相互作用的结果,一方面河床在水流的冲刷作用下可能发生崩岸;另一方面河岸的抗冲条件约束水流并制约着崩岸的发生。本节主要阐述河岸边界条件对河道平面变形的影响作用和河岸的抗冲性对崩岸的制约作用。

1. 长江中游河床边界条件及其对平面变形的影响

长江中游河道各长河段的河床边界条件存在明显的差异。宜昌至枝城段两岸地貌类型主要是低山丘陵、河流阶地和高河漫滩,按长江水利委员会地质工作者对河道两岸直接边界条件的划分,有基岩质、土石质、硬土质和软土质等四类岸坡[14,15]。除软土质岸坡为新近淤积的高滩受水流冲刷可能发生微弱的崩岸外,大部分河岸抗冲能力均很强,岸坡十分稳定。自枝城至藕池口的上荆江河段,江口以上为低山丘陵、阶地,河岸抗冲性也较强;江口至藕池口段为近代沉积区,河漫滩沉积物为粉质黏土、粉质壤土和沙壤土,厚度为 8～10m,河岸组成为三元结构,自下至上为卵石层、砂层和黏性土层,河岸也较稳定,但与江口以上河段比较,变化较大;藕池口至城陵矶的下荆江,卵石层深埋于沙层床面以下,河岸为二元结构,上部河漫滩沉积物为黏性土层,厚度为 3～12m,下部为中细沙,抗冲能力较弱。自城陵矶至九江河段,两岸有断续的低山丘陵,近岸还有阶地,特别是黄石西塞山至武穴田家镇,河谷狭窄,两岸受山丘控制,岸坡以基岩质和黏土亚黏土质为主,河岸抗冲能力很强;但大部分河岸仍由冲积物组成,河岸为二元结构,上层黏性土厚一般为5~6m,下层为中细沙,抗冲能力比下荆江还要弱一些。综上所述,长江中游各长河段河岸抗冲能力从强至弱的排序为宜枝段、黄石至武穴段、上荆江、下荆江、城陵矶至黄石段和武穴至九江段。

长江中游河道上述各段的边界条件不同,构成对长江中游各长河段平面变形和崩岸特征的不同。

宜枝段的宜昌至云池因左右岸均受到山体、阶地控制,边滩位置相对固定,河道平面变形甚微、崩岸很少;云池至松滋口段河道走向受地质地貌条件的控制,江岸抗冲性较强,河道也较稳定,平面变形甚小、崩岸较少。

上荆江自松滋口以下进入冲积平原地区。松滋口至杨家脑左岸受阶地控制,右岸为冲积平原,但岸线也较稳定,崩岸较少发生;杨家脑至藕池口河段,主要由四个反向弯道组成,由于在历史演变中受到边界条件的限制和近代护岸工程的控制,弯道凹岸平面变形较小,但凡是受到水流冲刷而又未防护的岸段,崩岸仍时有发生,有的甚至还比较严重,如沙市河段进口段左岸的学堂洲、公安河段左岸的文村夹和西流湾、郝穴河段右岸南五洲以及石首河段进口段左岸向家洲等岸段在近期均发生崩岸。

下荆江自藕池口至城陵矶是一条蜿蜒长度很长、曲折率很大、边滩发育、处于激烈的动态变化之中的蜿蜒形河道。由于河岸抗冲性较弱,在特定的来水来沙条件下,其自然演变的平面变形在长江河道中是最剧烈的,其崩岸线之长和强度之大是首屈一指的。

自城陵矶以下至九江是分汊形河道。它的河岸抗冲能力比下荆江更弱,在流量相对大而含沙量相对小的水沙条件下,平面变形也很显著,但各段情况也有很大差别。其中,黄石至武穴段由于两岸约束强,河道较稳定,崩岸发生较少且尺度和强度都不大;城陵矶至黄石的平面变形和崩岸情况居中;武穴至九江河段的平面变形和崩岸发生规模和强度均较大。以上就是长江中游河道不同长河段,由于两岸边界条件和河岸抗冲性不同,对平面变形和崩岸的宏观影响。

2. 河岸抗冲性分类及其与崩岸的关系

河岸抗冲性直接影响着河道的崩岸,是河道崩岸发生和发展的制约因素。当河岸边界条件为不可冲的情况时,该段河岸便不可能发生崩岸。在河岸可冲的情况下,河道崩岸取决于影响崩岸的诸因素。首先是来水来沙条件在宏观上决定了河床的冲淤变化,其次是来水来沙与河床形态条件决定了具体河段的流速场和含沙量分布,最后是近岸的水沙动力条件与河岸抗冲性程度等条件构成了河道具体岸段的崩岸,包括崩岸的长度和崩岸的强度,从而具体反映河道的平面变形特征。因此,具体岸段的崩岸是上述条件综合作用的结果。

　　河岸抗冲性是指河岸的物质组成,以及在该组成的条件下河岸抵御由于水流冲刷造成的变化和破坏的性能。有的地质工作者结合长江中下游河道的具体条件,将岩、土体河岸抗冲刷特性分为五类:①抗冲性好,主要包括各类基岩,其中尤其是白垩纪以前的古老坚硬岩体河岸;②抗冲性较好,第四纪中下更新统黏性土及砂卵石层;③抗冲性中等,上更新统黏土、粉质黏土及全新统黏土层;④抗冲性较差,第四系全新统粉质壤土、沙质壤土;⑤抗冲性差,第四系全新统中细沙层[16]。可以认为,长江中下游山体、丘陵和阶地濒临江边形成的河岸基本上属前三类,冲积平原二元结构的河岸则由上层河漫滩相(属第④类)和下层河床相(属第⑤类)组成。

　　中国科学院地理科学与资源研究所和长江水利委员会长江科学院对长江中下游自城陵矶至江阴河段的河岸组成和崩岸进行了系统的调查统计(表 3.18)。在这个基础上对河岸组成进行了分类,并就不同类型的河岸与崩岸的关系进行了分析[3]。

表 3.18　城陵矶至江阴河段崩岸统计

土质及崩岸情况		城陵矶至九江		九江至江阴		全河段	
河段、长度及百分比		长度/km	百分比/%	长度/km	百分比/%	长度/km	百分比/%
不同土质的河岸	江岸总长	1006.4	—	1471.8	—	2478.2	—
	黏土质	123.0	12.2	9.6	0.7	132.6	5.4
	亚黏土质	344.2	34.2	433.8	29.5	778.0	31.4
	亚砂土质	275.0	27.3	478.0	32.4	753.0	30.4
	粉细砂质	154.4	15.3	438.6	29.8	593.0	23.9
	石质	109.8	10.9	111.8	7.6	221.6	8.9
	抗冲性好的	577.0	57.3	555.2	37.8	1132.2	45.7
	抗冲性不好的	429.4	42.7	916.6	62.2	1346.0	54.3
不同土质河岸的崩岸	崩岸总长	149.9	14.9	314.8	21.4	464.7	18.8
	黏土质	21.9	14.6	0	0	21.9	4.7
	亚黏土质	25.1	16.7	54.5	17.3	79.6	17.1
	亚砂土质	87.8	58.6	79.4	25.3	167.6	36.1
	粉细砂质	14.7	10.1	180.6	57.4	195.3	42.1
	石质	0	0	0	0	0	0
	抗冲性好的	47.0	31.3	54.5	17.3	101.5	21.8
	抗冲性不好的	102.5	68.7	260.4	82.7	362.9	78.2

　　注:抗冲性好的河岸指石质河岸加上黏土、亚黏土质河岸;抗冲性不好的河岸则是指亚砂土质和粉细砂质河岸;百分比值是崩岸占江岸总长的百分比。

　　表 3.18 是针对长江中下游河岸按石质、黏土质、亚黏土质、亚砂土质和粉细

砂质等五种情况并按城陵矶至九江的中游段和九江至江阴的下游段分别进行统计。显然前三类为抗冲性好的河岸,后两类为抗冲性不好的河岸。统计表明,九江以下的下游段比九江以上的中游段河岸抗冲条件差,抗冲性不好的河岸长占该段长度的比例分别为62.2%和42.7%。与此相应,下游段和中游段的崩岸总长分别为314.8km和149.9km,分别占其江岸总长的21.4%和14.9%,其中抗冲性不好的崩岸长度在下游段和中游段各占崩岸总长度的82.7%和68.7%。因此,长江下游段的崩岸比城陵矶至九江的中游段更为严重,河岸组成与崩岸长度的对应关系充分说明河岸抗冲性对崩岸的宏观影响。

　　鉴于长江中下游濒临江边的石质河岸和阶地在岸线长度占的比例并不大,长江中下游河道的河岸组成基本上为二元结构。中国科学院地理科学与资源研究所在调查统计的基础上,将枯水位以上冲积物组成的河岸分为4大类17个亚类,并根据不同类型河岸,按大类将河岸物质组成中粉粒含量与黏性含量之比定为A_1,粉粒加沙粒含量与黏粒含量之比定为A_2,将A_1和A_2作为反映河岸可动性或抗冲性的指标(表3.19)[14]。以上河岸可冲性的分类,基本与崩岸长度相对应。需要指出,这一对应关系是在较长河段内统计的。

表3.19　枯水位以上河岸分类

河岸土质	A_1	A_2	大类	亚类
黏土亚黏土质河岸	1.27	1.27		1
上厚层黏土、下细砂质河岸	1.08	1.40	I	2
上薄层亚砂土、下砾石层河岸	—	—		3
亚黏土质河岸	1.70	1.79		1
亚黏土夹亚砂土质河岸	1.66	1.97		2
上厚层亚黏土、下粉细砂质河岸	1.72	2.85		3
亚黏土亚砂土互层河岸	2.03	2.63	II	4
上薄层粉砂、下亚黏土质河岸	—	—		5
上薄层黏土、下亚砂土质河岸	—	—		6
亚黏土亚砂土粉砂互层河岸	2.34	4.08		1
亚砂土质河岸	2.77	3.82		2
上厚层亚砂土、下粉细砂质河岸	2.38	4.68	III	3
上薄层亚黏土、下粉细砂质河岸	1.88	4.94		4
上薄层亚砂土、下粉细砂质河岸	3.71	8.58		1
上薄层亚砂土亚黏土、下粉细砂质河岸	—	—		2
亚砂土粉砂互层河岸	4.51	6.49	IV	3
粉细砂质河岸	11.40	21.40		4

注:厚层指的是厚度超过枯水位以上总高度的2/3;薄层指的是厚度小于枯水位以上总高度的2/3。

3. 河岸二元结构在河道崩岸中的作用

1) 河岸二元结构沉积过程

河岸具有二元结构与河漫滩沉积过程息息相关。就长江中游河道而言,随着水流动力轴线的侧向移动,由悬移质中的粗颗粒泥沙(也包含少量的推移质泥沙)在流速减少区淤积下来,这就是冲积物中的河床相。当水流连续侧向移动时河床相不断地堆积,形成顺直段的纵向沿河边滩,在河道弯曲段则形成凸岸边滩。当河床相泥沙堆积的高程发展到中水位附近或高于中水位时,水流挟带的悬移质泥沙中的细颗粒开始在边滩上沉积,特别是由细颗粒沉积后使得滩面开始生长植物并影响水流变得更为滞缓时,进一步促使了更细颗粒的沉积乃至悬移质中的冲泻质发生沉积,这样就形成河漫滩相。随着河漫滩堆积和滩上植被更加茂盛,河漫滩通过洪水期漫滩较高含沙量水流的作用得到充分发育。这种河漫滩可以直接成为河道的河岸,也可通过江心洲的并岸成为河道的河岸组成部分。随着时间的推移,河漫滩相逐渐被压实,密实度增大,土壤结构逐渐呈致密状态。当河道变迁使河漫滩再受到水流冲刷时,由河漫滩构成的河岸就可能发生崩岸。以上说明了河岸二元结构形成的沉积过程,其下层是沉积物中由松散颗粒中细沙组成的河床相,上层则为由黏性土壤组成的河漫滩相。

2) 河岸二元结构岸坡形态及其作用

从河道勘察中可以观察到,长江中游河道崩岸段二元结构的河岸,其上层黏性土层一般都呈直立状,这是崩岸中岸坡土体下滑剪切的结果,而且在水流作用下总是保持相对稳定的状态,直到下一次崩岸发生。黏性土的冲刷试验和分析研究表明,粒径小于 0.02mm 的黏性土,颗粒之间黏结力起主导作用,黏性土受冲刷时为结构性破坏,多以成片、成团的形式运动。对于长江中游河道河岸二元结构黏性土层来说,其起动流速可以达到 4~5m/s,甚至更大,比近岸中细沙河床的起动流速大好几倍,一般水流流速是不可能起动的。这就是在横断面上二元结构的岸坡上层黏性土层长期保持直立且相对稳定的原因。因此其二元结构岸坡下层沙质河床在横断面上呈现何种形态呢? 实测资料表明,下层沙质河床在横断面上是抛物线形态,图 3.14 为来家铺弯道在崩岸过程中于 1963 年实测的断面图,几个测次基本上反映了近岸河床横断面的抛物线形态,其中 1963 年 6 月河床横断面形态最为典型[9]。近岸河床横断面之所以具有这一形态是与近岸的水流条件和泥沙起动条件密切相关的。

根据较粗颗粒泥沙起动流速公式,即起动流速(v_0)与水深(h)和粒径(d)之间的一般关系式为

$$v_0 = kh^{\frac{1}{6}}d^{\frac{1}{3}}$$

式中,k 为常系数。河道床沙资料表明,近岸河床的床沙粒径可以考虑为保持不

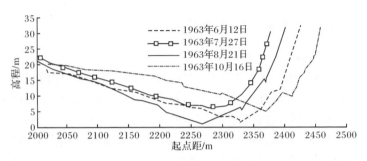

图 3.14　来家铺弯道崩岸中来 17 横断面形态

变,则起动流速与水深的关系简化为

$$v_0 \propto h^{\frac{1}{6}}$$

当近岸流速分布即自岸边到深泓的横向流速分布满足 $v \propto b^{\frac{1}{6}}$($v$ 为垂线平均流速,b 为离水边的距离)时,近岸沙质河床横断面是等坡度的(即沙质河床岸坡为直线形,如图 3.15 所示);然而,在深泓处最大垂线平均流速 $v_{\max}$ 不变的情况下,当近岸深槽水流的集中使得流速横向分布 b 的指数小于 1/6(图 3.15 中设为 1/7 和 1/9)而呈向上凸的抛物线位于 $v \sim ab^{1/6}$ 上方时,近岸沙质河床横断面形态将不是直线的,而是呈向下凹的抛物线形,即自岸边至深槽部位,其岸坡坡度呈现由陡逐渐转缓的特性(图 3.15)。迄今为止,虽然尚缺乏天然河道自深槽至岸边的垂线流速分布的实测资料,但从上述分析中可以得出,近岸水流比指数为 1/6 的流速分布更为集中才能与抛物线形相吻合。也就是说,在近岸深槽部位流速($v_{\max}$)保持不变情况下,由深槽至岸边近岸流速横向分布中,b 的指数为 1/7 的流速值均大于指数为 1/6 的流速值(指数为 1/9 则更大),说明前者近岸流速分布的横向梯度均大于后者。从而可以进一步推断,近岸流速越集中,近岸流速对于河岸的横向梯度越大,近岸河床横断面坡度将越陡,岸坡将越易失去稳定,河岸将越易发生崩岸(图 3.15)。这就表明了崩岸段近岸河床断面形态及其发生崩岸与近岸水流泥沙运动的关系。

河道崩岸过程中形成的上述断面形态在河床演变中具有重要作用。在弯道的崩岸段,其横断面自二元结构上层即黏性土层形成的直立岸坎开始,向下进入沙质河床至深槽,其坡度基本上是由陡逐渐变缓变平,然后过深槽至边滩滩唇,再缓慢以平缓坡度进入对岸的河漫滩。其中,深槽部位滩槽高差大,垂线流速大,具有较大比例的槽通量,所谓水流动力轴线也好,主流线也好,一般都处于深槽部位,由于凹岸岸坡较陡,对近岸深槽具有很强的束流能力;结合在平面上具有一定的凹入弯度和一定的贴流长度,就构成了一条控导主流的导流槽(其崩坍的凹岸一侧称为"导流岸壁")。这就是说,上述的河岸平面和横断面形态容纳了河道的主流,约束了水流的方向,构成了该河段的河势。该段崩岸的变化就是河道平面

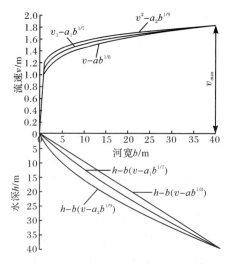

图 3.15　崩岸段近岸流速横向分布与断面形态关系

变形,变形后的平面形态对本段河道又形成了新的河势条件,并且对下游河段的河势产生影响。

3) 黏性土层在崩岸后对近岸河床的掩护作用

如上所述,河岸的二元结构与河漫滩沉积过程相联系,就是说河岸二元结构是河流造床过程的产物。河岸二元结构上层黏性土层是悬移质中的细颗粒泥沙,其中包括冲泻质泥沙淤积,并经历了漫长时间的不断密实,具有极高的抗冲性,而且其黏性土层的不同厚度在各类河型中都成为构成其河型的边界条件。

河道二元结构中的黏性土层构成河岸抗冲性的主要内涵,是划分河岸抗冲性分类指标的重要成分,是崩岸强度的直接影响因素。黏性土层在崩岸过程中不是直接受水流冲刷变形的,而是由于下层河床相的中细沙受冲刷后,岸坡变陡失去稳定而滑入水中的。崩坍土体在滑动中形成剪切面,使黏性土层往往分裂成大小不等的块体,与滑动体的其他部分一起滑至崩窝的坡脚处;如果是条崩,黏性土层受重力作用先裂成条块再滑入或倒入水中,也停留在崩岸的坡脚处。坍塌的土体在坡脚处河床上,形成局部堆积,对覆盖的近岸河床起掩护作用。同时,这种局部的覆盖体又形成局部水流结构,加剧了覆盖物与周围河床的冲刷。水流一方面使覆盖体中松散的沙性土遭受冲刷并带向下游;另一方面也使黏性土块发生分解和不断冲刷,其中粉质壤土较易冲刷,而黏土则不易冲刷,在一定时段内仍覆盖在床面上。由于冲刷和带走这部分覆盖物并进一步冲刷近岸河床是一个持续累积的过程,所以黏性土层的厚度、结构是直接影响崩岸强度的因素。每次崩岸无论强度大小,都是一个量变到质变的阶段,崩岸均表现为间歇性。长江中游冲积性河漫滩的河岸二元结构,上层黏性土大多数情况属于粉质壤土,在水流的冲刷下均不难分解,致密的黏土层相对较少。因此,二元结构黏性土层一般来说可以影响崩岸的速度,但不能制止崩岸的发生。

3.2.4　崩岸在水文年内周期性的变化[1]

1. 崩岸年内平面变化特性

崩岸在年内平面变化的实测资料甚少,即使在 20 世纪 60 年代内直接通过观测也不易取得很多崩岸年内平面变化的资料。为此,在荆江河道特性研究中关于弯道水流方面的研究为分析崩岸年内平面变化提供了很好的借鉴。20 世纪 60 年代初,荆江河床实验站在弯道水流方面进行了观测,长江科学院对这些实测资料进行了较全面的分析。研究表明,水流动力轴线年内变化具有大水趋直小水走弯的特性,对弯道崩岸的影响表现在:枯水期水流对河岸的作用是顶冲上提,作用于弯顶附近和弯顶稍上部位;而洪水期水流顶冲下移,作用于弯顶以下部位。图 3.16 描述了下荆江来家铺弯道动力轴线年内变化的上述规律。弯道水流动力轴线的主要影响因素是水流动力作用以及河床形态。在水流动力轴线的弯曲半径与水流动量、河弯半径以及断面面积等物理量之间,利用上、下荆江有关河段的资料,通过相关分析,得出与实测资料符合较好的以下关系式(图 3.17):

$$R_0 = 0.053R \left(\frac{Q^2}{gA} \right)^{0.348}$$

式中,R_0 为水流动力轴线弯曲半径,m;R 为平面形态的河弯半径,m;Q 为河段流量,m^3/s;g 为重力加速度;A 为与流量相应的河段平均过水断面面积,m^2。可见,R 体现了河弯形态对于水流的约束作用,而 $Q^2/(gA)$ 则体现了流量(Q)和流速(Q/A)的变化对于水流动力轴线弯曲半径的影响,并可以定性看出水流动力轴线年内变化对弯道崩岸的影响[12]。由该式可知,上、下荆江只要流量在平滩流量以下,水流动力轴线的弯曲半径 R_0 必小于河弯半径 R,反映了河床形态对于水流的约束作用。

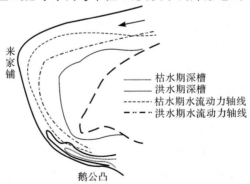

图 3.16　来家铺弯道水流动力轴线年内变化

R_0 随流量的增加而增大,随过水断面面积的增加而减小,反映了水流的惯性作用和断面形态的约束作用。

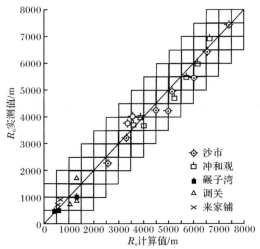

图 3.17 荆江各弯段水流动力轴线的曲率半径 R_0 实测值与计算值的关系

枯水期水流动力轴线弯曲半径小,水流走弯上提,弯顶及其稍上部位顶冲角度大,崩岸可能较多发生在弯顶以上部位;在洪水期水流动力轴线弯曲半径大,水流趋中取直,弯顶以下部位顶冲角较大,崩岸较多发生在弯顶以下部位且强度较大;而在中水期即汛前涨水期和汛后落水期,崩岸较多发生在它们之间的弯顶附近。因此,在一个水文年内,根据水流动力轴线的变化规律,崩岸较多发生的部位随流量的增加自弯道上部向弯道下部转移,然后又随流量的减小自弯道下部向弯道上部转移,而弯顶附近是常年贴流受冲部位;同时,弯顶以下受水流顶冲的动量更大,崩岸强度会更大一些。这样就使弯曲形河道和蜿蜒形河道具有整体向下游方向蠕动的演变趋势。上面描述的是一般规律,由于影响崩岸的因素极为复杂,实际崩岸现象的发生在时间和空间上具有一定的随机性。

2. 崩岸年内断面变化特性

河道崩岸在一个水文年内变化主要取决于水流动力作用的年内变化,应与年内流量过程具有直接的关系。一般来说,一个河段的流速场和近岸水流流速的变化与流量之间应具有较密切的关系。由 1963 年和 1964 年下荆江来家铺崩岸观测资料分析可知,在弯顶及其以下岸段 3 个断面来 15、来 17 和来 19 诸测次最大垂线平均流速与流量之间具有较好的关系。在上述 3 个断面各 11～12 个测次共 34 次观测中,有 30 次最大垂线平均流速与近岸深槽基本对应,不对应的有 4 次[4]。所谓基本对应包括它们之间大部分完全对应和很少部分的最大垂线平均流速偏离断面河槽最深点,但仍在深槽附近。以上对应程度出现的偏差有测量精度的问题,也有主流摆动的问题,但总体上仍较好地建立了深槽处最大垂线平均流速与流量之间的关系(图3.18)。从图3.18中可以看出,崩岸段近岸流速的变化是与一个水文年中流量的变化相联系的,也更为具体地反映流量这一河流最活跃的动力因素对于崩岸的直接影响。

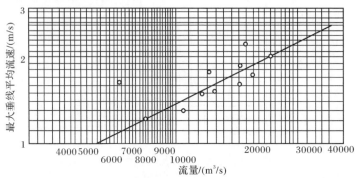

(a) 来15断面

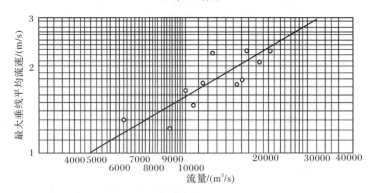

(b) 来17断面

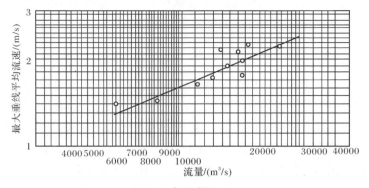

(c) 来19断面

图3.18 下荆江来家铺弯道断面最大垂线平均流速与流量关系

与上述关系相应,崩岸段年内断面的变化表现出较强的规律性。图 3.19 为下荆江典型断面年内崩岸过程,可见在 1959 年 5~7 月的涨水期和洪水初期过程中,崩岸强度还不是很大,岸线后退约 10m,而 7~10 月的洪水中后期,崩岸强度很大,岸线后退了 50m 左右;1959 年 10 月下旬~1960 年 6 月中旬,经历了前一年的落水期和第二年的枯水期和涨水期直至洪水初期,岸线后退约 30m,上部河岸崩坍的土体在坡脚尚未完全冲刷带走;6 月中~12 月中经历了洪水期、汛后落水期,岸线后退了 40m 左右,可以认为主要还是洪水期水流作用的结果。

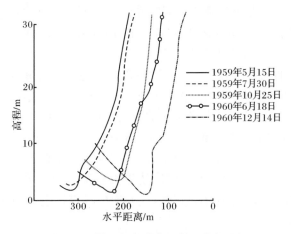

图 3.19　荆江门弯道典型断面崩岸过程

由以上分析可知,崩岸在一个水文年的周期性变化可分为以下 4 个阶段:①枯水期为崩岸最弱阶段;②汛前涨水期为崩岸较弱阶段;③洪水期为崩岸强烈阶段;④汛后落水期为崩岸次强阶段。根据长江中下游年内径流月分布情况,可以将一个水文年的崩岸 4 阶段按月作如表 3.20 所示的划分。

表 3.20　长江中游河道各河段径流年内分布

河段	项目	枯水期 (崩岸最弱阶段)	涨水期 (崩岸较弱阶段)	洪水期 (崩岸强烈阶段)	落水期 (崩岸次强阶段)
城陵矶以上 的中游段	月份	12 月中~ 次年 3 月底	4 月~5 月底	6 月~10 月底	11 月~12 月中
	径流占全年百分数/%	9.1~11.4	11.0~12.0	67.3~72.2	7.5~9.1
	平均每月占百分数/%	2.6~3.2	5.5~6.0	13.5~14.4	5.0~6.1
城陵矶以下 的中下游段	月份	12 月中~ 次年 3 月中	3 月中~4 月底	5 月~10 月底	11 月~12 月中
	径流占全年百分数/%	9.6~10.7	8.1~9.2	71.7~74.1	8.0~8.8
	平均每月占百分数/%	3.2~3.6	5.4~6.1	12.0~12.4	5.3~5.9

3. 崩岸在水文年内周期性变化特点

在一个水文年内的枯水期,河道来水很少,城陵矶以上的中游段和城陵矶以下的中下游段的枯水期分别为12月中～3月底和12月中～3月中,各月平均径流量占全年的百分数仅分别为2.6%～3.2%和3.2%～3.6%。这一阶段,近岸流速很小,床沙很可能处于未起动或已起动但推移质输沙率很小的状态,为崩岸最弱阶段。如果前阶段崩坍的土体未及时带走则可能仍将处于坡脚部位。这一阶段,也有可能有个别岸段在前阶段近岸河床冲刷较深而枯水期水位很低时岸坡失稳而发生单个的崩窝;还有可能在自然状态下,因渗流破坏岸坡稳定导致浅层滑动而引起崩岸,但这种情况发生更少。

汛前的涨水期来水明显增大。城陵矶以下河道因受洞庭湖和鄱阳湖来水较早的影响,涨水期流量增加较快,这一阶段为3月中～4月底,月平均径流量占全年百分数为5.4%～6.1%,5月即进入洪水期;城陵矶以上这一阶段为4月～5月底,月平均径流量占全年百分数为5.5%～6.0%,至6月份进入洪水期。这一阶段由于流量的增大,近岸流速也明显增大,河床应处于冲刷状态,一是可能将崩坍在坡脚的土体冲走,二是冲刷近岸河床使岸坡变陡直至可能发生崩岸。总体来说,这一阶段近岸河床变形还不是很强,因而崩岸虽有发生,但强度较弱。这一阶段称为崩岸较弱阶段。

长江的洪水峰高量大,持续时间也长。城陵矶以上洪水期为6月～10月底,历时5个月,径流量占全年67.3%～72.2%,月平均为13.5%～14.4%;城陵矶以下洪水期为5月～10月底,历时6个月,径流量占全年71.7%～74.1%,月平均为12.0%～12.4%。这一阶段月平均流量是涨水期的2.0～2.5倍,是枯水期的3.5～5.2倍,称为崩岸强烈阶段。在这一阶段,水流对河岸的动力作用最强,最能体现水流对崩岸影响的主导作用,近岸河床将发生剧烈的冲刷,河岸将发生剧烈的崩岸。特别是在二元结构沙层顶板高、上层黏性土较薄时,崩岸将持续发生。在二元结构上层黏性土较厚情况下,一方面河岸抗冲能力较强;另一方面由于外江水位较高,对河岸土体有一个支撑作用,在近岸河床冲深坡度变陡的情况下,崩岸土体暂时还可以维持稳定,但如果在洪水期这一阶段内遇某时段水位退落时仍可能会发生滑坡崩岸,当然最有可能的是在这一阶段后期水位降低时发生崩岸,也甚至有可能在汛后的落水期发生崩岸。不过需要指出的是,不管上述黏性土层较厚情况下的崩岸何时发生,对崩岸起主导作用的还是洪水期水流对近岸河床的冲刷作用。

汛后落水期的崩岸也是比较强的。一方面是由于11月份上、下两段径流占全年的百分数分别为5.9%～6.8%和8.0%～8.8%,仍明显大于涨水期的平均值,对近岸河床仍有持续的冲刷作用;另一方面是因为水位的退落,河岸外侧失去支撑,加之洪水期浸泡的河岸土体抗剪强度低,都有助于岸坡土体失稳而发生崩岸。

3.3　典型河岸崩岸成因试验研究

由于长江中游众多崩岸处岸滩部分由疏松沉积物组成,且具有二元结构特征。崩岸不仅与土体的组成、性质及其中的渗流作用密切相关,也与河道水流动力的冲刷有很大关系,同时还受人为荷载、地表侵蚀、冻融等因素的影响。由于影响因素众多,且相互交织,对于其形成机理的研究一直是相关学科研究的难点之一。对于河道崩岸机理研究,国内外以往有关的工作大多是经验性的资料分析和数学模型模拟,模型试验研究相对较少[17~22]。已有的一些研究成果若用来解决河道变化剧烈或河岸组成复杂(如二元结构)的具体实际问题,仍有一定难度。模型试验对于分析三维性较强的水流、泥沙问题,复演或预测河道变形是一种不可或缺的手段,尤其在崩岸机理研究中,由于涉及较为复杂的边界条件和水力条件,再加上人们对于崩岸的发生机理尚不太清楚,所以有必要开展相关概化模型试验研究。由前述内容分析可知,在治理长江中游河道崩岸的过程中,主要任务是预防由纵向水流冲刷、河弯曲率较大、河床冲淤变化剧烈和河岸土质抗冲性差所引起的崩岸,且在崩岸的各项影响因素中纵向水流冲刷、环流作用和回流淘刷作用依次排列前三名,长江"口袋形"崩窝具有尺度很大、发展很快、危害极大的特点,因此本次试验主要针对典型的二元结构弯曲河岸,考虑水流冲刷作用下研究其崩塌机理,同时对一般窝崩与"口袋形"崩窝区水流结构和泥沙运动规律进行了相应的试验研究,探寻窝崩的发展过程及机理。

3.3.1　模型选沙

模型沙的选择在本次试验研究中既是关键技术问题,又是技术难题,直接关系到崩岸过程的模拟与护岸工程的病害机理研究。在长江科学院以往开展的长江防洪模型利用世界银行贷款项目中关于实体模型选沙研究工作的基础上,本次试验采用新型复合塑料沙(容重为 $1.38t/m^3$)作为模型沙。该模型沙曾在长江防洪实体模型试验研究中运用过且模拟效果较好,该实体模型模拟范围自枝城至螺山河段,包括了整个荆江(枝城~城陵矶)。而荆江河段为长江的主要险要河段,也是崩岸现象频发的河段。

1. 河岸的结构特征

长江中游河岸二元结构土层上层为河漫滩相的黏性土(包括亚黏土或粉砂质壤土),厚 4~30m,其中值粒径与悬沙的中值粒径有一定的关系,悬沙中黏粒含量越多,二元结构的黏性土层发育越完好。相反,悬沙中黏粒含量越少,二元结构发育越差,黏土层只成为夹层或薄层覆盖。河漫滩沉积物是由洪水漫滩沉积而成的,当悬沙黏粒含量较多及洪水漫滩概率较大时,二元结构河岸的黏性土层发育较好;下层为河床相的中细沙(包括粉细砂、黏质粉砂及细砾石等),厚度自数米至六十余米。

2. 河岸的粒径组成

根据 2004 年 10 月宜昌至城陵矶固定断面床沙颗粒级配观测成果可知,上荆江床沙中值粒径一般为 0.152～0.326mm,下荆江床沙中值粒径一般为 0.103～0.228mm。河道床沙与推移质级配相差不大。上述仅是就总体而言,不同河段之间,甚至同一河段内不同岸段间都存在差异,这与复杂的沉积过程有关。

通过对长江中游一些崩岸河段河床进行分析,就上、下荆江而言,河床组成的主要粒径为 0.10～0.25mm,上荆江汛期近岸平均水深约为 20m。根据石首河段北门口未护段河岸取样实测资料,下层床沙中值粒径约为 $d_{50}=0.23$mm。

对该塑料合成沙开展的物理、运动特性的试验研究成果表明,该塑料合成沙具有色泽鲜明便于观察、密度和粒径及颜色均可人工调整且无污染环境等优点。塑料合成沙初成型的材料为圆柱形,经加工后具有不规则的外形和棱角,颗粒带有少许孔隙,颗粒越细,表面形状越尖锐,越不接近球体,与天然沙几何形状随粒径的变化总体趋势基本一致。因此可采用该种塑料合成沙作为模型沙。

选择 7 组容重为 1.38t/m³ 的塑料合成沙,历时 1200h 后测出各沙样稳定干容重值为 0.559～0.734g/cm³(图 3.20)。以 $d_{50}=0.12$mm、$d_{50}=0.67$mm、$d_{50}=1.38$mm 3 个沙样为例,在 10d 以后变化幅度分别为 0.055g/cm³、0.014g/cm³、0.002g/cm³,d_{50} 大于 1.0mm 沙样在 10d 以后基本不发生变化[23]。

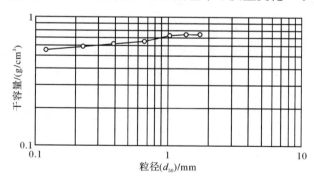

图 3.20　塑料合成沙($r_s=1.38$t/m³)干容重随粒径变化曲线

3.3.2　模型比尺设计

为使模型试验中的水流运动、床沙运动与天然情况基本保持一致,模型设计主要控制下列条件。

(1)垂直比尺 $\alpha_h = 40$,模型试验中的流速应满足惯性力重力比相似,即流速比尺 λ_u 与水深比尺 λ_h 应满足: $\lambda_u = \lambda_h^{1/2} = \sqrt{40} = 6.32$。

(2)床沙需具备推移质输沙、河床冲刷及床面补给条件,模型试验中床沙应满足起动相似,即起动流速比尺 $\lambda_{u_0} = \lambda_u = 6.32$。

① 下层粗砂。原型河床质的中值粒径取为 0.23mm,在水深分别为 10m、20m 的条件下,根据沙玉清的起动流速公式 $u = h^{0.2}\sqrt{1.1 \times \dfrac{(0.7-\varepsilon)^4}{d} + 0.43d^{3/4}}$ (d 为中值粒径,单位为 mm)可算得,原型水深为 20m 和 10m 时相应起动流速分别为 $u_{20p} = 0.776\text{m/s}$, $u_{10p} = 0.675\text{m/s}$(脚标数值为水深,单位为 m)。

模型沙的起动流速采用长江防洪模型上所做水槽试验的起动流速资料,在水深分别为 0.25m、0.5m 以及中值粒径为 0.2mm 的模型沙情况下,由所拟合出来的公式 $V_{少量动} = \left(\dfrac{h}{d}\right)^{0.141}\sqrt{17.6\left(\dfrac{\gamma_s-\gamma}{\gamma}\right)d + 0.000000016\dfrac{10+h}{d^{0.885}}}$,可得对应模型起动流速分别为 $u_{20m} = 0.122\text{m/s}$, $u_{10m} = 0.111\text{m/s}$(脚标数值为相应原型水深)。

实际的起动流速比尺为 $\lambda_{u01} = \dfrac{u_{20p}}{u_{20m}} = 6.36$, $\lambda_{u02} = \dfrac{u_{10p}}{u_{10m}} = 6.08$, $\lambda_{u0} = \dfrac{\lambda_{u01}+\lambda_{u02}}{2} = 6.22 < \lambda_u = 6.32$,基本满足起动相似。

② 上层细沙。原型细沙的中值粒径取为 0.027mm,在水深分别为 10m、20m 的条件下,根据沙玉清的起动流速公式可算得,原型水深为 20m 和 10m 时相应起动流速分别为 $u_{20p} = 1.09\text{m/s}$, $u_{10p} = 0.949\text{m/s}$(脚标数值为水深,单位为 m)。

模型沙的起动流速采用长江防洪模型上所做水槽试验的起动流速资料,在水深分别为 0.25m、0.5m 以及中值粒径为 0.058mm 的模型沙情况下,由所拟合出来的公式 $V_{少量动} = \left(\dfrac{h}{d}\right)^{0.141}\sqrt{17.6\left(\dfrac{\gamma_s-\gamma}{\gamma}\right)d + 0.000000016\dfrac{10+h}{d^{0.885}}}$,可得对应模型起动流速分别为 $u_{20m} = 0.131\text{m/s}$, $u_{10m} = 0.118\text{m/s}$(脚标数值为相应原型水深,单位为 m)。

实际的起动流速比尺为 $\lambda_{u01} = \dfrac{u_{20p}}{u_{20m}} = 8.32$, $\lambda_{u02} = \dfrac{u_{10p}}{u_{10m}} = 8.04$, $\lambda_{u0} = \dfrac{\lambda_{u01}+\lambda_{u02}}{2} = 8.18 > \lambda_u = 6.32$。

因此上层模型沙采用中值粒径为 0.058mm 的塑料合成沙在起动相似方面有所偏离,起动流速偏小。为增大模型沙起动流速,考虑适当增加一定比例的环氧树脂作为黏合剂,掺混到模型沙中充分搅拌。

原型细沙的中值粒径取为 0.027mm,在原型水深为 6m、10m 和 16m 的条件下,根据沙玉清的起动流速公式 $u=h^{0.2}\sqrt{1.1\times\dfrac{(0.7-\varepsilon)^4}{d}+0.43d^{3/4}}$($d$ 为中值粒径,单位为 mm)可算得,原型水深为 6m、10m 和 16m 时相应起动流速分别为 $u_{6p}=0.857$m/s,$u_{10p}=0.949$m/s 和 $u_{16p}=1.04$m/s(脚标数值为水深,单位为 m)。

采用水槽试验的起动流速资料,在水深分别为 0.15m、0.25m 和 0.40m 时,掺混了 1% 环氧树脂的中值粒径为 0.058mm 的模型沙,对应的模型沙起动流速分别为 $u_{6m}=0.156$m/s、$u_{10m}=0.173$m/s 和 $u_{16m}=0.180$m/s(脚标数值为相应原型水深,单位为 m)。不同水深条件下泥沙起动情况如图 3.21~图 3.23 所示。

图 3.21　模型沙起动流速水槽试验($h=0.15$m,$d_{50}=0.058$mm)

图 3.22　模型沙起动流速水槽试验($h=0.25$m,$d_{50}=0.058$mm)

图 3.23　模型沙起动流速水槽试验（$h=0.4\text{m}$，$d_{50}=0.058\text{mm}$）

实际的起动流速比尺为 $\lambda_{u0}=\dfrac{u_{6p}+u_{10p}+u_{16p}}{u_{6m}+u_{10m}+u_{16m}}=5.58<\lambda_u=6.32$，基本满足起动相似条件。

因此，为模拟天然情况下的二元结构河岸，本次试验采用两种不同粒径的模型沙（其中上层掺混 1‰ 配比的环氧树脂），分别模拟天然的上层黏土和下层细砂组成的二元结构河岸。

③ 考虑到近岸河床及岸坡在崩坍过程中会发生冲刷变形，模型试验中的床沙理论上应基本满足扬动相似条件，即扬动流速比尺 $\lambda'_V=\lambda_u=6.32$，由于同时考虑上下层泥沙扬动相似难度较大，这里仅计算考虑下层粗沙扬动相似问题。

天然沙扬动流速采用沙玉清公式计算

$$V'_p=0.812d^{2/5}(\omega h)^{1/5}$$

式中，d 为粒径，mm；ω 为沉速，mm/s，当模拟原型水深 $h=20\text{m}$，原型下层河床质中值粒径为 0.23mm 时，$\omega=2.679\text{mm/s}$，可计算扬动流速为 1.59m/s。

根据长江防洪模型所用塑料合成沙的水槽试验成果[23]，可拟合出塑料合成沙扬动公式为 $V_{少量动}=\left(\dfrac{h}{d}\right)^{0.141}\sqrt{17.6\left(\dfrac{\gamma_s-\gamma}{\gamma}\right)d+0.000000016\dfrac{10+h}{d^{0.885}}+0.044652}$，在水深为 0.5m 情况下，塑料合成沙中值粒径为 0.2mm 时，其扬动流速为 0.164m/s，对应的扬动流速比尺为 9.69，比要求的扬动流速比尺 6.32 要大，模型试验中床沙更容易被水流扬起，有利于河床的冲刷，在崩岸机理试验研究中偏于保守。

综上所述，最后确定中值粒径为 0.058mm 的模型沙并掺混 1‰ 配比的环氧树脂模拟天然河岸上层黏土是可行的，模型沙的选择基本满足模型设计原则，可满足二元结构河岸崩岸试验研究要求。上下层原型沙与模型沙级配曲线如图 3.24 和图 3.25 所示。

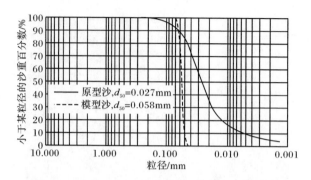

图 3.24 二元结构河岸上层原型沙与模型沙级配曲线

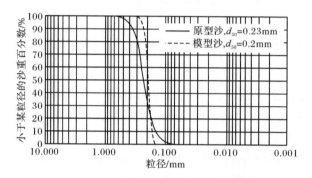

图 3.25 二元结构河岸下层原型沙与模型沙级配曲线

④ 模拟岸坡比确定。据文献[22]可知,美国密西西比河的自然岸坡破坏前的坡比大约为 1:2,我国江西省彭泽县马湖堤 1996 年崩前坡比平均为 1:2.3~1:2.5,局部为 1:1.5~1:2.0,安庆河段六合圩在 1989 年窝崩之前岸坡的平均坡度为 1:1.9,局部的陡坡崩前坡比为 1:1.6。因此,模型试验岸坡比选为 1:1 和 1:2。

⑤ 河岸上下层厚度设计。美国密西西比河的岸坡也呈二元结构,上覆为黏土层,下卧为砂土层。Torrey 等[22]通过研究发现,上覆黏土层厚度 H_c 和下卧砂土层厚度 H_s 比值 R 大于 1.4 时坡体保持稳定(图 3.26)。我国长江中下游彭泽县马湖堤崩岸处的上覆黏土与下层砂土的厚度比为 0.67~1.0;江西省九江市城区防洪堤崩岸处对应的厚度比为 0.6~1.3。这些与密西西比河得到的结论基本吻合。本次试验中河岸上下层设计两种不同厚度比,分别为 2:1 和 1:2。

3.3.3 试验观测内容

试验过程中,需测量控制的水力学参数有进口流量与出口水位;需要观测的主要内容包括近岸河床变形过程、地形及流速、河岸模型沙含水量等。具体观测

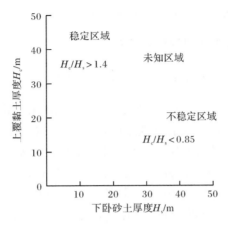

图 3.26　二元结构厚度比 R 与岸坡稳定规律

内容如下。

（1）进口流量。采用电磁流量计控制。

（2）出口水位。采用武汉大学研制的 WEL-Ⅱ型水位仪自动控制。

（3）水位测量。模型中沿程布设 3 个水位观测站，采用测针观测。

（4）流速测量。以声学多普勒流速仪（acoustic doppler velocimeters，ADV）观测为主，并结合旋桨式流速仪进行流场观测。测点位置主要位于水流冲刷前后河岸可能发生崩塌的局部岸段。横向：近岸边 1m 左右每隔 10cm 一根垂线，共 10 根垂线。纵向：试验开始时隔 40cm 一个断面（试验段内平均布置）；出现明显崩塌区后，重点监测崩坍区断面，根据崩坍长度来确定断面个数，至少上、中、下三个断面，崩坍间距 20cm 或 40cm。

ADV 是 SonTek 公司推出的新一代适用于室内使用的流速仪。该仪器为接触式流速仪，但对所测的取样点没有直接干扰或干扰很小，其测量精度高，能准确、快速、无干扰地测量三维脉动流速。试验中对于瞬时流速测量的采样频率采用 25，每个点采样时间为 15～20s。

（5）坡体变形观测。采用白色石膏粉每隔 10cm 或 20cm 间距在滩面上画正方形网格，以便于目估崩岸平面变形大小。

（6）河岸土体含水量测量。在不同流量级条件下，采用现场环刀法对模型沙多次取样，并用烘箱、天平等仪器对取样土体的含水量进行测量。针对不同流量级，在试验过渡段采用坑测法环刀取样，测量土体中含水量随时间的变化过程。

（7）地形测量。崩塌前后地形和崩塌区深度测量分别通过 URL-Ⅰ型便携式模型地形仪和钢尺测量，地形测量断面和垂线布置与测流布置相同。

（8）岸坡土体崩塌破坏现象观测。在各级流量条件下，通过录像和拍照主要对岸坡崩塌破坏现象和过程进行追踪观察，并对崩塌破坏发生的时间、位置和发展过程进行记录,包括水位上涨阶段和水位下降阶段。

3.3.4　二元结构河岸崩塌机理试验成果

1. 静水条件下二元结构河岸崩塌机理试验成果

因天然河流两岸的物质组成比较复杂,就长江中游河道两岸而言,多数为二元结构,即上层为抗冲性较强的黏性土层,下层为易冲的粉砂层。本次试验作为崩岸试验的前期测试,是为了观察静水条件下由塑料合成沙组成的二元结构河岸的稳定性问题,天然河道上影响河岸稳定的因素比较复杂,本次研究安排了多因素组合作用下变化单一因素影响的模拟研究,主要包括不同河岸坡度、不同河岸模型沙组成(不同上下层厚度条件下)情况下坡体破坏过程,分析各影响因素对坡体破坏的贡献。

1) 试验场地概况

结合试验内容和场地条件,试验选取了防洪模型大厅里一处封闭的具有较规则形状的水泥场地建设了试验水槽,水槽长 2.3m,宽 1.9m,深 0.6m。

2) 试验选材

试验选用的模型沙(塑料合成沙)中值粒径分别为 $d_{50}=0.10$mm、0.81mm、0.16mm。

3) 试验研究内容及工况

先用粒径较大(模拟下层细沙)和粒径较小(模拟上层黏土)的模型沙分层设置模拟二元结构河岸,河岸铺设成梯形断面,然后把河岸坡度设置成不同角度以及改变上下层厚度进行试验,坡顶宽度固定不变,模型沙铺好后往水槽内缓慢注水(设计水深为40cm),充分浸泡后观察坡体变化情况。具体试验组次有以下 8 组(表 3.21)。

表 3.21　各种试验工况汇总

试验方案	试验工况	上层厚度/m	下层厚度/m	河岸坡度/(°)	备注
	1-1	0.3	0.2	30	
1	1-2	0.3	0.2	45	
	1-3	0.3	0.2	60	上层 $d_{50}=0.10$mm,
	2-1	0.2	0.3	30	下层 $d_{50}=0.81$mm
2	2-2	0.2	0.3	45	
	2-3	0.2	0.3	60	
3	3-1	0.3	0.2	60	上层 $d_{50}=0.10$mm,
	3-2	0.2	0.3	60	下层 $d_{50}=0.16$mm

对于上层 30cm 厚的 $d_{50}=0.10\text{mm}$ 模型沙和下层 20cm 厚的 $d_{50}=0.81\text{mm}$ 模型沙,河岸坡度分别设置为 60°、45°、30°;上层 20cm 厚的 $d_{50}=0.10\text{mm}$ 模型沙和下层 30cm 厚的 $d_{50}=0.81\text{mm}$ 模型沙,河岸坡度分别设置为 60°、45°、30°;上层 30cm 厚的 $d_{50}=0.10\text{mm}$ 模型沙和下层 20cm 厚的 $d_{50}=0.16\text{mm}$ 模型沙,河岸坡度为 60°;上层 20cm 厚的 $d_{50}=0.10\text{mm}$ 模型沙和下层 30cm 厚的 $d_{50}=0.16\text{mm}$ 模型沙,河岸坡度为 60°。

试验主要观察在缓慢注水过程中不同条件下坡体的破坏过程以及发生崩塌的类型和特点。

4) 试验成果

本次试验安排了静水中模型河岸在多因素组合作用下变化单一因素对岸坡稳定性影响的研究,主要针对不同河岸坡度、河岸组成以及上下层厚度等三方面进行了模拟。各影响因素对坡体崩塌的影响如下。

(1) 河岸坡度。在试验方案 1 情况下,河岸坡度越大,坡体越不稳定。坡度为 60°时河岸均不稳定(图 3.27 和图 3.28),随着水位的升高下层沙土逐渐由于水流的浸泡而出现坍塌,坍塌规模也随着水位增加而变大,至下层全部崩塌后河岸顶部逐渐受拉而开始出现裂缝,随着裂缝的不断伸张,上层黏土也以条崩的形式崩塌下来,水深未到 40cm 时整个坡体已经完全破坏了;当坡度为 45°时(图 3.29),河岸崩塌范围和程度都逐渐减小,破坏面逐渐由坡顶向坡脚方向移动;当坡度为 30°时(图 3.30),坡体比较稳定,基本上不发生崩塌,只是下层沙土在河岸与水面交界的地方会出现少量的土体流动。

图 3.27　模拟河岸侧视照(坡度 60°,上层 $d_{50}=0.10\text{mm}$,下层 $d_{50}=0.81\text{mm}$,厚度比 3∶2)

图 3.28　模拟河岸俯视照(坡度 60°,上层 $d_{50}=0.10\text{mm}$,下层 $d_{50}=0.81\text{mm}$,厚度比 3∶2)

图 3.29　模拟河岸侧视照(坡度 45°,上层 $d_{50}=0.10$mm,下层 $d_{50}=0.81$mm,厚度比 3∶2)

图 3.30　模拟河岸俯视照(坡度 30°,上层 $d_{50}=0.10$mm,下层 $d_{50}=0.81$mm,厚度比 3∶2)

(2) 河岸组成。各组试验结果表明,二元结构河岸上下层土体组成越不均匀,河岸不稳定的概率就越大,发生崩岸的概率也就越大。由试验可得,当河岸坡度同为 60°时,由粒径相差较大的 $d_{50}=0.10$mm 和 $d_{50}=0.81$mm 组成的河岸在静水中很不稳定(图 3.27),出现了大规模的崩塌,而由粒径比较接近的 $d_{50}=0.10$mm 和 $d_{50}=0.16$mm 组成的河岸则比较稳定(图 3.31),基本不发生崩塌现象。前者主要是由于下部砂土层黏性较低,被水浸泡后抗剪强度降低,从而使上层黏土层在重力作用下失稳坍塌,而后者则由于上下层粒径比较接近,类似于单一结构的黏性河岸,抗剪强度较高从而稳定性较好,难以发生崩塌。

图 3.31　模拟河岸侧视照(坡度 60°,上层 $d_{50}=0.10$mm,下层 $d_{50}=0.16$mm,厚度比 3∶2)

(3) 上下层厚度。通过各组试验可得,上覆黏土与下层砂土的厚度比值越大,坡体越稳定,发生崩塌的概率也就越小,崩塌破坏的范围也越小。由两组(试验工况中的 1－2 组和 2－2 组,坡度均为 45°)试验现象对比可知(图 3.29 和图 3.32),前者随着水位的上升,坡体基本保持稳定,只有下面砂土层局部发生崩塌,当水深稳定在 40cm 时,少量上层黏土慢慢向下滑移,但整体比较稳定,没有发生大规模的崩塌现象;而后者随着水位的上升与水深的增加,下层砂土岸坡出现坍塌,进而上下层连接处出现裂缝,当水深稳定在 40cm 时由于下层的崩塌,导致上黏土层在重力的作用下发生失稳崩塌,坡顶也开始出现裂缝且逐渐增大,坡体的稳定性明显不如前者。由此可见,二元结构河岸的稳定性与上下层厚度的比值有一定的关系,比值越大,河岸相对来说越稳定,本次所得到的试验研究成果与以往学者观点基本吻合,说明本次试验成果基本合理。

图 3.32　模拟河岸俯视照(坡度 45°,上层 $d_{50}=0.10$mm,下层 $d_{50}=0.81$mm,厚度比 2∶3)

2. 概化弯道崩岸机理试验成果

概化弯道崩岸机理试验在长 49m、宽 9m 的水槽中进行,试验平面布置如图 3.33~图 3.36 所示。

图 3.33　概化弯道崩岸机理试验模型实景

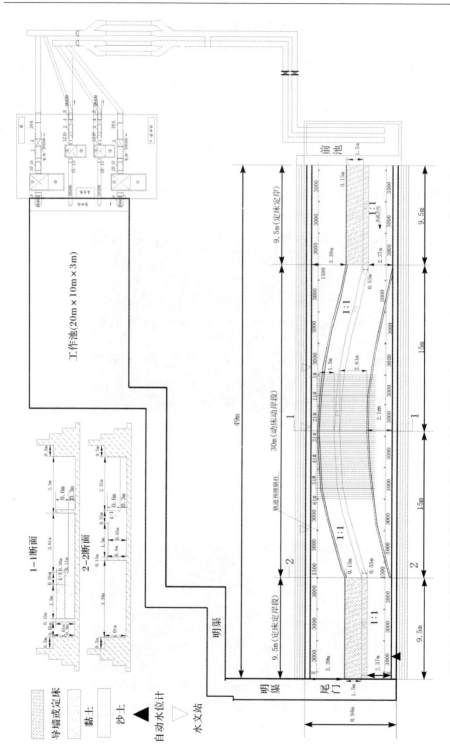

图 3.34 概化弯道试验模型和供水系统平面布置（岸坡比为 1∶1，河岸上下黏土和沙土层厚度比为 2∶1）

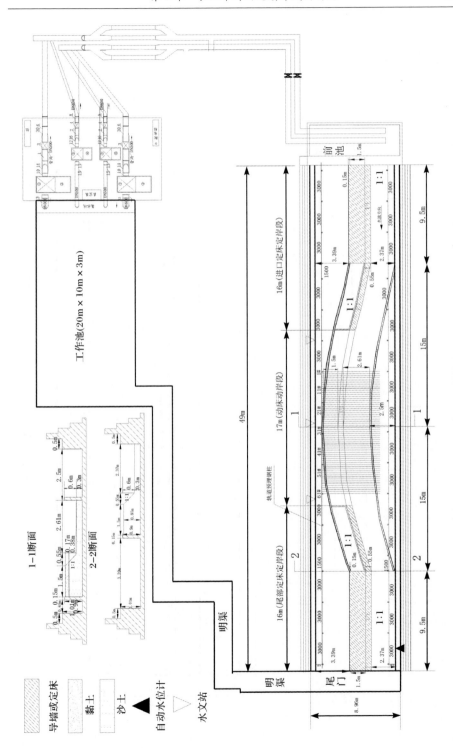

图 3.35　概化弯道试验模型和供水系统平面布置(岸坡比为 1∶1，河岸上下黏土和沙土层厚度比为 1∶2)

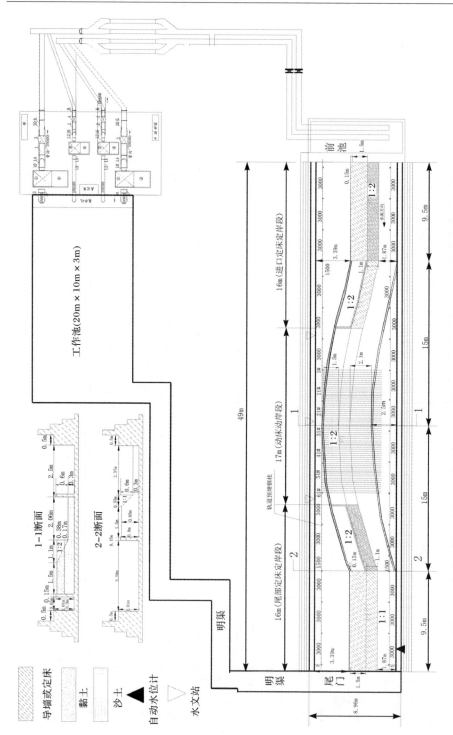

图 3.36　概化弯道试验模型和供水系统平面布置(岸坡比为 1∶2,河岸上下黏土和沙土层厚度比为 2∶1)

1) 试验研究内容

(1) 利用概化弯道模型开展弯道崩岸机理试验,模拟研究在多因素组合作用下单一因素变化对岸坡稳定性的影响。模拟在不同水流条件、不同河岸组成、不同坡比条件下的崩塌现象,观察崩岸前后近岸河床及岸坡泥沙的运动情况,揭示崩岸机理。

(2) 分析不同水流条件、不同上下层厚度比值、不同坡比条件下近岸泥沙冲淤变化情况、水流运动规律及其与河岸稳定性的关系。具体而言,不同流量分别选为 $0.09\text{m}^3/\text{s}$、$0.12\text{m}^3/\text{s}$、$0.18\text{m}^3/\text{s}$ 和 $0.24\text{m}^3/\text{s}$,坡体坡比分别选取 1:1 和 1:2,河岸上下层设计了两种不同厚度比,包括 2:1 和 1:1。针对不同条件进行对比试验研究,见表 3.22。

(3) 研究分析水位变化过程中河岸土体含水量参数变化与河岸稳定性之间的内在关系。

表 3.22　各种试验工况汇总

试验方案	试验工况	设计流量/(m³/s)	设计水深/m	上下土层厚度比	河岸坡比
1	1-1	0.09	0.14	2:1	1:1
	1-2	0.12	0.18	2:1	1:1
	1-3	0.18	0.21	2:1	1:1
	1-4	0.24	0.22	2:1	1:1
2	2-1	0.09	0.14	1:2	1:1
	2-2	0.12	0.18	1:2	1:1
	2-3	0.18	0.21	1:2	1:1
	2-4	0.24	0.22	1:2	1:1
3	3-1	0.09	0.14	2:1	1:2
	3-2	0.12	0.18	2:1	1:2
	3-3	0.18	0.21	2:1	1:2
	3-4	0.24	0.22	2:1	1:2

2) 试验研究成果

本次试验主要针对不同水流条件、不同河岸坡度、不同河岸上下层厚度比和水位变化,研究河岸的崩塌特点、河岸土体含水量变化和近岸水流泥沙运动规律等。主要研究成果如下。

(1) 本次试验模拟了相同坡比不同河岸组成和相同河岸组成不同坡比情况下二元结构河岸崩塌的过程。由 20# 典型横断面冲淤变化(图 3.37 和图 3.38)可知,在流量、河岸坡比相同的情况下,上黏土层与下砂土层厚度比越大,河岸崩塌幅度越小,即越相对稳定;两种不同组成的河岸在各级流量情况下,都有随着流量增大河岸崩塌幅度逐渐增大的规律。根据 22♯典型横断面冲淤变化(图 3.39)可知,在流量和上下黏土层、砂土层厚度比相同的情况下,河岸坡比越大,河岸崩塌幅度越大。

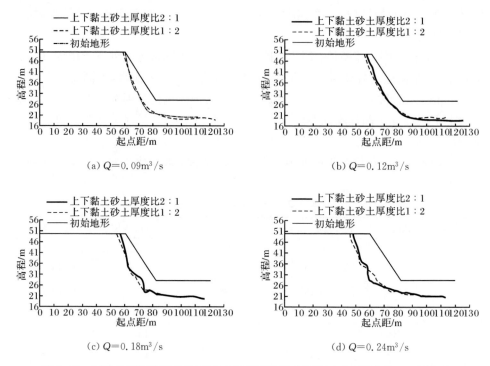

(a) $Q=0.09\text{m}^3/\text{s}$　　　　　　　　　　(b) $Q=0.12\text{m}^3/\text{s}$

(c) $Q=0.18\text{m}^3/\text{s}$　　　　　　　　　　(d) $Q=0.24\text{m}^3/\text{s}$

图 3.37　同坡比和同流量条件下不同上下河岸组成近岸河床冲淤变化(20♯断面)

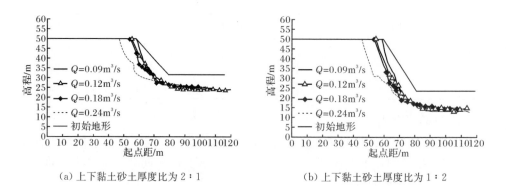

(a) 上下黏土砂土厚度比为 2:1　　　　　　　(b) 上下黏土砂土厚度比为 1:2

图 3.38　同坡比条件下不同流量和上下层河岸组成近岸河床冲淤变化(20♯断面)

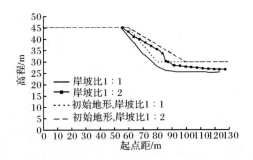

图3.39　同流量条件下不同坡比近岸河床冲淤变化

（22#断面，$Q=0.09\text{m}^3/\text{s}$，河岸上下黏土砂土层厚度比2∶1）

（2）不同上下层厚度比和不同岸坡比二元结构河岸呈现不同的崩塌模式。试验过程中由于河岸为弯曲段，主流弯曲使水流顶冲凹岸，产生横向环流，加速弯道凹岸的淘刷和侵蚀，崩岸速率加大，崩塌部位主要发生于凹岸顶部及其下游附近段。本次试验中模拟的二元结构岸坡主要发生了两种不同类型的崩塌形式，即窝崩和条崩。窝崩主要出现在上黏性土层和下砂土层厚度比为2∶1、岸坡坡比为1∶2的弯顶附近的河岸，即黏性土层覆盖较厚、沙质土层较薄、受水流冲刷较严重的河段（图3.40）；条崩一般出现在上黏性土层和下砂土层厚度比为1∶2、岸坡坡比为1∶1的河岸中，即上层黏性土层较薄、沙质土层较厚的河段。崩坍前，近岸滩面一般产生与岸线大致平行的裂缝，由于下部的砂土层比上部的黏性土层更易受到水流冲刷，当下部沙性土体受冲刷而上部黏性土体自重在断裂面上产生的拉力矩大于黏性土层自身产生的抗拉力矩时，上部土层在重力作用下会发生坍落或倒入水中（图3.41和图3.42）。本次试验中根据崩塌受力特点不同，针对二元结构河岸进一步将崩岸分为剪切倒塌、拉伸倒塌和绕轴倒塌三种方式。

图3.40　概化弯道崩岸机理试验发生的窝崩（剪切倒塌）

图 3.41　概化弯道崩岸机理试验发生的条崩(拉伸倒塌)

图 3.42　概化弯道崩岸机理试验发生的条崩(绕轴倒塌)

(3) 为了了解涨落水过程中河岸土体崩塌过程、含水量变化情况及其与河岸稳定性的关系,针对坡比为 1∶1,上下黏土和沙土层厚度比为 1∶2 的河岸,在流量分别为 $0.09\text{m}^3/\text{s}$、$0.12\text{m}^3/\text{s}$、$0.18\text{m}^3/\text{s}$ 和 $0.24\text{m}^3/\text{s}$ 条件下,观测了河岸土体的崩塌过程和含水量的变化过程。由图 3.43 和图 3.44 可知,在水位上涨或下降过程中岸坡局部土体发生阶段性崩塌,相应土体含水量也发生一定的变化。开始阶段随着流量的增加(流量由 $0.09\text{m}^3/\text{s}$ 增为 $0.12\text{m}^3/\text{s}$)和水位的上升(水位由 0.14m 升为 0.18m),土体含水量增幅较大。同时首先是河岸坡面上出现裂缝,水下和水面附近表层土体发生轻度侵蚀或塌落,然后随着流量的继续增加(流量由 $0.12\text{m}^3/\text{s}$ 增为 $0.18\text{m}^3/\text{s}$)和水位的持续上升(水位由 0.18m 升为 0.21m),水流冲刷近岸河床坡脚后,下层砂性土体被掏空,由于上层黏土层较薄,崩塌面较陡,崩塌外形类似条崩,且滩面上出现沿水流方向较粗的裂纹,当流量继续增大至 $0.24\text{m}^3/\text{s}$,水位继续抬高至 0.22m 时,河岸也继续崩塌。随后试验又模拟了水位下降过程中土体含水量和河岸稳定性的问题,随着流量的逐渐减小,含水量逐渐减小,但幅度很弱。水位下降过程中对河岸侧向支撑作用减小,加上之前受高水位水流浸泡后,岸滩土体抗剪强度和岸滩的稳定性都减小,崩岸发生的概率增大。

此外,渗透比降增大后相应的渗透压力越大,对于可渗透岸坡而言,渗透压力方向与河岸自身重力的下滑力方向一致,使崩体的下滑力增大,河岸土体崩塌继续且崩塌量较大,同级流量下水位下降过程中土体崩塌的强度较水位上涨阶段明显,即说明同级流量条件下,水位下降过程中河岸稳定性较水位上涨过程中明显减小,而河岸含水量在达到一定数值后基本变化不大。

(a) 水位上涨阶段Ⅰ, $Q=0.09\text{m}^3/\text{s}$

(b) 水位上涨阶段Ⅱ, $Q=0.12\text{m}^3/\text{s}$

(c) 水位上涨阶段Ⅲ, $Q=0.18\text{m}^3/\text{s}$

(d) 水位上涨阶段Ⅳ, $Q=0.24\text{m}^3/\text{s}$

(e) 水位下降阶段Ⅰ, $Q=0.18\text{m}^3/\text{s}$

(f) 水位下降阶段Ⅱ, $Q=0.12\text{m}^3/\text{s}$

(g) 水位下降阶段Ⅲ，$Q=0.09\text{m}^3/\text{s}$

图 3.43　概化弯道崩岸机理试验崩岸情况

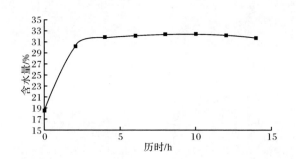

图 3.44　涨落水过程中二元结构河岸含水量历时变化过程

3. 崩窝及其附近区域水沙运动特性试验研究

为更深入研究大尺度、危害性大的二元结构河岸"口袋形"崩窝区近岸水沙输移规律，包括"口袋形"崩窝区崩塌过程、平面流速分布特性、垂向流速分布特性、紊动强度等，并与一般崩窝区内水流泥沙运动规律进行对比，在概化弯道模型中分别塑造一个典型的"口袋形"崩窝和一个一般崩窝，其平面布置如图 3.45 所示，试验工况详见表 3.23。

表 3.23　试验工况汇总

试验工况	设计流量/(m³/s)	设计水深/m	上下土层厚度比	河岸坡比	备注
1	0.1	0.4	2∶1	1∶1	"口袋形"崩窝（横向与纵向崩宽为1∶1）和一般崩窝（弯曲半径为2.7m）
2	0.2	0.4	2∶1	1∶1	

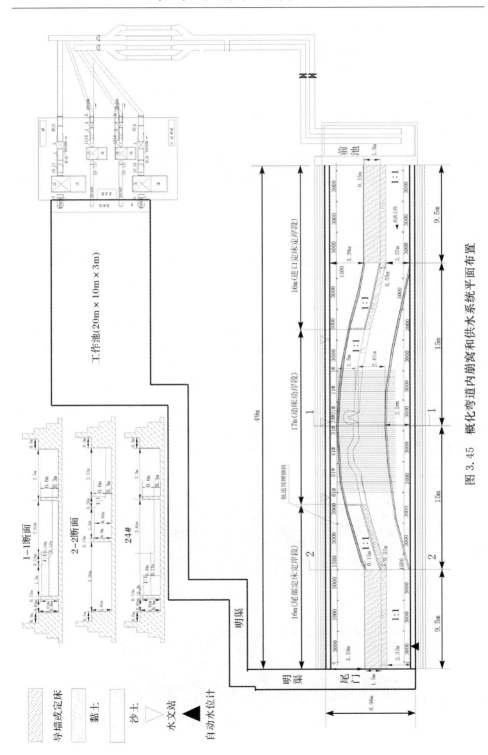

图 3.45　概化弯道内崩窝和供水系统平面布置

1)"口袋形"崩窝和一般崩窝的崩塌现象及过程

余文畴等[17]根据崩岸实测资料分析了长江中下游河道"口袋形"崩窝演变过程,包括三个阶段。

(1)崩前阶段——近岸河床演变阶段。"口袋形"崩窝发生前,近岸河床深槽受冲变得更深,并有向岸坡下部冲进之势。

(2)发展阶段——崩窝急剧冲刷阶段。当近岸河床发生冲刷某等高线向岸内楔入形成突破口后,局部水流便在该处形成很强的回流,这股回流带走河岸泥沙使崩窝迅速扩大。崩窝拓展之初,回流不断增强,进入崩窝的水量不断增多增强,崩窝冲刷发展的速度也快。当崩窝发展到一定程度后,随着崩窝面积的扩大,回流流速逐渐减小,对周边的冲刷作用逐渐减弱。崩窝是在竖轴回流作用下形成的,其平面形态呈"口袋形"或"Ω形"。

(3)相对稳定阶段——崩窝形态相对平衡阶段。当"口袋形"崩窝拓展形成的阻力增大使回流流速减小到不足以持续冲刷河岸时,崩窝基本上不再扩大,其演变进入相对稳定阶段。

本次试验主要模拟已经塑造好的"口袋形"崩窝和一般崩窝在不同水流条件下(流量分别为 $0.1\text{m}^3/\text{s}$ 和 $0.2\text{m}^3/\text{s}$)崩窝及其附近区域的河岸变化和水流泥沙运动特性。

由图 3.46~图 3.48 可知,试验开始后,"口袋形"崩窝区下游和上游口门附近先后发生崩塌,主要因为在水流的冲刷作用下,下层粗沙土体先软化易冲导致局部坍塌,随后滩面上出现裂纹,当上层细沙失去支撑后逐渐向下倾倒和塌落,同时,在崩窝区内回流的作用下泥沙逐渐被输送往下游。随着流量的增大,二元结构河岸崩塌也在加剧,"口袋形"崩窝口门上下游两侧附近崩塌严重。

图 3.46 "口袋形"崩窝与一般崩窝整体初始地形(静水状态)

图 3.47 "口袋形"崩窝与一般崩窝流态($Q=0.1\text{m}^3/\text{s}$)

图 3.48　"口袋形"崩窝与一般崩窝流态($Q=0.2\text{m}^3/\text{s}$)

由图 3.46～图 3.48 可知,试验开始后,一般崩窝区的弯顶下游附近首先发生崩塌,在水流的冲刷作用下,下层粗沙坍塌后滩面上出现裂纹,上层细沙失去支撑失稳后逐渐向下倾倒和塌落,同时,在崩窝区内回流的作用下泥沙逐渐被输送往下游。随着流量的增大,二元结构河岸崩塌也加大,崩窝区上下游崩塌较崩窝弯顶处明显。

由上述可知,"口袋形"崩窝区和一般崩窝区内泥沙在不同流量条件下,首先崩塌的部位都位于窝崩区下游处,且由于回流的作用崩窝区内的泥沙都逐渐被输送往下游。流量越大,崩窝区内河岸崩塌也越严重。

2) 崩窝区内水流泥沙运动特性

由于受到马蹄形漩涡作用,"口袋形"崩窝和一般崩窝区内水流结构均呈现出强烈的三维特性。对于浅水情况,可将崩窝区内回流结构概化为平面上的竖轴回流和以平面回流流线为轴的径向环流的复杂叠加。

由图 3.46～图 3.49 可知,在水流的分离、交界面处的紊动切应力和重力作用下,在"口袋形"崩窝和一般崩窝区内都产生了不同强度的回流。水流与崩岸区边界的分离是主流、副流分区流动的直接原因,而主回流交界面上由于大小尺度涡体横向掺混产生的紊动切应力则是崩窝区内回流形成的动力源泉。崩窝区内靠近口门附近的水体在紊动切应力的作用下随主流向前运动,继而沿口门下游侧壁向回流区内流动,必然使回流区内侧水体水位抬高,从而产生重力作用。崩岸回流区内的水沙与主流区的水沙通过口门区交界面不断进行质量、动量及能量的交换。主回流交界面两侧水流的动量交换不仅包括由质点和涡团的掺混进行传递,还伴随着大尺度漩涡的直接对流传递,既加剧了水流的紊动掺混,使崩窝区水流更加不稳,同时也加剧了交界面两侧的物质交换。

"口袋形"崩窝区内回流流线呈现为多个大小不等的同心圆,而一般崩窝回流区内回流流线近似为多个不规则的椭圆,且存在较多独立的尺度大小不一的涡旋流动,水面呈现不规则的扭曲。随着上游流量的增加,两种崩窝区内表面流速都相应增大,回流的范围和强度也增大。

由图 3.50 和图 3.51 可知,"口袋形"崩窝和一般崩窝近岸河床典型断面在冲刷条件下近岸河床和河岸呈现不同程度的冲刷下切和侧向冲刷后退,且随着流量的增大,坡面上部分出现崩退,崩塌的泥沙堆积在坡脚附近,对于"口袋形"崩窝区,泥沙堆积体不易被水流输运到下游而出现局部堆积;但对于一般崩窝而言,其坡脚堆积的泥沙可随水流的不断冲刷而输送到下游。

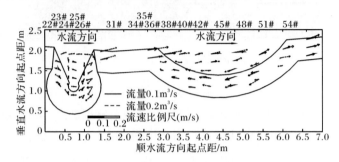

图 3.49　"口袋形"崩窝和一般崩窝不同流量下表面流速流场

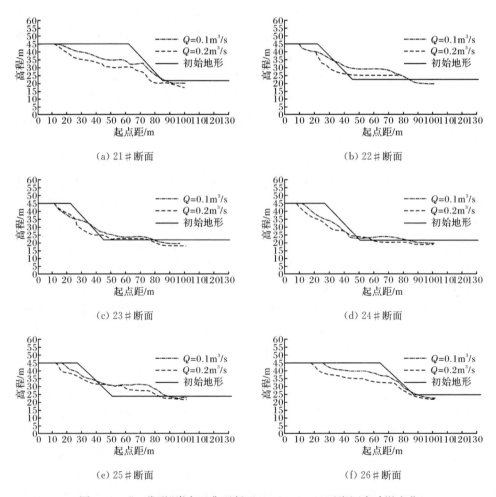

(a) 21♯断面

(b) 22♯断面

(c) 23♯断面

(d) 24♯断面

(e) 25♯断面

(f) 26♯断面

图 3.50　"口袋形"崩窝区典型断面(21♯~26♯)近岸河床冲淤变化

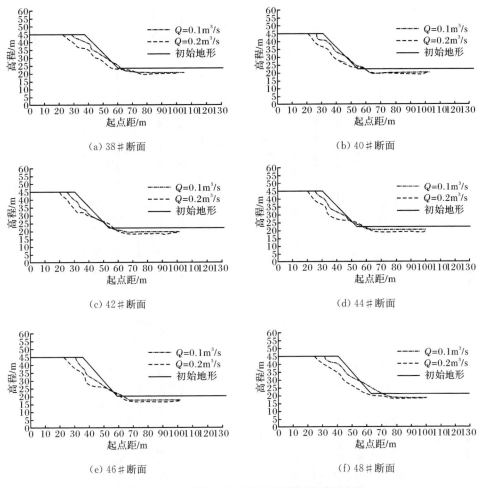

图 3.51　一般崩窝区典型断面近岸河床冲淤变化

3）流速分布特征

试验中分别对"口袋形"崩窝以及一般崩窝的测流点进行布置，如图 3.52 和图 3.53 所示。将测点分为崩窝区、过渡区以及主流区，见表 3.24 和表 3.25。

表 3.24　"口袋形"崩窝区、过渡区及主流区的测点布置

流量	崩窝区	过渡区	主流区
$Q=0.1\text{m}^3/\text{s}$	除过渡区、主流区之外的其他测点	22#-7、23#-8、24#-8、25#-7、26#-4	22#-8、23#-9、24#-9、25#-8、26#-5
$Q=0.2\text{m}^3/\text{s}$	除交界区、主流区之外的其他测点	22#-6、23#-7、24#-7、25#-5、26#-4	22#-7、23#-8、24#-8、25#-6、26#-5

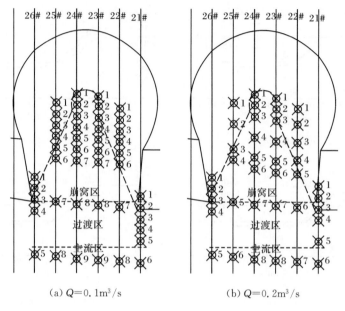

(a) $Q=0.1\mathrm{m}^3/\mathrm{s}$　　　　　(b) $Q=0.2\mathrm{m}^3/\mathrm{s}$

图 3.52　"口袋形"崩窝区测点分类及布置

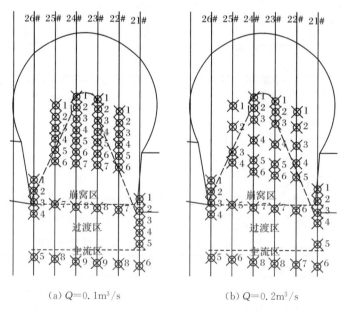

(a) $Q=0.1\mathrm{m}^3/\mathrm{s}$　　　　　(b) $Q=0.2\mathrm{m}^3/\mathrm{s}$

图 3.53　一般崩窝区测点分类及布置

表 3.25　一般崩窝的崩窝区、过渡区及主流区的测点布置

流量	崩窝区	过渡区	主流区
$Q=0.1\text{m}^3/\text{s}$	除过渡区、主流区之外的其他测点	38♯-5、40♯-5、42♯-5、44♯-8、46♯-7、46♯-8、48♯-5、48♯-6、48♯-7	38♯-6、40♯-6、42♯-6、44♯-9、46♯-9、48♯-8
$Q=0.2\text{m}^3/\text{s}$	除交界区、主流区之外的其他测点	38♯-5、40♯-6、42♯-6、44♯-6、46♯-6、48♯-5	38♯-6、40♯-7、42♯-7、44♯-7、46♯-7、48♯-6

　　由图 3.54 和图 3.55 可知,受崩窝区边壁、主流与回流交界面分离区和回流区水流不稳的影响,"口袋形"崩窝区典型横断面近岸垂线平均流速横向分布形态规律性不强,流速分布沿横向大小不一,$Q=0.1\text{m}^3/\text{s}$ 和 $Q=0.2\text{m}^3/\text{s}$ 时断面流速大小分别为 $0.29\sim0.42\text{m/s}$、$0.76\sim1.0\text{m/s}$。一般崩窝近岸垂线平均流速横向分布形态呈"V"形,近岸流速较大,之后在回流区变小,再往河心方向又逐渐变大,$Q=0.1\text{m}^3/\text{s}$ 和 $Q=0.2\text{m}^3/\text{s}$ 时断面流速大小分别为 $0.38\sim0.44\text{m/s}$、$0.77\sim1.07\text{m/s}$。由此可见"口袋形"崩窝比一般崩窝垂线平均流速略小,这两种类型崩岸均呈现上游流量越大,崩窝区垂线平均流速越大的规律。

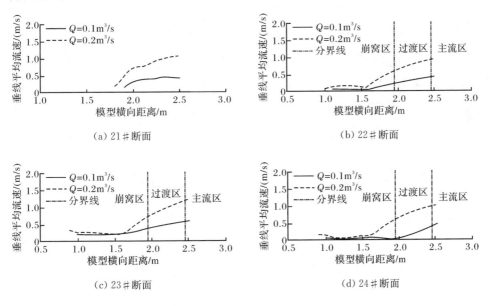

(a) 21♯断面　　(b) 22♯断面
(c) 23♯断面　　(d) 24♯断面

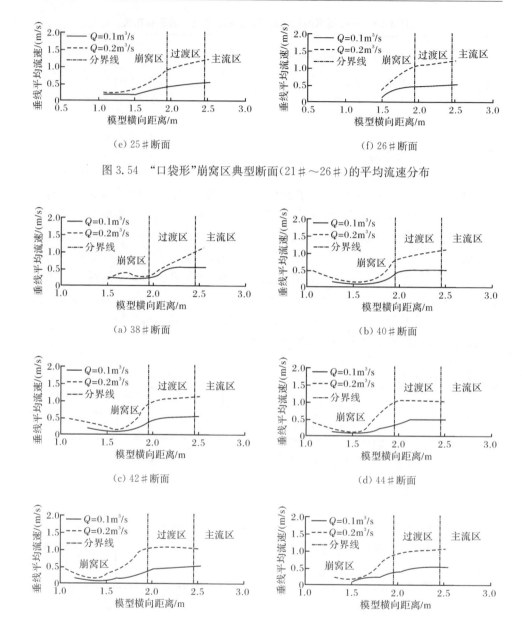

(e) 25♯断面　　　　　　　　　　　　(f) 26♯断面

图 3.54　"口袋形"崩窝区典型断面(21♯～26♯)的平均流速分布

(a) 38♯断面　　　　　　　　　　　　(b) 40♯断面

(c) 42♯断面　　　　　　　　　　　　(d) 44♯断面

(e) 46♯断面　　　　　　　　　　　　(f) 48♯断面

图 3.55　一般崩窝区典型断面平均流速分布

由图 3.56 可知,当流量 $Q=0.1\text{m}^3/\text{s}$ 时,在"口袋形"崩窝内部(22♯～25♯断面),各测流点处的垂线平均流速大小比较接近,明显小于外部过渡区以及主流区的平均流速。其中窝顶段的典型断面(23♯和 24♯),其相对水深方向上的垂线平

均流速变化较小,为近似线性或微小振荡分布,较为均匀。而对于 22♯、25♯、26♯
断面的测流点,其垂线平均流速随着相对水深的增加在近底处减小。

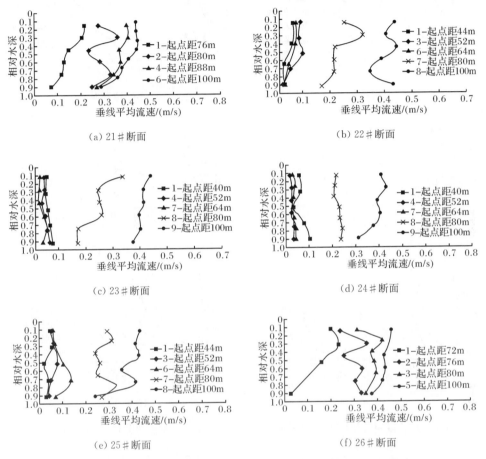

图 3.56　"口袋形"崩窝区典型断面(21♯～26♯)垂线平均流速分布($Q=0.1\mathrm{m}^3/\mathrm{s}$)

由图 3.57 可知,当流量增加到 $0.2\mathrm{m}^3/\mathrm{s}$ 时,各个断面测流点处的垂线平均流
速大小的分布不如 $Q=0.1\mathrm{m}^3/\mathrm{s}$ 时集中。也就是说,随着进入崩窝区水流流速的
增加,同一断面的各个测点间垂线平均流速的大小没有小流量时各个测点间垂线
平均流速的大小接近,分布较为分散。在崩窝顶段的典型断面(23♯ 和 24♯),不
同水深处的垂线平均流速大小随起点距的增加先减小后增大。在崩窝区域下游
段的典型断面(25♯ 和 26♯),不同水深处的垂线平均流速大小随起点距的增加而
逐渐增大。在崩窝区域上游的典型断面(22♯),不同水深处的垂线平均流速大小
随起点距的增加先增加再减少,进入过渡区后变为最大。

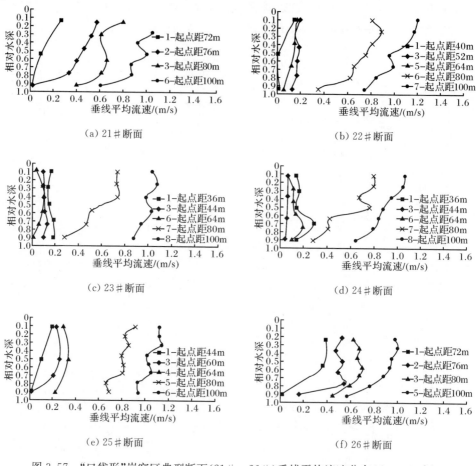

图 3.57　"口袋形"崩窝区典型断面(21♯～26♯)垂线平均流速分布($Q=0.2\mathrm{m}^3/\mathrm{s}$)

综合分析图 3.54～图 3.57 可知,"口袋形"崩窝各个断面的垂线平均流速在崩窝区最小,在主流区最大,在过渡区则介于两者之间。

由图 3.58 可知,在一般崩窝区,$Q=0.1\mathrm{m}^3/\mathrm{s}$ 时,崩窝区的各测流点处的垂线平均流速大小比较接近,明显小于外部过渡区以及主流区的平均流速。随着流量的增加($Q=0.2\mathrm{m}^3/\mathrm{s}$),同一断面的各个测点间垂线平均流速的分布较为分散,这与"口袋形"崩窝的崩窝区类似。

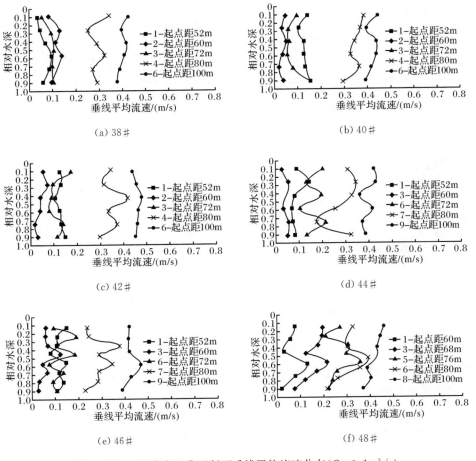

图 3.58　一般崩窝区典型断面垂线平均流速分布($Q=0.1\mathrm{m}^3/\mathrm{s}$)

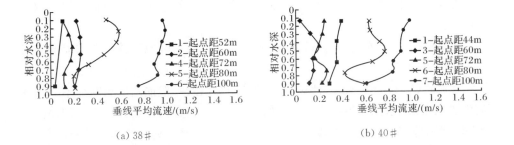

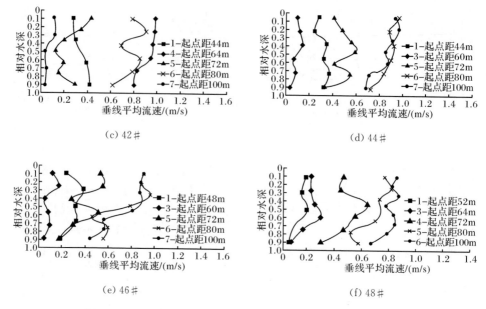

图 3.59　一般崩窝区典型断面垂线平均流速分布（$Q=0.2\mathrm{m}^3/\mathrm{s}$）

　　由图 3.55 可以得出,在一般崩窝区的窝顶典型断面（40♯、42♯、44♯、46♯）不同水深处的垂线平均流速大小随起点距的增加先减少后增加;在靠近崩窝区域下游段的典型断面（48♯）,不同水深处的垂线平均流速大小随起点距的增加而逐渐增大;而在靠近崩窝区域上游的 38♯ 断面,不同水深处的垂线平均流速大小随起点距的增加先增加再减少,进入过渡区后变为最大。这些规律与"口袋形"崩窝区域对应位置测点的规律相同。

　　由图 3.55、图 3.58 和图 3.59 可知,一般崩窝的崩窝区中各个测点的垂线平均流速最小,主流区最大,过渡区则介于两者之间,这与"口袋形"崩窝的崩窝区相同。

　　整体来看,一般崩窝区与"口袋形"崩窝区靠近崩窝区域下游位置水流流速最大,最易发生崩岸。

　　当流量 $Q=0.2\mathrm{m}^3/\mathrm{s}$ 时,针对"口袋形"崩窝以及一般崩窝典型断面不同垂线位置和不同相对水深处各向流速所占的比例进行了分析,分别在"口袋形"崩窝以及一般崩窝范围内选取上游段典型断面（38♯ 和 22♯）、窝顶段典型断面（42♯ 和 24♯）以及下游段典型断面（48♯ 和 25♯）进行比较分析。

　　根据表 3.26 可以得出,对于"口袋形"崩窝以及一般崩窝,在其过渡区与主流区各个测点的各向水流流速比例大小依次为纵向、横向、垂向。而在崩窝区,各向水流流速比例大小依次为横向、纵向、垂向。因此,在"口袋形"崩窝以及一般崩窝的过渡区与主流区,纵向水流(v_x)作用占主导地位,而在崩窝区,横向水流(v_y)则为主导因素,由此可知横向流速对于崩窝的发展和形成起着很重要的作用。

表 3.26　一般崩窝与"口袋形"崩窝的典型断面不同垂线各向流速大小的比例($Q=0.2\mathrm{m^3/s}$)

一般崩窝					"口袋形"崩窝				
测点编号	相对水深	v_x比例/%	v_y比例/%	v_z比例/%	测点编号	相对水深	v_x比例/%	v_y比例/%	v_z比例/%
38#-4 崩窝区	0.2	7.3	83.0	9.7	22#-4 崩窝区	0.2	1.2	94.8	4.0
	0.4	23.8	44.6	31.6		0.4	0.5	93.1	6.4
	0.6	27.4	43.3	29.3		0.6	39.8	44.7	15.5
38#-5 过渡区	0.2	79.5	15.4	5.1	22#-6 过渡区	0.2	83.3	4.4	12.3
	0.4	78.5	13.4	8.1		0.4	79.5	2.4	18.1
	0.6	54.9	44.7	0.4		0.6	62.4	12.9	24.7
38#-6 主流区	0.2	81.1	12.2	6.7	22#-7 主流区	0.2	89.6	3.0	7.4
	0.4	80.3	14.3	5.4		0.4	88.7	7.1	4.2
	0.6	78.0	15.4	6.6		0.6	83.8	10.7	5.5
42#-4 崩窝区	0.2	8.2	58.8	33.0	24#-5 崩窝区	0.2	39.0	49.5	11.5
	0.4	27.2	61.6	11.2		0.4	42.0	52.1	5.9
	0.6	45.9	46.9	7.2		0.6	37.3	53.4	9.3
42#-6 过渡区	0.2	84.1	7.1	8.8	24#-7 过渡区	0.2	86.3	7.2	6.5
	0.4	87.0	6.8	6.2		0.4	84.2	8.6	7.2
	0.6	84.3	8.4	7.3		0.6	81.4	14.1	4.5
42#-7 主流区	0.2	81.3	12.8	5.9	24#-8 主流区	0.2	85.2	7.3	7.5
	0.4	79.1	14.1	6.8		0.4	83.1	13.9	3.0
	0.6	72.2	21.4	6.4		0.6	80.8	15.6	3.6
48#-1 崩窝区	0.2	8.0	50.3	41.7	25#-3 崩窝区	0.2	26.1	56.2	17.7
	0.4	28.6	53.6	17.8		0.4	23.9	72.8	3.3
	0.6	42.3	45.6	12.1		0.6	37.1	49.3	13.6
48#-5 过渡区	0.2	89.2	4.7	6.1	25#-5 过渡区	0.2	91.6	4.3	4.1
	0.4	84.0	6.9	9.1		0.4	84.7	11.0	4.3
	0.6	82.0	15.1	2.9		0.6	81.7	16.6	1.7
48#-6 主流区	0.2	77.2	16.5	6.3	25#-6 主流区	0.2	87.0	5.8	7.2
	0.4	83.3	12.8	3.9		0.4	85.5	8.8	5.7
	0.6	75.7	17.9	6.4		0.6	82.4	11.5	6.1

4）"口袋形"崩窝区内脉动强度特征

脉动强度（或紊动强度）是紊流最重要的动力特征量之一，各方向紊动强度 $\mathrm{RMS}[v_i']$ 计算公式如下：$\mathrm{RMS}[v_i'] = \sqrt{(v_i')^2} = \sqrt{\dfrac{\sum v_i^2 - (\sum v_i)^2/n}{n-1}}$，紊动动能 $k = \sqrt{\mathrm{RMS}^2[v_x'] + \mathrm{RMS}^2[v_y'] + \mathrm{RMS}^2[v_z']}$。式中，$\mathrm{RMS}[v_i']$ 为各方向紊动强度值，$i = x, y, z$；n 为样本数；v_i' 为各方向脉动流速；v_i 为瞬时流速平均值。

以垂线平均流速 v 作为分母将脉动强度转化为无量纲数，由于流量增大对流速沿垂线分布的规律无影响，仅在大小上有区别。本书以 $Q = 0.2\mathrm{m}^3/\mathrm{s}$ 的情况来分析"口袋形"崩窝的紊动特征沿垂线分布规律，同时绘制该无量纲数随相对水深（$Z = z/h$）的变化曲线，如图 3.60～图 3.62 所示。

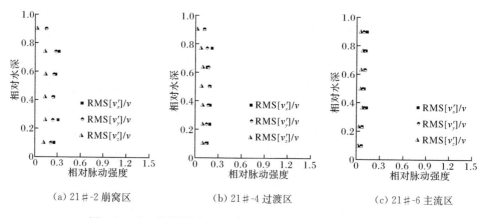

(a) 21#-2 崩窝区　　(b) 21#-4 过渡区　　(c) 21#-6 主流区

图 3.60　"口袋形"崩窝 21# 典型断面相对脉动强度垂线分布

由图 3.60～图 3.62 可以看出，崩窝区、过渡区以及主流区的相对脉动强度呈现不同的规律。主流区：水流相对紊动强度沿相对水深方向变化较小，基本为常数，x, y, z 方向相对紊动强度大小为线性均匀分布。过渡区：水流相对紊动强度沿相对水深方向上略有变化，x, y, z 方向相对紊动强度大小为近线性均匀分布。崩窝区：x, y, z 方向相对紊动强度存在拐点，在垂线上呈现非线性分布，并有较为明显的振荡，并且在崩窝区不同测点位置其振荡规律不同，其中靠近"口袋形"崩窝中部典型断面（24#）与崩窝下游进口段典型断面（26#）以及上游出口段（21#）典型断面相比，各向相对脉动强度沿垂线分布最不均匀，振荡最明显。

在不同测点垂线上，垂向（z 方向）的相对紊动强度最小，纵向（x 方向）和横向（y 方向）相对脉动强度大小较为接近，且始终大于垂向（z 方向）脉动强度，说明崩窝区内水流的紊动不是各向均匀同性的。

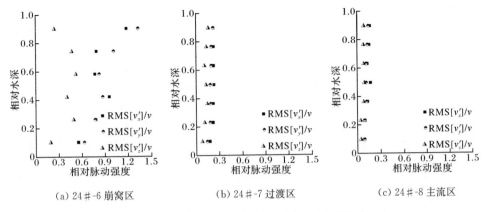

(a) 24#-6 崩窝区   (b) 24#-7 过渡区   (c) 24#-8 主流区

图 3.61 "口袋形"崩窝 24# 典型断面相对脉动强度垂线分布

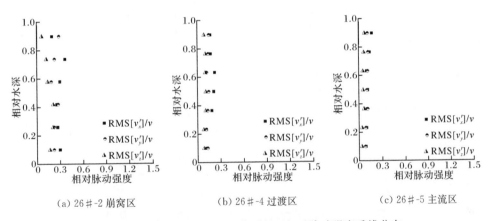

(a) 26#-2 崩窝区   (b) 26#-4 过渡区   (c) 26#-5 主流区

图 3.62 "口袋形"崩窝 26# 典型断面相对脉动强度垂线分布

由图 3.63 可知,崩窝区的水流紊动动能主要分布在 26# 断面的近岸相对水深约为 0.5 的位置,最大紊动动能值约为 0.4J。由于 26# 是水流从下游进入崩窝区的位置,流速较大,河岸崩退明显,边界条件及水流结构变化剧烈,故紊动动能也较大。而在崩窝顶段 22# ～24# 断面的近岸处紊动动能的分布较少,数值在 0.2J 以下。

过渡区水流紊动动能明显高于崩窝区,因为"顺时针"的漩涡作用使得紊动动能主要分布在过渡区。在 22# ～26# 断面接近水面处,紊动动能数值最大,其中 23# 断面的 23#-7 与 23#-8 之间的数值在 0.45J 以上。

对"口袋形"崩窝的上游回流出口段、顶段近岸处、中部以及下游水流入口段进行含沙量取样测量,见表 3.27。

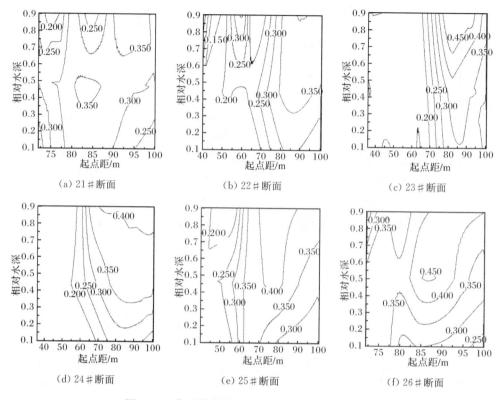

图 3.63　典型横断面紊动动能分布($Q=0.2\text{m}^3/\text{s}$)

紊动动能单位:J

表 3.27　"口袋形"崩窝区中部分测点的垂线平均含沙量

流量级	测点编号	测点位置	垂线平均含沙量/(kg/m³)
$Q=0.1\text{m}^3/\text{s}$	22#-6	崩窝上游回流出口段	0.075
	24#-1	崩窝顶段近岸处	0.136
	24#-5	崩窝区中部	0.036
	25#-5	崩窝下游水流入口段	0.175
$Q=0.2\text{m}^3/\text{s}$	22#-5	崩窝上游回流出口段	0.113
	24#-2	崩窝顶段近岸处	0.141
	24#-5	崩窝区中部	0.038
	25#-4	崩窝下游水流入口段	0.317

由表 3.27 可知,各个测点含沙量大小依次为崩窝下游水流入口段＞崩窝顶段近岸处＞崩窝上游回流出口段＞崩窝区中部,并且当流量增大时对应测点位置的含沙量增大,这与"口袋形"崩窝区的流速分布以及泥沙冲淤规律相符合。即在崩窝下游水流入口段流速大,此处崩岸最为剧烈,岸坡泥沙被水流带走,此处含沙

量最大,而在崩窝上游回流出口段以及崩窝区中部,随着流速减少,水流挟沙力减少,悬移质含沙量减少,不能被水流带回主流区的泥沙逐渐在这些位置沉积下来。

5) 天然"口袋形"崩窝垂线平均流速分布规律

长江中下游发生崩窝的次数很多,但流场原型实测资料很少。根据 1993 年 8 月 9～10 日扬州水文水资源勘测局对镇扬河段六圩弯道扬州港崩窝区内进行的 14 条垂线流速的原型观测资料,研究表明,崩窝区内流速呈典型的回流状态。崩窝区内除 1♯、3♯、6♯点流速沿垂线分布因受水流掺混影响较大而不均匀外,其余均较均匀(图 3.64 和图 3.65)。这一点与水槽试验结果相似。

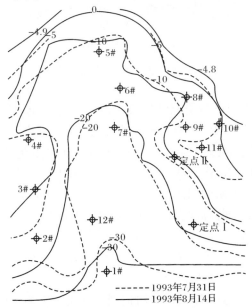

图 3.64　扬州港崩窝区测流点布置

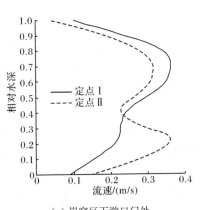

(a) 崩窝区下游口门处

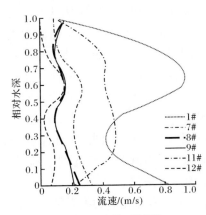

(b) 崩窝区内偏下游部位

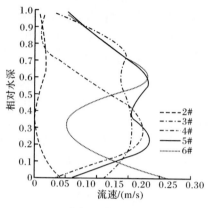

（c）崩窝区内偏上游部位

图 3.65　崩窝区内垂线流速分布

　　"口袋形"崩窝水槽试验研究结果表明,在"口袋形"崩窝整个形成过程中,崩窝内受到作圆周回转运动的水流和弯道环流的作用。崩窝相对稳定后,在上游来流条件偏冲即流速较大时,崩窝区河岸及区内河床回淤的泥沙又会发生一定的冲刷,当流速较小时,崩窝区内河床可发生一定程度的回淤,淤积部位是"口袋形"崩窝区的中部以及崩窝上游的回流出口段,到一定程度即回流强度与其形成的崩窝建立输沙平衡状态后,崩窝区内河床冲淤交替变化而处于相对平衡状态。

3.4　小　　结

　　（1）长江中下游来水来沙条件对河道崩岸的宏观影响主要表现在三个方面：①流量是崩岸的直接因素；②年内汛期水流对近岸河床的冲刷作用是主要的,故崩岸一般发生在汛期,尤其是汛末,考虑到河道中汛后水位退落时的边坡稳定和岸坡地下水的渗流作用,崩岸也会发生在汛后乃至枯季；③长江中游因气候温暖湿润,集水面积大,年际间径流分布不均匀程度并不很大,总体表现为较稳定的态势,因而在较大洪水年对河道的平面形态破坏不一定很大,水流对河岸的作用方向和冲刷范围历年变化并不很大,使得河道崩岸和河道平面变形较为稳定地朝单向发展）。

　　（2）河道中随着不同的来水来沙条件,由不同河道形态形成的不同的水流泥沙运动条件是河床冲淤变化的基础,是河道崩岸的实质性因素,在河道崩岸诸因素中具有主导地位。

　　（3）河岸具有相对的静态特征。河岸的抗冲性是河道崩岸的制约条件,长江中下游河道崩岸在一个水文年内表现为一定的周期性。

（4）通过对崩岸的影响因素分析可知，纵向水流冲刷、河弯曲率较大和河岸土质抗冲性差是长江中游河道崩岸发生的主要影响因素。

（5）水槽静水试验研究成果表明，河岸坡度越大，坡体越不稳定；二元结构河岸上下层土体组成越不均匀，河岸不稳定的概率就越大，发生崩岸的概率也就越大；上覆黏土与下层砂土的厚度比值越大，坡体越稳定，发生崩塌的概率也就越小，崩塌破坏的范围也越小。

（6）动床试验中首次采用两种不同粒径的模型沙（其中上层掺混 1% 配比的环氧树脂），分别模拟天然的上层黏土和下层细砂组成的二元结构河岸，与天然河岸具有一定的相似性。

试验研究成果表明，不同上下层厚度比和岸坡比二元结构河岸呈现不同的崩塌模式。同级流量条件下，水位下降过程中河岸稳定性较水位上涨过程中明显减小。

"口袋形"崩窝区内泥沙在不同流量条件下，首先崩塌的部位都位于崩窝区下游处，且由于回流的作用崩窝区内的泥沙都逐渐被输送往下游。"口袋形"崩窝相对稳定后，在上游来流条件偏冲即流速较大时，崩窝区河岸及区内河床回淤的泥沙又会发生一定的冲刷，当流速较小时，崩窝区内河床可发生一定程度的回淤，淤积部位于"口袋形"崩窝区的中部以及崩窝上游的回流出口段，到一定程度即回流强度与其形成的崩窝建立输沙平衡状态后，崩窝区内河床处于冲淤相对平衡状态。

"口袋形"崩窝区内横向流速对于崩窝的发展和形成起着很重要的作用。"口袋形"崩窝区内水流结构均呈现强烈的三维特性。

对于"口袋形"窝顶段断面，沿相对水深方向垂线平均流速变化较小，为近似线性或微小振荡分布，较为均匀。而对于崩窝区的上游或下游断面的不同垂线测流点，其垂线平均流速随着相对水深的增加有减小的趋势，至近底处最小。"口袋形"崩窝区、过渡区以及主流区的相对脉动强度呈现不同的规律。"口袋形"崩窝区水流紊动动能主要集中在水流进入崩窝区的入口位置，随着相对水深的增加紊动动能有所减弱，而在崩窝顶段近岸处紊动动能分布最小，横向分布来看过渡区水流紊动动能明显高于崩窝区。

"口袋形"崩窝区各个测点含沙量大小依次为崩窝下游水流入口段＞崩窝顶段近岸处＞崩窝上游回流出口段＞崩窝区中部，并且当流量增大时对应测点位置的含沙量增大，这与"口袋形"崩窝区的流速分布以及泥沙冲淤规律相符合。

（7）"口袋形"崩窝是一种尺度大、崩速大、危害大的崩岸形式。鉴于此种崩窝具有突发性，应加强长江中游河道崩岸的风险性研究工作。

参 考 文 献

[1] 余文畴,卢金友. 长江河道崩岸与护岸. 北京:中国水利水电出版社,2008.

［2］岳红艳,余文畴.层次分析法在崩岸影响研究中的应用//长江护岸及堤防防渗工程论文选集.北京:中国水利水电出版社,2003.

［3］中国科学院地理研究所,长江水利电力科学研究院,长江航道局规划设计研究院.长江中下游河道特性及其演变.北京:科学出版社,1985.

［4］余文畴.长江中下游干支流蜿蜒型河道成因研究//第六届全国泥沙基本理论研究学术讨论会文集.郑州:黄河水利出版社,2005.

［5］余文畴.长江中游下荆江蜿蜒型河道成因初步研究.长江科学院院报,2006,12(6):9-13.

［6］唐日长,贡炳生,周正海,等.荆江大堤护岸工程初步分析研究.长江河道研究成果汇编,1987.

［7］陈引川,彭海鹰.长江中下游大崩窝的发生及防护//长江中下游第三次护岸工程经验交流会,扬州,1985.

［8］岳红艳,余文畴.长江河道崩岸机理.人民长江,2002,33(8):20-22.

［9］长江流域规划办公室荆江河床实验站.长江河道观测资料(枝城-城陵矶)(1952～1974),1979.

［10］卢金友.长江泥沙起动流速公式探讨.长江科学院院报,1991,8(4):57-63.

［11］唐日长,等.荆江特性研究//中国地理学会一九七七年地貌学术讨论会文集,北京:科学出版社,1981.

［12］张植堂,等.下荆江河弯水流分析研究.人民长江,1964,(2):1-12.

［13］江苏省沙洲县长江保圩防洪工程指挥部.老海坝丁坝护岸工程//长江中下游护岸工程经验选编.北京:科学出版社,1978.

［14］左大康.现代地理学辞典.北京:商务印书馆,1990.

［15］徐福兴,刘江星,等.长江中下游河流地质作用与崩岸研究.长江水利委员会长江勘测规划设计研究院,2005.

［16］水利部长江勘测技术研究所.长江重要堤防隐蔽工程典型护岸段塌滑机理及处理措施研究,2001.

［17］余文畴,岳红艳.长江中下游崩岸机理研究中的水流泥沙运动条件.人民长江,2008,2(2):64-66,95.

［18］岳红艳.长江河道崩岸机理的初步探讨.武汉:长江科学院硕士学位论文,2001.

［19］王延贵.冲积河流岸滩崩塌机理的理论分析及试验研究.北京:中国水利水电科学研究院博士学位论文,2003.

［20］王路军.长江中下游崩岸机理的大型室内试验研究.南京:河海大学硕士学位论文,2005.

［21］张幸农,应强,陈长英,等.江河崩岸的概化模拟试验研究.水利学报,2009,40(3):263-267.

［22］Torrey V H,Dunbar J B,Peterson R W. Progressive failure in sand deposits of the Mississippi River field investigations. Laboratory Studies and Analysis of the Hypothesized Failure Mechanism,Report 1 of Series,1988.

［23］长江科学院.长江防洪模型利用世界银行贷款项目实体模型选沙报告,2005.

第4章 河道岸坡稳定性的影响因素及其评估方法

4.1 不同因素对岸坡稳定性的影响

河道岸坡的稳定性不仅与近岸水流动力条件和冲淤变化有关,还与水位变化、河道岸坡的形态及土体组成、植被类型及有无护岸工程等密切相关。

现有河岸稳定性研究成果较多,余文畴等[1,2]就水流泥沙运动条件和河床边界条件对河道崩岸机理进行了研究,指出崩岸发生的实质是近岸河床泥沙运动的结果。陈引川等[3]认为上游河势改变、主流贴岸顶冲引起崩岸段近岸河床冲深、岸坡变陡是崩岸发生的先决条件。马崇武等[4]研究了水位变化对堤岸边坡稳定性的影响,考虑堤岸体的透水性和地下水浸润造成堤岸体软化等因素的影响,指出无论退水还是涨水,都存在一个使堤岸边坡的稳定系数达到最小的水位值。唐金武等[5]用稳定岸坡作为河岸稳定性判别指标,分析了长江中下游不同河型、不同河岸地质的稳定坡比等。Thorne 和 Tovey[6]通过分析复合型河岸的稳定性,指出河岸稳定性取决于最大崩岸机制中驱动力与抵抗力的平衡,并确定了 3 种河岸崩塌机制,即剪切崩塌、拉伸崩塌和绕轴崩塌。Osman 和 Thorne[7,8]将陡峭河岸的边坡稳定性分析与函数方法结合起来计算河岸后退距离,并预测河床退化的响应,提出研究河岸侵蚀和稳定性的方法,即将临界抗剪强度作为侧蚀和块体崩塌河岸稳定性的分析标准,称为 Osman-Thorne 模型。Simon 等[9,10]在 Osman-Thorne 模型基础上,考虑了岸坡形态与河岸物质组成的特性、水力参数、植被影响等因素,根据岸坡安全系数的大小来判断河岸是否稳定。宗全利等[11]对上荆江 4 个典型断面的崩岸土体进行了现场取样与室内土工试验,考虑水压力对崩岸的影响以及土体力学性质指标随含水率的变化,提出上荆江二元结构的河岸崩塌计算模式,计算了两个典型河岸在枯水期、高水期和退水期的岸坡稳定性。

长江中游河道岸坡主要是由上层为黏性土与下层为中细沙组成的二元结构,以往的研究多侧重于水流条件与岸坡冲刷对河岸稳定的影响,而综合考虑水位变化、河道岸坡的形态及土体组成、植被类型及有无护岸工程等因素对河岸稳定性影响的研究较少。本节以长江中游荆江出口熊家洲至城陵矶河段内八姓洲和七姓洲上的两个典型断面为例,利用河岸稳定性和坡脚侵蚀模型(bank stability and toe erosion model,BSTEM)分别计算与分析了河岸在洪水期、枯水期、涨水期和退水期、不同水位条件、不同岸坡形态与坡脚冲刷幅度、不同植被类型及有无护岸工程、不同岸坡形态等条件下的河岸安全系数与稳定性[12]。

4.1.1 河岸稳定性和坡脚侵蚀模型

BSTEM 是由 Simon 等在 Osman-Thorne 模型基础上发展起来的,用于预测河岸稳定性及坡脚侵蚀速率。BSTEM 描述了土体受剪切引起的崩塌和由河道水流冲刷及河岸坡脚物质迁移引起的侵蚀两种不同的过程,包括河岸稳定性分析模块(bank stability,BS)和河岸坡脚侵蚀模块(bank toe erosion)。该模型主要通过对河岸几何形态的模拟,结合极限平衡方法,分析土壤抗剪强度,计算河岸安全系数 F_s,并根据土壤可蚀性和临界剪切力计算坡脚侵蚀速率及总量。

河岸安全系数 F_s 的计算方法有 3 种:第一种是水平层法,由 Simon 等研发的楔式崩塌模型发展而来;第二种是垂直切片法,由 COMCEPTS 模型改编而来,将 5 层的河岸崩塌体分为相同数目的垂直切片,并通过 4 次迭代得到 F_s 的精确值;第三种是拉伸剪切崩塌法,是在水平层法中将崩塌面角度设为 90° 计算 F_s 值。BSTEM 主要由拉伸剪切崩塌法计算河岸安全系数 F_s,其安全系数计算公式为

$$F_s = \frac{\sum_{i=1}^{I}\left[c_i'L_i + (\mu_a - \mu_w)_iL_i\tan\phi_i^b + [P_i\sin\alpha - \mu_{ai}L_i]\tan\phi_i'\right]}{\sum_{i=1}^{I}(W_i + P_i\cos\alpha)} \tag{4.1}$$

式中,I 为河岸崩塌体总层数;i 为层数,$i=1,2,\cdots,I$;c_i' 为第 i 层土体的有效凝聚力;L_i 为第 i 层土体中崩塌面的长度;W_i 为第 i 层土体重量;P_i 为由外界水流施加给第 i 层土体的静态水侧限压力;α 为河岸坡度;ϕ_i' 为第 i 层土体有效内摩擦角;μ_a 为孔隙空气压力;μ_w 为孔隙水压力;μ_{ai} 为第 i 层土体孔隙空气压力;$S_i = L_i(\mu_a - \mu_w)$;ϕ_i^b 为第 i 层土体表观凝聚力随基质吸力增加而增加的快慢程度。

本节主要利用河岸稳定性和坡脚侵蚀模型,根据河岸边坡形态,结合岸坡土体力学特性、植被类型、地下水位及孔隙水压力等参数计算与分析岸坡的安全系数与稳定性。其中安全系数 F_s 就是土壤的剪切应力及近岸水体对滑动体产生的侧向水压力与滑动土体的滑动力之间的比值,即阻止崩体滑动的抵抗力与促使崩体滑动的滑动力之间的比值,并认为 $F_s > 1.3$,河岸处于稳定状态,$1 \leqslant F_s \leqslant 1.3$,河岸处于条件稳定状态,$F_s < 1$,河岸处于不稳定状态。

4.1.2 研究断面及河岸组成

熊家洲至城陵矶河段位于下荆江尾闾,沿程有八姓洲和七姓洲,由于河段弯道均属急弯,凹岸长期受到主流的强烈顶冲,深泓逼岸,岸坡较陡,近年来随着三峡及上游一系列控制性水库的陆续建设运用,对该河段河势变化的影响也明显加剧[13]。该河段河势剧烈变化引起崩岸的频繁发生,例如,八姓洲上游狭颈段,自

2008年11月以来,狭颈段岸坡崩退10~20m,最大达30余米,七姓洲自2008年以来,岸坡崩退10~20m,最大达40余米,水下岸坡冲深约5m。本次选取八姓洲1♯断面和七姓洲2♯断面为研究对象,进行岸坡稳定性计算与分析,平面位置及岸坡形态如图4.1和图4.2所示,典型断面的土体力学性质测试结果见表4.1。由表4.1和图4.2可知,熊家洲段河岸土体垂向结构分布明显,按土体性质划分可分为三层,上下都为非黏性土体,中间为黏性土体。其中,1♯断面土体组成特点为中间黏性土层厚度相对较小;2♯断面土体组成特点为上部黏性土层厚度大于下部非黏性土层厚度[14]。

根据土体力学性质分析,荆江出口熊家洲河弯段河岸黏性土主要由粉质黏土、粉质壤土组成,原状土体自然状态时内摩擦角为6.2°~32.3°,黏聚力为9.67~31.65kN/m²,含水率为19.1%~44.4%。非黏性土主要由粉细砂和砂壤土组成,中值粒径为0.06~0.14mm,抗冲性较差。

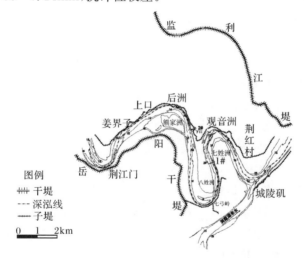

图4.1 荆江出口熊家洲至城陵矶河段河势

图中等高线均为2008年5月地形

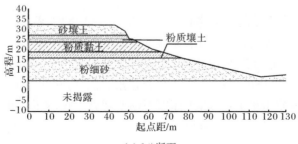

(a) 1♯断面

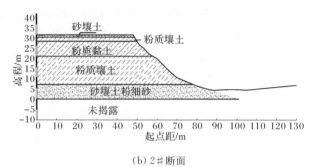

(b) 2♯断面

图 4.2　典型断面岸坡形态及土体组成

表 4.1　典型断面的土体力学性质测试结果

| 断面名称 | 取样分层 | 土层 | 厚度/m | 天然快剪 | | 干容重 γ | 饱和容重 γ_{sat} |
				凝聚力 C_{cq} /(kN/m²)	内摩擦角 ϕ_{cq} /(°)		
八姓洲 1♯断面	第一层	砂壤土	5	0	26.0	14.5	18.1
	第二层	粉质壤土	3	16.64	20.8	15.3	19.7
	第三层	粉质黏土	5	15.20	10.4	13.3	18.2
	第四层	粉质壤土	3	16.64	20.8	15.3	19.7
	第五层	粉细砂	11	7.00	30.5	15.8	19.4
七姓洲 2♯断面	第一层	砂壤土	1	0	26.0	14.5	18.1
	第二层	粉质壤土	2	15.30	20.8	15.4	19.4
	第三层	粉质黏土	7	16.30	9.4	13.2	18.1
	第四层	粉质壤土	13	15.30	20.8	15.4	19.4
	第五层	砂壤土粉细砂	7	0	28.0	15.0	18.7

4.1.3　河岸稳定性计算条件

河道岸坡安全系数的计算考虑了水力参数、岸坡的边界条件及土体组成、护岸工程、植被类型等因素,具体计算条件如下。

(1) 枯水期。枯水期水位较低,计算时取最低水位为 13m(85 基准高程,下同)。滑动土体一部分在水面以上,一部分在水面以下,水面以上土体特性计算不考虑水对土体性质指标的影响,水面以下则要考虑土体容重变化,按照饱和容重计算。

(2) 洪水期。洪水期水位较高,一般最高洪水位会漫过坡顶或者接近坡顶,所以在洪水期认为整个河岸土体都处在水流的浸泡下,最高洪水位取 32m 计算,考虑水对土体性质指标的影响,按照饱和容重计算。

(3) 退水期。退水期时,水位从洪水期到枯水期水位会发生明显下降,在由洪水位退至枯水位时,河岸上部黏性土体保水性较好,渗透系数较低,水位下降过程中,土体侧向水压力会消失,但黏土层内水体却不能及时排出,从而对土体产生孔隙水压力,降低河岸稳定性,故参考洪水期时土体性质指标计算。

涨水期和退水期速率快慢对安全性系数的影响。无论涨水过程还是退水过程,土体的力学特性随含水率变化而变化,土体力学指标是黏聚力和内摩擦角综合作用的反映,其中内摩擦角随着水位增加而减小。

(4) 当涨退水过程较快时,土体力学指标改变幅度较小,土体在短时期内保持与原来接近的强度,相反,当涨退水过程较慢时,土体的强度指标改变幅度较大,按照具体情况计算,在模型计算中,通过调整参数的大小来反映涨落水速率的快慢。

(5) 河岸的形态对河岸稳定性的影响。计算时通过改变坡比来分析岸坡形态对河岸稳定性的影响,并考虑了有护岸工程及其坡脚发生冲刷条件下的岸坡安全系数。

(6) 植被类型对河岸稳定性的影响。计算分析坡顶不同植被类型条件下的岸坡安全系数的变化。

4.1.4　不同条件下河岸稳定性计算与分析

1. 洪水期、枯水期河岸稳定性计算与分析

由图 4.3 可知,1#、2# 断面在不同水位条件下安全系数变化规律明显不同。总体而言,1# 断面随着水位的升高,安全系数呈现逐渐增大的趋势;而 2# 断面随着水位的升高,安全系数呈现先逐渐减小然后较为平稳的趋势。这主要是由于两个断面的土质不同,加上水流的侧向作用,岸坡土体所呈现的力学性质不同而造成的。

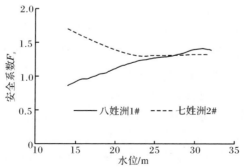

图 4.3　不同断面水位与河岸稳定安全系数的关系

　　枯水期时,水位以上的土体暴露在空气中,含水率较小,所以土体强度指标较大,从而滑动面上抵抗力较大,同时由于无侧向水压力作用,滑动面上抵抗力主要受土体强度指标的影响;洪水期时,由于整个河岸都浸泡在土体中,土体处于饱和状态,含水率达到最大值,土体强度指标为最小值,从而滑动面上抵抗力为最小值,但洪水期水位较高,水流侧向水压力作用较大,这使得滑动面上抵抗力较大。综上所述,河岸稳定安全系数取决于二者的综合作用,若土体强度指标减小的效果小于侧向水压力,则稳定安全系数值增大,反之,则稳定安全系数值减小。

　　由表 4.1 可知,1#断面岸坡土体 15m 高程以上砂壤土或粉质壤土较厚,其渗透系数较大,岸坡较缓,坡比为 1∶4.7;2#断面岸坡土体 15m 高程以上粉质黏土较厚,其渗透系数较小,岸坡较陡,坡比为 1∶4.3。1#断面的土体组成为非黏性土层的厚度明显大于黏性土层的厚度,随着水位逐渐上升,土体含水率增大,土体力学强度指标减小,但侧向水压力增大较多,从而增加了岸坡整体稳定性,即 1#断面水位与河岸稳定安全系数之间的规律表现为河岸稳定安全系数随水位升高而增大,土体饱和后基本趋于稳定;2#断面土体黏性土层的厚度大于非黏性土层的厚度,由于黏性土的含水率对其力学强度影响较大,含水率增大,力学强度降低,反之,力学强度升高[15]。随着水位逐渐上升,侧向水压力增大,有利于岸坡稳定,但同时黏性土层含水率的增大使土体强度指标相应减小,导致河岸稳定安全系数降低,即 2#断面水位与河岸稳定安全系数之间的规律表现为河岸稳定安全系数随水位升高而减小,土体饱和后趋于稳定。

　　上述计算结果与分析表明,枯水期和洪水期是否发生崩岸取决于当地河岸土体组成的力学性质指标和侧向水压力的相对关系,对于不同土体组成的岸坡,影响土体力学性质的因素较复杂。本节选取的典型断面的岸坡稳定性规律为:黏性土层较厚的岸坡在洪水期的稳定性不及枯水期;相反,黏性土层较薄的岸坡在洪水期的稳定性要好于枯水期。

　　2. 涨水期河岸稳定性计算与分析

　　当水位从低水位 14m 升高到洪水位 32m 时,分别取涨水速率为 0.5m/d、1m/d、2m/d 和 5m/d 对 1#、2#断面岸坡稳定安全系数进行计算,分析涨水速率对河岸稳定性的影响,计算结果如图 4.4 所示。由图 4.4 可知,1#断面随着水位的上升稳定安全系数增大,且涨水速率越快,稳定安全系数值增大幅度越大,在涨水速率为 5m/d 的情况下,比同水位时涨水速率较慢的稳定安全系数大。2#断面随着水位的上升稳定安全系数减小,且涨水速率在 1m/d 时,稳定安全系数随着水位的上升先减小后趋于稳定,涨水速率为 0.5m/d 时,稳定安全系数较 1m/d 变幅不大,涨水速率为 2m/d 时,稳定安全系数增大,当涨水速率突增至 5m/d 时,稳定安全系数也减小,但比同水位时涨水速率慢的安全系数大。可见涨水速率对河岸稳定性有重要影响,涨水速率越大,河岸稳定安全系数越大。这主要是因为在涨水过程中,若涨水速率大,尤其是水位骤涨,坡面侧向水压力作用突然增大,其抵抗力增大,而土体强度指标变化幅度较小,滑动力变化不大,故稳定安全系数增大。

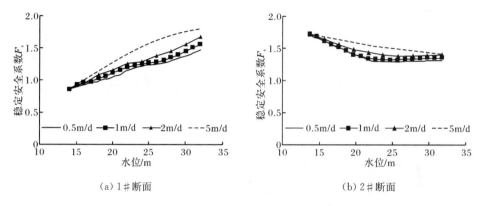

(a) 1♯断面　　　　　　　　　　　(b) 2♯断面

图 4.4　涨水速率与稳定安全系数的关系

由上述计算分析可知,不同河道的岸坡土体组成对涨水速率快慢的反映情况不同,黏性土层较厚的断面安全系数降幅较小,黏性土层较薄的断面稳定安全系数涨幅较大。三峡水库蓄水运用后,由于水库的调蓄使下游河道的涨水速率较蓄水前慢,稳定安全系数无论增大还是减小幅度均有所减缓,对黏性土层较薄的河岸断面而言,水位上涨会增加河岸稳定性。

3. 退水期河岸稳定性计算与分析

当水位从洪水位 32m 退至低水位 14m 时,分别取退水速率为 0.5m/d、1m/d、2m/d 和 5m/d。对 1♯、2♯断面岸坡的稳定安全系数进行计算,分析退水速率快慢对河岸稳定性的影响,计算结果如图 4.5 所示。由图 4.5 可知,对于黏性土层较薄的 1♯断面,其稳定安全系数随着水位的降低大幅度减小,当退水速率为 5m/d 时,稳定安全系数减小幅度很大,比同水位退水慢时的稳定安全系数小,水位退至 18m,退水速率为 0.5m/d 时,$F_s = 1.08$,河岸处于临界稳定状态,而退水速率为 2m/d 时,$F_s = 0.92$,河岸处于不稳定状态。对于黏性土层较厚的 2♯断面,退水期的退水速率对岸坡稳定安全系数有很大影响,退水较慢时,稳定安全系数随着水位下降增加,而退水速率快时,稳定安全系数随着水位下降先减小后增大,但同水位时,二者相差很大,水位退至 20m,退水速率为 1m/d 时,$F_s = 1.38$,河岸处于稳定状态,退水速率为 2m/d 时,$F_s = 1.15$,河岸处于临界稳定状态。可见,两种典型断面在退水速率较快时,稳定安全系数都大幅度减小,易引起崩岸的发生。由于退水期退水较快时,土体中的水来不及排出,含水率保持在最大值,土体强度指标为最小值,土体中的水会对滑动面产生较大的渗透水压力,也增大了滑动面滑动力,从而降低了河岸稳定性,这就是退水较快时长江中游河道发生崩岸较多的主要原因,实测资料统计分析也表明,熊家洲至城陵矶河段在汛后退水期发生崩岸比较频繁。

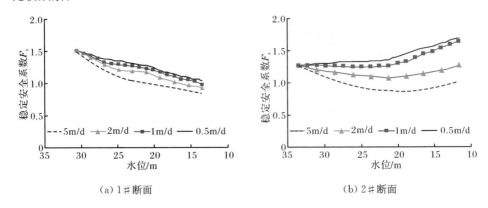

(a) 1#断面　　　　　　　　　(b) 2#断面

图 4.5　退水速率与稳定安全系数的关系

三峡水库蓄水运用后,由于水库汛后蓄水使下游河道的退水速率与蓄水前相比有所加大,对岸坡的稳定性会带来不利影响。

4. 岸坡形态变化条件下河岸稳定性计算与分析

由于荆江河段距三峡工程较近,加之主要为冲积平原河流,河床抗冲性相对较低,自三峡工程蓄水运用以来,河段自上而下受到不同程度的冲刷,局部河段河势调整相对也较为剧烈。据实测资料分析[16],险工段典型断面枯水位以下岸坡变化情况总体呈变陡趋势,特别是三峡工程蓄水运用以来,荆江河段主要险工段近岸河床冲刷分布范围较广,近岸河床冲刷幅度较大,水下坡比陡于 1:2.0 的断面明显增加。因此,计算不同水下岸坡形态下的河岸稳定安全系数具有重要的现实意义。这里选取 2#断面进行计算,其初始坡比为 1:4.9,分别改变坡比为 1:3.2 和 1:2.7 计算不同岸坡的稳定安全系数(图 4.6)。由图 4.7 可知,无论洪水期还是枯水期,随着坡比的增大,河岸的稳定安全系数值均逐渐减小,水下坡度越陡,稳定安全系数值越小,河岸越不稳定。这说明在近岸河床遭受冲刷、水下岸坡变陡时,河岸稳定性会明显降低,从而容易发生崩岸。

护岸工程改变了岸坡的抗冲性,并加剧护岸工程前缘交界区的冲刷,引起坡脚的冲刷调整。图 4.8 为计算过程中初始断面形态及其护岸工程段和坡脚受水流冲刷改变后的断面形态示意图。

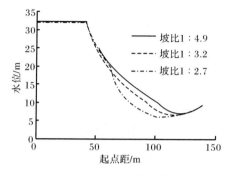

图 4.6　不同岸坡典型横断面

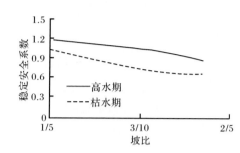

图 4.7　不同时期稳定安全系数与坡比关系

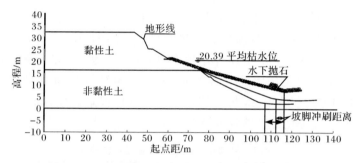

图 4.8　计算断面在不同冲刷情况下的断面形态

分别对 1♯、2♯ 断面的岸坡稳定性进行计算与分析,得到枯水期和洪水期不同水位下河岸稳定安全系数 F_s(图 4.9)。由图 4.9 可知,1♯ 断面在枯水期横向冲刷距离达到 2m 时河岸就接近临界状态,横向冲刷距离在 5m 时,$F_s<1$,河岸将发生崩塌;在洪水期,已有护岸工程时,F_s 为 1.21,为岸坡稳定的临界状态,当横向冲刷距离为 3m 时,$F_s<1$,岸坡将发生崩塌。可见,1♯ 断面在洪水期不易发生崩岸的情况下,稳定安全系数仅为临界条件,与其自身的土体力学性质有关。2♯ 断面在枯水期,横向冲刷距离在 6m 以前都为稳定状态,达到 6m 以上为临界状态。在洪水期,横向冲刷距离达到 2.5m 时,河岸接近临界状态,冲刷距离继续增大到 6m 时,F_s 为 0.91,河岸将发生崩塌。可见,该断面在冲刷达到一定程度时,不论水位条件怎样,河岸稳定性明显降低,均将会发生崩塌,冲刷距离越大,河岸越不稳定。可见保护坡脚对保持河岸稳定的重要性。

5. 坡顶植被类型与岸坡稳定性关系分析

一般情况下,土壤受压能力很强,而抗张能力较弱,而草本植物和乔灌木的根系抗张能力很强,因此,植物根系和土壤形成了高强度复合物质,目前关于这种固体效应的研究很多。在 BSTEM 模型的河岸稳定分析中采用 Root Reinforcement

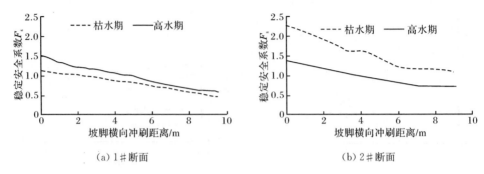

图 4.9　坡脚横向冲刷距离与安全系数的关系

模型模拟滩顶植被的作用效果,本节利用这一模型,在不改变水流条件和岸坡土体力学性质的情况下,仅改变滩顶的植被类型,对八姓洲 1♯ 断面进行了模拟,计算结果见表 4.2。由表 4.2 可知,草本植物的根系与土壤结合的凝聚力较大,对河岸的稳定性影响也较大,相比而言乔灌木的根系影响则较弱,植被年龄为 20 年的杨木,根系的凝聚力仅为 2.2kPa。所以,在坡顶种植根系直径为 10~20mm 的草本系植物对增大岸坡稳定性的效果最大。

表 4.2　坡顶植被类型与岸坡稳定性关系

植被类型	植被根系直径分布/mm	植被年龄/年	根系数量/个	根系的凝聚力/kPa	稳定安全系数的变化
杨木	—	10	—	1.2	+0.02
	—	20	—	2.2	+0.04
草	5~10	—	1000	23.4	+0.41
	10~20	—	1000	76.2	+1.35

4.2　河道岸坡稳定评估方法

崩岸影响因素十分复杂,涉及河道水流条件、河床冲刷、河岸组成、水位变化、坡面植被情况及有无护岸工程等诸多因素,给崩岸预测预报带来了不少困难。以往围绕河道崩岸的预测预报开展过一些研究,提出了主要包括经验方法、极值假说方法、水动力学-土力学方法及 BP 神经网络模型等。然而,这些方法在长江河道崩岸预测预报中的应用并不十分理想,因此,进一步研究与探索崩岸预测预报新方法仍很有必要。

　　河道护岸工程是维持或控制河道岸线稳定的一种有效措施,广泛应用于冲积平原河道治理工程,同所有的建筑工程一样,河道护岸工程也不是一劳永逸的,也有其自然寿命,尤其是水下护岸工程,水毁破坏是影响河道护岸工程自然寿命的主要因素。岸线的崩塌或河岸失稳是河岸稳定风险不断累积后释放的结果,为防患于未然,适时对河岸稳定隐患进行治理,可结合河道岸坡监测导线分析法和河道岸坡稳定性评估方法来综合评估河岸稳定风险程度,即在充分利用近岸河床变形的监测资料与分析成果的基础上,考虑影响岸坡稳定的主要因素,综合评估监测岸段的稳定性与风险等级。

本节中提出的河岸稳定性监测分析与评估方法可为预测河岸崩岸险情和崩岸险情治理提供科学依据,对维护河岸的稳定、河道的安全管理和河道的防洪抢险工作有重要指导作用。该方法可较全面直接地反映监测岸段沿线近岸河床的冲淤变化情况,克服典型断面法分析近岸河床变化的局限性,直接发现监测岸段近岸河床冲淤变化的沿程(顺水流方向)分布关系;该方法还可全面直接反映监测岸段沿线近岸河床水下边坡和坡脚内坡的变化情况,可对监测岸段直接发现近岸河床水下坡度变化沿程(顺水流方向)的分布关系,具有总体量化分析的特点。

4.2.1　河道岸坡监测导线分析法

河道岸坡监测导线分析法包括监测冲淤沿程变化导线分析法与监测断面坡比沿程变化分析法。

1. 监测冲淤沿程变化导线分析法

监测冲淤沿程变化导线分析法是以实测的河道近岸河床地形资料为基本资料,通过布置在近岸河床平面图上的顺水流方向的监测分析导线,对河道近岸河床的地形测绘资料进行二次处理,获得对河岸稳定有显著影响的近岸河床水下坡脚沿流程的冲淤变化关系。

确定河道监测导线的平面坐标位置要综合考虑以下要素:①水下护岸工程的守护宽度;②近岸深槽的内边缘线距多年平均枯水位(12月~次年3月)线宽度;③枯水位水边线的平顺情况;④枯水期近岸主流线的顺畅情况。

以长江中游荆江石首河段北门口地段为例(图4.10),监测导线为一条平顺的多点曲线,位于水下护岸工程前沿附近,基本保证经过近岸深槽,距多年平均枯水位(12月~次年3月)线为80~120m。

数据采集。以监测导线上一个设定的点为原点,对应河岸堤防护岸工程桩号,沿监测导线每隔一定距离采集一个高程值。

数据处理。绘制监测导线高程沿程变化图;分析不同时期的监测导线高程沿程变化,按冲淤变化特征分段计算冲刷或淤积的幅度。

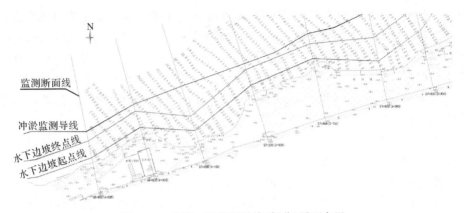

图 4.10　北门口段监测导线(部分)平面布置

2. 监测断面坡比沿程变化分析法

监测断面坡比沿程变化分析法是以实测河道近岸河床地形资料为基本资料,通过布置在近岸河床平面图上的顺水流方向的监测分析导线和垂直水流方向的监测分析断面,对河道近岸河床的地形测绘资料进行二次处理,得出对河岸稳定有显著影响的近岸河床水下坡脚内、外坡坡比沿流程的变化关系。

监测断面坡比计算范围的确定:以水下断面形态变化"拐点"附近为界,对监测断面水下坡度的分段平均概化,分为水下坡脚内坡、坡脚外坡。水下坡脚内坡统计高程的起点低于多年平均枯水位 2~3m,终点为断面形态变化"拐点"附近;水下坡脚外坡的坡比统计高程的起点为断面形态变化"拐点",终点为水下坡脚前沿冲淤变化监测导线与监测断面的交点(简称"监测交点")。以长江中游荆江石首河段北门口地段为例(图 4.11)。

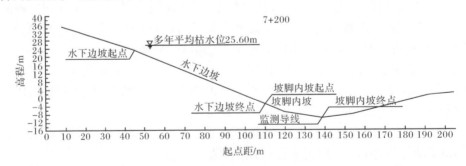

图 4.11　监测断面水下坡比分区示意

数据采集。监测断面水下坡比由 3 条平面位置固定的顺水流方向曲线和多个基本垂直水流方向平面位置固定的断面决定,两个方向的交点为监测断面水下坡比原始数据的采集点;读取每个断面 3 个观测点的坐标和高程。

数据处理。计算每个监测断面的水下坡脚内坡、坡脚外坡的坡比,绘制监测水下坡脚内坡、坡脚外坡坡比值沿程变化图;分析不同时期的坡比沿程变化情况,按坡比变化特征分段计算水下坡脚内、外坡的坡比变化幅度。

4.2.2　河道岸坡稳定性评估方法

1. 评估分类技术指标

基于对长江中游河道特点、崩岸机理与岸坡稳定性影响的分析可知,影响河道岸坡稳定的主要因素包括近岸河床的冲淤变化(包括监测导线高程沿程变化、冲刷坑平面变化、最深点高程变化等)、有无护岸工程及其质量、守护范围和运行年限、近岸河床的水下坡度变化、岸坡的地质条件、来水来沙条件等。具体评估方法为先按因素对河道岸坡稳定的影响性质和影响程度赋分,再按加权平均法计算河岸线稳定性综合评估分值,最后按综合评估分值的区间范围划分岸坡稳定风险等级,参考河道行洪安全管理惯例和气象预报提示惯例,将岸坡稳定风险评估分为 4 个等级。

2. 分类等级评分细则

分类等级特征评分条款细则分为条件特征评分条款、冲刷过程特征评分条款和岸线状况特征评分条款,每类条款的赋分如下。

1) 条件特征评分条款

条件特征评分条款分为地质及边界条件和河势径流外力条件,河道岸坡地质结构和护岸情况是影响河岸线稳定的地质及边界条件,河势径流特征是影响河岸线稳定的外力条件。条件特征评分条款的综合分值采用加权平均法,其中,地质边界条件占 70%,河势径流外力条件占 30%。河岸线稳定地质边界条件的分值为 0~10,其中,河道岸坡地质结构的分值为 0~10,护岸情况的分值为 0~7,采用分值就高计量原则;河势径流外力条件的分值为 0~−3。下面对条件特征评分条款赋分举例说明如下。

(1) 岸坡地质结构情况等级条款。

地-1:上黏下砂的二元结构,赋分值 0。

地-2:粉砂层结构,赋分值 0。

地-3:壤土夹砂层结构,赋分值 1。

地-4:壤土结构,赋分值 2。

地-5:老黏土结构,赋分值 5。

地-6:岩石结构,赋分值 10。

（2）护岸情况等级条款。

护-0：未护岸段，赋分值 0。

护-1：1998 年以前实施的护岸工程，1998 年以后未加固，赋分值 2。

护-2：1998 年以前实施的护岸工程，1999～2003 年水下加固、水上护坡工程改造，现基本完好，赋分值 3。

护-3：1998 年以前实施的护岸工程，2006～2009 年水下加固、水上护坡工程改造，现基本完好，赋分值 5。

护-4：1998 年以前实施的护岸工程，2010～2011 年水下加固、水上护坡工程改造，现基本完好，赋分值 4。

护-5：1999～2003 年实施的新护岸工程，2003 年以后未加固，水上护坡工程现基本完好，赋分值 5。

护-6：1999～2003 年实施的新护岸工程，2003 年以后未加固，水上护坡工程出现多处破损，赋分值 4。

护-7：2006～2009 年实施的新护岸工程或加固工程，水上护坡工程现基本完好，赋分值 6。

护-8：2010～2011 年实施的新护岸工程，现完好，赋分值 7。

（3）河势径流外力条件情况等级条款。

河-0：监测段所在河段（范围：监测段上端的上游 5km 至监测段下端的下游 3km，下同）河势稳定，监测区域非主流贴岸区，赋分值 0。

河-1：监测段所在河段河势稳定，季节性贴流的顺直过渡段，赋分值 -1。

河-2：监测段所在河段河势基本稳定，季节性贴流顶冲弯道段，赋分值 -2。

河-3：监测段所在河段河势有明显调整，常年贴流顶冲弯道段，赋分值 -3。

2）冲刷过程特征评分条款

冲刷过程特征评分条款分为近岸河床冲淤幅度和水下岸坡变化情况，总分值为 0～-10，其中，近岸河床冲淤幅度（根据监测导线计算出的冲刷或淤积的幅度）的分值为 0～-7，水下岸坡变化情况（水下边坡坡比值、水下坡脚内坡坡比值的变化幅度）的分值为 0～-3，冲刷过程特征评分条款的分值采用算术求和计量原则。下面对冲刷过程特征评分条款赋分举例说明如下。

（1）近岸河床冲淤程度等级条款。

冲-0：2006 年 5 月～2011 年 12 月，水下坡脚前沿淤积段，赋分值 0。

冲-1：2006 年 5 月～2011 年 12 月，水下坡脚前沿平均冲深 2.0m 以内，最大冲深 3.0m，赋分值 -1。

冲-2：2006 年 5 月～2011 年 12 月，水下坡脚前沿平均冲深 2.0～4.0m，最大冲深 4.0～6.0m，赋分值 -3。

冲-3：2006 年 5 月～2011 年 12 月，水下坡脚前沿平均冲深 4.0～6.0m，最大冲深 6.0～9.0m,赋分值—5。

冲-4:2006 年 5 月～2011 年 12 月,水下坡脚前沿平均冲深 6.0m 以上,最大冲深 9.0m 以上,赋分值—7。

冲-5:2006 年 5 月～2010 年 12 月,水下坡脚前沿平均冲深 4.0～6.0m,并且 2009 年、2010 年、2011 年的 3 个水文年度内均冲刷,赋分值—5。

冲-6:1998 年 9 月以来,矶头冲刷坑呈冲刷扩大趋势,2011 年冲刷坑面积达到或接近有记录以来的最大值,赋分值—7。

冲-7:1998 年 9 月以来,矶头冲刷坑呈冲深趋势,2011 年冲刷坑最低点高程达到或接近有记录以来的最低点,赋分值—7。

(2) 近岸河床坡度情况等级条款。

坡-1:2007 年 10 月～2011 年 12 月,水下边坡平均坡度值小于 0.33(1∶3),近 3 年没有变陡趋势,坡脚内坡平缓,赋分值 0。

坡-2:2007 年 10 月～2011 年 12 月,水下边坡平均坡度值小于 0.33(1∶3),近 3 年有变陡趋势,坡脚内坡有变陡趋势,赋分值—1。

坡-3:2007 年 10 月～2011 年 12 月,水下边坡平均坡度值为 0.33～0.5(1∶2),近 3 年没有变陡趋势,坡脚内坡没有变陡趋势,赋分值—2。

坡-4:2007 年 10 月～2011 年 12 月,水下坡脚内坡近 5 年有变陡趋势,赋分值—2。

坡-5:2007 年 10 月～2011 年 12 月,水下边坡平均坡度值大于 0.5(1∶2),近 3 年有变陡趋势,赋分值—3。

3) 岸线状况特征评分条款

岸线状况特征评分条款所考察的为河岸线崩塌情况,河岸线崩塌是河岸线稳定风险集中爆发的结果,岸线状况特征评分条款(河岸线崩塌)的分值为 0～—10。下面对岸线状况特征评分条款赋分举例说明如下。

崩-0:未护岸段最近 5 年(水文年度,下同)内未出现崩岸,已护岸段最近 5 年内未出现明显水毁或岸坡滑挫,赋分值 0。

崩-1:离民堤工程 200m 以外,未护岸段最近 3 年内出现少量崩岸点,已护岸段最近 3 年内出现少量水毁或枯水平台前沿吊坎,并且崩岸点未修复,赋分值—2。

崩-2:离干堤工程 200m 以外,未护岸段最近 3 年内出现少量崩岸点,已护岸段最近 3 年内出现少量水毁或岸坡滑挫,并且崩岸点未修复,赋分值—3。

崩-3:离民堤工程 100～200m,未护岸段近 3 年内出现较多崩岸点,已护岸段近 3 年内出现少量岸坡滑挫,崩岸或岸坡滑挫点上下游各 250m 的范围内,赋分值—4。

崩-4:离干堤工程 100～200m,未护岸段近 3 年内出现较多崩岸点,已护岸段近 3 年内出现少量岸坡或枯水平台滑挫,崩岸或岸坡滑挫点上下游各 250m 的范围内,赋分值—5。

崩-5：离民堤工程 100m 以内，未护岸段前 3 年内出现较多崩岸点，已护岸段近 3 年内出现少量岸坡滑挫，崩岸或岸坡滑挫点上下游各 250m 的范围内，赋分值－6。

崩-6：离干堤工程 200m 以外，未护岸段最近 3 年内出现大量崩岸点，赋分值－7。

崩-7：离民堤工程 200m 以外，未护岸段最近 3 年内出现大量崩岸点，赋分值－6。

崩-8：离干堤工程 100m 以内，未护岸段前 3 年内出现较多崩岸点，已护岸段前 3 年内出现少量岸坡或枯水平台滑挫，崩岸或岸坡滑挫点上下游各 250m 的范围内，赋分值－7。

崩-9：当年出现崩岸，离民堤工程 100m 以内的岸线，赋分值－7。

崩-10：当年出现崩岸，离干堤工程 100m 以内的岸线，赋分值－8。

崩-11：当年出现崩岸或岸坡滑挫，离民堤工程 50m 以内的岸线，赋分值－9。

崩-12：当年出现崩岸或岸坡滑挫，离干堤工程 50m 以内的岸线，赋分值－10。

4）岸坡稳定性综合分值计算方法

根据影响岸坡稳定风险的因素和不同阶段风险所表现出的特征，分为条件特征条款、冲刷过程特征条款和岸线状况特征条款评估赋分值，按条件（权重 30%）、过程（权重 30%）和结果条款（权重 40%）加权平均法对河岸线稳定性进行评估，见表 4.3。

表 4.3 岸坡稳定性因素分值评估权重分布

条款名称	条件特征条款	冲刷过程特征条款	岸线状况特征条款
权重/%	30	30	40

5）河道岸坡稳定性风险等级划分方法

监测岸段岸坡稳定性风险等级综合评估根据监测岸段的岸坡稳定性综合评估分值，对应各岸段的实际情况，确定河道岸坡稳定性风险等级综合评估分值范围，见表 4.4。

表 4.4 河道岸坡稳定性风险等级综合评估分值范围统计

稳定性风险等级	一般岸段	二级设防岸段	一级设防岸段	警戒岸段
颜色预警提示	绿色岸段	蓝色岸段	橙色预警岸段	红色预警岸段
综合评估分值范围	>0	0～－2.0	－2.0～－3.0	<－3.0

3. 评估步骤

河道岸坡稳定性监测分析与评估方法，能及时发现冲积平原河道，尤其是水库坝下游河道的河岸稳定风险的程度和变化的趋势，直接为有安全隐患岸段的风险治理提供技术指导;为相关河段堤防工程保护区的防洪安全、河道两岸水利设施安全运行等安全管理提供技术支撑。其具体操作步骤如下。

步骤 1:建立基于近岸河床地形(电子)图的监测导线和近岸河床水下坡度分析断面的监测数据采集网络;监测导线有 3 条,分别为冲淤监测导线、水下边坡监测起点导线、水下边坡监测终点导线;水下坡度分析断面按需要布置,一般间隔 50～300m 布置 1 个监测分析断面。

步骤 2:以河道近岸实测河床地形(电子)图为基本资料,对冲淤监测导线所在河道近岸河床位置的地形图进行数字化处理,根据所取得的数据成果资料,绘制冲淤监测导线沿顺水流方向的河床高程变化关系图。

步骤 3:以河道近岸实测河床地形(电子)图为基本资料,对监测导线和垂直河道水流方向的监测分析断面的交点所在河道近岸河床位置的地形图进行数字化处理,根据所取得的数据成果资料,绘制近岸河床水下边坡、坡脚内坡坡比沿流程的变化图。

步骤 4:根据上述分析成果,并结合河岸的地质结构与护岸工程现状等边界条件要素、岸线现状和分析评估岸段所在河段河势演变要素,按河岸稳定风险影响因子分类等级评分细则,对分析评估岸段进行分类等级赋分,然后计算综合赋分值;按综合赋分值所在岸坡稳定性风险等级的区间,确定相应地段的岸坡稳定性风险等级。岸坡稳定风险评估分为 4 个等级:一般、二级设防、一级设防、警戒等级,对应的颜色提示分别为:绿色岸段、蓝色岸段、橙色预警岸段、红色预警岸段。

4.3　河道岸坡稳定性评估方法的应用案例

4.3.1　荆江监测岸段岸坡稳定性评估成果

利用荆江监测岸段的观测资料,结合监测岸段的近岸河床冲淤变化、护岸工程范围和运行年限、近岸河床水下坡度变化、岸坡地质条件等具体情况分析,以 2011 年 12 月 31 日为评估时点,针对分类等级特征条款赋分标准,计算其综合评估分值,进而获得 2011 年度上荆江监测岸段的稳定等级,见表 4.5 和表 4.6。

表 4.5　上荆江监测岸段岸坡稳定性综合评估分值统计

岸段名称	桩号范围	条件特征分值	冲刷过程特征分值	岸线状况特征分值	综合评估分值
谷码头～观音矶	760＋600～759＋500	2.6	−7	−2	−2.12
	759＋500～758＋200	2.6	−9	−2	−2.72
	758＋200～755＋200	2.6	−5	−2	−1.52
	755＋200～754＋600	2.6	−1	−2	−0.32

续表

岸段名称	桩号范围	条件特征分值	冲刷过程特征分值	岸线状况特征分值	综合评估分值
盐卡~木沉渊	751+000~749+850	2.6	0	0	0.78
	749+850~748+000	2.6	−2	0	0.18
	748+000~745+000	2.6	−7	0	−1.32
木沉渊~观音寺	745+000~744+300	2.6	−2	0	0.18
	744+300~742+100	2.6	−3	−2	−0.92
	742+100~740+750	2.6	−5	−2	−1.52
	740+750~740+000	2.6	−2	0	0.18
郝穴	711+000~709+950	2.6	−2	−2	−0.62
	709+950~709+600	2.6	−9	−2	−2.72
	709+600~708+000	2.6	−1	−2	−0.32
	708+000~706+000	2.9	0	−2	0.07
南五洲	31+000~30+100	1.1	−3	−5	−2.57
	30+100~29+960	0.8	−8	−5	−4.16
	29+960~29+340	0.5	−10	−6	−5.25
	29+340~29+000	0.5	−5	−6	−3.75
	29+000~27+800	0.8	−9	−6	−4.86
	27+800~26+260	1.1	−3	−4	−2.17
学堂洲	6+000~3+160	1.8	0	0	0.54
	3+160~1+000	3.9	0	−2	0.37
文村夹	736+500~735+200	3.9	−1	0	0.87
	735+200~734+200	3.9	0	0	1.17
	734+200~733+500	3.9	0	0	1.17
西流堤	13+000~12+700	3.9	−4	0	−0.03
	12+700~12+000	3.9	−6	0	−0.63
	12+000~10+000	3.9	−7	0	−0.93
灵官庙~冲和观	722+000~720+800	1.5	−1	−2	−0.65
	720+800~718+100	1.2	−8	−2	−2.84
	718+100~714+800	1.2	−8	−2	−2.84
	714+800~712+900	1.2	−9	−3	−3.54
	712+900~711+000	1.2	−2	−2	−1.04
刘家车路	704+000~706+000	1.4	0	0	0.42

岸段名称	桩号范围	条件特征分值	冲刷过程特征分值	岸线状况特征分值	综合评估分值
浣市	722+000～718+860	1.1	−2	0	−0.27
	718+860～717+800	0.8	−5	−2	−2.06
	717+800～715+700	2.6	−3	−2	−0.92
	715+700～713+200	2.6	−2	−2	−0.62
	713+200～712+000	2.9	−1	0	0.57
西流湾	688+000～687+480	1.5	−1	−3	−1.05
	687+480～686+900	1.5	0	−2	−0.35
	686+900～685+000	1.8	−1	0	0.24
陡湖堤	657+000～655+400	2.9	−3	−2	−0.83
	655+400～653+700	2.6	−3	−2	−0.92
	653+700～652+000	2.6	−2	−2	−0.62
	652+000～648+000	3.6	−3	0	0.18

表 4.6　上荆江岸坡稳定性评估成果统计

地段名称	岸别	桩号范围			
		绿色岸段	蓝色岸段	橙色预警岸段	红色预警岸段
谷码头～观音矶	左			760+600～758+200	
			758+200～754+600		
盐卡～木沉渊	左	751+000～748+000			
			748+000～745+000		
木沉渊～观音寺	左	745+000～744+300			
		740+750～740+000	744+300～740+750		
郝穴	左		711+000～709+950		
		708+000～706+000	709+600～708+000	709+950～709+600	
南五洲	右			31+000～30+100	
				25+260～24+000	30+100～25+260
学堂洲	左	6+000～1+000			
文村夹	左	736+500～733+500			
西流堤	左		13+000～10+000		
灵官庙～冲和观	左		722+000～720+800		
				720+800～714+800	
			712+900～711+000		714+800～712+900

地段名称	岸别	桩号范围			
		绿色岸段	蓝色岸段	橙色预警岸段	红色预警岸段
刘家车路	左	704+000～706+000			
淴市	右		722+000～718+860		
		713+200～712+000	717+800～713+200	718+860～717+800	
西流湾	右	686+900～685+000	688+000～686+900		
陡湖堤	右	652+000～648+000	657+000～652+000		
长度/m		23550	32740	11970	6740

按表 4.4 的荆江河道岸坡稳定性综合评估分值范围和表 4.5 的综合评估分值划分上荆江监测岸段的稳定等级,见表 4.6。

上荆江 75km 监测岸段中,一般岸段(绿色岸段)、二级设防岸段(蓝色岸段)、一级设防岸段(橙色预警岸段)、警戒岸段(红色预警岸段)分别长 23.55km、32.74km、11.97km、6.74km,占总长的 31.4%、43.7%、15.9%、9.0%。

按表 4.4 的荆江河道岸坡稳定性综合评估分值范围和表 4.7 的综合评估分值划分下荆江监测岸段的稳定等级,见表 4.8。

表 4.7　下荆江监测岸段岸坡稳定性综合评估分值统计

岸段名称	桩号范围	条件特征分值	冲刷过程特征分值	岸线状况特征分值	综合评估分值
茅林口	39+000～37+000	−0.6	−1	−6	−2.88
	37+000～35+400	2.9	−1	0	0.57
	35+400～33+000	2.9	0	0	0.87
北碾子湾	0+000～1+100	3.2	−2	−2	−0.44
	1+100～4+000	2.9	−5	−6	−3.03
	4+000～6+300	2.6	−5	−6	−3.12
	6+300～7+000	3.3	−7	−3	−2.31
金鱼沟	16+000～17+300	4.6	0	0	1.38
	17+300～18+500	4.3	−2	0	0.69
	18+500～20+000	4.0	−10	0	−1.80
中洲子	1+200～1+850	4.3	−1	0	0.99
	1+850～3+650	4.0	−5	0	−0.30
	3+650～5+200	2.6	−3	0	−0.12

续表

岸段名称	桩号范围	条件特征分值	冲刷过程特征分值	岸线状况特征分值	综合评估分值
铺子湾	18+000~16+900	−0.6	−1	−3	−1.68
	16+900~16+000	−0.9	−3	−9	−4.77
	16+000~15+600	4.0	−9	−3	−2.70
	15+600~14+200	1.5	0	−2	−0.35
	14+200~12+000	1.1	0	−2	−0.47
团结闸	26+000~25+600	−0.3	−2	0	−0.69
	25+600~24+400	4.6	−5	0	−0.12
	24+400~23+300	2.5	−3	−2	−0.95
	23+300~22+000	1.1	−3	−3	−1.77
观音洲	3+200~1+700	3.2	0	0	0.96
	1+700~0+000	4.3	−2	0	0.69
	565+800~564+140	4.0	−2	0	0.6
	564+140~562+000	−0.6	−2	−5	−2.78
北门口	6+000~7+775	4.3	−7	−2	−1.61
	7+775~9+000	2.6	−8	−3	−2.82
	9+000~12+000	−0.9	−8	−7	−5.47
调关	529+500~528+900	2.6	−2	−5	−1.82
	528+900~527+850	2.6	−2	−5	−1.82
	527+850~526+300	2.6	−10	−3	−3.42
	526+300~524+500	2.6	−6	−3	−2.22
	524+500~523+500	2.6	−10	−3	−3.42
鹅公凸	512+000~511+200	2.6	−8	−3	−2.82
	511+200~510+800	2.6	−6	−3	−2.22
	510+800~510+200	2.9	−5	−3	−1.83
	510+200~509+000	2.9	−3	−2	−0.83
	509+000~508+000	2.9	−6	−2	−1.73
古丈堤	28+500~28+000	3.2	−1	0	0.66
	28+000~25+500	1.8	−1	−6	−2.16
盐船套	32+000~31+000	1.1	−1	−2	−0.77
	31+000~30+000	1.1	−1	−2	−0.77

续表

岸段名称	桩号范围	条件特征分值	冲刷过程特征分值	岸线状况特征分值	综合评估分值
天星阁	46＋500～45＋000	4.6	−1	0	1.08
	45＋000～41＋500	4.3	0	0	1.29
熊家洲	16＋000～13＋700	2.6	0	−2	−0.02
	13＋700～13＋000	2.6	−1	−2	−0.32
	13＋000～9＋000	3.3	−1	−2	−0.11
	9＋000～6＋700	3.3	−6	−2	−1.61
	6＋700～6＋000	−0.9	−10	−3	−4.47
寡妇夹	0＋000～1＋000	2.9	−1	0	0.57
	1＋000～3＋000	2.9	−1	0	0.57
连心垸	2＋000～1＋800	2.9	−6	−3	−2.13
	1＋800～1＋500	2.9	−3	−3	−1.23
	1＋500～0＋560	2.6	−3	−5	−2.12
	0＋560～0＋000	2.6	−4	−4	−2.02

表 4.8　下荆江岸坡稳定性评估成果统计

岸段名称	岸别	桩号范围			
		绿色岸段	蓝色岸段	橙色预警岸段	红色预警岸段
茅林口	左			39＋000～37＋000	
		37＋000～33＋000			
北碾子湾	左		0＋000～1＋100	6＋300～7＋000	
					1＋100～6＋300
金鱼沟	左	16＋000～18＋500	18＋500～20＋000		
中洲子	左	1＋200～1＋850	1＋850～5＋200		
铺子湾	左		18＋000～16＋900	16＋000～15＋600	16＋900～16＋000
			15＋600～12＋000		
团结闸	左		26＋000～22＋000		
观音洲	左	3＋200～0＋000		564＋140～562＋000	
		565＋800～564＋140			
北门口	右		6＋000～7＋775	7＋775～9＋000	9＋000～12＋000
调关	右		529＋500～527＋850	526＋300～524＋500	527＋850～526＋300
鹅公凸	右		510＋800～508＋000	512＋000～510＋800	

续表

岸段名称	岸别	桩号范围			
		绿色岸段	蓝色岸段	橙色预警岸段	红色预警岸段
古丈堤	左	28+500～28+000		28+000～25+500	
盐船套	左		32+000～30+000		
天星阁	左	46+500～41+500			
熊家洲	左		16+000～6+700		6+700～6+000
寡妇夹	右	0+000～3+000			
连心垸	右		1+800～1+500	2+000～1+800	
				1+500～0+000	
长度小计/m		20510	33475	13665	11350

下荆江 79km 监测岸段中,一般岸段(绿色岸段)、二级设防岸段(蓝色岸段)、一级设防岸段(橙色预警岸段)、警戒岸段(红色预警岸段)分别长 20.51km、33.475km、13.665km、11.35km,占总长的 26.0%、42.4%、17.3%、14.3%。

总之,在荆江河段 154km 的监测岸线中,一般岸段(绿色岸段)总长 44.06km、二级设防岸段(蓝色岸段)总长 66.215km、一级设防岸段(橙色预警岸段)总长 25.635km、警戒岸段(红色预警岸段)总长 18.09km,分别占监测岸线总长的 28.6%、43%、16.6%、11.8%。从分析评估成果的统计数据来看,上荆江的河岸稳定性相对好于下荆江。

4.3.2 红色预警岸段的近岸地形变化趋势分析

根据上述的评估分类,在 2011 年荆江(湖北)的 154km 监测岸段中,共有 7 段警戒岸段(红色预警岸段),总长 19.06km,其中上荆江有两段:南五洲、灵官庙～冲和观。下荆江有 5 段:北碾子湾、铺子湾、北门口、调关、熊家洲。

1. 南五洲(桩号 30+100～25+260)段

南五洲(桩号 30+100～25+260)段位于郝穴河弯下段右岸,主流自上游铁牛矶近岸河床开始向右岸过渡,经南五洲段近岸河床而下,南五洲(桩号 30+100～25+260)段为贴流区段,该段水下抛石量平均 11m³/m,岸线基本处于自然状态。2006～2008 年先后在郝穴河弯下段左岸九华寺一带建 5 道潜丁坝和蛟子渊边滩 2 道潜丁坝工程,航道整治工程对限制中枯水期主流左摆起到了显著作用,改变了该段主流线(原年际间)左右交替摆动的中枯水期河势变化格局,主流基本稳定在偏右岸的河床下行,一定程度上加强了南五洲(桩号 30+100～25+260)段近岸河床的冲刷,因此,自 2007 年以来,该地段近岸河床冲刷幅度较大,水下边坡变陡,每年都出现一些崩岸现象,2011 年 11 月 30 日现场测绘勘查南五洲段岸线,共发现有 16 处崩岸点;在郝穴河段目前的河势格局下,该段近岸河床将继续冲刷,不断积累岸坡稳定风险。

2. 灵官庙～冲和观(桩号 714+800～712+900)段

灵官庙～冲和观(桩号 714+800～712+900)段位于郝穴河段,该段堤外无滩或窄滩,汛期迎流顶冲,是长江历史上著名的险情多发地段。该段有著名的黄林垱矶、灵官庙矶护岸工程,矶头冲刷坑的冲淤变化是灵官庙～冲和观(桩号 718+100～712+900)段近岸深槽冲淤变化的重要特征。三峡工程蓄水运用以来,黄林垱矶、灵官庙地段近岸深槽冲深扩大,最深点高程为 1998 年 9 月以来的最低值;由于护岸工程的作用,该段水下边坡坡比值变化不大,但水下坡脚内坡呈变陡趋势。鉴于该段近岸深槽面积已为历史最大值,高程已为历史最低值,目前在郝穴河段河势格局和水沙条件下,该段近岸河床将继续冲刷,可能会演变为护岸段岸坡滑挫或崩塌。

3. 北碾子湾(桩号 1+100～6+300)段

北碾子湾(桩号 1+100～6+300)段位于北碾子湾弯道上段左岸,北碾子湾弯道原为石首弯道和金鱼沟弯道间的顺直过渡段,1994 年 6 月石首弯道出现了撇弯切滩现象后,石首弯道段河势出现剧烈调整,该弯道顶冲点大幅度下移,并使得其下游对岸北碾子湾岸段变成顶冲贴流冲刷区,1995 年 12 月～2000 年 4 月,北碾子湾岸线最大崩退 430m,该顺直段演变为微弯河段,经过 1999 年 12 月～2002 年 4月的护岸工程建设,基本抑制了该地段岸线的大幅度崩塌,但是,局部地段的护岸工程出现滑塌的现象每年仍时有发生。三峡工程蓄水运用后,一定程度上加强了北碾子湾段近岸河床的冲刷,2006 年 6 月～2011 年 12 月该段水下坡脚前沿平均冲刷幅度 2.87m,冲刷幅度较大的部位主要在水下坡脚附近。由于坝下游河段冲刷具有长期性,北碾子湾岸段近岸河床的地质结构主要为粉细砂,抗冲能力弱,尽管该段已实施护岸工程,但是护岸工程前沿地带的地质边界条件仍为粉细砂,护岸工程前沿地带较大幅度冲刷将会逐步使水下护岸工程水毁破坏而失去对水下边坡的保护作用。因此,随着该段近岸河床冲刷下切的趋势发展,将会有更多的地点出现岸坡滑挫或崩塌现象。

4. 铺子湾(桩号 16+900～16+000)段

铺子湾(桩号 16+900～16+000)段位于监利河弯乌龟洲下游汇流段左岸,该段为弯道凹岸,未实施护岸工程。中、高水位期,主流趋中走乌龟洲右缘、顶冲该地段近岸河床,并随乌龟洲右缘的崩塌,该段近岸河床的迎流冲刷的历时延长;枯水期因其上游乌龟洲分汊段较宽浅,更利于泥沙落淤,影响该段近岸河床的回淤。因此,铺子湾(桩号 16+900~16+000)段近岸河床将呈继续冲刷趋势,对岸坡稳定不利。近几年来,该段岸线崩塌十分严重,局部地点已崩至新洲垸民堤堤脚附近,已危及新洲垸的防洪安全。

5. 北门口(桩号 9+000~12+000)段

北门口(桩号 9+000~12+000)段位于石首河弯的右(凹)岸,未实施护岸工程。受上游河段河势调整的影响,该段的弯道顶冲区域下移到该段近岸河床,中、高水位期,该段近岸河床贴流冲刷;枯水期回淤缺乏沙源,由于滩槽高差加大、近岸水下边坡变陡,引起岸坡失稳、岸线崩塌,该段近岸河床的冲刷趋势将持续。

6. 调关(桩号 527+850~526+300)段

调关(桩号 527+850~526+300)段位于调关河弯凹岸下段,2000 年 11 月~2001 年 4 月实施了护岸工程。受上游河弯段河势调整的影响,调关(桩号 527+850~526+300)段已为汛期贴流顶冲段。近几年来该段近岸深槽呈持续冲深扩大的趋势,深槽最低点高程已为历史最低值,目前该段近岸河床将继续冲刷,未来可能会出现护岸段岸坡滑挫或崩塌。

7. 熊家洲(桩号 6+700~6+000)段

熊家洲(桩号 6+700~6+000)段主要以未护岸段为主,近几年来,熊家洲(桩号 6+700~6+000)段明显崩塌;受其下游八姓洲边滩撇弯切割滩现象影响,熊家洲(桩号 6+700~6+000)段的岸线崩塌将会持续较长时期。

4.3.3　2011 年红色预警岸段结论检验

1. 南五洲(桩号 30+100~25+260)段

2012 年为丰水年,洪峰流量过程与 2011 年(枯水水情)有较大的差异,洪峰流量出现的时间相对较长,南五洲的贴流冲刷区在 2012 年明显下移,使得桩号 30+100~25+260 段近岸河床脱离主流、出现淤积。南五洲(桩号 30+100~25+260)段近岸河床仍为贴流冲刷区,近岸河床继续冲刷,南五洲(桩号 30+100~25+260)段仍为红色预警岸段。

2. 灵官庙~冲和观(桩号 714+800~712+900)段

2012 年,灵官庙~冲和观(桩号 714+800~712+900)段近岸河床继续呈冲刷特征,该段仍为红色预警岸段。

3. 北碾子湾（桩号 1＋100～6＋300）段

由于上游河段的河势调整，使得北碾子湾微弯段弯道顶冲点较大幅度下移，从桩号 1＋100～6＋300 区域下移到桩号 6＋000～7＋000 区域，桩号 1＋100～6＋300 段近岸河床出现一定幅度的淤积。

4. 北门口（桩号 9＋000～12＋000）段

2012 年北门口段仍为红色预警岸段。

5. 调关（桩号 527＋850～526＋300）段

2012 年调关段仍为红色预警岸段。

6. 熊家洲（桩号 6＋700～6＋000）段

2012 年熊家洲段仍为红色预警岸段。

4.4 小　　结

本章以长江中游荆江出口熊家洲至城陵矶河段内八姓洲和七姓洲上的两个典型断面为例，利用 BSTEM 分别计算与分析了河岸分别在洪水期、枯水期、涨水期和退水期不同水位条件下，不同岸坡形态与坡脚冲刷幅度，不同植被类型及有无护岸工程、不同岸坡形态的河岸安全系数与稳定性；并在充分利用近岸河床变形的监测资料与分析成果的基础上，考虑影响岸坡稳定的主要因素，综合评估监测岸段的稳定性与风险等级。得出主要成果如下。

（1）岸坡稳定性随水位变化规律与河岸组成密切相关，黏性土层较薄的岸坡在洪水期的稳定性更好；河道水位涨落速率对岸坡稳定性影响较大，涨水速率较大时有利于增强河岸的稳定性，退水速率较大时河岸稳定性更差。考虑到三峡水库蓄水后的汛期调蓄与汛后蓄水的影响，与三峡水库蓄水前相比，其下游河道汛期涨水速率有所减缓，汛后退水速率有所加快，均对河岸稳定产生不利影响，建议三峡水库调度时尽可能减少下游河道水位的快速降落。

（2）不论有无护岸工程，坡度冲刷变陡均不利于岸坡稳定。三峡工程蓄水运用后，近岸河床冲刷幅度较大，水下坡比增加十分明显，故易出现险情，需对冲刷导致岸坡变陡地段采取防护措施。

（3）坡顶植被对岸坡稳定性有重要作用，不同类型的植被影响不同，坡顶种植根系直径为 10～20mm 的草本系植物对岸坡的稳定性效果最佳，可考虑选择相近的易成活的植被种植，增加岸坡稳定性。

(4) 提出了河道岸坡稳定性评估方法,将岸坡稳定风险评估分为 4 个等级:一般、二级设防、一级设防、警戒等级。

(5) 对 2011 年荆江河段 154km 的监测岸线的分析评估研究表明,上荆江的河岸稳定性相对好于下荆江。

参 考 文 献

[1] 余文畴. 长江中下游河道崩岸机理中的河床边界条件. 长江科学院院报,2008,25(1):8-11.

[2] 余文畴,岳红艳. 长江中下游崩岸机理中的水流泥沙运动条件. 人民长江,2008,39(3):64-66.

[3] 陈引川,彭海鹰. 长江中下游大崩窝的发生及防护//长江中下游第三次护岸工程经验交流会,扬州,1985.

[4] 马崇武,刘忠玉,苗天德,等. 江河水位升降对堤岸变坡稳定性的影响. 兰州大学学报(自然科学版),2000,36(3):56-60.

[5] 唐金武,邓金运,由星莹,等. 长江中下游河道崩岸预测方法. 四川大学学报(工程科学版),2012,44(1):75-81.

[6] Thorne C R,Tovey N K. Stability of composite river banks. Earth Surface Processes and Landforms,1981,6(6):469-484.

[7] Osman A M,Thorne C R. Riverbank stability analysis. I:Theory. Journal of Hydraulic Engineering,1988,114(2):134-150.

[8] Thorne C R,Osman A M. Riverbank stability analysis II:Application. Journal of Hydraulic Engineering,1988,114(2):151-172.

[9] Simon A. Pore pressure and bank stability:The influence of matric suction//Water Resources Engineering'98,ASCE,Reston,2011:358-363.

[10] Simon A,Collison A. Quantifying the mechanical and hydrologic effects of riparian vegetation on streambank stability. Earth Surface Processes and Landforms,2002,27(5):527-546.

[11] 宗全利,夏军强,邓春艳,等. 基于 BSTEM 模型的二元结构河岸崩塌过程模拟. 四川大学学报(工程科学版),2013,45(3):69-77.

[12] 王博,姚仕明,岳红艳. 基于 BSTEM 模型的长江中游典型河道岸坡稳定性分析. 长江科学院院报,2014,31(1):1-7.

[13] 卢金友,渠庚,李发政,等. 下荆江熊家洲至城陵矶河段演变分析与治理思路探讨. 长江科学院院报,2011,28(11):13-18.

[14] 王启龙,张航. 长江中游熊家洲至城陵矶河段河势控制应急工程工程地质勘察报告. 长江勘测规划设计研究有限责任公司,2011.

[15] 罗小龙. 含水率对粘性土体力学强度的影响. 岩土工程界,2002,5(7):52-53.

[16] 姚仕明,何广水,卢金友. 三峡工程蓄水运用以来荆江河段河岸稳定性初步研究. 泥沙研究,2009,(6):25-29.

第5章　护岸工程效果及破坏机理

5.1　护岸工程类型

长江中游护岸工程按其平面形式,可分为平顺护岸、矶头护岸和丁坝护岸三种类型,如图 5.1 所示。

(a) 平顺护岸

(b) 沙市河段矶头(观音矶)护岸

(c) 界牌河段丁坝护岸

图 5.1　长江中游护岸工程类型

几十年的护岸工程实践与试验研究表明[1~4]，平顺护岸工程兴建后，枯水位以下近岸河床为护岸材料覆盖，枯水位以上岸坡经削坡护砌后，坡度一般为 1：2.5~1：3.0，较护岸前更为平缓。因此，护岸后基本上不改变近岸水流结构，水流仍具有护岸前的特性，水流的纵向和横向输沙条件也没有改变。但是护岸后，由于护岸材料在近岸河床上形成抗冲覆盖层，岸坡抗冲能力增强，横向变形受到抑制，水流只能从坡脚外未护河床上获取泥沙补给，护岸坡脚外河槽普遍刷深，深泓略向岸边移动，其冲深幅度取决于近岸流速的大小和水流顶冲情况。长江中游实测资料表明，平顺护岸工程实施后第一年近岸河床冲刷最剧烈，守护段内平均最大冲刷深度在迎流顶冲段一般为 5~8m，非迎流顶冲段为 3~5m，此后冲刷强度减弱，一般经过 2~3 年冲刷调整后可达到基本稳定。从护岸工程实施后至河床达到基本稳定，守护段内累计平均最大冲刷深度在迎流顶冲段一般为 10~15m，非迎流顶冲段为 8~10m，同时，深泓向河岸有所内移。如长江中游荆江河段中洲子新河护岸段，1968~1971 年深泓向河岸移动 195m，深泓平均冲深最大岸段（1+500~2+900）15.9m（表 5.1）。

表 5.1　中洲子新河护岸后历年同期深泓高程变化

桩号	1968 年 10 月（护岸前）深泓高程/m	1969 年 10 月（护岸后）深泓高程/m	1970 年 10 月深泓高程/m	1971 年 10 月深泓高程/m	深泓最大冲深值/m	深泓平均冲深值/m
0+500	15.5	13.5	2.0	4.8	13.5	
0+700	14.0	13.0	1.0	3.2	13.0	
0+900	12.5	9.0	1.0	1.0	11.5	12.8（弯道上段）
1+100	12.5	4.7	−2.0	1.8	14.5	
1+300	11.0	1.0	0.0	−1.0	12.0	
1+500	9.6	−1.0	2.0	−4.6	14.2	
1+700	10.4	−2.2	−1.6	−4.4	14.8	
1+900	10.4	−1.4	−4.0	−2.2	14.4	
2+100	8.6	1.0	−2.0	−4.2	12.8	15.9（弯道顶冲段）
2+300	10.4	−4.0	−12.0	−12.0	22.4	
2+500	12.2	3.4	−3.2	−4.6	16.8	
2+700	7.8	1.0	−6.5	−9.6	17.4	
2+900	7.6	−3.8	−6.6	−5.8	14.2	
3+100	3.4	−1.6	−4.4	−1.2	7.8	8.3（弯道下段）
3+300	5.2	−1.0	−4.0	−1.6	9.2	

续表

桩号	1968 年 10 月（护岸前）深泓高程/m	1969 年 10 月（护岸后）深泓高程/m	1970 年 10 月深泓高程/m	1971 年 10 月深泓高程/m	深泓最大冲深值/m	深泓平均冲深值/m
3+500	5.6	−2.2	−5.0	−0.6	10.6	
3+700	4.8	1.4	0	−3.6	4.8	8.3
3+900	7.8	1.8	2.4	−1.0	8.8	（弯道下段）
4+100	9.4	6.4	3.4	0	9.4	

　　室内试验和天然实测资料表明,矶头护岸和丁坝护岸对近岸水流结构影响比较大。由于矶头和丁坝突出原有岸线,对水流具有阻碍和离解作用,所以矶头和丁坝护岸工程实施后将产生回流、螺旋流等次生流,在这些次生流作用下,丁坝、矶头前沿及上下腮产生局部冲刷坑,影响未护段岸线的稳定和丁坝或矶头建筑物的稳定与安全;由于丁坝、矶头附近流态紊乱,不利于船舶航行。

　　平顺护岸是长江中下游普遍采用的护岸工程形式,护岸效果较好,特别是重要城市、港区码头、引河口或运河口处以及外滩甚窄的重要堤段采用平顺护岸更为适宜。丁坝护岸在长江口地区海塘工程中广泛采用,效果也较好;在航道整治中,常采用高程较低(一般低于枯水位)的丁坝束窄枯水河槽,稳定边滩。矶头护岸在长江中游各地均实施过,当时是限于财力、施工进度与技术水平等因素,遵循"守点顾线"的原则守护的,也取得了设计、施工、加固方面的经验。鉴于丁坝和矶头护岸存在上述问题,长江中游干流河道的护岸不宜采用丁坝和矶头形式,已有的一些矶头程度不同地进行了削矶改造,如湖北和湖南两省在荆江河段和洞庭湖区有计划地实施了削矶改造。实践也已证明,长江中游护岸工程采用平顺护岸更好。

5.2　护岸工程效果观测分析

　　护岸工程实施后,一方面可保护守护区域河岸的稳定,阻止岸线崩退;另一方面因护岸工程实施后,改变了守护区域与前沿未护区域的相对抗冲性,加剧前沿未护区域的冲刷,进而引起护岸体与河床之间的动态调整,调整过程中若护岸体不能适应可能会导致护岸工程出现破损,若未及时加固,护岸工程会遭到进一步破坏,直至完全失效。为了进一步深入研究长江中游河道已实施的护岸工程的运行情况,专门开展了典型断面与险工段护岸工程的浅地层探测及三维地形测量,分析了护岸工程效果及其近岸变形特点。

5.2.1　荆江典型河弯段浅地层剖面探测成果[5]

　　浅地层剖面仪探测的原始记录用灰度图可实时地显示在仪器屏幕上,通过原始记录（即影像图像）可看出水下淤泥、沙层、硬质砂层（卵石夹砂）与护岸块石等纵横向大致分布情况。

脉冲信号对淤泥层具有很强的穿透力及微弱的反射作用，穿透深度可达数十米，其反射面较为光滑、介质影像较厚且颜色较浅；对于砂质层，声波穿透力较弱，穿透深度较浅，一般在 3～5m，且回波信号强烈，其反射界面连续光滑、介质影像较窄且颜色较深；而对于护岸块石，影像图显示出不连续不清楚界面，主要是由于块石散乱、表面不规则，声波难以穿透，容易发生散射，而且反射十分强烈，类似于基岩探测影像。

为准确、快捷地处理数据资料，首先在浅地层剖面仪探测前，需在各个河段、不同的地质条件下对浅地层剖面系统进行现场调试和比测试验，优化各参数以满足现场图像判读的要求。即将仪器探测与人工探摸进行对比，为保证探测结果的可靠性和代表性，可选择动水、静水、有石无沙、有石有沙和无石以及低水、高水期等具有代表性的断面或探测环境进行对比探测，探测内容包括探测能力、探测精度、水上定位精度及探测效率等。根据浅地层剖面仪系统采集的图像数据及影像特征，能初步判断淤泥、砂质或卵石、护岸块石分层或分布情况，可基本用于探测河床介质分层。

在沙市至石首河段内，选取具有代表性的三段护岸，共布设约 30 个固定断面进行浅地层剖面探测，确定了河床底质组成情况及其分布范围，并根据现场实际采样与已有河道钻探资料，分析近岸底质组成情况。具体固定断面布置及岸别探测如图 5.2～图 5.4 所示。水下断面探测范围为有护岸工程或抛石护底一岸，由

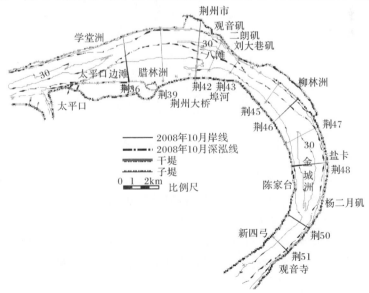

图 5.2　沙市河弯固定断面布置

测时水边至深泓线以外；本次探测范围为有护岸分布的一侧，即沙市河弯左岸、江陵郝穴段左岸、石首弯道北门口右岸。

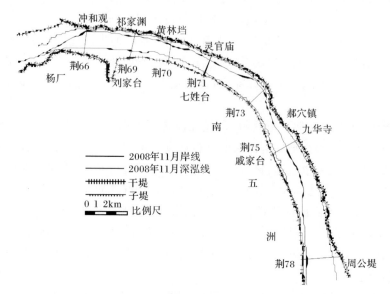

图 5.3　江陵郝穴段固定断面布置

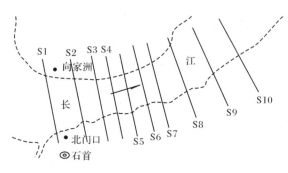

图 5.4　石首弯道北门口固定断面布置

　　图 5.5～图 5.7 为浅地层剖面仪在荆江典型河段探测影像图，图 5.8 和图 5.9 为浅地层剖面探测解译图。由图可看出，以往实施的护岸工程基本保持完好，护岸坡面至近深泓处均有块石覆盖，抛石护岸体的流失不明显，但抛石前沿的冲刷会导致坡面护岸体的调整，调整过程中前沿备填石料不足，难以在前沿形成局部稳定坡度，进而波及坡面的稳定，会对护岸工程的稳定构成威胁。

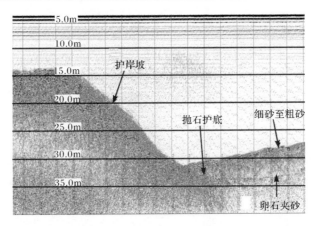

图 5.5 沙市河段荆 50 断面探测影像(右端为右岸)

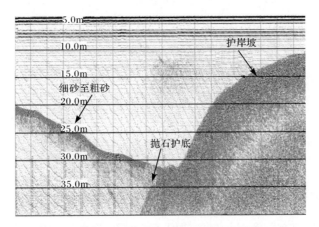

图 5.6 郝穴河段荆 66 断面探测影像(右端为右岸)

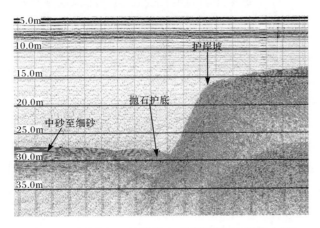

图 5.7 石首北门口护岸段 S9 探测影像(右端为右岸)

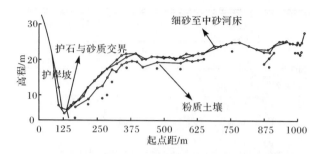

图 5.8   郝穴河段荆 66 断面浅地层剖面探测解译

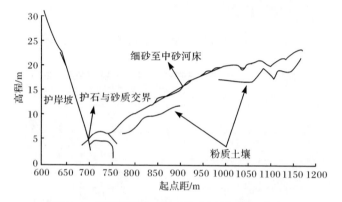

图 5.9   石首河段 S9 断面浅地层剖面探测解译

5.2.2   荆江典型河弯段护岸工程变化过程原型观测成果[5,6]

护岸工程的变化过程与河岸的崩塌密切相关,崩岸的发生直接威胁到护岸工程的稳定性。因此,除了护岸工程自身的施工质量和稳定性外,影响护岸工程崩塌变化的原因与崩岸的影响因素基本一致,包括水流动力条件、河床边界条件和人类活动等。

通过现场调查、水下多波束测深系统等先进技术手段对荆江典型河弯监测岸段(包括石首弯道北门口和监利弯道铺子湾)护岸工程近岸河床变化和护岸工程效果进行了分析。

北门口位于石首河弯的右岸,2001～2002 年长江重要堤防隐蔽工程石首河弯整治工程北门口段的崩岸险情处理施工中首次应用钢丝网石笼。其中 S8+080～S8+540 段水下护岸实施长度 460m,沉放钢丝网石笼 9660 个。铺子湾位于监利河弯的左岸,1999～2002 年,监利河段护岸工程纳入长江重要堤防隐蔽工程项目,按照初步设计报告确定的范围已先后实施。

1. 北门口护岸工程近岸河床变化分析

文献[6]中有关成果表明,从北门口近岸已护岸线(高程分别为-5m、0m、5m)沿程变化可以看出,北门口的近岸等高线 2010~2011 年较为稳定,仅已护岸线两端部位被冲刷,岸脚没有发生剧烈的冲刷变化;根据布置的 6 个典型横断面变化来看,2010~2011 年,护岸工程的坡脚和坡度几乎没有变化,护岸工程整体稳定;2010~2011 年北门口附近-18m 冲刷坑平面位置较为稳定,面积有所缩小。

2. 铺子湾护岸工程近岸河床变化分析

文献[6]中有关成果表明,铺子湾近岸矶头以上,5m 高程处的已护工程的坡脚高程不变,10m 和 15m 护岸工程的坡脚变小。矶头以下部分,5m 护岸工程的坡脚发生了部分冲刷,使得高程变低;10m 和 15m 处,两个测次已护工程变化不大,基本保持稳定;根据 5 个典型横断面变化过程来看,2010~2011 年,断面 1~断面 3 近岸变化较小或略有淤积,断面 4 和断面 5 近岸处河床冲刷明显[6];由图 5.10 可知,2010~2011 年矶头上游的-3m 冲刷坑冲刷扩大明显,平面上有所右移;矶头下游的-3m 冲刷坑也受冲刷扩大明显,并向下游发展;矶头处局部河段河床有所冲刷变深。

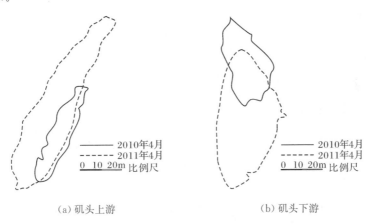

(a) 矶头上游　　　　　　　　　　　　(b) 矶头下游

图 5.10 矶头上下游-3m 等高线冲刷坑平面变化

3. 北门口和铺子湾护岸工程效果分析

文献[6]中有关研究成果表明,在北门口和铺子湾岸坡比较陡的区域,监测导线表明,2010~2011 年岸坡冲淤平衡或者淤积,护岸工程起到了稳定河岸的作用;在坡比大于 1∶3.0 的区域,由于护岸工程的作用及相应区域的土质抗冲性差,岸坡局部处存在一定冲刷,但不影响河岸的整体稳定性。

5.3　护岸工程效果及破坏机理试验研究

随着水下护岸工程新技术的应用日益增加,水下护岸工程材料也不断出新,除传统的抛石、柴枕、柴排以外,目前又发展了混凝土铰链排、四面六边透水框架、网模卵石排、钢筋混凝土网架促淤沉箱等新材料、新技术。本节根据水槽试验研究,并结合护岸工程实践经验,对粗颗粒抛石、细颗粒抛石、四面六边透水框架(简称透水四面体)、混凝土铰链排、网模卵石排、钢筋混凝土网架促淤沉箱等 6 种平顺护岸工程的调整变化过程与易遭受破坏的部位进行分析探讨,研究冲刷条件下不同材料水下护岸工程效果及破坏机理。试验水槽总长 49m,宽 2.96m,试验水槽概化及其供水系统平面布置如图 5.11 所示。

5.3.1　概化水槽试验设计

为使水槽中的水流运动、床沙运动能较好地反映天然情况,模型设计主要满足几何相似、水流运动相似和泥沙运动相似。

1. 几何相似

平面比尺

$$\alpha_L = 40$$

垂直比尺

$$\alpha_H = 40$$

2. 水流运动相似

流速比尺 λ_u 与水深比尺 λ_h 应满足: $\lambda_u = \lambda_h^{1/2} = \sqrt{40} = 6.32$。

3. 泥沙运动相似

床沙需具备推移质输沙、河床冲刷及床面补给条件,水槽中床沙应满足起动相似,即起动流速比尺 $\lambda_{u0} = \lambda_u = 6.32$。

4. 河岸组成设计

为模拟天然情况下的二元结构河岸,本次试验采用两种不同粒径的模型沙(其中上层掺混 1‰配比的环氧树脂),分别模拟天然的上层黏土和下层细沙组成的二元结构河岸。最后确定可选用中值粒径为 0.2mm 的模型沙模拟天然河岸下层细沙,中值粒径为 0.058mm 的模型沙模拟天然河岸上层黏土,模型沙的选择基本满足模型设计原则,可满足本次试验要求。模型设计详见 3.3.2 节相关内容。

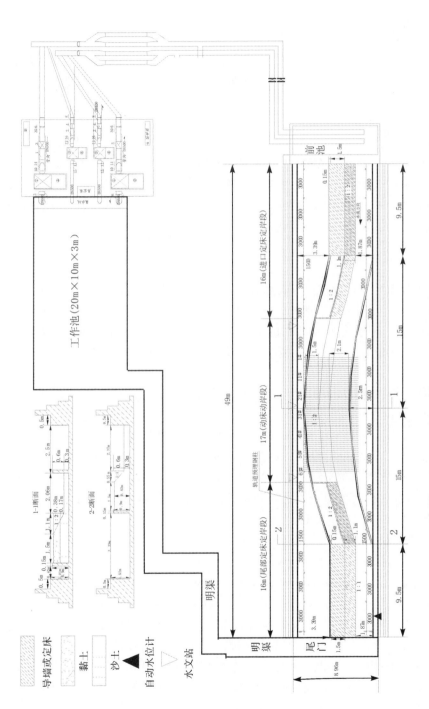

图 5.11　护岸工程试验水槽概化及其供水系统平面布置（岸坡比为 1：2，河岸上下黏土和砂土厚度比 2：1）

5. 河岸坡比设计

平顺护岸工程中稳定护岸坡比一般为 1∶2～1∶3。为尽量考虑不利岸坡稳定因素的影响,本次水槽试验研究中岸坡比取为 1∶2,河岸上下层黏土层和沙土层厚度设计按 1∶2。

6. 试验设备

试验过程中采用录像和照相以及地形、流速测量相结合的办法记录试验过程及结果。流速采用 ADV 三维流速仪测量,地形采用半自动测淤仪测量,模型沙级配用筛分法分析,模型护岸材料的尺寸、比重等用相应仪器测量,模型进口流量用电磁流量计控制,出口水位用自动水位计控制。

7. 护岸材料模拟

根据模型相似性原理,采用相同比重的模型材料,块石可按几何比尺(1∶40)缩小,在长江中下游护岸工程中块石的粒径多为 0.15～0.45m,模型相应为3.8～11.3mm。为了研究细颗粒石料的护岸效果及破坏机理,试验考虑原型对应粒径为 0.12m,密度为 2.65t/m³,模型采用天然瓜米石的中值粒径为 3mm,密度为 2.65t/m³。

目前长江中游护岸工程中网模卵石排长 6m,宽 2m(网格尺寸 2.5cm×2.5cm),卵石粒径 3.0～10cm,按几何比尺(1∶40)缩小后变成长 15cm,宽 5cm(网格尺寸 0.8mm×0.8mm),相应模型中模拟卵石粒径为 1.0～2.5mm。

目前,国内外在采用混凝土铰链排进行护岸设计时,其混凝土块的尺寸及间距并不一样,有的差别较大。本试验采用混凝土铰链排的混凝土块尺寸为 600mm×500mm×100mm,其混凝土块之间的间距为 0.2m,若按几何比尺(1∶40)缩小,模型混凝土块相应尺寸为 15mm×12.5mm×2.5mm,因尺寸较小,混凝土干后容易破碎,考虑其制作的难度,将混凝土块按平面比尺(1∶20)放大一倍,即模型制作中混凝土铰链排相应尺寸变为 30mm×25mm×5mm,其混凝土块之间的间距为 5mm。混凝土铰链排中混凝土块体间的连接,原型多采用 φ12mm 钢筋环,根据设计要求,一般情况下钢筋环不会被拉断,模型用尼龙线代替,能满足混凝土铰链排的变形及抗拉相似要求。原型排体宽度一般为 22.0m,搭接宽度为 2.0m,每块排体有效防护宽度为 20m,相应模型单块排宽为 0.55m,搭接宽度为 0.05m。

长江中下游护岸工程中的四面六边透水框架多采用的尺寸棱长为 1m,横截面正方形的边长为 0.1m,模型中采用直径约为 2.8mm 的铝丝材料来模拟,密度与混凝土接近,棱长按比尺缩小为 25mm。

原型中单个钢筋混凝土网架促淤沉箱长 6m、宽 4.16m、厚 1.0m,模型中对应尺寸分别为 15cm、10.4cm 和 2.5cm。护岸工程原型与模型的护岸材料尺寸见表 5.2。

表 5.2　原型与模型护岸材料尺寸

护岸材料	原型	模型
粗颗粒块石	粒径 15～45cm，密度 2.65t/m³	粒径 3.8～12mm，密度 2.65t/m³
细颗粒块石	中值粒径 12cm，密度 2.65t/m³	粒径 3mm，密度 2.65t/m³
网模卵石排	长 6m，宽 2m（网格尺寸 2.5cm×2.5cm），卵石粒径 3～10cm	长 150mm，宽 50mm（网格尺寸 0.8mm×0.8mm），模拟卵石粒径 1～2.5mm
混凝土铰链排	60cm（长）×50cm（宽）×10cm（厚）	30mm（长）×25mm（宽）×5mm（厚）
四面六边透水框架	边长 0.1m，棱长 1m，密度 2.4t/m³	直径 2.8mm，棱长 25mm，密度 2.48t/m³
钢筋混凝土护底促淤沉箱	6m（长）×4.16m（宽）×1m（厚），填充卵石 4～12cm	150mm（长）×104mm（宽）×25mm（厚），填充卵石 1～3mm

护岸工程铺护后水槽平面布置如图 5.12 所示。

（a）粗、细颗粒块石

（b）钢筋混凝土网架促淤沉箱

（c）混凝土铰链排、透水四面体、网模卵石排

图 5.12　护岸工程铺护后水槽平面布置

5.3.2 研究内容和试验条件

研究内容:选择有代表性的 6 种不同护岸形式(包括粗颗粒块石、细颗粒块石、四面六边透水框架、混凝土铰链排、网模卵石排、钢筋混凝土网架促淤沉箱),通过概化水槽试验,研究有无护岸工程条件下近岸水流结构特点和河岸变形情况,分析探讨在相同涨落水条件下 6 种平顺护岸工程的调整变化过程与易遭受破坏的部位,研究不同结构形式护岸工程效果及破坏机理。

试验条件:流量分别选为 0.112m³/s、0.31m³/s 和 0.45m³/s,模型水深设计为 0.3~0.45m(相当于原型 12~18m),模型断面平均流速不大于 0.395m/s(相当于原型 2.5m/s)。针对不同试验情况进行对比试验研究,见表 5.3。

表 5.3 各种试验工况汇总

试验方案	试验工况	设计流量/(m³/s)	设计水深/m	上下土层厚度比	河岸坡比	备注
	1-1	0.112	0.30	1:2	1:2	
1	1-2	0.310	0.40	1:2	1:2	无护岸工程
	1-3	0.450	0.45	1:2	1:2	
	2-1	0.112	0.30	1:2	1:2	
2	2-2	0.310	0.40	1:2	1:2	有护岸工程
	2-3	0.450	0.45	1:2	1:2	

5.3.3 护岸工程试验成果

1. 护岸工程自身稳定性分析

1) 抛石相对稳定坡度

斜坡上块石的相对稳定坡度,是指河槽冲刷时斜坡上的块石在下滑过程中自然形成、重新掩盖河床的坡度。它体现了护岸与河床变形息息相关的性质,是平顺抛石护岸设计与加固工程中确定护脚坡度时必须考虑的一个重要参数。块石护岸的相对稳定坡度与起始河床形态、水流条件、冲淤幅度及抛石厚度等因素有关。稳定坡度试验研究表明[7],在一般情况下,护岸工程的块石在水流作用下形成的自然稳定坡度为 1:1.5~1:2.0。根据直槽和弯槽中的试验成果可以看出,斜坡上的块石在下滑过程中自然形成的相对稳定坡度,在不同起始坡度、不同护岸层次情况下,一般均不大于 1:2.0。

研究块石在斜坡上的稳定,即研究块石粒径与其坡度和水力因素之间的关系。20 世纪 80 年代初,长江科学院余文畴从斜坡上块石的力矩平衡方程出发,引

用了推移力和上举力系数的试验研究成果,推导出以下的关系式[8]

$$D=\frac{3}{2}\left(\frac{\rho}{\rho_s-\rho}\right)\left[\frac{\dfrac{a}{\sqrt{1-a^2}}\lambda_x\cos\varphi+\lambda_y}{\cos\theta-\dfrac{a}{\sqrt{1-a^2}}\sin\theta\sin\varphi}\right]\frac{v^2}{2g} \tag{5.1}$$

式中,D 为简化为球体的块石粒径;λ_x 和 λ_y 分别为球体在水流中的推移力系数和上举力系数;v 为垂线平均流速;ρ、ρ_s 分别为水和块石的密度;θ 为斜坡坡角;φ 为块石失去稳定时的翻滚方向与水平方向的交角;g 为重力加速度;a 为与力臂相关的待定系数,与球体的相对突起高度有关。

根据式(5.1)和 a、λ_x、λ_y 等系数的取值,可以确定抛石护岸在一定水流条件下和某一坡度下采用的抛石粒径。

研究结果表明,在岸坡较陡的情况下,块石重量 W 随 m 值的减小(即坡度变陡)而急剧增加。因而在比降大、流速大的河段用稳定坡度的方法进行设计时,建议设计的稳定坡度不陡于 1：1.5,否则将需要尺度很大的块石才能稳定。从荆江大堤抛石护岸工程实践来看,在垂线平均流速为 3m/s、水深超过 20m 的情况下,常用的块石粒径为 0.20～0.45m。

2) 抛石起动流速计算分析

根据散粒体颗粒在斜坡上的受力分析,考虑散粒体颗粒在岸坡上的滚动模式,推导出散粒体颗粒在岸坡上的起动流速公式,该公式考虑了河岸坡角、河床纵向底坡以及水流作用力的方向等因素,公式如下[9]:

$$U_c=\frac{m}{(1+m)\alpha^{\frac{1}{m}}}\sqrt{\frac{2g\alpha_0(\gamma_s-\gamma)\left(\cos\theta\sqrt{\frac{1}{4}-\beta_1^2}-\beta_1\sin\theta\cos\varphi\right)D}{\gamma(1+\tan^2\phi)\left(C_D\alpha_1\beta_1\sin\varphi+C_L\alpha_2\sqrt{\frac{1}{4}-\beta_1^2}\right)}}\left(\frac{h}{D}\right)^{\frac{1}{m}}$$

$$\tag{5.2}$$

式中,C_D、C_L 为推力及上举力的系数;α_0、α_1、α_2 分别为重力、上举力、下滑力对应的面积系数;γ_s、γ 分别为泥沙与水的容重;h、D 分别为水深与散粒体颗粒的粒径;m 为指数流速公式中的指数;α 为底流速作用于床面泥沙颗粒高度的系数;ϕ 为河流纵向底坡坡角;g 为重力加速度;θ 为河岸坡角,若 θ 为临界坡,则 $\tan\theta=f$(内摩擦角);β_1 为力矩系数;φ 为泥沙颗粒运动方向与下滑力方向的夹角,$\sin\varphi=\dfrac{A}{\sqrt{1+A^2}}$,$\cos\varphi=\dfrac{1}{\sqrt{1+A^2}}$,$A=\dfrac{F_D\cos\lambda}{W\sin\theta+F_D\sin\lambda}$,$\lambda$ 为水流作用力与水平线的夹角。

就式(5.2)而言,对于粗颗粒泥沙,公式中的系数可取为 $C_D=0.7$,$C_L=0.18$,$\beta_1=0.38$,$m=6$,$\alpha=1.0$。由式(5.2)可以看出,散粒体颗粒在不同水流和边界条件下,岸坡上颗粒的起动流速与其大小、岸坡角度、河床纵向底坡等因素有关。例如,起动流速随颗粒粒径的增大而增大,随岸坡的变陡而减小,随河床纵向底坡的增大而减小等。

表5.4为式(5.2)在不考虑底流方向与横向流速情况下不同粒径散粒体材料的起动流速计算结果。由表5.4可知,长江中下游河段在平顺护岸工程中,在河岸坡度缓于1:2、垂线平均流速不大于3m/s的情况下,采用粒径为0.20m左右的散粒体颗粒进行护岸是可以达到稳定的;在河岸坡度缓于1:2、垂线平均流速不大于2.5m/s的情况下,采用粒径为0.10m左右的小颗粒石料进行护岸也是稳定的,这说明在水流相对较缓的河岸段采用小颗粒石料护岸是可行的。

同时根据表5.4可知,本次试验中在坡度为1:2,采用的粗颗粒0.15~0.45m和细颗粒$D_{50}=0.12$m时,护岸工程起动流速范围为2.52~4.33m/s,大于本次试验中设计的断面最大垂线平均流速2.5m/s,实际上试验中近岸流速一般不超过2m/s。故粗颗粒和细颗粒抛石护岸在各种试验水流条件中自身是稳定的。

表5.4　不同岸坡条件下散粒体颗粒的起动流速U_c

河岸坡度	起动流速/(m/s)($D=0.1$m)	起动流速/(m/s)($D=0.15$m)	起动流速/(m/s)($D=0.2$m)	起动流速/(m/s)($D=0.3$m)	起动流速/(m/s)($D=0.45$m)	起动流速/(m/s)($D=0.5$m)
1:1.5	2.06	2.36	2.60	2.97	3.40	3.53
1:2.0	2.52	2.90	3.19	3.65	4.18	4.33
1:2.5	2.72	3.11	3.43	3.92	4.49	4.65
1:3.0	2.82	3.23	3.55	4.07	4.66	4.82
1:4.0	2.92	3.34	3.68	4.21	4.82	4.99
0	3.05	3.49	3.84	4.39	5.03	5.21

注:表中起动流速的条件,水深20.0m,无环流存在$\phi=0$、$\lambda=0$。

3) 混凝土铰链排

混凝土铰链排在护岸工程中首先需从两个方面对其稳定性进行分析。

(1) 排体抗滑稳定性。

排体在岸坡上的受力情况如图5.13所示,下面分两种情况来分析排体的稳定性。

① 排体与坡面之间的抗滑稳定。

$$k = \frac{G_1 \cdot \cos\alpha \cdot f}{G_1 \cdot \sin\alpha} = f \cdot \cot\alpha \qquad (5.3)$$

式中,k为稳定安全系数;G_1为有效重力;f为混凝土铰链排与坡面的摩擦系数;α为岸坡角度。根据式(5.3)可看出,排体在岸坡上的抗滑稳定性主要与坡角大小及摩擦系数有关。实际工程中,采取水平阻滑盖重或有系排梁的情况下,将会增

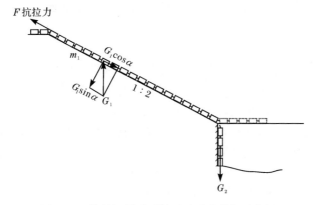

图 5.13　铰链沉排冲刷前后及受力分析示意图

加其稳定性。

② 有水平阻滑盖重或有系排梁与冲刷下悬的情况。

$$k = \frac{(F_{抗拉力} + G_1\cos\alpha)f}{G_1\sin\alpha + G_2} \tag{5.4}$$

若 $G_2 = 0$，则有

$$k = \frac{F_{抗拉力}f}{G_1\sin\alpha} + \cot\alpha f \tag{5.5}$$

由式（5.4）可知，对于有水平阻滑盖重或有系排梁与冲刷下悬的情况，其安全系数还与 $F_{抗拉力}$、G_2 有关，$F_{抗拉力}$ 越大越安全，G_2 越重越不安全，因此，对于河床冲淤幅度较大的情况，需考虑坡脚的冲刷变形或控制排体前沿的冲刷下悬，以增强排体的稳定性。

根据上述分析，在排体前沿加抛镇脚石，可起到两方面的作用：一方面保护排体前沿免遭冲刷下悬；另一方面可起到一定的阻滑作用。以上均有利于排体的抗滑稳定性。

（2）排体抗掀稳定性。

沉排的压载稳定性是决定沉排工程成败的关键。根据以往研究成果，一般情况下排体重 110kg/m²，能承受 3m/s 流速，实际上，天然河道为不恒定流，流速变化较大，因此，为了保证沉排的稳定性，在流速较大的位置，需考虑加重排体的压载量，特别是加重迎流最上端排体的压载量，以避免在水流作用下发生翻转。另外，排体边缘抗冲刷稳定校核可按式（5.6）进行计算[10]

$$V_{cr} = \theta\sqrt{\left(\frac{\gamma_m - \gamma_w}{\gamma_w}\right)g\delta_m} \tag{5.6}$$

式中，V_{cr} 为作用于排体上的抗冲临界流速，m/s；θ 为系数，一般情况下，对于排体可取 1.4～2.0；g 为重力加速度；δ_m 为排体厚度，m；γ_m、γ_w 分别为排体与水的容重,kN/m³。当排体实际作用流速大于计算的抗冲临界流速时,排体是不稳定的,反之,则是稳定的。

4) 透水四面体

为了比较分析透水体与实体材料的抗冲性,假设实体护岸(块石)材料与四面体的重量相等,可算得块石的粒径,求出其起动流速,即可比较其抗冲性。四面体的结构:由 6 条棱边组成,总长为 6m,截面是 0.1m×0.1m 的正方形,密度为 2.4kg/m³,因此,$W = 144$kg,换算为等重块石(密度为 2.65kg/m³)的粒径为 23.5cm,根据文献[9]的起动流速公式可算得,在水深为 16.8m 的情况下,其起动流速为 3.93m/s,在同样水深条件下,四面体的起动流速仅为 2.7m/s。由此可知,透水体的抗冲性明显低于实体材料,主要原因是透水体的部分杆件凸出床面的高度明显高于实体材料,因河道垂线流速分布一般表现为上大下小,其杆件凸出床面的高度越高,受水流的作用力越大,越易失稳。根据试验成果与分析认为,在水深不大于 20m、垂线平均流速大于 2.5m/s 的情况下,采用现有四面六边透水框架护岸是不稳定的,但它是治理崩窝与缓流促淤的较好材料。

另外,由于网模卵石排和钢筋混凝土网架促淤沉箱单元体尺寸和重量都大于抛石,而本次试验中设计的断面最大垂线平均流速为 2.5m/s,实际上试验中近岸流速一般不超过 2m/s。故本次试验中各种护岸工程在水流作用下自身是稳定的。

2. 各种护岸工程试验成果

试验中对各种护岸材料的护岸和破坏过程进行了拍照,并分别对护岸前后的垂线平均紊动强度横向变化、垂线平均流速横向变化和近岸处各向流速垂线分布、各向紊动强度垂线分布以及护岸工程前后近岸处横断面紊动动能分布进行了分析。

1) 粗颗粒块石护岸

抛石作为散粒体护岸材料,基本不改变河岸的近底水流条件,在河岸上形成抗冲覆盖层,保护河岸泥沙免遭冲刷。在实际水下护岸工程施工过程中,如果抛投石方量未达到设计要求,抛投在坡面上的块石分布很不均匀,或者分布过于集中形成局部水流结构造成局部冲刷坑,都将会影响其护岸效果。

(1) 单层均匀铺护。

对于粗颗粒单层均匀铺护的河岸(图 5.14),涨水试验过程中,随着流量的增大和水位的上升,由于岸坡有块石守护,河床横向变形受到限制,纵向变形发展较快,当流量由 0.112m³/s 增大为 0.31m³/s 时,与初始地形相比,河岸岸线略有冲刷,但近岸坡脚河床在水流作用下明显冲刷下切,坡脚上部附近的块石在自身重力与水流作用力下发生滑滚,有的被水流带往下游,有的落在坡脚保护下层岸坡,上层局部岸坡失去块石保护作用,出现护岸空白区。当流量增大为 $0.45 \mathrm{m}^3/\mathrm{s}$ 时,下层局部空白区容易受冲刷后变陡,上层土体在重力作用下容易失稳崩塌,使得岸坡上的空白区不断向坡面上层发展,最后新、老空白区逐渐合并形成长条形空档,空档最终发展到已护岸坡的上层。若不及时采用块石加固,随着水流的不断作用,容易发生崩塌现象;在落水过程中,当流量由 $0.45 \mathrm{m}^3/\mathrm{s}$ 降为 $0.31 \mathrm{m}^3/\mathrm{s}$ 过程中,随着水位的下降,河岸出现吊坎现象,上层河岸继续发生崩退,上部抛石护岸处岸体下挫,滩唇线后退明显,而岸坡的中下部分则在坡面块石调整过程中形成均匀密实的抗冲覆盖层,趋于相对稳定。当流量由 $0.31 \mathrm{m}^3/\mathrm{s}$ 降为 $0.112 \mathrm{m}^3/\mathrm{s}$ 时,河岸岸线崩退程度相对减弱(图 5.15)。试验过程中发现,虽然备填石在保护坡脚的稳定上起到了积极作用,并在河床变形过程中,在坡脚前沿形成相对稳定的坡度,但单层块石在坡面调整过程中形成空白区仍将向近岸发展,因上层无足够的石方量补给,会出现类似无备填石方案的情况,不过,形成空当的面积要小,破坏程度相对要轻。若上层河岸不进行及时加固,中下部分的块石覆盖层也会因水流"抄后路"而遭到破坏,从而使整个护岸工程效果大减。

(a) 单层粗颗粒(试验前)

(b) 单层粗颗粒(试验中,水位上涨)

(c) 单层粗颗粒(试验中,水位下降)

(d) 单层粗颗粒(试验后)

图 5.14　粗颗粒单层块石均匀护岸试验过程照片

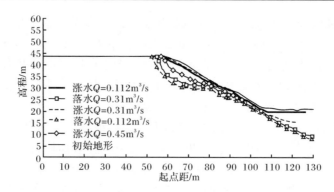

图 5.15　粗颗粒单层块石均匀护岸典型横断面(5♯)近岸河床变化

为掌握护岸前后近岸水流结构特点,本次试验分析了护岸前后垂线平均紊动强度横向变化。

根据粗颗粒单层块石均匀护岸前后垂线平均流速和紊动强度横向变化(图 5.16和图 5.17)可以看出,无论有无护岸工程,流量越大,垂线平均流速越大,各个方向相应的垂线平均紊动强度越大。护岸工程实施后,岸脚附近垂线平均流速略有增加;在相同各级流量条件下,护岸后近岸最大垂线平均紊动强度各个方向较护岸前也略有增大。

由图 5.16 可知,当流量较小且水位较低($Q=0.112\text{m}^3/\text{s}$,$H=0.3\text{m}$)时,护岸工程实施后较护岸前减小了过水断面面积,缩窄作用明显,此时由于岸线崩退较弱且护岸工程所起的阻水作用相对较小,所以护岸后断面垂线平均流速沿横向分布呈现增大趋势。随着流量的增大和水位的升高($Q=0.31\text{m}^3/\text{s}$,$H=0.4\text{m}$;$Q=0.45\text{m}^3/\text{s}$,$H=0.45\text{m}$),由于河岸中上段部位崩退加大而增大该段过水断面面积,使近岸段局部垂线平均流速减小,同时由于水位升高后,护岸工程将会增大河道水流阻力,从而也有减速的作用。此后从坡脚处附近往河心方向,由于护岸工程的缩窄作用,断面垂线平均流速较护岸前呈现增大趋势。

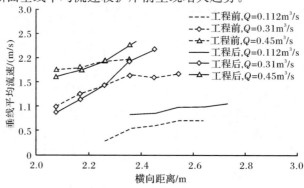

图 5.16　粗颗粒单层块石均匀护岸前后典型横断面(5♯)垂线平均流速横向变化

　　由图 5.17 可知,由于流量越大,水流的掺混作用也越强,不同方向脉动流速
的均方值趋于一致,因此当流量($Q=0.112\text{m}^3/\text{s}$)较小时,由于空间各点的紊动强
度不同,纵向和横向垂线平均紊动强度很接近并明显大于垂向垂线平均紊动强
度,但随着流量的进一步增大,纵向和横向垂线平均紊动强度值更加接近,但仍然
都大于垂向垂线平均紊动强度值。粗颗粒单层块石护岸工程实施后,相同各级流
量条件下,护岸后近岸最大垂线平均紊动强度各向较护岸前变化不大。当流量为
$0.31\text{m}^3/\text{s}$ 时,x 方向垂线平均紊动强度由护岸前的 3.05cm/s 变为护岸后的
3.49cm/s。

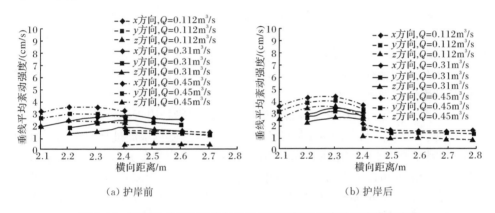

(a) 护岸前　　　　　　　　　　　　　　　(b) 护岸后

图 5.17　粗颗粒单层块石均匀护岸前后垂线平均紊动强度横向变化

　　由图 5.18 和图 5.19 可知,工程前后近岸处各向流速和紊动强度的垂线分布
具有三维性,垂线上空间各点的各向流速和紊动强度都不同,都不是各向均匀同
性的。近岸处垂线的三向流速和紊动强度均存在多个拐点。其中纵向流速远大
于横向和垂向流速。三向紊动强度均属一个数量级,相差不大。由于工程后河岸
阻力发生了调整变化,引起工程前后水流的局部流态发生变化,同时断面流速的
垂线分布也发生了改变,由于块石外侧绕流引起块石附近局部流速增大,图中典型

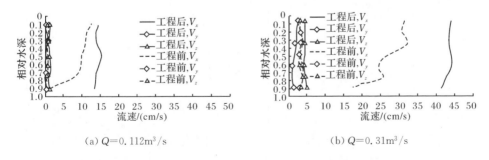

(a) $Q=0.112\text{m}^3/\text{s}$　　　　　　　　　　　(b) $Q=0.31\text{m}^3/\text{s}$

图 5.18　粗颗粒单层块石均匀护岸工程前后近岸处各向流速垂线分布

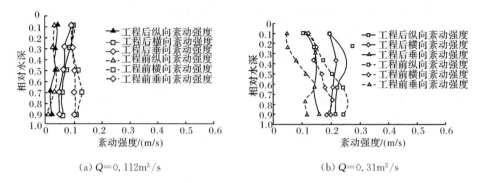

(a) $Q=0.112\text{m}^3/\text{s}$ (b) $Q=0.31\text{m}^3/\text{s}$

图 5.19 粗颗粒单层块石均匀护岸工程前后近岸处各向紊动强度垂线分布

断面上选取的垂线工程后的纵向流速大于工程前。流量增大后,由于河岸边界附近水流强烈的掺混作用加强,各向紊动强度总体来看有所增大,在垂线上三个方向的紊动强度均趋于一致。

根据图 5.20 可知,粗颗粒块石护岸后将增加岸脚处附近的流速,从而引起近岸流速的重新分布,与此同时漩涡的不断产生和分解使得水流进行复杂的三维能量交换,因此护岸工程实施后近岸处横断面的紊动动能分布更不均匀。在小流量($Q=0.112\text{m}^3/\text{s}$)时,工程前后紊动动能分布变化不大。当流量增大时,护岸外缘的块石会加剧岸脚的紊动,紊动动能主要分布在近岸处,特别是近岸处相对水深 $0.8\sim0.9$ 的岸脚处,紊动动能数值达 1.35J。

(2)双层均匀铺护。

双层块石均匀铺护的河岸(图 5.21)在试验涨水过程中,随着流量的逐级增大和水位的逐级抬高,近岸河床变形同单层块石铺护类似,由于块石为双层,岸坡块石较密实,岸坡较稳定,坡脚附近的块石随水流冲刷下切而发生滑挫,当坡脚前沿遭受进一步冲刷且下层石量不足以覆盖被冲深的部位时,由中层与上层的块石下

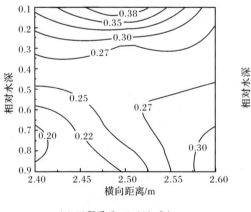

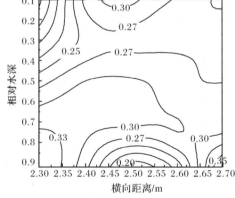

(a) 工程后 $Q=0.112\text{m}^3/\text{s}$ (b) 工程前 $Q=0.112\text{m}^3/\text{s}$

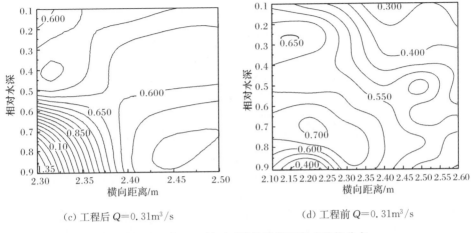

(c) 工程后 $Q=0.31\text{m}^3/\text{s}$　　　　　　(d) 工程前 $Q=0.31\text{m}^3/\text{s}$

图 5.20　护岸工程前后近岸处横断面紊动动能分布

（a）双层粗颗粒（试验前）　　　　　　（b）双层粗颗粒（试验中，水位上涨）

（c）双层粗颗粒（试验中，水位下降）　　　　　（d）双层粗颗粒（试验后）

图 5.21　粗颗粒双层块石均匀护岸试验过程照片

滑填补下层与中层护岸块石的不足，坡面上层出现空白区，在水流的冲刷作用下，坡面上层会遭到一定程度的破坏，但破坏范围与单层相比要好得多（图 5.15 和图 5.22）。而在坡脚前沿有备填石的情况下，河床变形与坡面块石调整基本与无

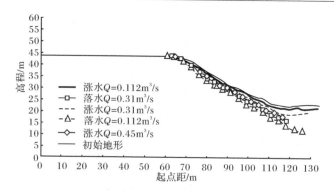

图 5.22　粗颗粒双层块石均匀护岸典型横断面(12#)近岸河床横断面变化

备填石方案类似,但在坡脚前沿冲刷过程中,主要有备填石来补给,形成相对稳定的坡度,坡面块石调整的幅度相对较小,坡面块石在调整过程中未出现明显空白区,护岸工程效果较好,无明显破坏现象;在落水过程中,当流量由 0.45m³/s 降为 0.31m³/s 过程中,随着水位的下降,河岸中上部由于失去水压力的横向支撑作用,会出现不同程度的崩塌,局部河岸坡面出现护岸空白区,上层河岸继续发生一定的冲刷崩退,较单层护岸时幅度小很多。当流量由 0.31m³/s 降为 0.112m³/s 时,河岸岸线崩退程度更弱。

　　根据粗颗粒双层块石均匀护岸前后垂线平均流速和紊动强度横向变化图(图 5.23 和图 5.24)可以看出,其变化规律与单层均匀铺护相同,即无论有无护岸工程,随着流量的增大,垂线平均流速和各向相应的垂线平均紊动强度增大。护岸工程实施后,岸脚附近垂线平均流速略有增加;相同各级流量条件下,护岸后近岸最大垂线平均紊动强度各向较护岸前也略有增大。

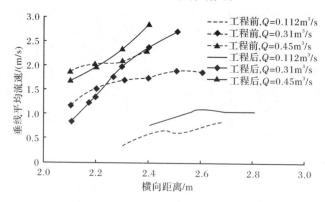

图 5.23　粗颗粒双层块石均匀护岸前后典型横断面(12#)垂线平均流速横向变化

　　由图 5.23 可知,当流量较小且水位较低($Q=0.112$m³/s,$H=0.3$m)时,护岸工程实施后较护岸前减小了过水断面面积,缩窄作用明显,此时由于岸线崩退较弱且护岸工程所起的阻水作用相对较小,所以护岸后断面垂线平均流速沿横向分布呈现增大趋势。随着流量的增大和水位的升高($Q=0.31\text{m}^3/\text{s}$,$H=0.4\text{m}$;$Q=0.45\text{m}^3/\text{s}$,$H=0.45\text{m}$),河岸中上段部位崩退加大而增大该段过水断面面积,使近岸段局部垂线平均流速减小,同时由于水位升高后,护岸工程将会增大河道水流阻力,从而也有减速的作用。此后从坡脚处附近往河心方向,由于护岸工程的缩窄作用,断面垂线平均流速较护岸前呈现增大趋势。

由图 5.24 可知,由于流量越大,水流的掺混作用也越强,三个方向脉动流速的均方值有趋于一致的趋势,因此当流量($Q=0.112\text{m}^3/\text{s}$)较小时,由于空间各点的紊动强度不同,纵向和横向垂线平均紊动强度很接近并明显大于垂向垂线平均紊动强度,但随着流量的进一步增大,纵向和横向平均紊动强度值更加接近但仍然都大于垂向垂线平均紊动强度值。粗颗粒双层块石护岸工程实施后,相同各级流量条件下,护岸后近岸最大垂线平均紊动强度各向较护岸前略有增加。当流量为$0.45\text{m}^3/\text{s}$时,x 方向垂线平均紊动强度由护岸前的 3.95cm/s 增大为5.44cm/s。

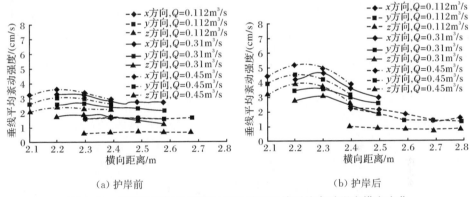

(a) 护岸前　　　　　　　　　　　(b) 护岸后

图 5.24　粗颗粒双层块石均匀护岸前后垂线平均紊动强度横向变化

由图 5.25 和图 5.26 可知,工程前后近岸处各向流速和紊动强度的垂线分布具有三维性,垂线上空间各点的各向流速和紊动强度都不同,都不是各向均匀同性的,其变化规律与粗颗粒单层块石均匀护岸类似。

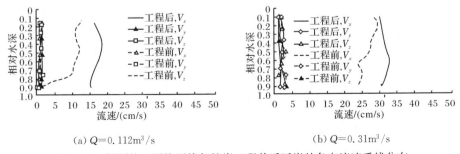

(a) $Q=0.112\text{m}^3/\text{s}$　　　　　　　　　　(b) $Q=0.31\text{m}^3/\text{s}$

图 5.25　粗颗粒双层块石均匀护岸工程前后近岸处各向流速垂线分布

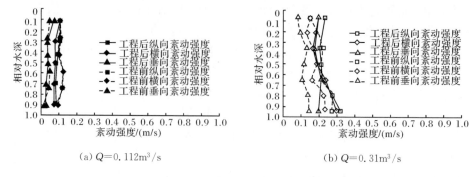

(a) $Q=0.112\mathrm{m}^3/\mathrm{s}$　　　　　　(b) $Q=0.31\mathrm{m}^3/\mathrm{s}$

图 5.26　护岸工程前后近岸处各向紊动强度垂线分布

根据图 5.27 可知,工程后近岸处横断面的紊动动能分布更为密集,数值高于工程前,但差别不大,这是由于粗颗粒块石增加河岸附近的紊动流速,从而引起近岸流速的重新分布,与此同时漩涡的不断产生和分解使得水流进行复杂的三维能量交换。当流量 $Q=0.112\mathrm{m}^3/\mathrm{s}$ 时,工程前后紊动动能分布变化不大。当流量增大时,护岸外缘的块石会加剧岸脚的紊动,流量 $Q=0.31\mathrm{m}^3/\mathrm{s}$ 时,紊动动能主要分布在近岸处,特别是近岸附近相对水深 0.7~0.9 的岸脚处,数值约 0.95J。

（3）双层不均匀铺护（覆盖率 50%）。

块石不均匀铺护试验考虑了坡面块石覆盖率为 50% 的情况（图 5.28）,坡面块石铺护处厚度按双层控制。试验涨水过程中,随着流量的逐级增大和水位的逐级抬高,坡面块石空隙之间及坡脚前沿受水流冲刷作用,导致局部坡度变陡,引起上层块石下滑填补。块石在水流与泥沙的相互作用下不断自行调整。但由于块石并没有完全覆盖于坡面,在调整过程中,总是由坡面上层向下层滑滚,调整相对稳定后,块石分布为中下层比上层厚,且较为密实。坡面上层的块石因向下滑滚,且

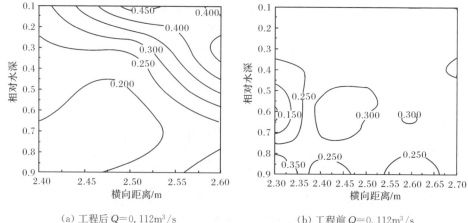

(a) 工程后 $Q=0.112\mathrm{m}^3/\mathrm{s}$　　　　(b) 工程前 $Q=0.112\mathrm{m}^3/\mathrm{s}$

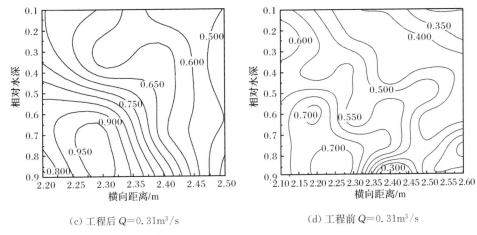

（c）工程后 $Q=0.31\text{m}^3/\text{s}$　　　　　　　　（d）工程前 $Q=0.31\text{m}^3/\text{s}$

图 5.27　护岸工程前后近岸处横断面紊动动能分布

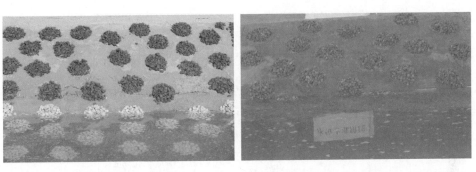

（a）双层粗颗粒不均匀（试验前）　　　　　　（b）双层粗颗粒不均匀（试验中，水位上涨）

（c）双层粗颗粒不均匀（试验中，水位下降）　　　（d）双层粗颗粒不均匀（试验后）

图 5.28　粗颗粒双层块石不均匀护岸试验过程照片

无块石补给,所以在坡面上层会出现一定范围的空白区。若不及时加固会出现水流"抄后路"现象,严重影响护岸工程的效果;随着水位的下降,河岸中上部由于失去水压力的横向支撑作用,会出现不同程度的崩塌,岸脚部分相对冲淤变幅不大。由图 5.29 可知,双层不均匀铺护的护岸效果较双层均匀铺护的效果差,在流量增大和流量减少过程中,河岸冲刷后退幅度均明显大于双层均匀护岸情况。由块石不均匀铺护方案试验可看出,抛石护岸在施工过程中,不仅要保证足量,而且要使其坡面块石覆盖率达到一定的数值,否则抛石护岸工程易遭到破坏。

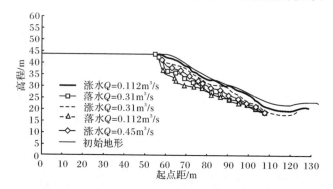

图 5.29　粗颗粒双层块石不均匀护岸典型横断面(18#)近岸河床变化

　　根据粗颗粒双层块石不均匀护岸前后垂线平均流速和紊动强度横向变化图(图 5.30 和图 5.31)可以看出,其变化规律与单层均匀和双层均匀铺护都相同。

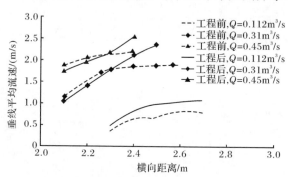

图 5.30　粗颗粒双层块石不均匀护岸前后典型横断面(18#)垂线平均流速横向变化

　　由图 5.30 可知,当流量较小且水位较低($Q=0.112\text{m}^3/\text{s}$,$H=0.3\text{m}$)时,护岸工程实施后较护岸前减小了过水断面面积,缩窄作用明显,此时由于岸线崩退较弱且护岸工程所起的阻水作用相对较小,所以护岸后断面垂线平均流速沿横向分布呈现增大趋势。随着流量的增大和水位的升高($Q=0.31\text{m}^3/\text{s}$,$H=0.4\text{m}$;$Q=0.45\text{m}^3/\text{s}$,$H=0.45\text{m}$),河岸中上段部位崩退加大而增大该段过水断面面积,使近

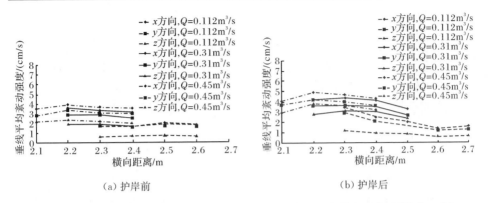

(a) 护岸前　　　　　　　　　　　　　　　(b) 护岸后

图 5.31　粗颗粒双层块石不均匀护岸前后垂线平均紊动强度横向变化(覆盖率50%)

岸段局部垂线平均流速减小,同时由于水位升高后,护岸工程将会增大河道水流阻力,从而也有减速的作用。此后从坡脚处附近往河心方向,由于护岸工程的缩窄作用,断面垂线平均流速较护岸前呈现增大趋势。

由于流量越大,水流的掺混作用也越强,三个方向脉动流速的均方值趋于一致,因此当流量($Q=0.112\mathrm{m^3/s}$)较小时,由于空间各点的紊动强度不同,纵向和横向垂线平均紊动强度很接近并明显大于垂向垂线平均紊动强度,但随着流量的进一步增大,纵向和横向平均紊动强度值更加接近但仍然都大于垂向垂线平均紊动强度值。护岸工程实施后,相同各级流量条件下,护岸后近岸最大垂线平均紊动强度较护岸前略有增加。当流量为 $0.45\mathrm{m^3/s}$ 时,x 方向垂线平均紊动强度由护岸前的 3.94cm/s 增大为 4.88cm/s(图5.31)。

由图5.32和图5.33可知,工程前后近岸处各向流速和紊动强度的垂线分布都具有三维性,垂线上各点的各向流速和紊动强度都不同,说明空间各点不是各向均匀同性的。其变化规律与粗颗粒单层、双层均匀护岸工程相似,即近岸处垂线的三向流速均存在多个拐点,并且纵向流速远大于横向和垂向流速。护岸工程实施后或流量增大后,在垂线上三个方向的紊动强度均趋于一致。

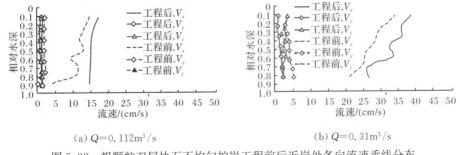

(a) $Q=0.112\mathrm{m^3/s}$　　　　　　　　　　　(b) $Q=0.31\mathrm{m^3/s}$

图 5.32　粗颗粒双层块石不均匀护岸工程前后近岸处各向流速垂线分布

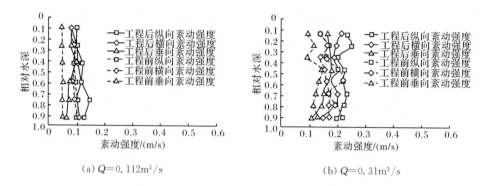

(a) $Q=0.112\mathrm{m}^3/\mathrm{s}$ (b) $Q=0.31\mathrm{m}^3/\mathrm{s}$

图 5.33 粗颗粒双层块石不均匀护岸工程前后近岸处各向紊动强度垂线分布

根据图 5.34 可知,工程后近岸处横断面的紊动动能分布更为密集,数值明显高于工程前,这是由于粗颗粒块石引起近岸流速的重新分布,与此同时漩涡的不断产生和分解使得水流进行复杂的三维能量交换。当流量 $Q=0.112\mathrm{m}^3/\mathrm{s}$ 时,工程后横断面最大紊动动能主要分布在近岸相对水深 $0.7\sim0.9$ 的岸脚附近,达 $0.9\mathrm{J}$。当流量 $Q=0.31\mathrm{m}^3/\mathrm{s}$ 时,工程后紊动动能最大值为 $0.85\mathrm{J}$。这说明紊动动能除了受流速影响外,还与流速梯度有关,粗颗粒块石在水流较小时,水流外侧绕流小,水流的动能瞬时减小,转变成其他能量,因而流速梯度大,而在大流量时块石外侧绕流增加,能量逐步消耗。

试验中还对粗颗粒双层块石不均匀护岸段前沿进行了有无镇脚石的试验(图 5.35),根据地形变化可知,坡脚前沿加压块石后随着流量的增加和减小,河岸岸线崩退幅度均小于无加压块石的情况,因此坡脚前沿加压块石对河岸的稳定性起到一定的作用。故在抛石护岸加固过程中需注意在坡脚前沿加压块石护脚。

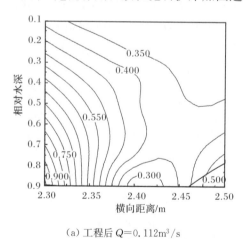

(a) 工程后 $Q=0.112\mathrm{m}^3/\mathrm{s}$

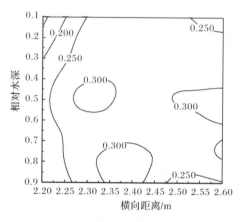

(b) 工程前 $Q=0.112\mathrm{m}^3/\mathrm{s}$

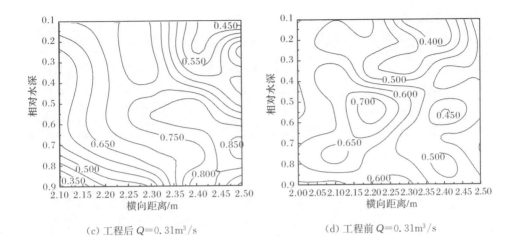

(c) 工程后 Q=0.31m³/s   (d) 工程前 Q=0.31m³/s

图 5.34 护岸工程前后近岸处横断面的紊动动能分布

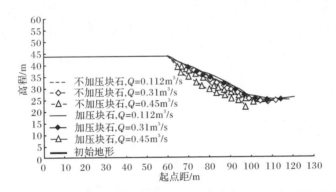

图 5.35 粗颗粒双层块石不均匀护岸段典型横断面有无加压块石近岸地形对比

2) 细颗粒块石护岸

(1) 单层均匀铺护。

细颗粒块石试验涨水过程中(图 5.36),随着流量增大,在纵向水流冲刷作用下近岸河床不断冲刷下切,坡脚前沿河床冲刷变陡,由附近上层碎石下滑填补。同时坡面上的碎石也在调整,但调整幅度比粗颗粒块石要小,主要是因为小颗粒碎石对近底水流的扰动要小,加上小颗粒在铺护过程中易密实,颗粒之间及颗粒与床面之间孔隙尺度小。经过一段时间的水流作用后,护岸工程趋于稳定,由图 5.15 和图 5.37 可知,当流量较小时,在流速小于细颗粒块石起动流速的情况下,细颗粒较粗颗粒的护岸效果稍好。落水过程中,随着流量的减小和水位的下降,河岸中上部由于失去水压力的横向支撑作用,会出现不同程度的崩塌,岸脚附近冲淤幅度相对较小。

　　　　（a）单层细颗粒（试验前）　　　　　　　　　（b）单层细颗粒（试验中，水位上涨）

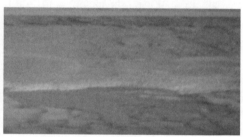

　　　　（c）单层细颗粒（试验中，水位下降）　　　　　　（d）单层细颗粒（试验后）

图 5.36　细颗粒单层块石均匀护岸试验过程照片

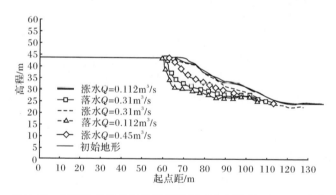

图 5.37　细颗粒单层均匀护岸近岸河床典型横断面（28#）变化

　　根据细颗粒单层块石均匀护岸前后垂线平均流速和紊动强度横向变化图（图 5.38 和图 5.39）可以看出，其变化规律与粗颗粒各种铺护形式都相同。

　　由图 5.38 可知，当流量较小且水位较低（$Q=0.112\mathrm{m}^3/\mathrm{s}$，$H=0.3\mathrm{m}$）时，护岸工程实施后减小了过水断面面积，缩窄作用明显，此时由于岸线崩退较弱且护岸工程所起的阻水作用相对较小，所以护岸后断面垂线平均流速沿横向分布呈现增大趋势。随着流量的增大和水位的升高（$Q=0.31\mathrm{m}^3/\mathrm{s}$，$H=0.4\mathrm{m}$；$Q=0.45\mathrm{m}^3/\mathrm{s}$，

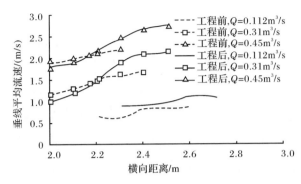

图 5.38　细颗粒单层块石均匀护岸前后典型横断面(28#)垂线平均流速横向变化

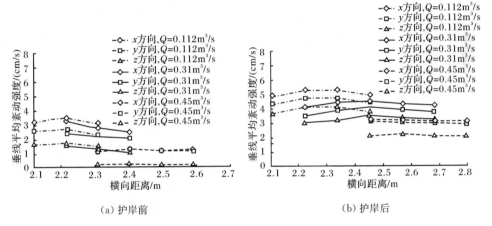

（a）护岸前　　　　　　　　　　　　　　　　　　（b）护岸后

图 5.39　细颗粒单层块石均匀护岸前后平均紊动强度横向变化

$H=0.45\text{m}$)，河岸中上段部位崩退加大而增大该段过水断面面积，使近岸段局部垂线平均流速减小，同时由于水位升高后，护岸工程将会增大河道水流阻力，从而也有减速的作用。此后从坡脚处附近往河心方向，断面垂线平均流速护岸后较护岸前呈现增大趋势。

由图 5.39 可知，各级流量条件下，细颗粒单层块石均匀护岸前后平均紊动强度横向变化规律与粗颗粒单层或双层护岸相似。细颗粒单层块石护岸工程实施后，相同各级流量条件下，护岸后近岸各个方向上最大垂线平均紊动强度较护岸前均略有增加。当流量为 $0.31\text{m}^3/\text{s}$ 时，x 方向垂线平均紊动强度由护岸前的 3.86cm/s 增大为 4.89cm/s（图 5.39）。

由图 5.40 和图 5.41 可知，工程前后近岸处各向流速和紊动强度的垂线分布都具有三维性，其变化规律与粗颗粒单层、双层均匀或不均匀铺护所体现的规律都相似。

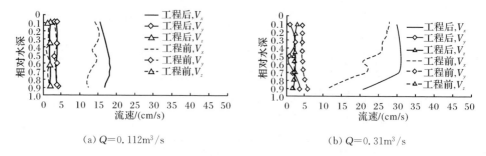

(a) $Q=0.112\mathrm{m^3/s}$　　　　　　(b) $Q=0.31\mathrm{m^3/s}$

图 5.40　细颗粒单层块石均匀护岸工程前后近岸处各向流速垂线分布

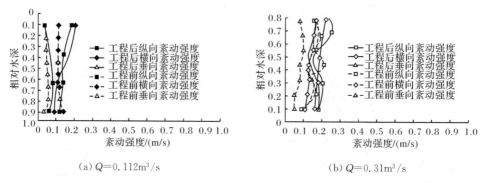

(a) $Q=0.112\mathrm{m^3/s}$　　　　　　(b) $Q=0.31\mathrm{m^3/s}$

图 5.41　细颗粒单层块石均匀护岸工程前后近岸处各向紊动强度垂线分布

　　根据图 5.42 可知,工程后近岸处横断面的紊动动能分布更为密集,数值高于工程前。在小流量($Q=0.112\mathrm{m^3/s}$)时,工程前后紊动动能分布变化不大。当流量增大时,护岸外缘的块石会加剧岸脚的紊动,因此当流量 $Q=0.31\mathrm{m^3/s}$ 时,紊动动能主要分布在近岸处,特别是近岸处相对水深 $0.8\sim0.9$ 的岸脚处,紊动动能数值达 1.4J。

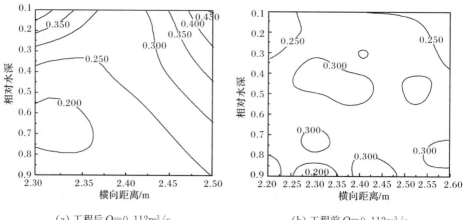

(a) 工程后 $Q=0.112\mathrm{m^3/s}$　　　　　　(b) 工程前 $Q=0.112\mathrm{m^3/s}$

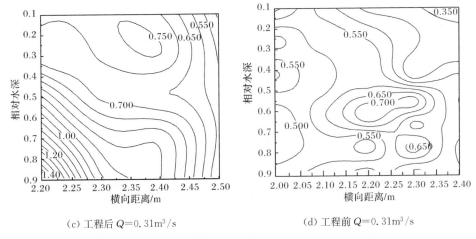

(c) 工程后 $Q=0.31\text{m}^3/\text{s}$ (d) 工程前 $Q=0.31\text{m}^3/\text{s}$

图 5.42 细颗粒单层块石均匀护岸工程前后近岸处横断面的紊动动能分布

(2) 双层均匀铺护。

细颗粒双层块石试验涨水过程中(图 5.43),块石运动变化规律和水流特性与细颗粒单层块石相似。随着流量增大,在纵向水流冲刷作用下近岸河床不断冲刷下切,坡脚前沿河床冲刷变陡,由附近上层碎石下滑填补,由于铺护厚度较大,空白区出现的概率较单层时小。经过一段时间的水流作用后,护岸工程趋于稳定,

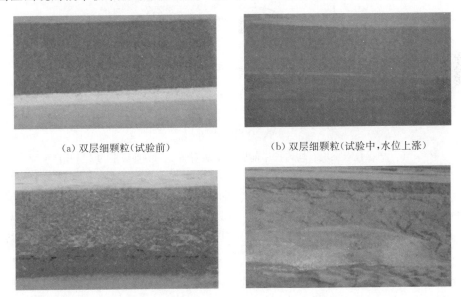

(a) 双层细颗粒(试验前)   (b) 双层细颗粒(试验中,水位上涨)

(c) 双层细颗粒(试验中,水位下降)   (d) 双层细颗粒(试验后)

图 5.43 细颗粒双层均匀铺护试验过程照片

由图 5.44 和图 5.22 可知,当流量较小时,流速小于细颗粒块石起动流速的情况下,细颗粒双层护岸较粗颗粒双层护岸的护岸效果稍好。落水过程中,随着流量的减小和水位的下降,河岸中上部由于失去水压力的横向支撑作用,会出现不同程度的崩塌,岸脚附近冲淤幅度相对较小。

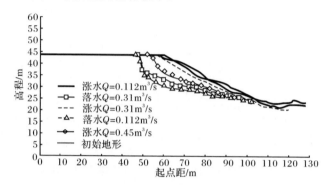

图 5.44 细颗粒双层均匀护岸近岸河床典型横断面(35♯)变化

根据细颗粒双层块石均匀护岸前后垂线平均流速和紊动强度横向变化(图 5.45和图 5.46)可以看出,其变化规律与前述各种护岸形式都相同。

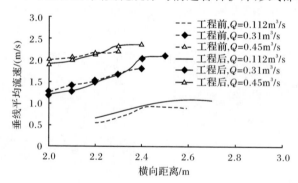

图 5.45 细颗粒双层块石均匀护岸前后典型横断面(33♯)垂线平均流速横向变化

由图 5.45 可知,在各级流量条件下,细颗粒双层块石均匀护岸前后垂线平均流速沿横向分布规律与粗颗粒护岸相似。即当流量较小且水位较低($Q=0.112\text{m}^3/\text{s},H=0.3\text{m}$)时,护岸后断面垂线平均流速沿横向分布呈现增大趋势。随着流量的增大和水位的升高($Q=0.31\text{m}^3/\text{s},H=0.4\text{m};Q=0.45\text{m}^3/\text{s},H=0.45\text{m}$),护岸工程将会增大河道水流阻力,从而也有减速的作用。此后从坡脚处附近往河心方向,断面垂线平均流速较护岸前呈现增大趋势。

由于流量越大,水流的掺混作用也越强,三个方向脉动流速的均方值也趋于一致,因此当流量($Q=0.112\text{m}^3/\text{s}$)较小时,纵向和横向垂线平均紊动强度很接近并明显大于垂向垂线平均紊动强度,但随着流量的进一步增大,纵向和横向平均紊动强度值更加接近,但都大于垂向垂线平均紊动强度值。细颗粒双层块石护岸工程实施后,相同各级流量条件下,护岸后近岸最大垂线平均紊动强度较护岸前略有增加。当流量为 $0.45 \mathrm{m}^3/\mathrm{s}$ 时,x 方向垂线平均紊动强度由护岸前的 $3.80 \mathrm{cm/s}$ 增大为 $5.20 \mathrm{cm/s}$(图 5.46)。

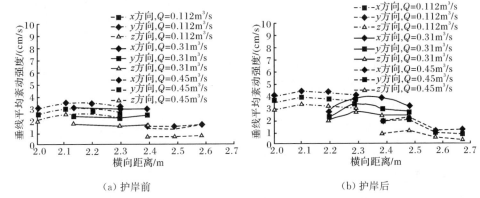

(a) 护岸前　　　　　　　　　　　(b) 护岸后

图 5.46　细颗粒双层块石均匀护岸前后平均紊动强度横向变化

由图 5.47 和图 5.48 可知,工程前后近岸处各向流速和紊动强度的垂线分布呈现出三维性,垂线上各点的各向流速和紊动强度都不同。近岸处垂线的三向流速均存在多个拐点且纵向流速远大于横向和垂向流速。工程后河岸阻力相应发生了调整,同时近岸处局部水流流态也发生了变化,断面流速沿垂线分布形态也略有变化。护岸工程实施后或流量增大后,由于河岸边界附近水流强烈的掺混作用加强,在垂线上三个方向的紊动强度趋于一致。

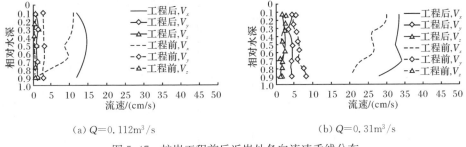

(a) $Q=0.112 \mathrm{m}^3/\mathrm{s}$　　　　　　　　(b) $Q=0.31 \mathrm{m}^3/\mathrm{s}$

图 5.47　护岸工程前后近岸处各向流速垂线分布

根据图 5.49 可知,工程后近岸处横断面的紊动动能分布更为密集,数值明显高于工程前,也是由于块石增加河岸附近的紊动流速,从而引起近岸流速的重新分布,与此同时漩涡的不断产生和分解使得水流进行复杂的三维能量交换。当流量 $Q=0.112 \mathrm{m}^3/\mathrm{s}$ 时,工程前后紊动动能分布变化不大。当流量增大时,护岸外缘的块石会加剧岸脚的紊动,当流量 $Q=0.31\mathrm{m^3/s}$ 时,最大紊动动能主要分布在近岸处相对水深 $0.8\sim0.9$ 的岸脚处,紊动动能数值达 1J,且在横向上有所内移。

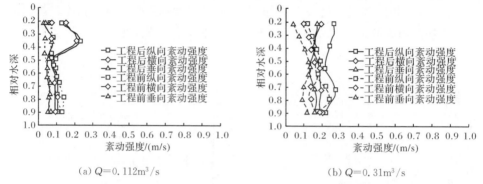

(a) $Q=0.112\mathrm{m^3/s}$　　　　　　　　(b) $Q=0.31\mathrm{m^3/s}$

图 5.48　护岸工程前后近岸处各向紊动强度垂线分布

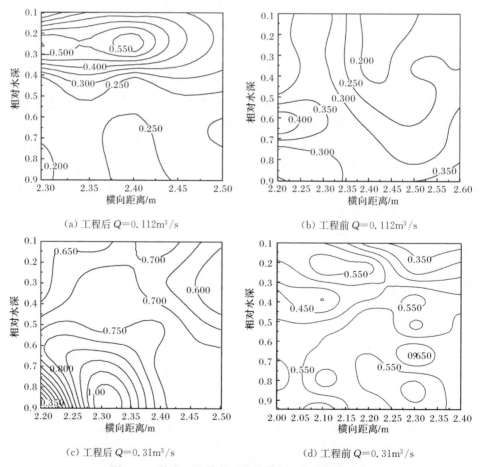

(a) 工程后 $Q=0.112\mathrm{m^3/s}$　　　　　　(b) 工程前 $Q=0.112\mathrm{m^3/s}$

(c) 工程后 $Q=0.31\mathrm{m^3/s}$　　　　　　　(d) 工程前 $Q=0.31\mathrm{m^3/s}$

图 5.49　护岸工程前后近岸处横断面紊动动能分布

（3）双层不均匀铺护（覆盖率 50％）。

块石不均匀铺护试验考虑了坡面块石覆盖率为 50％的情况（图 5.50），坡面块石铺护处厚度按双层控制。细颗粒双层不均匀块石涨落水试验过程中，块石运动变化规律和水流特性与粗颗粒双层不均匀块石相似。涨水试验过程中，随着流量的逐渐增大和水位的逐渐抬高，坡面块石空隙之间及坡脚前沿受水流冲刷作用，导致局部薄弱处坡度变陡，引起上层块石下滑填补，上层坡面失去块石保护后空白区范围逐渐加大，受到水流淘刷后容易坍塌，上层岸线冲刷后退。当流量较小时，流速小于细颗粒块石起动流速的情况下，由于细颗粒与河岸面接触较粗颗粒紧密，故细颗粒双层不均匀护岸较粗颗粒双层不均匀护岸的护岸效果稍好（图 5.29 和图 5.51）。

(a) 细颗粒不均匀（试验前）

(b) 细颗粒不均匀（试验中，水位上涨）

(c) 细颗粒不均匀（试验中，水位下降）

(d) 细颗粒不均匀（试验后）

图 5.50　细颗粒双层不均匀护岸试验照片

由图 5.51 可知，细颗粒双层不均匀铺护的护岸效果较双层均匀铺护的效果差，与粗颗粒块石双层护岸规律相似，在流量增大（涨水）过程或流量减少（落水）过程中，河岸冲刷后退幅度均大于双层均匀护岸情况。

根据细颗粒双层块石不均匀护岸前后垂线平均流速和紊动强度横向变化图（图 5.52 和图 5.53）可以看出，其变化规律与前述各种护岸形式都相同。

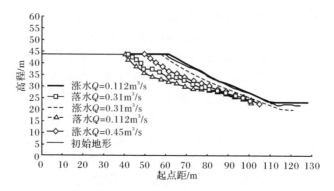

图 5.51　细颗粒双层不均匀护岸近岸河床典型横断面(42#)变化

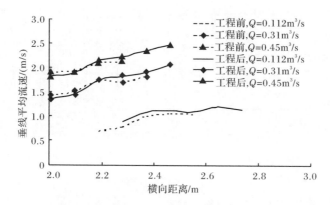

图 5.52　细颗粒双层块石不均匀护岸前后垂线平均流速横向变化

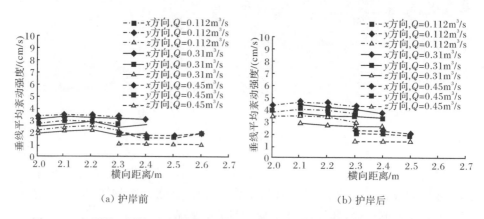

（a）护岸前　　　　　　　　　　　　（b）护岸后

图 5.53　细颗粒双层块石不均匀护岸前后垂线平均紊动强度横向变化(覆盖率 50%)

由图 5.52 可知,当流量较小($Q=0.112\mathrm{m}^3/\mathrm{s}$)且水位较低($H=0.3\mathrm{m}$)时,护岸后断面垂线平均流速沿横向分布呈现增大趋势。随着流量的增大和水位的升高$(Q=0.31\mathrm{m}^3/\mathrm{s}, H=0.4\mathrm{m}; Q=0.45\mathrm{m}^3/\mathrm{s}, H=0.45\mathrm{m})$,护岸工程将会增大河道水流阻力,从而也有减速的作用。此后从坡脚处附近往河心方向,断面垂线平均流速较护岸前呈现增大趋势。

由于流量越大,水流的掺混作用也越强,在任一紊流中,都有三个方向脉动流速的均方值趋于相等。细颗粒双层块石不均匀护岸工程实施后,整体来看,相同各级流量条件下,护岸后近岸最大垂线平均紊动强度较护岸前略有增加。当流量为 0.45m^3/s 时,x 方向垂线平均紊动强度由护岸前的 3.60cm/s 增大为4.73cm/s(图 5.53)。

由图 5.54 和图 5.55 可知,工程前后近岸处各向流速和紊动强度的垂线分布都具有三维性。近岸处垂线的三向流速均存在多个拐点,并且纵向流速远大于横向和垂向流速。护岸工程实施后或流量增大后,由于河岸边界附近水流强烈的掺混作用加强,在垂线上三个方向的紊动强度都有趋于相等的强烈变化。

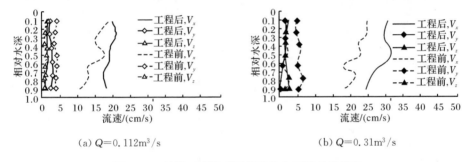

图 5.54　护岸工程前后近岸处各向流速垂线分布

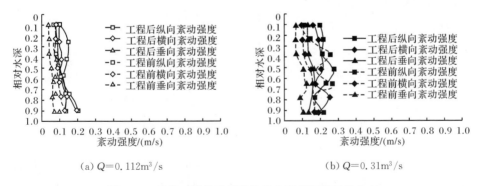

图 5.55　护岸工程前后近岸处各向紊动强度垂线分布

根据图 5.56 可知,工程后近岸处横断面的紊动动能分布更为密集,总体来看数值较工程前有所增大。细颗粒块石增加河岸附近的紊动,从而引起近岸流速的重新分布,与此同时漩涡的不断产生和分解使得水流进行复杂的三维能量交换。当流量 $Q=0.112\mathrm{m}^3/\mathrm{s}$ 时,工程后横断面最大紊动动能主要分布在近岸相对水深

0.8～0.9 的岸脚附近,约为 0.5J。当流量 $Q=0.31\mathrm{m^3/s}$ 时,工程后横断面最大紊动动能主要分布在近岸相对水深 0.5～0.6 的岸脚附近,约为 0.85J,在横向上有所内移。

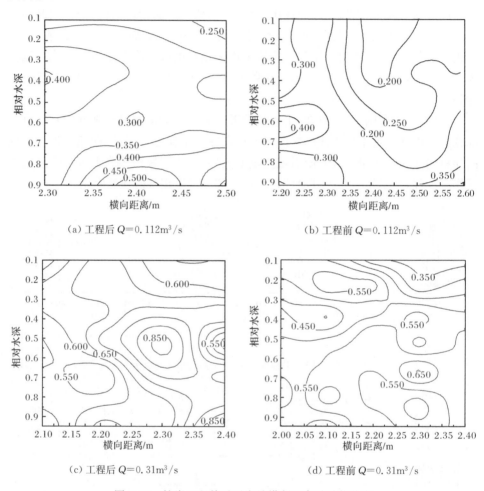

(a) 工程后 $Q=0.112\mathrm{m^3/s}$　　　　　　(b) 工程前 $Q=0.112\mathrm{m^3/s}$

(c) 工程后 $Q=0.31\mathrm{m^3/s}$　　　　　　(d) 工程前 $Q=0.31\mathrm{m^3/s}$

图 5.56　护岸工程前后近岸处横断面紊动动能分布

　　试验中还对细颗粒双层块石不均匀护岸段前沿进行了有无镇脚石的试验(图 5.57),根据地形变化可知,其变化规律与粗颗粒双层块石不均匀护岸段试验相似,说明在抛石护岸加固过程中无论抛石的颗粒大小都需注意在坡脚前沿加压块石护脚。

　　3) 混凝土铰链排护岸

　　混凝土铰链排在水下的稳定性与岸坡的坡度和平整度、排体自重及压载重、混凝土板之间连接扣件强度和河床冲刷强度等许多因素有关。采用混凝土铰链

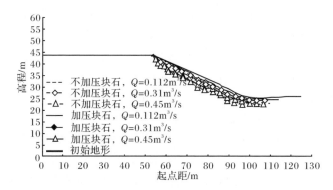

图 5.57　细颗粒双层块石不均匀护岸段典型断面有无加压块石对比

排护岸后,由于排体整体抗冲性较强且具有一定的柔性,一般情况下基本能随河床的冲刷而发生相应的变形。

由图 5.58 可知,试验涨水过程中,随着流量的逐渐增大和水位的逐渐抬高,铰链排中混凝土块间隙中的泥沙特别是近岸局部薄弱处河岸被淘刷后导致坡度变陡,引起岸脚附近铰链排为适应河岸变形而下垂,当流速继续增大到一定程度时,排体迎水侧与未护交接处因受水流冲刷,最前端一排的混凝土块部分悬于水中,

（a）试验前

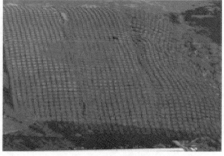

（b）试验中（水位上涨）

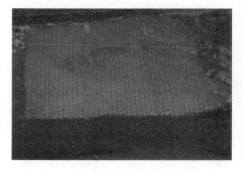
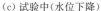

（c）试验中（水位下降）

（d）试验后

图 5.58　混凝土铰链排护岸试验过程照片

从而使水流对前端排体的作用力增加,会出现排体被掀起或翻卷的现象,因此,排体的首部应加大压载量,有利于混凝土铰链排的整体稳定性。在落水过程中,随着水位的下降,局部淘刷严重的部位排体会出现下挫现象。

由图 5.59 可知,在各级流量条件下,护岸后混凝土铰链排的排体中上部河岸冲刷变形较小,排体下部河岸冲刷较大,流量较大时排体前沿坡度明显变陡。另外,当排体头部、尾部及前沿加抛裹头石与防冲石时,排体头部、尾部及前沿河床受水流冲刷变形后,有相应的块石来填补,形成由块石覆盖的稳定坡度。当排体头部、尾部及前沿冲刷严重时,一方面使排体的坡度变陡,排体会出现下滑甚至被拉断的现象;另一方面,由于排体前沿冲刷幅度最大,局部岸坡较陡,有的甚至呈悬吊状。同时,排体上下游两侧也发生冲刷变形,对局部排体的稳定性及护岸效果会产生不利影响。

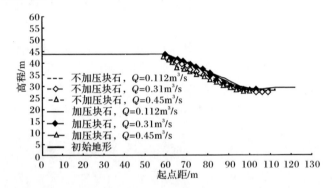

图 5.59　混凝土铰链排护岸前后典型横断面(7♯)近岸河床地形变化

根据混凝土铰链排护岸前后垂线平均流速和紊动强度横向变化(图 5.60 和图 5.61)可以看出,其变化规律与前述各种护岸形式都相同。

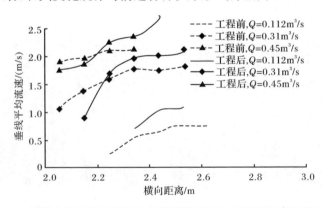

图 5.60　混凝土铰链排护岸前后典型横断面(7♯)垂线平均流速横向变化

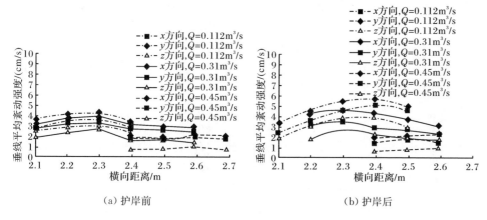

（a）护岸前　　　　　　　　　　　　　（b）护岸后

图 5.61　混凝土铰链排护岸前后典型横断面(7♯)垂线平均紊动强度横向变化

由图 5.60 可知,混凝土铰链排护岸前后对垂线平均流速横向变化的影响与粗颗粒、细颗粒护岸工程相似。即当流量较小且水位较低($Q=0.112\text{m}^3/\text{s}, H=0.3\text{m}$)时,护岸后断面垂线平均流速沿横向分布呈现增大趋势。随着流量的增大和水位的升高($Q=0.31\text{m}^3/\text{s}, H=0.4\text{m}$ 和 $Q=0.45\text{m}^3/\text{s}, H=0.45\text{m}$),近岸段局部垂线平均流速减小,同时由于水位升高后,护岸工程将会增大河道水流阻力,从而也有减速的作用。此后从坡脚处附近往河心方向,由于护岸工程的缩窄作用,断面垂线平均流速较护岸前呈现增大趋势。

当流量($Q=0.112\text{m}^3/\text{s}$)较小时,由于空间各点的紊动强度不同,纵向和横向垂线平均紊动强度很接近并明显大于垂向垂线平均紊动强度,但随着流量的进一步增大,纵向和横向平均紊动强度值更加接近但仍然都大于垂向垂线平均紊动强度值。该规律与前述粗颗粒、细颗粒护岸工程相似。混凝土铰链排护岸工程实施后,岸脚附近垂线平均流速略有增加;相同各级流量条件下,护岸后近岸最大垂线平均紊动强度各向较护岸前略有增加。当流量为 $0.45\text{m}^3/\text{s}$ 时,x 方向垂线平均紊动强度由护岸前的 4.14cm/s 增大为 5.77cm/s(图 5.61)。

由图 5.62 和图 5.63 可知,工程前后近岸处各向流速和紊动强度的垂线分布都具有三维性,垂线上各点的各向流速和紊动强度都不同。近岸处垂线的三向流速均存在多个拐点,并且纵向流速远大于横向和垂向流速。工程后河岸阻力相应发生了调整,同时近岸处局部水流流态也发生了变化。护岸工程实施后或流量增大后,由于河岸边界附近水流强烈的掺混作用加强,在垂线上三个方向的紊动强度均趋于一致。

根据图 5.64 可知,工程后近岸处横断面的紊动动能分布更为密集,整体来看工程后紊动动能数值高于工程前,主要是因为混凝土铰链排会增加河岸附近的紊动流速,从而引起近岸流速的重新分布,与此同时漩涡的不断产生和分解使得水流进行复杂的三维能量交换。当流量 $Q=0.112\text{m}^3/\text{s}$ 时,工程后横断面紊动动能最大,约为 0.5J,在近岸相对水深 $0.7\sim0.9$ 的岸脚。当流量 $Q=0.31\text{m}^3/\text{s}$ 时,工程后最大紊动动能仍分布在近岸相对水深 $0.7\sim0.9$ 的岸脚,其值在 0.75J 以上,但在横向上有所内移。

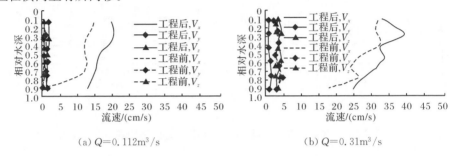

(a) $Q=0.112\text{m}^3/\text{s}$　　　　　　　　(b) $Q=0.31\text{m}^3/\text{s}$

图 5.62　混凝土铰链排护岸前后近岸处各向流速沿垂线分布

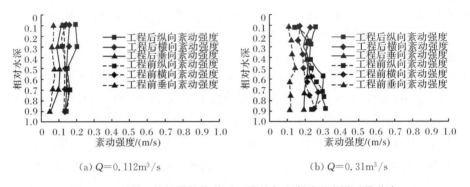

(a) $Q=0.112\text{m}^3/\text{s}$　　　　　　　　(b) $Q=0.31\text{m}^3/\text{s}$

图 5.63　混凝土铰链排护岸前后近岸处各向紊动强度沿垂线分布

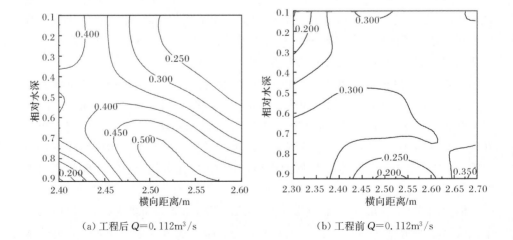

(a) 工程后 $Q=0.112\text{m}^3/\text{s}$　　　　　　(b) 工程前 $Q=0.112\text{m}^3/\text{s}$

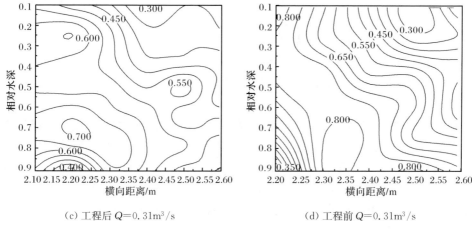

(c) 工程后 $Q=0.31\text{m}^3/\text{s}$　　　　　　　　　(d) 工程前 $Q=0.31\text{m}^3/\text{s}$

图 5.64　混凝土铰链排护岸前后近岸处横断面紊动动能分布

　　根据枯水期混凝土铰链排护岸工程的现场查勘,坡脚处铰链排护岸的破坏现象主要表现为铰链被拉断或铰链排排首塌陷(图 5.65)。

(a) 武汉龙王庙　　　　　　　　　　　　　(b) 石首茅林口

图 5.65　混凝土铰链排护岸破坏情况

　　综上所述,混凝土铰链排护岸工程的破坏主要是由护岸后排体头、尾部和前沿河床冲刷而引起的。虽然铰链沉排有一定的柔性,可适应一定的河床变形,但若排体周围河床变形较大,排体适应河床变形的能力及调整幅度有限,因此为减小排体变形破坏,需在头部、尾部及前沿加抛块石保护。实践表明,为避免排体局部破坏,应在坡面平整的岸段沉放混凝土铰链排。由于水流冲刷混凝土体之间空隙处泥沙将造成岸坡的变形,间距较小时可不加土工布垫层,但对于间距较大的情况,需加土工布作为垫层,以防止其间的泥沙被淘刷而影响排体的稳定与护岸效果。

　　根据室内试验研究和工程实践经验,混凝土铰链排护岸适用于岸线比较平顺、岸坡较缓且比较平整的河段。在岸线变化大、岸坡陡、崩岸变形较为剧烈的岸段不宜采用。在岸坡地形变化大以及在已有大量抛石守护的岸段采用混凝土铰链排护岸时,应在沉放排体前先对岸坡进行全面平整。

4) 网模卵石排护岸

网模卵石排是将卵石灌装入聚乙烯纤维绳制成的网状模袋内,形成网模卵石排单元体,沉放入河床。网模卵石排能较好地适应河床的变形,既适用于水下坡度较缓的新护段,又适用于水流条件较复杂坡度较陡的加固段。网模卵石排守护效果是靠其整体性和一定柔性来实现的,能适应一定河床变形。当河床变形较大,即水流强烈顶冲地段排体防护的效果不会很好。排体自身稳定,一方面靠压重物来保证排体不被水流掀起、翻卷,另一方面靠岸坡的稳定而稳定。因此,网模卵石排适用于守护段水下坡度缓于 1∶2.5 及河床变形不大的河段,同时在守护区船舶不能抛锚。

由图 5.66 可知,在试验涨水过程中,随着流量的逐渐增大和水位的逐渐抬高,网模卵石排近岸局部薄弱处河岸被淘刷后导致坡度变陡,引起岸脚附近网模卵石排单元体为适应河岸变形而散乱,当流速继续增大到一定程度时,排体单元体间的护岸空白区会淘刷严重而影响周围排体单元的稳定性,从而发生网模卵石排单元体下滑塌落。在试验落水过程中,由于前期流速较大时水流携带的泥沙较多,水位下降后可清楚地看到河岸中下部落淤现象。由图 5.66 和图 5.67 可知,中小流速条件下网模卵石排整体护岸效果很好(除坡脚局部处有所冲刷外),流速大时,河岸局部淘刷后河岸中下部由于排体单元体失稳引起局部岸线冲退。因此,网模卵石排的施工过程中,一定要预留足够的单元体之间的搭接段,否则容易因存在空白区而影响网模卵石排的整体稳定性。

(a) 试验前　　　　　　　　　　　　　　(b) 试验中(水位上涨)

（c）试验中（水位下降）　　　　　　　　　　　　　（d）试验后

图 5.66　网模卵石排试验过程照片

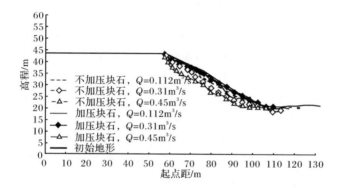

图 5.67　网模卵石排护岸前后典型横断面（18♯）近岸河床变化

　　根据网模卵石排护岸前后垂线平均流速和紊动强度横向变化（图 5.68 和图 5.69）可以看出，其变化规律与前述各种护岸形式都相同。

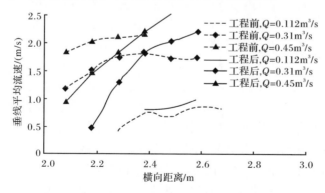

图 5.68　网模卵石排护岸前后典型横断面（18♯）垂线平均流速横向变化

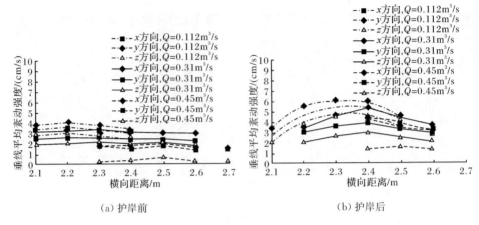

图 5.69　网模卵石排护岸前后平均紊动强度横向变化

由图 5.68 可知,当流量较小且水位较低($Q=0.112\mathrm{m^3/s}$,$H=0.3\mathrm{m}$)时,网模卵石排护岸后减小了过水断面面积,缩窄了河宽,此时由于岸线崩退较弱且护岸工程所引起的阻水作用相对较小,所以护岸后断面垂线平均流速沿横向分布呈增大趋势。随着流量的增大和水位的升高($Q=0.31\mathrm{m^3/s}$,$H=0.4\mathrm{m}$ 和 $Q=0.45\mathrm{m^3/s}$,$H=0.45\mathrm{m}$),河岸中上段岸线崩退加大增大了该段过水断面面积,使近岸段局部垂线平均流速减小,同时由于水位升高后,护岸工程将会增大河道水流阻力,从而也有减速的作用,离河岸越远,断面垂线平均流速沿横向较护岸前增大越明显。

当流量较小($Q=0.112\mathrm{m^3/s}$)时,由于空间各点的紊动强度不同,纵向和横向垂线平均紊动强度很接近并明显大于垂向垂线平均紊动强度,但随着流量的进一步增大,纵向和横向平均紊动强度值更加接近但仍然都大于垂向垂线平均紊动强度值。网模卵石排护岸工程实施后,整体上来看垂线平均流速略有增加;相同各级流量条件下,护岸后近岸最大垂线平均紊动强度各向较护岸前略有增加。当流量为 $0.45\mathrm{m^3/s}$ 时,x 方向垂线平均最大紊动强度由护岸前的 $4.12\mathrm{cm/s}$ 增大为 $5.73\mathrm{cm/s}$(图 5.69)。

由图 5.70 和图 5.71 可知,工程前后近岸处各向流速和紊动强度的垂线分布同样都具有三维性,垂线上空间各点的各向流速和紊动强度也都不同。近岸处垂线的三向流速和紊动强度均存在多个拐点,并且纵向水流流速远大于横向和垂向流速。工程后的纵向流速大于工程前,在近底处呈减小趋势。这是因为布置网模卵石排将增加边滩糙率,阻力变化引起河道水流结构的垂线调整,在水流近底床面处形成阻力区,上部水流流速大,近底流速小。当流量 $Q=0.112\mathrm{m^3/s}$ 时,纵向与横向紊动强度较大,当流量 $Q=0.31\mathrm{m^3/s}$ 时,纵向紊动强度较大。三向紊动强度均属一个数量级,相差不大,这是由于河岸边界附近水流强烈的掺混作用,在垂线上三个方向的紊动强度趋于相等。网模卵石排结构使近底水流紊动强度有所加强。

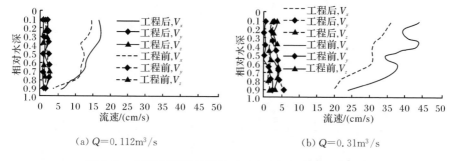

(a) $Q=0.112\text{m}^3/\text{s}$　　　　　　　　　(b) $Q=0.31\text{m}^3/\text{s}$

图 5.70　网模卵石排护岸前后近岸处各向流速垂线分布

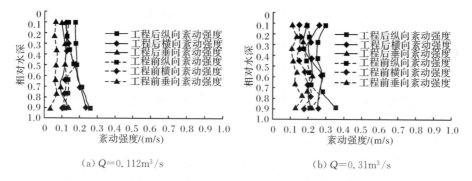

(a) $Q=0.112\text{m}^3/\text{s}$　　　　　　　　　(b) $Q=0.31\text{m}^3/\text{s}$

图 5.71　网模卵石排护岸工程前后近岸处各向紊动强度垂线分布

根据图 5.72 可知,工程后近岸处横断面的紊动动能分布更为密集,数值明显高于工程前,这是由于网模卵石排引起近岸流速的重新分布,与此同时漩涡的不断产生和分解使得水流进行复杂的三维能量交换。当流量 $Q=0.112\text{m}^3/\text{s}$ 时,工

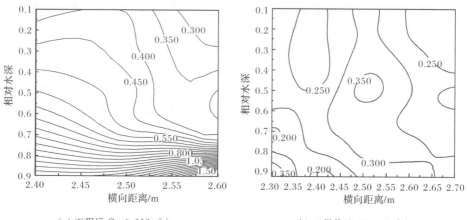

(a) 工程后 $Q=0.112\text{m}^3/\text{s}$　　　　　　　　　(b) 工程前 $Q=0.112\text{m}^3/\text{s}$

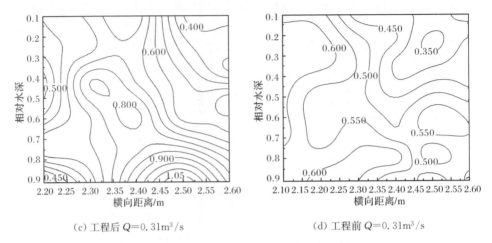

(c) 工程后 $Q=0.31\text{m}^3/\text{s}$　　　　　　　(d) 工程前 $Q=0.31\text{m}^3/\text{s}$

图 5.72　网模卵石排护岸前后近岸处横断面紊动动能分布

程后横断面紊动动能最大值达到 1.5J 以上,位于岸脚近底附近(相对水深 0.9 处)。当流量 $Q=0.31\text{m}^3/\text{s}$ 时,工程后横断面最大紊动动能分布在位于岸脚近底附近(相对水深 0.9 处),约为 1.05J,并横向上有所内移。

5) 四面六边透水框架(简称"透水四面体")护岸

本次透水四面体护岸试验方案主要是针对均匀铺护情况下进行的相关试验(图 5.73),在涨水过程中当流速较小时,透水四面体可利用透水构件分散水流,改变局部水流流态,将护岸区局部底部流速降低至岸坡泥沙不容易起动状态,从而自身也处于稳定状态。此外,守护区底部流速减缓后,上游来沙部分在四面体守护区内落淤,促淤效果也很好。透水四面体护岸破坏的形式是坡脚河床受到冲刷或坡面空档处泥沙被淘刷后,岸坡变陡而引起四面体下滑,在流速增大的情况下还可能被水流带走;当流速继续增大时,除坡脚前沿和坡面空档处冲刷引起四面体移动和破坏外,其他部位基本无破坏面。护岸后河岸整体变形较小,仅坡脚附近河床有所冲刷下切(图 5.74)。落水过程中,由于前期流速较大时水流携带的泥沙较多,透水四面体有较强的减速促淤效果,水位下降后可清楚看到河岸中下部落淤现象。此外,试验现象表明,在同样的水流和边界条件下,透水四面体的起动流速显著小于相同重量实体护岸材料(如块石)的起动流速,说明透水性材料的抗冲性明显低于实体材料,主要原因是透水体的部分杆件凸出床面的高度和迎水面积明显高于同重量的实体材料,而河道水流流速随水深变化一般表现为上大下小,杆件凸出床面的高度越高、迎水面积越大,受水流的作用力矩越大,在水流作用下越易失稳。

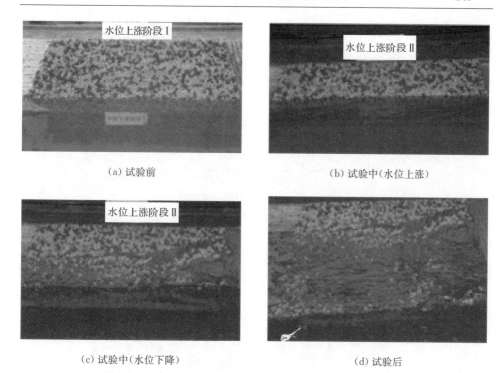

（a）试验前　　　　　　　　　　　　　（b）试验中（水位上涨）

（c）试验中（水位下降）　　　　　　　　　（d）试验后

图 5.73　透水四面体均匀铺护试验过程照片

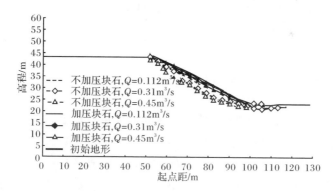

图 5.74　透水四面体均匀护岸前后典型横断面（12♯）近岸河床地形变化

根据透水四面体均匀护岸前后垂线平均流速和紊动强度横向变化（图 5.75 和图 5.76）可以看出，其变化规律与前述各种护岸形式都相同。

透水四面体均匀护岸工程实施后，整体上来看垂线平均流速略有增加；相同各级流量条件下，护岸后近岸最大垂线平均紊动强度各向较护岸前略有增加。当流量为 0.45m³/s 时，x 方向垂线平均紊动强度由护岸前的 4.20cm/s 增大为 6.69cm/s（图 5.76）。

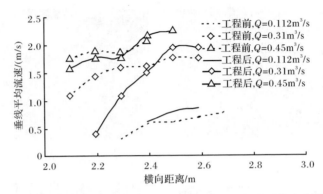

图 5.75　透水四面体均匀护岸前后典型横断面(12♯)垂线平均流速横向变化

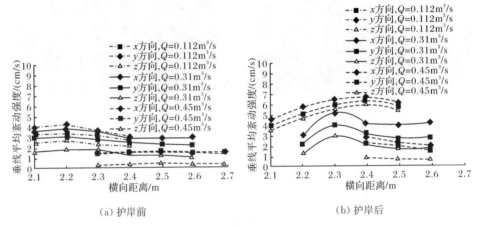

(a) 护岸前　　　　　　　　　　　　(b) 护岸后

图 5.76　透水四面体均匀护岸前后典型横断面(12♯)垂线平均紊动强度横向变化

由图 5.77 和图 5.78 可知,透水四面体实施前后近岸处各向流速和紊动强度的垂线分布特点与前述各种护岸形式相似,即都具有三维性,垂线上空间各点的各向流速和紊动强度也都不同。近岸处垂线的三向流速和紊动强度均存在多个拐点,并且纵向流速远大于横向和垂向流速。工程后的纵向流速大于工程前,在近底处有减少趋势。这是因为四面体透水框架利用透水构件分散水流,水流流过四面体后,会发生漩涡分离现象,产生附加的绕流阻力阻滞了水流运动,这种阻滞作用,能在近底流区形成低流速带,对床面泥沙起动产生了屏蔽的作用,从而可达到护底保滩、减速促淤的作用。当流量 $Q=0.112\text{m}^3/\text{s}$ 时,纵向与横向紊动强度较大,当流量 $Q=0.31\text{m}^3/\text{s}$ 时,纵向紊动强度较大。三向紊动强度均属一个数量级,相差不大,这是由于河岸边界附近水流强烈的掺混作用,在垂线上三个方向的紊动强度均强烈趋于相等。

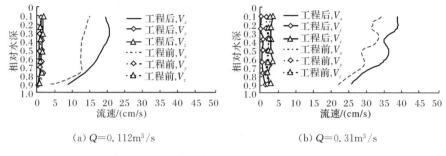

(a) $Q=0.112\text{m}^3/\text{s}$　　　　　　(b) $Q=0.31\text{m}^3/\text{s}$

图 5.77　透水四面体护岸工程前后近岸处各向流速垂线分布

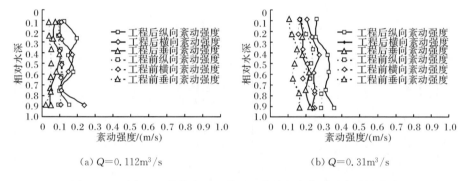

(a) $Q=0.112\text{m}^3/\text{s}$　　　　　　(b) $Q=0.31\text{m}^3/\text{s}$

图 5.78　透水四面体护岸工程前后近岸处各向紊动强度垂线分布

根据图 5.79 可知,工程后近岸处横断面的紊动动能分布更为密集,数值高于工程前,但差别不大,这是由于透水四面体会增加河岸附近的紊动流速,从而引起近岸流速的重新分布,与此同时漩涡的不断产生和分解使得水流进行复杂的三维能量交换。当流量 $Q=0.112\text{m}^3/\text{s}$ 时,工程后横断面紊动动能最大,其值约为 0.55J,位于坡脚处相对水深 0.5～0.6 附近。当流量 $Q=0.31\text{m}^3/\text{s}$ 时,工程后紊动能最大值达 0.9J,垂向上仍主要分布在坡脚处相对水深 0.5～0.6 附近,横向上有所内移。

与实体材料相比,透水体材料的优点在于把实体材料对水流的突变干扰变成了渐变干扰,把实体材料对水流的整体干扰变成了局部干扰,从而促使水流的改变更加平顺与柔和。此外,使用透水体材料促淤还可节省大量材料并加速区内淤积。由于受四面体杆件的阻水绕流作用,可在水流底部沿程逐步消杀水流冲刷能量,降低水流冲刷强度,从而达到保护床面的效果,起到增阻减速的作用,有利于泥沙落淤。因此,在流速较小的部位采用透水四面体护岸是可行的,在崩窝治理时采用四面六边透水框架具有较好的缓流促淤效果,但不适于在流速较大和迎流顶冲地段采用。

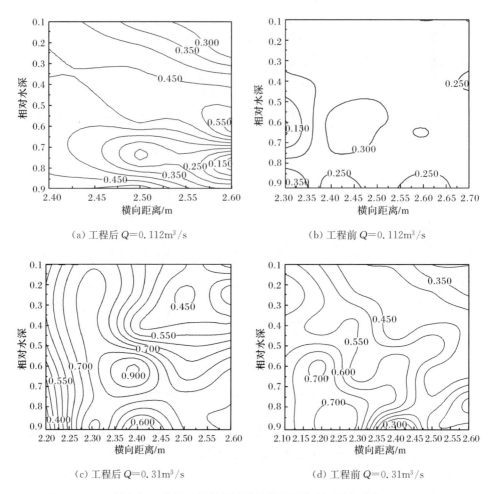

(a) 工程后 $Q=0.112\mathrm{m}^3/\mathrm{s}$　　　　　　(b) 工程前 $Q=0.112\mathrm{m}^3/\mathrm{s}$

(c) 工程后 $Q=0.31\mathrm{m}^3/\mathrm{s}$　　　　　　(d) 工程前 $Q=0.31\mathrm{m}^3/\mathrm{s}$

图 5.79　护岸工程前后近岸处横断面的紊动动能分布

6) 钢筋混凝土网架促淤沉箱护岸

由图 5.80 和图 5.81 可知,在试验涨水过程中,随着流量的逐渐增大和水位的逐渐抬高,网架促淤沉箱单元体之间的局部薄弱处泥沙被淘刷后导致坡度略有变陡,岸脚附近促淤沉箱单元体为适应河岸变形位置略有变动,但河岸稳定性整体较好,本次试验在涨水过程中网架促淤沉箱的护岸效果较好,河岸岸线崩退较小。在试验落水过程中,由于前期流速较大时水流携带的泥沙较多,网架促淤沉箱的结构形式适合泥沙落淤,在落水过程中(中小流速条件下)泥沙逐渐落淤,根据水位下降后拍照结果可清楚看到河岸落淤现象。但是,落水过程中,由于较长时间达到含水量饱和后的河岸土体失去水体的侧向支撑作用,容易因自身和网架促淤沉箱重力作用下挫而引起河岸上部分部分岸线崩退,但中下部岸线基本稳定,网架促淤沉箱整体较稳定。

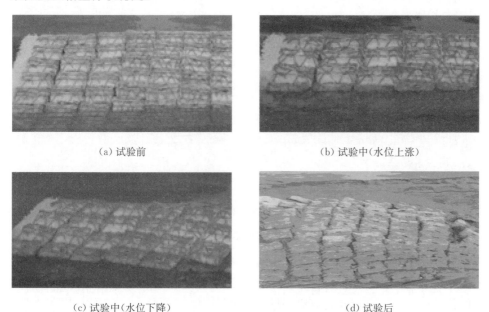

(a) 试验前　　　　　　　　　　　　　　　(b) 试验中(水位上涨)

(c) 试验中(水位下降)　　　　　　　　　　(d) 试验后

图 5.80　网架促淤沉箱试验过程照片

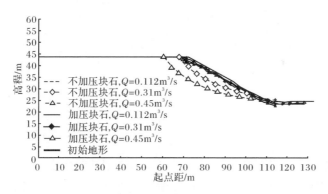

图 5.81　网架促淤沉箱护岸段典型横断面(55♯)近岸河床地形变化

根据网架促淤沉箱护岸前后垂线平均流速和紊动强度横向变化图(图 5.82和图 5.83)可以看出,其变化规律与前述透水四面体护岸形式相似。

由图 5.82 可知,当流量较小且水位较低($Q=0.112\mathrm{m}^3/\mathrm{s}$,$H=0.3\mathrm{m}$)时,护岸工程实施后减小了过水断面面积,缩窄作用明显,此时由于岸线崩退较弱且护岸工程所起的阻水作用相对较小,所以护岸后断面垂线平均流速沿横向分布呈现增大趋势。随着流量的增大和水位的升高($Q=0.31\mathrm{m}^3/\mathrm{s}$,$H=0.4\mathrm{m}$;$Q=0.45\mathrm{m}^3/\mathrm{s}$,$H=0.45\mathrm{m}$),近岸段局部垂线平均流速减小,同时由于水位升高后,离河岸越远,由于护岸工程的缩窄作用,断面垂线平均流速沿横向较护岸前呈现增大趋势。

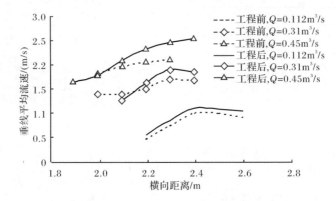

图 5.82　网架促淤沉箱均匀护岸前后垂线平均流速横向变化

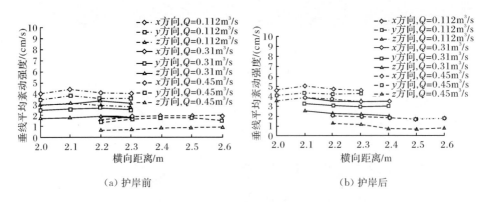

（a）护岸前　　　　　　　　　　　　　（b）护岸后

图 5.83　网架促淤沉箱护岸前后平均相对紊动强度横向变化

　　根据网架促淤沉箱护岸前后垂线平均紊动强度横向变化(图 5.83)可以看出,当流量较小($Q=0.112\text{m}^3/\text{s}$)时,纵向和横向垂线平均紊动强度比较接近并明显大于垂向垂线平均紊动强度。随着流量的增大,纵向和横向平均紊动强度值更加接近但仍然都大于垂向垂线平均紊动强度值。护岸工程实施后,相同各级流量条件下,护岸后近岸最大垂线平均紊动强度各向都较护岸前有所增大。当流量为 $0.45\text{m}^3/\text{s}$ 时,x 方向垂线平均紊动强度由护岸前的 4.30cm/s 增大为 5.04cm/s。

　　由图 5.84 和图 5.85 可知,工程前后近岸处各向流速和紊动强度的垂线分布都具有较明显的三维性,垂线上空间各点的各向流速和紊动强度都不同,都不是各向均匀同性的。近岸处垂线的三向流速和紊动强度均存在多个拐点。其中纵向水流流速最大,横向流速其次,垂向流速最小。工程后各向流速均大于工程前,这是因为网架促淤沉箱利用网架分散水流,水流流过网架后,会发生漩涡分离现象,产生附加的绕流阻力阻滞了水流运动,与透水四面体相比,各向流速沿垂线分布较为均匀。随着流量的增大,由于网架促淤沉箱河岸边界附近水流强烈的掺混作用,在垂线上三个方向的紊动强度均有趋于相等的强烈变化,且工程前后各向紊动强度变化较小。

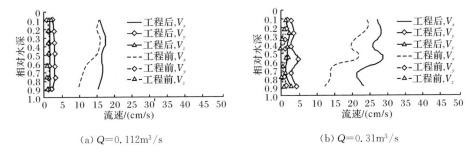

(a) $Q=0.112\text{m}^3/\text{s}$　　　　　　　　　　(b) $Q=0.31\text{m}^3/\text{s}$

图 5.84　网架促淤沉箱护岸工程前后近岸处各向流速的垂线分布

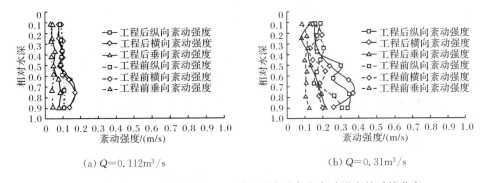

(a) $Q=0.112\text{m}^3/\text{s}$　　　　　　　　　　(b) $Q=0.31\text{m}^3/\text{s}$

图 5.85　网架促淤沉箱护岸工程前后近岸处各向紊动强度的垂线分布

　　根据图 5.86 可知,工程后近岸处横断面的紊动动能分布更为密集,整体来看数值较工程前有所增大,这是由于网架促淤沉箱会增加河岸附近的紊动流速,引起近岸流速的重新分布,与此同时漩涡的不断产生和分解使得水流进行复杂的三维能量交换。当流量 $Q=0.112\text{m}^3/\text{s}$ 时,工程后横断面紊动动能最大,约为 0.45J,位于近岸相对水深 0.7~0.8 的岸脚附近。当流量 $Q=0.31\text{m}^3/\text{s}$ 时,工程后紊动动能最大值在横向上有所外移,垂向上仍主要分布在近岸相对水深 0.7~0.8 的岸脚附近,数值达 0.9J。

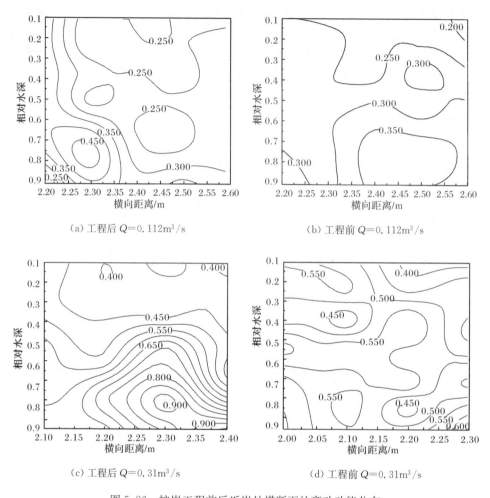

图 5.86　护岸工程前后近岸处横断面的紊动动能分布

5.4　小　　结

（1）根据浅地层剖面仪系统采集的荆江典型河段图像数据及影像特征分析，以往实施的护岸工程基本保持完好，护岸坡面至近深泓处均有块石覆盖，抛石护岸体的流失不明显，但抛石前沿的冲刷会导致坡面护岸体的调整，调整过程中前沿备填石料不足，难以在前沿形成局部稳定坡度，进而波及坡面的稳定，会对护岸工程的稳定构成威胁。

（2）采用水下多波束测深技术，连续两年同一时段对荆江典型河弯护岸工程局部近岸河段地形进行全覆盖扫测，2 次护岸工程地形扫测结果分析表明，除已护与未护交界面附近局部断面岸坡较陡而有所崩塌外,已护工程整体上已起到稳定河岸的作用。

（3）通过对粗颗粒块石（含单层均匀、双层均匀和双层不均匀）、细颗粒块石（含单层均匀、双层均匀和双层不均匀）、混凝土铰链排、网模卵石排、透水四面体、钢筋混凝土网架促淤沉箱等 6 种典型护岸工程开展试验,研究了一定水流条件下不同典型护岸工程的调整变化过程、易遭受破坏的部位及护岸工程附近水流特点。主要试验成果如下。

① 不同典型护岸工程在涨落水过程中的崩塌过程主要表现为:水下坡脚附近局部河床冲刷→局部河岸变陡→坡面护岸工程随河岸变形发生调整变化→涨水期局部滑塌→落水期坡面和护岸工程崩塌加剧。除混凝土铰链排排体外,其他护岸工程的调整和破坏方式相似,首先是坡脚冲刷破坏,其次是坡面中上部单元体下滑,出现空白段后引发冲刷调整,岸坡变陡后出现崩塌现象。混凝土铰链排排体的破坏主要表现为排体头部、尾部和前沿受水流冲刷后引起排体悬空或被掀起,从而导致混凝土块之间的铰链断裂或混凝土块被挤碎,最后排体护岸失效。

② 无论有无护岸工程,流量越大,垂线平均流速越大,各向相应的垂线平均紊动强度越大。护岸工程实施后,坡脚附近护岸后垂线平均流速较护岸前都有不同程度的增大。相同各级流量条件下,护岸后近岸最大垂线平均紊动强度各向都较护岸前有所增大。

③ 工程前后近岸处的各向流速和紊动强度的垂线分布都具有三维性,垂线上各点各向流速和紊动强度都不同,说明空间各点不是各向均匀同性的。近岸处垂线的三向流速均存在多个拐点,并且纵向流速远大于横向和垂向流速。工程后河岸阻力相应发生了调整,断面流速沿垂线分布形态也略有变化。护岸工程实施后或流量增大后,由于河岸边界附近水流强烈的掺混作用加强,在垂线上都有三个方向的紊动强度趋于相等的强烈变化。工程后近岸处横断面的紊动动能分布更为密集,整体来看数值较工程前有所增大。

④ 各种典型护岸工程的坡脚前沿需要加压块石护脚来适应近岸河床的冲深调整,此外,在抛石和混凝土铰链排、网模卵石排、透水四面体、钢筋混凝土网架促淤沉箱等单元体的加固工程中,还需在枯水位附近岸坡中上部实施一定的加固工程如抛石,对于混凝土铰链排排体的加固工程,在护岸工程上下游两侧也需以裹头加以防护,以保持护岸工程的整体稳定。

总体来看,抛石护岸适应河床变形的能力最强,整体性较弱,混凝土铰链排整体性较强,但在适应河床变形方面却存在不足,钢筋混凝土网架促淤沉箱、网模卵石排和透水四面体的整体性与抗冲性依次介于混凝土铰链排和抛石之间。

参 考 文 献

[1] 余文畴,卢金友. 长江河道演变与治理. 北京:中国水利水电出版社,2005.

[2] 长江流域规划办公室. 长江中下游护岸工程基本情况及主要经验//长江流域规划办公室. 长江中下游护岸工程经验选编. 北京:科学出版社,1978.

[3] 潘庆燊,余文畴,曾静贤. 抛石护岸工程试验研究. 泥沙研究,1981,(1):76-84.

[4] 欧阳履泰,余文畴. 长江中下游护岸形式的分析研究. 水利学报,1985,(3):1-9.

[5] 长江水利委员会长江科学院. 冲刷条件下长江中游典型河段已护岸线崩塌过程及稳定性预测研究. 2012.

[6] 长江水利委员会长江科学院. 河床冲刷条件下护岸建筑物变化过程原型观测分析研究. 2011.

[7] 余文畴,钟行英,吴中贻,等. 平顺抛石护岸若干问题水槽定性实验//长江中下游护岸工程经验选编. 北京:科学出版社,1978.

[8] 余文畴. 抛石护岸稳定坡度与粒径的关系. 泥沙研究,1984,(3):71-76.

[9] 姚仕明,陈攀,金琨. 抛石护岸稳定性分析//长江重要堤防隐蔽工程建设管理局. 长江科学院. 长江护岸及堤防防渗工程论文选集. 北京:中国水利水电出版社,2003.

[10] 包承纲. 土工合成材料应用技术. 北京:中国水利水电出版社,1999.

第 6 章　护岸工程新技术与加固技术研究

本章主要介绍了宽缝加筋生态混凝土护坡工程与网模卵石排水下护岸工程新技术及应用效果,分析了长江中游河道在来沙大幅减少条件下对护岸工程稳定性的影响,并提出了不同护岸结构形式的加固技术方案。

6.1　宽缝加筋生态混凝土护坡工程新技术研究

目前,长江中下游河道水上护坡工程主要采用干砌石、浆砌石、预制混凝土六方块及现浇普通混凝土等护坡材料结构形式,在局部河段实施了钢丝网石垫与模袋混凝土护坡的试验性工程,这些工程在保护岸坡稳定方面起到了重要作用,但随着人们环保意识的不断增强、河岸带生态环境的改善需求和生态文明建设的不断深入,以及沿江两岸人们对稳定"绿色江岸"的追求,均需要治河科研工作者研究开发生态、环保、低能耗、高功效的新一代河岸护坡工程技术。宽缝加筋生态混凝土护坡工程就是在总结以往各类护坡工程利弊的基础上提出的一种新型护坡工程技术。

6.1.1　护坡工程结构设计

以往实施的长江中下游河道护坡工程侧重保护坡面的稳定,以硬化坡面为主,忽视了坡面作为河岸带能量、物质及生物通过的重要通道的一部分,以及绿色坡面对局部区域生境的改善作用。因此,河岸生态护坡工程需具备两项功能:一是保障河道边坡不被雨水和河水冲刷侵蚀,避免出现河岸线稳定风险而影响所在地区的防洪安全;二是保障河道岸坡植物自然生长和生物群落的栖息地的存在,从而维护河岸带生态系统的完整性与河道的自净功能。所以,河岸生态护坡工程在结构功能设计时必须要考虑工程对坡面的保护效果和工程坡面的自然生态修复;此外,需要进行护坡的区域往往是自然条件恶化或人类和其他生物活动频繁的地方,对工程的损毁影响较大,从科学与经济角度而言,需要耐久性好、经济实惠的材料结构形式。宽缝加筋生态混凝土护坡技术是一种新型的生态护坡技术,具有经久、实惠的特性,工程实体由预制加筋混凝土四方块、现浇空隙混凝土、三维土工网砂垫、土壤(泥浆)等构成。

宽缝加筋生态混凝土护坡结构设计如图 6.1～图 6.3 所示。其中预制加筋混凝土四方块为普通硅酸盐混凝土,标号:C_{15}、C_{20};预制加筋混凝土四方块中的加筋条可为钢丝、铁丝、钢筋、聚酯纤维绳或纤维编织带、聚乙烯纤维绳或纤维编织带、聚丙烯纤维绳或纤维编织带；加筋条在混凝土四方块预制时埋入其中，单根加筋条两端出露一定长度；预制加筋混凝土四方块铺在坡面上，四方块间的距离为5～30cm；将相邻预制加筋混凝土四方块出露的加筋条上下连接和左右连接，使整个坡面的预制加筋混凝土四方块连接成一个整体。

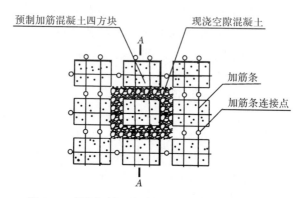

图 6.1　宽缝加筋生态混凝土护坡结构平面示意图

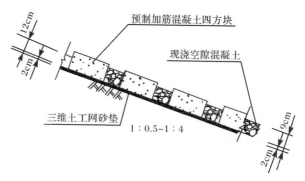

图 6.2　宽缝加筋生态混凝土护坡 A—A 剖面结构示意图

　　预制加筋混凝土四方块间的宽缝浇筑空隙混凝土，空隙混凝土厚度比预制加筋混凝土四方块的厚度小 2～5cm，空隙混凝土抗压强度不小于 3MPa；待空隙混凝土初凝后浇含草籽的泥浆养护或盖一层 2～10cm 土壤，以后在土壤面上洒水养护空隙混凝土。

　　三维土工网垫是一种高分子合成材料制成的三维网状结构，质地疏松、柔韧，留有 90% 的空间可填充土壤、砂粒，植物的根系可穿过其间均衡生长，三维土工网垫作为工程结构中的反滤层。三维土工网垫的标准型号有 4 种（EM2、EM3、EM4、EM5），其质量规格和力学指标见表 6.1，一般采用 EM3 型号三维土工网垫作为反滤层。

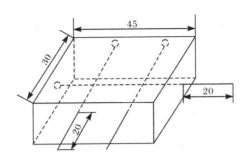

图 6.3　预制加筋混凝土四方块大样图(单位:cm)

表 6.1　三维土工网垫的性能技术指标

项目 \ 规格	EM2	EM3	EM4	EM5
单位面积克重/(g/m²)	≥220	≥260	≥350	≥430
厚度/mm	≥10	≥12	≥14	≥16
纵向拉伸强度/kN	≥0.8	≥1.4	≥2.0	≥3.2
横向拉伸强度/kN	≥0.8	≥1.4	≥2.0	≥3.2

宽缝加筋生态混凝土材料结构形式护坡形成的主要工艺流程如下。

(1) 加筋条预制。将加筋条卷材拉直,按设计长度裁断;对刚性材料(钢筋、钢丝、铁丝)一端绕环,绕环后围绕刚性材料二绞绕弯制成加筋条;对于柔性材料(聚酯纤维绳或纤维编织带、聚乙烯纤维绳或纤维编织带、聚丙烯纤维绳或纤维编织带)一端按设计目长套环,系死结制成加筋条;对不带环的加筋条按设计长度裁断即可。

(2) 预制加筋混凝土四方块。将加筋条放在四方块预制模具上,浇筑一定标号的混凝土,养护 28d,制成加筋混凝土四方块。

(3) 铺置三维土工网垫。在整理好的坡面土基础上铺三维土工网垫,并在三维土工网垫填充 1~2cm 厚的砂,形成三维土工网砂垫反滤层。

(4) 铺置加筋混凝土四方块。在三维土工网垫上按设计间距铺预制加筋混凝土四方块,按图 6.1 将加筋混凝土四方块按设计形状铺置在成形坡面上,在相邻的四方块的宽缝内将加筋条对位穿环连接或对位铰接,使整个坡面的混凝土四方块成为一个整体。

(5) 现浇空隙混凝土。按图 6.1 和图 6.2 的结构形式和设计厚度,在预制加筋混凝土四方块间的宽缝浇筑不含细骨料(砂)的混凝土,形成空隙混凝土块,空隙混凝土厚度要小于预制加筋混凝土四方块的厚度。

（6）形成宽缝加筋生态混凝土。空隙混凝土初凝后,向空隙混凝土灌注含草籽的泥浆养护,再在空隙混凝土表面覆盖一层土壤,然后在土壤上洒水,保持空隙混凝土湿润,以保证空隙混凝土处在合适的养护环境中,并且有利于植物在空隙混凝土串通性的空隙中生长扎根、根系渗透到空隙混凝土以下的三维土工网垫并扎根坡面土基础内,最终形成宽缝加筋生态混凝土。

6.1.2 护坡工程使用安全及其他性能分析

1. 工程使用安全

宽缝加筋生态混凝土护坡结构具有明显的安全应用的特点,这种结构中预制混凝土四方块的厚度与现浇空隙混凝土的厚度相比有高差,加上现浇空隙混凝土的泥土中生长有植物,因此,宽缝加筋生态混凝土护坡具有很好的抗滑性。此外,整个设计坡面工程可为一个整体,工程整体性好、安全可靠。另外,人类和其他动物在坡面活动不会像预制混凝土六方块和现浇混凝土板工程那样容易从坡顶直接滑至坡底,出现生命安全问题。

2. 具有耐久性、整体性、适应性良好的功能

宽缝加筋生态混凝土护坡结构既具有普通钢筋混凝土的强度高、耐久性好的特点,又具有良好的整体性和适应性。预埋在预制混凝土四方块的加筋条上下、左右对位连接,将整个设计坡面的预制混凝土四方块连为一体。目前应用较广的干砌石、浆砌石、预制混凝土六方块等护坡工程结构形式难以同时满足耐久性、整体性、适应性好的功能。因此,采用宽缝加筋生态混凝土护坡结构的护坡工程效果会更好。

3. 具有生态的功能

宽缝加筋生态混凝土护坡结构护坡面可植面积比约43.6%,加上植物枝叶的蓬展,基本可以覆盖整个坡面,而且坡面缝隙与受植被覆盖的坡面可为生物提供良好的栖息环境,具有一定的生态功能。浆砌石、预制混凝土六方块、模袋混凝土等护坡结构的整个坡面均被块石或混凝土覆盖,坡面不能适应植被生长,不利于河岸带坡面生态系统的完整性与连续性;普通的生态混凝土护坡缺乏整体性,坡面整体强度和耐久性欠佳;干砌石护坡缺乏整体性,维护周期短,对坡度有一定要求;钢丝网石垫护坡具有一定的生态功能,但单位面积工程成本较高。

4. 取材容易、建造便利

宽缝加筋生态混凝土护坡结构具有取材容易、建造便利的特点。加筋生态混凝土的原材料为水泥、砂、平均粒径 5～30mm 的石子或卵石、加筋条（钢丝、铁丝、钢筋、聚酯纤维绳或纤维编织带、聚乙烯纤维绳或纤维编织带、聚丙烯纤维绳或纤维编织带）、水等，上述材料为普通的工程材料，施工工艺成熟。因此，宽缝加筋生态混凝土护坡结构具有取材容易、建造便利的特点。

5. 造价比较

在长江中下游河道的护岸工程中，干砌石护坡结构一般为 0.3m 厚干砌块石 ＋0.15m 厚砂卵石垫层，浆砌石护坡结构一般为 0.3m 厚浆砌块石＋0.15m 厚砂卵石垫层，预制混凝土六方块护坡结构一般为 0.1m 厚预制混凝土块＋0.15m 厚砂卵石垫层，钢丝网石垫护坡结构一般为 0.23m 钢丝网石垫＋250g/m² 短纤涤纶针刺土工布，模袋混凝土护坡结构一般为 0.15m 厚模袋混凝土＋0.15m 厚砂卵石垫层，土工隔栅石垫护坡结构一般为 0.25m 钢丝网石垫＋250g/m² 短纤涤纶针刺土工布。上述护岸材料结构形式近几年在长江中游荆江河段均有实施案例，折现 2011 年 12 月当地价格水平，在同等工效的情况下，干砌石、浆砌石、钢丝网石垫、模袋混凝土、宽缝加筋生态混凝土护坡的单位面积造价见表 6.2。由表可知，干砌石护坡结构的初始工程造价相对较低，但是干砌石护坡容易被水毁破坏，一般 15 年左右需要进行一次大修，拆除旧坡面进行重新砌筑；干砌石护坡在 1998 年前在长江中下游护岸工程中普遍应用，1998 年以后的长江堤防护岸工程建设中，基本拆除了以前干砌石护坡，改为预制混凝土六方块护坡。预制混凝土六方块护坡是目前应用最普遍的一种结构形式，但是，这种护坡材料结构形式没有生态功能，大面积使用对河岸带的生态及其自净功能会带来一定程度的不利影响。

宽缝加筋生态混凝土护坡既有预制混凝土六方块护坡的坡面稳定与保护功能，又具有一定的生态功能，单位面积造价比预制混凝土六方块护坡稍贵。与另一种具有同等功能的钢丝网石垫护坡结构相比，宽缝加筋生态混凝土护坡单位面积造价仅为其一半，工程经济寿命相对较长。因此，宽缝加筋生态混凝土护坡结构具有经济实惠的特点。

表 6.2　不同材料结构形式护坡单位面积造价统计

护坡材料结构形式	单位面积造价/(元/m²)	工程经济寿命/年
干砌石护坡	49.5	15
浆砌石护坡	73.5	30

续表

护坡材料结构形式	单位面积造价/(元/m²)	工程经济寿命/年
预制混凝土六方块护坡	55.5	25
宽缝加筋生态混凝土护坡	59.3	30
钢丝网石垫护坡	115.0	25
模袋混凝土护坡	75.0	25
土工隔栅石垫护坡	102.0	25

6.1.3 应用实例

宽缝加筋生态混凝土护坡技术已在长江中游下荆江河段河势控制工程中杨岭子和观音洲段应用,工程于 2011 年 5 月完工。工程运行实践表明(图 6.4 和图 6.5),宽缝加筋生态混凝土护坡技术具有较好的护坡与生态功能,混凝土材料的基本结构强度高、耐久性好;护坡面可较好地形成一个整体,长度和宽度可不受限制;护坡面可生长各类草本植物和藤本植物,以及小灌木,而且坡面种植的先锋物种会逐步被当地优势物种所取代;可为生物群落提供适宜的栖息场所。该项护坡技术的单位工程面积综合造价相对较低,不仅适应大江大河和中小河流的护坡工程,也可应用于河道型水库高陡边坡的治理工程和海岸防护工程,取材容易、可工业化生产,是一项值得推广应用的新型护坡技术。

(a) 2011 年 10 月　　　　　　　　　　(b) 2014 年 5 月

图 6.4　宽缝加筋生态混凝土护坡观音洲工程段

(a) 2011 年 10 月　　　　　　　　　　(b) 2014 年 5 月

图 6.5　宽缝加筋生态混凝土护坡杨岭子工程段

6.2　网模卵石排水下护岸工程新技术研究

三峡水库蓄水运用后,其下游河道会出现长时间、长距离的沿程冲刷,大量的险工段需要实施水下护岸工程或加固工程。以往长江中下游实施的水下护岸工程主要为抛石,在控制河势与稳定岸线等方面发挥了重要作用。尽管抛石护岸工程效果较好,但考虑到大量开采山石会对自然生态环境造成破坏,因此,研究新型水下护岸工程技术十分必要。

网模卵石排作为一种新型水下护岸技术,主要以江河自产的卵石为主要原材料,结合土工织物,用于江河治理工程,材料资源丰富,取材容易,综合造价适中,对生态环境基本没有不利影响,而且采用该技术护岸可改善水下水生生物的栖息场所[1]。

6.2.1　网模卵石排的原材料调研

1. 网模袋的原材料调研

1) 纤维绳原材料基本物理性能

网模袋由纤维绳加工成网片后缝制而成,纤维绳的原材料为合成纤维材料。目前常用的合成纤维材料有聚酰胺纤维(PA)、聚酯纤维(PES,商品名称为涤纶)、聚乙烯纤维(PE,商品名称为乙纶)、聚丙烯纤维(PP)、聚乙烯醇纤维(PVA)、聚氯乙烯纤维(PVC)和聚偏二氯乙烯纤维(PVD)等,这些化纤材料均可用于制造纤维绳和网片。由于物理性能和性价比等多方面因素,目前,国内外的渔具业市场上基本都是用聚酯纤维和聚乙烯纤维材料制造纤维绳和网片。

(1) 聚酯纤维。

这是一种较为新颖的合成纤维,由对苯二酸和乙二醇合成。聚酯纤维的商品名称为涤纶,原材料呈白色。聚酯纤维材料的主要特性如下。

① 纤维的密度较大,为 $1.38g/cm^3$。制成的网材料有较大的沉降速度,所以特别适合作为渔具网片材料。

② 断裂强度很高。纤维的断裂强度为 $5.6\sim8.0CN/dtex$($1dtex = 1g/10000m$,单纱纤维9000m长度的重量克数),浸水后强度不发生变化,并具有良好的耐磨性。

③ 纤维的弹性较高,延伸率较小,制品表面光滑,水阻力小,脱水快。

④ 纤维的抗光性能良好,在日光作用下强度影响极小。

⑤ 吸湿性很小,标准回潮率仅为 0.4%,浸水后既不收缩也不伸长,能保持网目尺寸的稳定性。

⑥ 耐酸性强,且不受丹宁和煤焦油的破坏,湿态下结节不易滑动。

(2) 聚乙烯纤维。

聚乙烯纤维在我国的商品名称为乙纶纤维,原材料呈白色。这类纤维是从石油的原油中热裂解得到乙烯和丙烯,经过聚合形成聚乙烯和聚丙烯单体,然后将单体熔融纺丝制成纤维。结晶度$>85\%$,斜方晶系,熔融温度$124\sim138℃$,玻璃化温度$-75\sim-120℃$,延伸率$8\%\sim35\%$。聚乙烯纤维材料的主要性能如下。

① 密度 $0.95\sim0.96g/cm^3$,为合成纤维中密度较小的一种。吸湿性极小,回潮率小于 0.01%,在95%相对湿度下的回潮率为 0.1%。

② 纤维的断裂强度为 $4.4\sim7.9CN/dtex$,湿态下强度不变。

③ 纤维一般都制成单丝状,具有一定的柔挺性,不需作特殊处理即可使用,而且表面光滑。

④ 纤维的耐磨性良好,抗光性较差,受紫外线照射强度有所下降。

⑤ 耐酸碱性良好,在强酸碱中纤维强度几乎不降低。

2) 纤维绳材料物理力学试验检测

聚乙烯纤维绳材料为原材料熔化拉丝捻制而成,聚乙烯原材料呈白色,加工而成的纤维绳也呈白色;蓝色的聚乙烯纤维绳的原材料来源较复杂。从试验检测的结果(表6.3)来看,白色的聚乙烯纤维绳的断裂强度相对较大,延伸率相对较小,材料的物理性能相对较好。

表6.3　聚乙烯纤维绳材料物理力学试验检测统计

型号	颜色	质量/g	称重长度/m	断裂强度/(N/根)	延伸率/%	单位长度质量/(g/m)
21股	蓝色	1.75	2.600	135.2	56.4	0.68
24股	蓝色	2.37	3.075	155.8	55.33	0.77

续表

型号	颜色	质量/g	称重长度/m	断裂强度/(N/根)	延伸率/%	单位长度质量/(g/m)
30 股	白色	1.27	1.100	245.6	28.50	1.15
36 股	蓝色	4.11	3.110	242.5	68.72	1.38
36 股	白色	0.59	0.435	297.3	26.76	1.36
39 股	蓝色	6.24	3.280	336.6	85.04	1.90
42 股	蓝色	5.08	3.205	289.2	33.81	1.59
45 股	蓝色	3.48	2.020	370.0	31.01	1.72
135 股	蓝色	2.97	0.585	1100.0	22.78	5.08

涤纶纤维绳材料为聚酯纤维原材料熔化喷丝捻制而成,聚酯纤维原材料呈白色,加工而成的纤维绳也呈白色。从试验检测的结果(表 6.4)来看,聚酯纤维绳的断裂强度相对较大,延伸率相对较小,材料的物理性能相对较好。涤纶纤维绳材料相对较柔软,系结性能较好,适用于作为网袋缝结线和封口绳。

表 6.4　涤纶纤维绳材料物理力学试验检测统计

直径型号、颜色	质量/g	称重长度/m	断裂强度/(N/根)	延伸率/%	单位长度质量/(g/m)
0.6mm、白色	0.270	0.65	157.8	22.15	0.42
1.0mm、白色	0.165	0.16	254.9	17.23	1.03
1.2mm、白色	2.390	1.90	358.5	20.86	1.26

为了利用纤维绳的断裂强度来控制卵石排的装载程度和排体落体形状,以及初定灌装设备的结构坡度,对纤维绳进行绕挂情况下断裂拉力试验检测,试验结果见表 6.5。

表 6.5　纤维绳绕挂情况下断裂拉力试验检测统计

材料	型号	颜色	单位长度质量/(g/m)	断裂拉力/(N/根)
涤纶	1.0mm	白色	1.03	430
聚乙烯	36 股	白色	1.18	417
聚乙烯	36 股	白色	1.21	435

3) 网片材料物理力学试验检测

网模卵石排的网袋为聚乙烯纤维绳网片加工而成,考虑到卵石的来源和卵石的粒径,选用菱形网目长为 2cm×2.5cm 的网片作为网袋的候选材料,在网绳的物理力学试验检测基础上,对网片进行抗冲击的顶破强度检测试验,试验结果见表 6.6。

表 6.6　聚乙烯纤维绳网片顶破强度检测试验统计

网片目长型号	网绳型号与颜色	CBR/N	单位目重/(g/目)
2cm×2.5cm 菱形	21 股/蓝色	475	0.12
2cm×2.5cm 菱形	24 股/蓝色	556	0.15
2cm×2.5cm 菱形	30 股/白色	758	0.18
2cm×2.5cm 菱形	36 股/白色	910	0.22

2. 卵石料源调研

卵石是岩石经地壳运动等自然力的震动风化,再经过山洪冲击、流水搬运和砂石间反复翻滚摩擦而形成的粒径为 60～200mm 的无棱角天然粒料。长江中游干支流的卵石料源主要分布在干流的宜枝河段和洞庭湖区的四水(湘江、资江、沅水、澧水)等河道上,陆水、浠水、巴河等支流河段也有大量卵石。宜枝河段为采砂(含卵石)禁区,陆水、浠水、巴河等支流河段汛期禁止采砂,非汛期卵石料源区河道水浅,小型船舶难以通航,车运卵石运输成本高。因此,重点对洞庭湖区的四水下游枯水期通航河段的河道卵石料源进行了调查。

1) 主要可采卵石料源的地理分布

洞庭湖区的四水下游河段的河道除城市河段和桥梁所在地上下游 1000m 的范围内严禁采砂(含卵石,下同)外,其余河段办理了行业许可证后均可采砂(含卵石)。从实地调查来看,湘江的望城至河口(青港)段、资江的桃江至河口(新胜)段、沅水的常德至河口(坡头)段、澧水的津市至河口(南咀)段均有采砂船在作业。上述河段的地理分布如图 6.6 所示。

2) 洞庭湖区的四水卵石料的特征

由于河道所处流域地质条件的较大差异,湘江、资江、沅水、澧水的卵石成色特征有较大的不同,湘江卵石呈白云颜色,多起源于石英砂岩;资江卵石呈土黄颜色,多起源于沉积岩;沅水卵石呈灰青颜色,多起源于石灰岩;澧水卵石以灰白颜色为主,起源岩石种类较多。根据采砂船的(链斗)出水砂(含卵石)料筛分装船体积调查资料和现场情况估算,沅水的河床质卵石含量高达 70% 以上,$D \geqslant 30mm$ 的卵石近一半;湘江的河床质卵石含量不到 20%,$D \geqslant 80mm$ 的卵石很少见,资江与澧水 $D \geqslant 30mm$ 的河床质(卵石)含量超过 25%(表 6.7)。

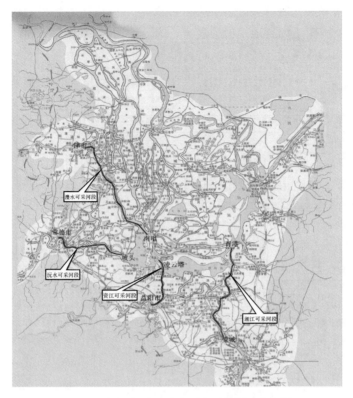

图 6.6　长江中游可采卵石主要料源地分布图

表 6.7　调查河段河床质比重区间范围

粒径范围	湘江	资江	沅水	澧水
$D{\leqslant}10\text{mm}$	75%～85%	35%～45%	20%～30%	40%～50%
$10\text{mm}{\leqslant}D{\leqslant}30\text{mm}$	5%～15%	10%～20%	15%～25%	10%～20%
$30\text{mm}{\leqslant}D{\leqslant}80\text{mm}$	5%～15%	15%～25%	20%～30%	15%～25%
$D{\geqslant}80\text{mm}$	—	10%～20%	15%～25%	10%～15%

3) 洞庭湖区的四水卵石料的日产运量估算

(1) 开采能力。根据位于湘江、资江、沅水、澧水河道下游段(调查段)采砂船数量、日产砂石料能力和卵石($D{\geqslant}30\text{mm}$)的含量估算,湘江、资江、沅水、澧水日产卵石料能力为 2.3 万～4.2 万 t,再按 75% 的开工率计算,湘江、资江、沅水、澧水等四水河流下游段的采砂船卵石($D{\geqslant}30\text{mm}$)日产量能力为 1.7 万～3.2 万 t。按 25% 潜在开工率计算,每天可增产卵石 0.4 万～0.8 万 t。

(2) 运输能力。目前,洞庭湖区的砂石料部分用于满足当地建筑市场,部分卵石料因没有市场被当做开采废料回填到采砂坑。此外,还有相当一部分运往长江下游的江苏、浙江、上海等地。根据表 6.8 的统计资料,平均每天满载卵石从洞庭湖口发往外地的砂料船 20 多艘、卵石料船 5～7 艘(按 6 艘计算),按每艘船平均载货 2500t 估算,平均每天运出洞庭湖口的砂(含卵石)石料约为 6.5 万 t,其中,卵石料约为 1.7 万 t。

表 6.8　调查期间主要采砂船卵石($D \geqslant 30mm$)产量估算

粒径范围	湘江	资江	沅水	澧水
$D \geqslant 30mm$	5%～15%	25%～45%	35%～55%	25%～40%
采砂船数	8	5	6	3
日产能力型号	10000t 级	5000t 级	5000t 级	3000t 级
卵石产量/万 t	0.4～1.2	0.6～1.1	1.1～1.6	0.2～0.3
合计/万 t	2.3～4.2			
料场距城陵矶港口里程/km	50～100	150～250	150～250	200～250

根据以上计算成果资料分析,洞庭湖区的四水下游段卵石料的日开采运输能力至少 1 万 m^3(1.65 万 t),可满足网模卵石排护岸技术在长江中游干流河道的整治工程中规模化推广应用。

3. 卵石料的人工合成

卵石料的人工合成主要有以下两种途径:一是采用"砂＋水泥"的混合料在专用设备上进行预制,卵石的大小及形状完全可自行控制,用这种工艺技术生产的人工卵石料抗压强度可达到 15MPa,密度与天然卵石接近;二是采用"砂土＋固化剂"的混合料在专用设备上进行预制,同样,卵石的大小及形状完全可自行控制,用这种工艺技术生产的人工卵石料抗压强度可达到 5MPa,密度与天然卵石接近。采用上述方法生产人工卵石的主要材料仍可采用河道中的泥沙,主要原材料仍来自天然河道,这样可避免大量开山采石对环境造成的破坏。

6.2.2　网模卵石排水下护岸的结构设计

网模卵石排水下护岸工程技术是利用卵石的重力原理,在人工或机械的作用下,将卵石填充到挂扣在施工专用设备的排状网模袋里,封口形成网模卵石排;将网模卵石排沉放在河床上设计施工区位,屏蔽所覆盖的河床免遭水流冲刷,以达到保护河岸稳定的目的。

1. 材料结构及技术要求

(1)网模卵石排由网袋灌装卵石制成,单个成型体 600cm(长)×200cm(宽),

装卵石约 2.5m³,质量约 4.2t。

(2)网袋的原材料采用聚乙烯纤维绳绞结网片,颜色为白色,网目长 5cm(网格尺寸 2.5cm×2.5cm)。

(3)单块网袋的网片总目数为 33550 目,质量(7500±100)g,有 1980 个双扣绞结缝点。

(4)卵石粒径:长径不小于 3cm,短径不小于 2.5cm。

(5)网袋的网绳为 36 股,单绳断裂强度≥260N/根,网片顶破强度 CBR≥900N。

(6)网袋有 17 条剪切口,剪切口长 20cm(至第 5 目),18 个单袋口的第 1 目均穿 1 条长 0.9m 的封口套绳,颜色为绿色。

(7)网袋封口套绳和缝结线均为长纤涤纶纤维绳(36 股),单绳断裂强度≥275N/根,两端系单死结,封口时拉紧套绳系双死结。

网模卵石排水下护岸工程结构如图 6.7 和图 6.8 所示。

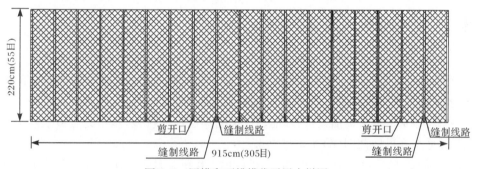

图 6.7　网模卵石排模袋平展大样图

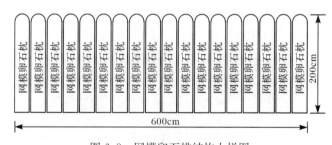

图 6.8　网模卵石排结构大样图

2. 稳定性分析

网模卵石排的抗滑主要取决于自重所产生的下滑力和网模卵石排与边坡土壤之间产生摩擦力的比值,按排体抗滑安全系数公式[2]计算

$$k=\frac{G\cos\alpha}{G\sin\alpha}f_{cs}=f_{cs}\cot\alpha$$

式中，G 为网模卵石排的质量；α 为坡角，($°$)，网模卵石排护岸的最大坡比不陡于 $1:2.0$，$\cot\alpha \geqslant 2.0$；f_{cs} 为网袋与坡面间摩擦系数，通常取 0.5；k 为安全系数。经计算，$F_s = 7.78 > 1.5$，满足抗滑稳定要求。

通过已有资料分析计算，本工程各沉排区域内的断面平均流速小于 3m/s。根据南京水利科学研究院软体排试验成果，排体平均压重 $100kg/m^2$ 时，在承受 3.0m/s 流速的作用下，排体可保持稳定。本沉排区最大流速小于 3.0m/s，单层排体平均压重约为 $330kg/m^2$。因此，网模卵石排抗掀稳定性是可靠的。

6.2.3 网模卵石排水下护岸工程的应用实例

网模卵石排水下护岸工程先后在长江中游荆江河段的两个地段实施，分别为 2010 年 2～3 月在上荆江沙市河段的埠河地段的生产性试验工程和 2010 年 10 月在下荆江河势控制（湖北段）工程项目中团结闸上段（杨岭子）的护岸工程。

1. 生产性试验工程效果分析

2010 年 2 月 26 日～3 月 5 日，在长江中游上荆江沙市河段的埠河地段进行了网模卵石排水下护岸工程生产性试验，试验工程完毕后进行了工程区的地形测量和水下机器人摄像检测。根据水下机器人摄像检测资料分析，网模卵石排在水下呈平展状，基本没有窝曲或堆积现象；排体间双层错缝拼接，基本完全覆盖施工区域，可见水下摄像截图（图 6.9 和图 6.10）。

根据 2011 年 11 月的地形测绘资料与 2010 年 3 月试验工程完工后的地形测绘资料对比分析，经过两个汛期的冲刷调整，网模卵石排护岸区域没有明显的变化，而在保护区域外的近岸河床出现一定程度的冲刷下切，该护岸工程较好地起到了保护河道岸坡稳定的作用。

图 6.9　网模卵石排水下护脚工程（一层）水下摄像截图

图 6.10 网模卵石排水下护脚工程(二层)水下摄像截图

2. 下荆江河势控制工程应用效果分析

网模卵石排水下护岸技术应用于长江重要堤防隐蔽工程下荆江河势控制(湖北段)2010 年汛后实施工程项目中的团首闸上段(杨岭子)护岸工程,工程于 2010 年 10 月~2011 年 4 月实施,工程完工后进行了水下机器人摄像检测。根据长江科学院安全监测研究所对施工区域水下摄像检测资料分析,网模卵石排在水下呈平展状,基本没有窝曲或堆积现象;排体间双层错缝拼接,基本完全覆盖施工区域。

根据 2011 年 11 月的地形测绘资料与 2010 年 10 月工程施工图对比分析,经过 1 个汛期的冲刷调整,网模卵石排护岸区域没有明显的变化。由此可见,网模卵石排护岸工程技术在长江重要堤防隐蔽工程下荆江河势控制(湖北段)工程中的应用效果达到了设计目标,工程能起到保护河道岸坡的作用。

6.3 护岸工程加固技术研究

6.3.1 护岸工程段近岸河床演变特点

长江中游河道实施的护岸工程主要分布在弯道凹岸和过渡段的主流线弯曲贴岸段。根据荆江多年现场观测资料分析,在河道实施护岸以后,护岸工程成为河床的组成部分,增加了河岸的抗冲性与稳定性,抑制守护侧河床的横向变形,控制弯道水流在不同水文年洪枯水期顶冲部位的范围。但是,由于弯道水流基本特性以及弯道段与过渡段的相互关系并未改变,凹岸深槽的纵向冲淤变化过程,仍与护岸前基本一致,甚至近岸冲刷幅度较护岸前更为严重。

一般情况下,枯水期由过渡段浅滩搬运下来的泥沙容易沉积在凹岸深槽,使深槽淤高;洪水期过渡段浅滩发生淤积,弯道的水流输沙能力加强,除搬运前期淤积的泥沙外,并可能使深槽进一步刷深。而在护岸以前,弯道水流搬运的泥沙,除由上游过渡段浅滩搬来的泥沙以外,还有本弯道因崩岸而产生的泥沙补给;因此,弯道护岸以后,凹岸深槽冲刷深度一般比护岸前要大,深槽靠岸摆动,近岸河床坡度变陡,水下护岸工程会随着近岸河床的冲刷而发生调整,不利于护岸工程的稳定,需要进行岁修加固,否则会对护岸工程造成损坏。

三峡水库的蓄水运用将会引起自上而下的沿程冲刷,迎流顶冲的护岸工程段近岸河床冲刷将更加剧烈。据实测地形资料对比分析,2002 年 10 月～2011 年 10 月,宜枝河段平滩河槽冲刷量为 12369 万 m^3,深泓普遍下切,以白洋附近(位于宜都下游约 5km 处)深泓冲刷幅度最大,冲刷深度达 11.4m,其次为宜都弯道附近,最大冲深 7.3m(宜 64);上荆江冲刷量为 26746 万 m^3,上荆江公安以上,深泓普遍冲深,特别是沙市～文村夹段冲刷幅度最大,最大冲深 7.5m(荆 56);下荆江冲刷量 23007 万 m^3,北门口、北碾子湾、鹅公凸、铺子湾、荆江门等岸段的部分护岸段近岸河床冲刷幅度为 5～15m。三峡水库的蓄水运用对长江中游干流河道的冲刷影响是长期的,根据数学模型计算,上荆江下段太平口至藕池口因沙质覆盖层较厚,水库运用 30 年末冲刷基本完成,最大冲刷量 3.94 亿 m^3,按河宽 1300m 计,河床平均冲深 3.51m;预计水库运用至 2022 年内,下荆江河段冲刷量为 9.2 亿 m^3,城陵矶至湖口河段冲刷量为 4.27 亿 m^3。由此可见,在来沙大幅减少的影响下,长江中游干流河段的冲刷将由上游向下游逐步发展,长江中游干流河道在今后长时期内仍将面临进一步大幅冲深的严峻局面,且根据水库蓄水运用后实测资料,迎流顶冲段冲深幅度明显大于河段平均冲深幅度,岸坡普遍变陡,崩岸强度及频度明显加强,若不加以控制,将可能导致大范围的已有护岸工程破坏,失去对河势的控制作用。同时,由于水库"清水"下泄引起长江中游河道强烈冲刷,导致局部河势变化、主流线摆动、水流顶冲点上提或下挫、冲刷坑平面摆动及冲深等,出现新的险工段,有可能使河势产生较大的调整变化。而河势一旦产生较大调整,将严重影响防洪安全、航道畅通和沿江大量重要国民经济设施及工矿企业的安全运行。

6.3.2 不同类型护岸工程的水毁机理分析

长江中游河道护岸工程经历了"守点顾线"到平顺护岸的过程,以往由于受到以财力为重点制约因素的影响,护岸工程基本布置在防洪险要的位置,采用的形式是以局部守护为主的丁坝和矶头,目前,长江中游河道护岸工程均采用对工程河段水流改变较小的平顺护岸形式。从材料与结构上看,平顺护岸工程主要包括抛石、土工织物砂枕、抛柴枕、铰链混凝土排、模袋混凝土、土工布压载软体排、透水框架、网模卵石排、散抛预制混凝土块、散抛钢筋石笼、吊抛钢丝网石笼等。按水下护岸工程的主要特征可将上述护岸工程分为单元体护岸工程和排体护岸工程两类,其中,单元体护岸工程包括散抛块石、土工织物砂枕、抛柴枕、透水框架、散抛预制混凝土块、散抛钢筋石笼、吊抛钢丝网石笼;排体护岸工程包括铰链混凝土板沉排、模袋混凝土、土工布压载软体排、网模卵石排等。

1. 单元体护岸工程水毁机理分析

在河道水力、岸坡变形和护岸工程自身的重力等因素作用下,坡面护岸体不断调整,以此适应工程所在地的地形变化和维持工程自身的相对稳定。由于受水下地形与施工技术等因素影响,水下护岸工程的单元体分布不可能均匀紧密。此外,水下护岸工程前沿为天然河床,在河道水力和护岸单元体自身重力的作用下,有一个自行调整的过程,开始调整的部位主要分布在护岸带内的单元体之间空档(或超宽缝)和护岸带前沿,这些部位表面均为自然的河床泥沙。

单元体之间空档处和护岸带前沿的泥沙被水流淘刷,其上部的单元体失去稳定后,大部分沿坡面向下滑动,只有少数单元体沿坡面滚动或连滚带滑。调整的结果是,在已护区的中下层单元体之间的缝隙逐渐变小,由不密实变得较密实,由不均匀变得较均匀,而在上层则出现空档,当上层空档处的泥沙遭到水流的进一步冲刷后,局部近岸水下坡度增大,引起岸坡失稳,最终引发护岸段的局部崩岸。

当护岸带前沿坡脚外侧的河床发生冲刷,单元体与河床的接触面被淘刷减少,当单元体失去稳定后,沿外侧的河床向下游滚动或连滚带滑。调整的结果是,单元体逐渐向深泓方向移动,护岸带的单元体逐渐流失,若护岸带的可动富余单元体不能弥补流失单元体则容易形成空档,随着局部近岸河床的进一步冲刷,空档向岸边方向发展,局部近岸水下坡度增大,引起岸坡失稳,最终引发护岸段的局部崩岸。

以抛石护岸为例说明单元体护岸工程水毁过程及机理。护岸段的水下抛石工程经历了多年的自行调整,成片抛石带已形成相对密实的抗冲板块,当抛石带板块外边缘的沙质河床发生一定程度的冲刷,水毁现象就会开始发生,近岸河床冲刷是水毁现象发生的根本原因。抛石带板块具有良好的抗冲性,在水流作用下,抛石带板块区域的近岸河床冲刷甚微,而其他区域的近岸河床冲刷幅度较大,在抛石带板块区域的外边缘会形成一定高度的陡坡或吊坎,当陡坡(或吊坎)的高度达到一定幅度时,外边缘的块石失去稳定,沿外侧的河床向下游滚动或连滚带滑,在抛石带板块区域的外边缘形成新的空白档,随着近岸河床一波接一波继续冲刷,空白档将一波接一波逐渐向岸边方向移动,而块石逐渐向深泓方向移动,离开抛石带板块区域的块石失去或部分失去水下护岸的作用,形成了水下抛石工程的水毁现象。

此外,柴枕的柴禾和捆扎铁丝因水化学反应腐烂、锈蚀而失去作用;土工织物砂枕的缝制缝隙和封口缝隙在砂枕抛落河床时,不可避免地出现局部胀破开裂现象,水流淘刷开裂破损的土工织物砂枕的填充物,使得土工织物砂枕失去作用,土工织物模袋被水流冲走;钢筋石笼、钢丝网石笼因水化学反应存在锈蚀失效而影响护岸工程效果。

2. 排体护岸工程的水毁机理分析

排体护岸工程与单元体相比,排体的整体性较好,但排体护岸工程适应河床变形能力不及单元体。当直接用混凝土铰链排体护岸时,试验过程中发现,排体头部、尾部及前沿冲刷严重,由于排体具有柔性,基本能随河床的冲刷而发生相应变形,但若冲刷过于严重,一方面会使排体的平均坡度变陡,排体会出现下滑甚至被拉断的现象;另一方面由于排体前沿冲刷过重,局部岸坡较陡,有的甚至呈吊坎状,同时,排体上下游两侧也发生冲刷变形,对局部排体的稳定性及护岸效果会产生不利影响。根据试验前后护岸工程变化图及典型横断面图比较,发现排体前沿坡度明显变陡,由开始的 1∶2 变为 1∶1.1～1∶1.7,局部位置的排体几乎垂直地悬于水中,而排体中上部与试验前相比,有轻微变形,主要是由排体单元间的部分泥沙被淘刷引起的。另外,在试验中观察到,排体迎水侧与未护交接处因受水流冲刷,最前端一排的排体单元悬于水中,从而使水流作用于前端排体的浮托动力增加,在较不利的水流条件下,会出现排体被掀起或翻卷的现象。

在长江中游的武汉龙王庙等地段先后采用混凝土铰链排护岸技术,在工程开始运行的 1～3 年,排体在枯水期近岸区出现铰链被拉断、混凝土板被堆石顶破失效的现象。混凝土铰链排在吊装施工时,排首铰链承受排体自重的拉力没有变形,而在平放于河床的情况下,排首铰链被拉断,这说明不可能是排体的下滑力所致。巨大的拉力来源于排体前沿部分水下岸坡的崩塌土体,崩塌土体的位移应力作用于几乎垂直悬于排体前沿陡坡度的铰链排,通过铰链传递至脚槽(或系排梁),当拉应力超出容许范围时,在薄弱环节出现铰链被拉断,局部排体向外移动。此外,混凝土铰链排的铰链还会因水化学反应出现锈蚀而最终失去作用。

模袋混凝土的水毁成因与混凝土铰链排的水毁成因相近。排体前沿部分水下岸坡冲刷形成陡坡或吊坎,引起排体下面的砂体崩塌下挫,崩塌下挫的扰动砂体更易于被水流淘刷。随着冲刷的继续,前期崩塌下来的沙体被冲刷完后,会在排体前缘部分出现更高的吊坎或险坡,多次重复沙体崩塌、冲走、再崩塌、再冲走的循环,当冲刷达到一定的程度时,模袋混凝土悬空的部分会出现断裂、失效。试验过程中发现,模袋混凝土护脚前沿和上、下游两侧在水流作用下冲刷严重,由于模袋为大块体刚性护岸材料,基本不能适应河床的变形,当在水流的冲刷与淘刷作用下,其前沿及两侧的局部位置会出现明显的淘刷,其淘刷坑逐渐向模袋下层内部发展,随着冲刷坑的不断增大,在水流作用力与其自身重力作用下,模袋混凝土会出现断裂与滑移现象。当模袋断裂后,其附近的局部冲刷更为剧烈,淘刷坑不断向模袋下层内部发展,严重影响模袋混凝土的护岸效果。

试验也发现,只要在模袋混凝土排周围存在薄弱环节,也就是说,当有些位置的防冲石在施工时并未到位或防冲石在水流作用下出现空白区时,在水流作用下,空白区增大,直接导致模袋混凝土破坏。故模袋混凝土排水下护岸效果不理想。

土工布压载软体排的材料结构主要为:聚丙烯无纺编织布,C20 预制混凝土载体[单块尺寸 25cm×40cm×8cm,单块重 17.5kg,每平方米布置 4 块],载体系带,聚丙烯加筋条。与混凝土铰链排的水毁起因相类似,土工布压载软体排前沿河床因冲刷形成吊坎,部分软体排下面的床沙被淘空,软体排前沿悬挂在冲刷形成的陡坡或吊坎上,如果悬挂排体前沿的水下岸坡崩塌,崩塌土体的位移应力作用于几乎垂直悬于排体前沿陡坡度的软体排,通过编织布和加筋条传递,由于无纺编织布与床沙的摩擦系数较小,软体排将会向外移动,在枯水边的首端将会出现空白档,引发水毁现象。在软体排外移运动过程中,若遇到石头等硬物碰撞或强力摩擦,编织布将会破损,引发水毁现象。此外,长期悬挂在软体排结构上的载体,在水流作用下,来回摆动,将会磨断系带,磨破编织布,使悬挂在陡坡或吊坎上的排体前沿失去作用,引起悬挂陡坡或吊坎上的排体前澡部分被掀起、翻卷,影响其他部分软体排的护岸运行。

网模卵石排的水毁原因与上述排体的水毁原因相近,都是排体前沿河床因冲刷形成吊坎或陡坡,引起排体前沿的水下岸坡的崩塌,崩塌土体的位移应力作用于网模卵石整体排体前沿,牵拉排体向外移动。由于与河床接触的网模面嵌入了床沙,其摩擦系数较大;网模卵石整体排属于重力型排体结构,其单位面积质量达 330kg/m^2,是混凝土铰链排的 3 倍,摩擦阻力大;此外,网模材料具有良好的弹性,因此,网模卵石排难以整体移动。网模卵石排本身具备冲刷(沟坎)填充体的作用,其水毁特征只不过使排体前沿局部坡度有所变陡,网模(袋)和连接绳(聚酯或聚乙烯纤维材料)被拉伸变长,其结构受到损坏的程度不大,基本不会影响其护岸工效。

6.3.3　分析遴选加固工程的材料结构形式

1. 加固技术方案的适应性、耐久性影响因素分析

水下护岸工程的材料结构形式按其主要特征可分为两类:单元体护岸和排体护岸,每一种类型又包括几种不同的材料结构形式,其适应性和耐久性各有其特点。

1) 单元体护岸技术

单元体护岸技术方案有散抛块石、散抛钢筋石笼、吊抛钢丝网石笼、散抛预制

混凝土块、散抛透水框架、土工织物砂枕,这些技术方案的适应性和耐久性具有以下特点。

(1)散抛块石。能很好地适应河床变形,适用范围广,任何情况下崩岸都能够用块石守护而达到稳定岸线的目的,即无论一般护岸段,还是迎流顶冲段,只要设计合理、抛投准确,护岸效果均较好,尤其是在崩岸发展过程或抢险中更能体现抛石的优越性,同时,抛石工程造价低、施工、维修简便,可经久耐用,因此,抛石护岸是长江中下游护岸工程的主要结构形式。在抛石带外沿由于砂质河床的冲刷形成水下"沟坎",使得部分块石流失而失去护岸作用,需要定期检测和及时加固。散抛块石技术方案适合护岸段水下抛石工程的加固。

(2)散抛钢筋石笼、吊抛钢丝网石笼。考虑到弯道的弯顶段深槽部位水深(施工水深大于 30m)、流急(施工断面平均流速大于 1.5m/s)的特殊施工条件,采用抛石或沉排的施工技术方案达到设计目标效果的难度较大,采用散抛钢筋石笼或吊抛钢丝网石笼的技术方案相对难度较小。散抛钢筋石笼技术方案 1999 年在下荆江七弓岭、洪水港等地段进行过试验,钢筋笼为圆柱形,直径 80cm,长 115cm,由直径 6~8mm 的钢筋焊接而成,装填小块石后,钢筋石笼相当于一块大石头。但散抛钢筋石笼在运输、填石过程中,至少有一半的钢筋笼出现不同程度的脱焊破损,抛投后,与河床上原有的抛石硬接触,存在严重的脱焊破损现象,有的失去了笼的作用。吊抛钢丝网石笼技术方案 2002 年在下荆江石首北门口地段进行过试验,这项技术是从海塘工程技术演变过来的,海塘工程施工条件为旱地摆放施工;北门口试验段设计抛宽76m,每个合金钢丝网笼装填 4m³,石笼与枯水平台之间有 5m 宽、1.2m 厚的抛石与其连接,钢丝网石笼采用水上吊装、水下沉放的施工工艺。由于水流、地形、地质以及施工条件的综合影响,2003 年 9 月 23 日,北门口试验段(桩号 S8＋180~S8＋280)发生了大崩岸险情,崩岸线长 100 多米,崩宽近45m,崩进滩顶整治线 15m。

此外,钢筋和钢丝网的基本材质是普通钢,外表的防锈处理在施工过程中会被石头磨损一部分,整个防锈措施就失去作用,因水化学反应出现锈蚀,经过 5~10 年这些钢筋笼和钢丝网因锈蚀最终失去作用,钢筋石笼和抛钢丝网石笼都将会还原成块石。因此,散抛钢筋石笼和散抛钢丝网石笼技术方案均可用于荆江大堤护岸段水下抛石工程加固,但是,钢筋笼和钢丝网的造价不必过高。

(3)散抛预制混凝土块。这项技术方案 1999 年在下荆江七弓岭、洪水港等地段进行过试验,预制混凝土块为长 130cm、边长 100cm 的中空等边三棱柱,中空圆洞直径 26cm,预制混凝土块在水下受到自然养护,有较好的耐久性,预制混凝土块相当于大块石,像散抛块石一样能较好地适应河床变形,适用范围广,任何情况下崩岸都能够用预制混凝土块守护而达到稳定岸线的目的,但是,由于水毁效应,散抛预制混凝土块水下工程需经常性加固。散抛预制混凝土块技术方案适合荆江大堤护岸段水下抛石工程的加固。

（4）散抛透水框架。这项技术方案 1999 年在长江中游城陵矶至螺山河段进行过试验，在顺直段缓流区能起到加速淤积的作用，不适合弯道段的抗冲。试验表明，在同样的水流和边界条件下，透水框架的起动流速显著小于相同重量实体护岸材料（块石）的起动流速，在流速较大和迎流顶冲地段不宜采用透水框架进行护岸。因此，不适合用于荆江大堤护岸段水下抛石工程加固。

（5）土工织物砂枕。这项技术方案 1989 年在下荆江熊洲河弯、后洲地段实施过水下新护岸工程，由于试验地段为缓流区，土工织物砂枕没有被水毁，起到了护岸作用。1992 年汛后这项技术方案在下荆江的荆江门弯道地段的加固工程段中试验，1993 年汛后，在荆江门下游的七弓岭芦苇滩上发现大量来自荆江门的破损砂枕袋。显然，土工织物砂枕技术方案不适合用于护岸段水下抛石工程加固。

2）排体护岸技术

排体护岸技术方案有铰链混凝土板沉排、模袋混凝土、土工布压载软体排、网模卵石排，这些技术方案的适应性和耐久性具有以下特点。

（1）铰链混凝土板沉排。铰链排基本上是一个整体且具有一定的柔性，可适应一定的河床变形，但调整幅度毕竟有限，若河床变形较大，即水流强烈顶冲地段，深泓冲深幅度大，深泓内移，排体守护效果将不会很好，此外，对崩岸强烈发展的岸段在施工过程中会发生岸线崩坍，排体难以施工。故从工程安全及施工要求出发，在水流强烈顶冲深泓逼岸、河岸崩坍剧烈地段不宜采用铰链排守护。

由于护岸段历年的水下抛石护岸，在近岸河床已形成了 40～60m 宽的抛石带板块，块石重叠咬合，与河床融为一体，具有相当好的抗冲性。水下抛石工程段的水毁开始于抛石带板块前沿近岸河床的冲刷下切。铰链混凝土板沉排不具备填充体的功能，在铰链混凝土板沉排的前沿还要抛一定数量的防冲备填石。鉴于此，不需要在抛石带板块上盖一层铰链混凝土板，在抛石带板块前沿盖一层铰链混凝土板起不到防冲备填石的作用。此外，抛石带板块高低不平的块石分布，会顶破铰链混凝土板，因此，铰链混凝土板沉排技术方案不适合用于护岸段水下抛石工程加固。

（2）模袋混凝土。模袋混凝土作为大块体刚性护岸材料，整体性较好，但不能随河床的冲刷变形而自动调整，相反，河床的冲刷变形对其有破坏作用。因此，模袋混凝土排技术方案只适于水上护坡工程，而不适于水下护岸工程，更不适于荆江大堤护岸段水下抛石工程加固。

（3）土工布压载软体排。土工软体排守护效果是靠其整体性和一定柔性来发挥的，能适应一定河床变形，若河床床形较大，即水流强烈顶冲地段，排体效果不会很好。排体自身稳定，一方面靠压重物来保证排体不被水流掀起、翻卷；另一方面,由于材料的特殊性,排首锚固作用较关键且排体需依靠河床稳定而稳定。因此,土工布软体排适用于守护段水下坡度较缓、施工期水深较浅、流速较小及河床变形不大的河段,一般用于航道整治的护滩工程。荆江大堤护岸段近岸河床水深、流急、河床变形大,显然,土工布压载软体排技术方案不适合用于护岸段水下抛石工程加固。

(4)网模卵石排。网模卵石整体排是将卵石灌装入聚酯(或聚乙烯)纤维绳制成的网状模袋内,形成网模卵石排单元体,沉放入河床(设计位置),无数个单元体通过连接绳串联或并联在一起形成整体排。网模卵石排属于重力型排体结构,本身具备冲刷(沟坎)填充体的作用,其单位面积质量达 $330kg/m^2$,与河床接触的网模面嵌入了床沙,其摩擦系数较大,抗滑摩擦阻力大;其水毁特征只不过使排体前沿局部坡度有所变陡,网模(袋)和连接绳(聚酯或聚乙烯纤维材料)被拉伸变长,其结构受到损坏的程度不大,基本不会影响其护岸工效。网模卵石整体排技术集柔性与整体性于一体,能较好地适应河床的变形,可适用于各种类型河段的水下护岸工程,同样也适用于水下抛石工程的加固。

2. 生态与环境影响因素

随着经济社会的持续发展与人们需求的不断提高,生态文明建设已被提升到历史空前高度,这就需要更加注重工程建设对生态环境的影响,应作为一项约束性指标。根据上述长江中游河道护岸工程加固技术方案的适应性、耐久性分析来看,适用于长江中游河道护岸段水下护岸工程加固的技术方案主要有散抛块石、散抛预制混凝土块、网模卵石排等。这些技术方案的应用对生态环境的相关影响如下。

(1)散抛块石技术方案。这项技术方案对生态环境的相关影响主要表现在开山采石方面,大量开山采石会使山河破碎,满目沧桑,成片的山林、草坡被毁,加剧水土流失,对生态环境产生较大的不利影响。大量的陆运、大面积的露天堆场需占用大量土地资源,这些土地被碎石化,草木难以生长,引起水土流失。此外,大量的小型柴油运输车形成了尾气烟尘、噪声等环境污染。因此,散抛块石技术方案对生态环境的不利影响较大。

(2)散抛预制混凝土块技术方案。这项技术方案对生态环境的相关影响主要表现在预制混凝土块的原材料水泥的生产,生产水泥需要开山采矿,与开山采石一样,对生态环境不可避免地产生破坏。此外,生产水泥的烟尘、噪声,运输预制混凝土形成的尾气烟尘、噪声也是环境污染源。因此,散抛预制混凝土块技术方案对环境有一定的不利影响。

(3)网模卵石排技术方案。这项技术方案的主要原材料为聚酯(或聚乙烯)纤维绳和卵石。聚酯(或聚乙烯)纤维绳为石油化工产品,生产这些原材料可能会产生废气、烟尘,但是,石化工业是一个技术成熟的行业,可人工净化工厂的废气、烟尘。卵石取之于河床,用之于河床,不存在环境污染问题。因此,网模卵石排技术方案对生态环境基本没有不利影响,是一项环保、新型的治江技术。

1) 节能减排影响因素

为了控制二氧化碳引起的"温室效应"对人类生态环境的不利影响,包括我国在内的全世界绝大多数国家签订了《京都协议书》。因此,能源消耗是任何一个项目立项时都必须考虑的,项目的技术方案直接影响项目能耗需求。散抛块石能耗量主要发生在爆破作业、陆路、水路运输环节;散抛预制混凝土块能耗量主要发生在水泥生产,沙、卵石材料开采及成品的陆路、水路运输环节;网模卵石排能耗量主要发生在网模原材料及加工、卵石材料开采及水路运输环节。按 $1.0m^3$ 块石、$0.6m^3$ 预制混凝土块(异型混凝土块轮廓线体积为 $1.0m^3$)、$1.0m^2$ 网模卵石排等效用比较,三个技术方案中,网模卵石排技术方案的能耗量最小,散抛块石方案的能耗量次之,预制混凝土块技术方案的能耗量最大。

2) 工程造价成本影响因素

按长江中游沿江地区 2012 年 10 月的物价水平和相关建设取费规定,$1.0m^3$ 散抛块石的综合成本约为 142 元,$1.0m^2$ 铰链混凝土排(含排布)的综合成本约为 201 元,$2.0m^2$ 网模卵石排的综合成本约为 125 元。按 $1.0m^3$ 块石、$1.0m^2$ 铰链混凝土排、$2.0m^2$ 网模卵石排等效用相比较,网模卵石排方案的综合成本较低,散抛块石的综合成本次之,铰链混凝土排技术方案的综合成本最大。

3) 施工质量控制难度影响因素

水下抛石工程施工技术难度不大,但由于收方量是在船舶上量测的,块石形状、堆码状况等因素直接影响散抛块石实际数量,在抛石过程中,根据估计来分配施工断面各小区石方量,不可能实行数字化质量控制管理,散抛块石方案施工质量控制难度大。而散抛预制混凝土块、网模卵石排方案可根据块体、网模设计尺寸,个(块)数,块体强度,卵石粒径大小、灌装量度,网模材料性能及网模卵石排沉放工艺技术等要求进行量化施工质量管理,这些量化质量指标是可操作的,可以实行数字化质量控制。因此,散抛预制混凝土块、网模卵石排方案的施工质量控制难度小。

综上所述,适用于护岸加固工程的技术方案有散抛块石、散抛预制混凝土块、网模卵石排等。散抛块石工程造价低,施工、维修简便,但是施工质量控制难度较大,开山采石对生态环境不利影响较大;散抛预制混凝土块的单位成本较高,施工后的维护加固不便,也对环境保护带来一定的不利影响;网模卵石排的单位成本与散抛块石相近,网模可标准化加工,施工质量容易控制,卵石取材容易,取之于河床,用之于河道工程,对生态环境基本没有影响。

6.3.4 护岸工程加固部位与控制标准

1. 护岸工程加固部位

1) 单元体护岸工程加固部位

在长江中游干流河道的单元体水下护岸工程中,水下抛石护岸工程规模占总规模比例不小于98%,从抛石护岸工程段近岸河床演变特点和水下护岸工程的水毁机理来看,抛石带外边缘近岸河床冲刷引起水下局部岸坡变陡、水下抛石工程崩塌,从而出现水毁;抛石带自身的调整,形成局部空档,空档自下而上发展,在枯水平台附近形成吊坎,引起枯水位以上岸坡崩塌;护岸工程只能抑制河床的横向变形,稳定弯道水流在不同水文年洪水期、枯水期顶冲部位的范围,而纵向冲淤变化过程仍与护岸前基本一致。因此,以抛石为代表的单元散粒体护岸工程的加固部位:横向分布为抛石带外边缘和枯水平台外边缘附近;纵向分布为枯水位时贴流区的上端点至洪水位时贴流区的下端点区间内。

2) 排体护岸工程的加固部位

混凝土铰链排、模袋混凝土排、土工布压载软体排等排体护岸工程水毁部位主要在设计枯水位附近区域和排体水下护岸工程外沿,设计枯水位附近区域水毁破坏主要表现为排体拉断、出现了空白区;外缘水毁破坏的主要表现为排体因外缘冲刷过度致使排体出现"挂门帘"式水毁破坏。因此,排体护岸工程的加固部位主要是设计枯水位附近区域和排体水下护岸工程外沿区域。

3) 水下护岸工程严重损毁地段的加固部位

水下护岸工程严重损毁的原因主要是上游河势调整使冲刷部位发生调整,引起局部地段近岸河床出现较大幅度冲刷,原水下护岸工程施工不到位形成抛石堆积体逐步露出床面,其作用相当于水下矶头或潜丁坝,在抛石堆积体上、下游(或称上、下腮部)出现较强的环流,环流淘刷使原本护岸材料流失,进而形成水下陡坡,最终导致局部地段水下护岸工程严重损毁。对这类地段护岸工程加固部位:顺水流方向上自局部冲坑的上边线、下至局部冲坑的下边线;垂直水流方向上自设计枯水位边线、下至局部冲坑的中线。

2. 加固工程量的控制要求

护岸工程成为近岸河床的组成部分,近岸河床的冲刷调整通过改变岸坡地形坡度条件来影响岸坡稳定。据现场观测,在崩塌的滑坡体上,护岸工程所占的体积比例很小,约为5%,由此说明护岸工程段岸坡稳定的基础是岸坡土体自身的稳定,护岸工程作用只是保护稳定的坡面形态不被水流冲刷破坏和对非稳定的坡面形态进行整修,使之达到稳定的坡面形态。

1) 单元体护岸工程加固工程量的控制要求

据荆江护岸工程实践与理论分析,当安全系数为 1.0、1.2、1.5、2.0、2.5、3.0 时,荆江护岸水下抛石工程块石体的稳定坡度分别为 1:0.8、1:1.01、1:1.26、1:1.68、1:2.1、1:2.51。室内水槽试验结果表明,当块石抛护坡度为 1:2.0 时,双层块石抛护至深泓,岸坡稳定。因此,考虑到护岸工程不同地段的险要性和施工条件的差异,护岸水下加固工程的控制坡度宜取 1:1.50~1:2.50。视不同地段的具体险情,采取相应的技术方案:枯水平台外缘或抛石带内局部坡度陡于 1:1.5,一般地段按 1:1.5~1:1.75 控制坡度还坡加固,重点地段按 1:1.75~1:2.0 控制坡度还坡加固;抛石带外缘局部坡度陡于 1:1.75,一般地段按 1:1.75~1:2.0 控制坡度还坡加固,重点地段按 1:2.0~1:2.5 控制坡度还坡加固;枯水位以下整个坡度陡于 1:1.50,一般地段自枯水位以下 2/3 水深处按 1:1.75~1:2.0 控制坡度还坡加固,重点地段自枯水位以下 2/3 水深处按 1:2.0~1:2.5 控制坡度还坡加固;枯水位以上岸坡发生下挫崩塌,除坡脚作重点加固外,上部护坡还要削坡整修。

2) 排体护岸工程加固工程量的控制要求

排体护岸工程的加固部位主要是设计枯水位附近区域和排体水下护岸工程外缘区域,对于设计枯水位附近区域宜采用抬码石(也称为平铺石)的处理措施,抬码石带宽度一般控制在 3~6m,厚度控制在 0.6~0.8m;排体水下护岸工程外缘区域加固宜采用块石、预制混凝土块、网模卵石排等具有填筑还坡功效的材料结构形式,加固工程量根据冲刷水毁情况确定,一般来说,填充备填体的体积为 15~30m³/m。

3) 护岸工程严重损毁地段加固工程量的控制要求

护岸工程严重损毁地段加固工程量按重点新护的标准要求实施为宜。

6.4　小　　结

(1) 护岸工程成为近岸河床的组成部分,加强了河岸的稳定性,抑制了守护侧河床的横向变形,稳定弯道水流在各年洪水期、枯水期顶冲部位的范围。但是,弯道护岸工程实施以后,凹岸深槽冲刷深度一般比护岸前要大,深槽靠岸摆动,近岸河床坡度变陡,若不及时加固或预防性守护,一些坡度较陡或原守护薄弱地段可能发生崩岸险情。

(2) 各种类型的水下护岸工程的水毁原因基本上都是护岸带外缘的未护处河床较大幅度冲刷,随后逐步向岸内侧波及,直至设计枯水位附近区域的护岸带出现破坏。每一轮水毁破坏基本上都是从护岸带的外缘开始的,并向岸边发展,循环多次,每次循环的历程减短,直至水下护岸工程完全失效。

（3）单元体护岸工程加固工程量的控制要求一般根据护岸工程的特点、水毁机理以及护岸工程段近岸河床的演变特点分析成果，确定护岸加固工程的技术方案：加固部位的横向分布为抛石带外边缘和枯水平台外边缘附近；加固部位的纵向分布为枯水位时贴流区的上端点至洪水位时贴流区的下端点区间内；控制坡度宜取 1∶1.50～1∶2.50。选用块石、预制混凝土块、网模卵石排等具有填筑还坡功效的材料结构形式，视不同地段的具体险情，采取相应的具体技术方案。

（4）排体护岸工程加固的部位基本在设计枯水位附近区域和水下护岸工程外缘区域，在设计枯水位附近区域宜采用抬码石的处理措施，排体水下护岸工程外缘区域加固宜采用块石、预制混凝土块、网模卵石排等具有填筑还坡功效的材料结构形式。

（5）护岸工程严重损毁地段加固工程量按重点新护的标准要求实施为宜。

参 考 文 献

［1］姚仕明，卢金友，岳红艳. 小颗粒石料护岸工程技术研究. 泥沙研究，2007，（3）：4-8.

［2］余文畴，卢金友. 长江河道崩岸与护岸. 北京：中国水利水电出版社，2008.

第7章 长江中游河道崩岸综合治理研究

在长江中游河道崩岸与护岸工程的调查,崩岸成因与稳定性评估,护岸工程破坏机理、护岸工程新技术及加固技术等研究的基础上,提出了长江中游河道崩岸综合治理工程布置,优化了护岸工程结构的组合形式,分析提出了崩岸综合治理的非工程措施。

7.1 崩岸综合治理工程措施

7.1.1 崩岸综合治理工程布置

长江中游河道崩岸与护岸工程的调查与资料统计表明,长江中游河道的护岸工程总长度 767.46km(截至 2012 年 8 月,约占岸线总长的 40.2%);2003 年 6 月~2012 年 8 月,长江中游河道崩岸及影响范围累计叠加总长度约 154.8km,约占岸线总长度 8.3%,其中,护岸段崩岸及影响范围总长度约 86.2km。三峡水库蓄水运用后,进入水库下游的沙量大幅度减少,粒径明显变细,引起下游河道冲刷,进而导致下游河道尤其是荆江河段出现较大范围的崩岸现象,随着下游河道的持续冲刷,看似稳定的河岸发生崩岸的累积风险却在不断增加。因此,有必要加强加快对长江中游河道崩岸的治理力度,做到防患于未然。

考虑到三峡水库及其上游干支流水库的拦沙作用,长江中游河道的冲刷具有长期性,其冲刷过程自上向下逐步发展,累积冲刷幅度不断加大,加上崩岸综合治理工程的实施也存在建设周期,综合考虑河道崩岸与护岸工程现状、河道冲刷与河势调整、近岸河床变化等因素,布置了长江中游河道崩岸综合治理护岸工程,其总长度 247.698km(表 7.1),包括对未护岸段的新护岸工程(简称新护段)102.638km 和对于已护岸段水上护坡整修水下加固(简称整修加固段)145.06km。

表 7.1 长江中游各河段崩岸治理工程布置统计

河段名称	工程总长度/m	新护岸工程长度/m	护岸加固工程长度/m
宜枝河段	14940	11210	3730
上荆江河段	61220	10650	50570
下荆江河段	90965	37900	53065
岳阳河段	16268	4548	11720

续表

河段名称	工程总长度/m	新护岸工程长度/m	护岸加固工程长度/m
陆溪口、嘉鱼河段	11785	6090	5695
簰洲湾河段	18050	7350	10700
武汉河段	9800	7700	2100
叶家洲、团风河段	2360	2160	200
鄂黄河段	14040	12550	1490
韦源口、田家镇	2720	2180	540
龙坪、九江河段（部分）	5550	300	5250
合　计	247698	102638	145060

1. 宜枝河段

三峡水库运用以来，宜枝河段镇江阁、九码头、宝塔河、云池等14个岸段出现了不同程度的崩岸现象，其崩岸及影响范围累计叠加总长度约7.23km，考虑到该河段未来的河道冲刷与河势调整可能会引发新增崩岸，初步估计为崩岸及影响范围累计总长度的15%（约1100m），其中已护段、未护段可能突发新增崩岸长度分别为600m、500m。

考虑到三峡水库及其上游干支流水库的拦沙作用，长江中游河道的冲刷具有长期性，其冲刷过程自上向下逐步发展，累积冲刷幅度不断加大，加上崩岸综合治理工程的实施也存在建设周期，本书综合考虑河道崩岸与护岸工程现状、河道冲刷与河势调整、近岸河床变化等因素，布置了长江中游宜枝河段河道崩岸综合治理护岸工程。统计宜枝河段崩岸综合治理工程规模，护岸总长度14940m。其中新护岸11210m，护岸加固3730m。宜枝河段崩岸综合治理护岸工程布置见表7.2、图7.1和图7.2。

表7.2　宜枝河段崩岸综合治理工程布置统计

序号	行政辖区	地　名	岸别	治理范围	长度/m	水上工程	水下工程
1	宜昌市	镇江阁	左	0+100～0+300	200	整修	加固
2	宜昌市	九码头	左	4+000～4+520	520	整修	加固
3	宜昌市	宝塔河	左	5+240～5+840	600	整修	加固
4	宜昌市	云池	左	3+670～3+920	250	新护	新护
5	宜昌市	云池	左	2+760～3+670	910	整修	加固
6	宜昌市	红港码头下	左	4+900～5+500	600	整修	加固
7	宜昌市	白洋	左	0+000～5+580	5580	新护	新护

续表

序号	行政辖区	地　名	岸别	治理范围	长度/m	水上工程	水下工程
8	宜昌市	清静庵	右	0+120～0+720	600	新护	新护
9	宜昌市	红光港机厂	右	0+150～0+750	600	新护	新护
10	宜都市	烂泥岗	右	0+400～1+000	600	新护	新护
11	宜都市	后江沱	右	7+500～9+380	1880	新护	新护
12	宜都市	龙窝	右	7+500～8+200	700	新护	新护
13	宜都市	杨家湖	右	8+500～9+000	500	新护	新护
14	宜都市	北水港	右	6+200～6+500	300	整修	加固
15	新增突发崩岸				500	新护	新护
16					600	整修	加固
合计					14940		

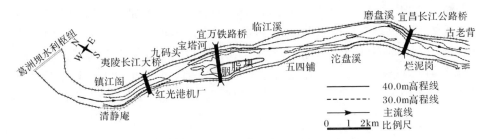

图 7.1　宜枝河段（镇江阁～古老背段）崩岸综合治理工程地理位置图

根据 2011 年 11 月测绘地形图绘制

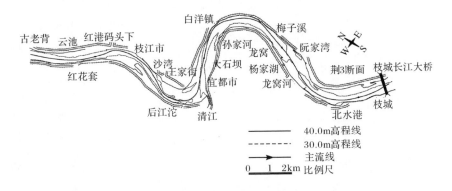

图 7.2　宜枝河段（古老背～枝城段）崩岸综合治理工程地理位置图

根据 2011 年 11 月测绘地形图绘制

2. 荆江河段

1) 上荆江河段

三峡水库蓄水运用以来，上荆江河段出现了较大幅度的冲刷调整，引起同勤垸、林家垴、两美垸、文村夹、南五洲、赵家河、学堂洲等岸段出现了不同程度的崩岸现象，崩岸及其影响范围累计总长度约为 36.55km，其中上述部分崩岸段已在荆江河势控制应急工程 2006 年实施项目和瓦口子、周天河段、沙市三八滩河段等航道整治工程项目中得到治理，不列入本次崩岸治理工程布置范围。对未护岸段采用水上护坡工程、水下护脚工程的措施；对已护岸段，水上工程按原水上护坡的材料结构形式进行整修，水下工程进行加固。

初步估计上荆江新增突发崩岸总长度约为 11.0km，其中，发生在已护工程段内的崩岸总长度约为 6.0km，发生在未护工程段内的崩岸总长度约为 5.0km。

考虑到三峡水库及其上游干支流水库的拦沙作用，长江中游河道的冲刷具有长期性，其冲刷过程自上向下逐步发展，累积冲刷幅度不断加大，加上崩岸综合治理工程的实施也存在建设周期，综合考虑河道崩岸与护岸工程现状、河道冲刷与河势调整、近岸河床变化等因素，布置了上荆江河段河道崩岸综合治理护岸工程。统计上荆江河段崩岸综合治理工程规模，护岸总长度 61220m，其中新护岸10650m，护岸加固 50570m。上荆江河段崩岸综合治理工程布置见表 7.3 和图 7.3～图 7.5。

表 7.3　上荆江河段崩岸综合治理工程布置统计

序号	行政辖区	地　名	岸别	治理及监测桩号范围	长度/m	水上工程	水下工程
1	枝江市	同勤垸	左	2＋092～3＋182	1090	整修	加固
2	枝江市	焦岩子	左	3＋582～4＋092	510	整修	加固
3	枝江市	两美垸	左	1＋000～1＋570	570	整修	加固
4	枝江市	赵家河	左	7＋870～8＋180	310	整修	加固
5	枝江市	江口	左	23＋200～23＋400	200	新护	新护
6	荆州区	龙洲垸	左	1＋900～2＋450	550	整修	加固
7	荆州区	龙洲垸	左	4＋500～5＋500	1000	整修	加固
8	荆州区	学堂洲围堤	左	5＋520～4＋900	620	整修	加固
9	沙市区	观音矶	左	760＋080～760＋300	220	整修	加固
10	沙市区	沙市城区	左	759＋450～755＋200	4400	整修	加固

序号	行政辖区	地　名	岸别	治理及监测桩号范围	长度/m	水上工程	水下工程
11	沙市区	东区水厂	左	753＋150～753＋300	150	整修	加固
12	江陵区	西流堤	左	9＋500～9＋800	300	新护	新护
13	江陵区	耀新民垸	左	8＋300～6＋000	2300	新护	新护
14	江陵区	郝穴	左	713＋600～719＋800	6250	整修	加固
15	宜都市	徐家溪	右	1＋150～1＋400	250	新护	新护
16	枝江市	林家垱	右	19＋000～19＋730	730	整修	加固
17	枝江市	火箭闸	右	17＋800～17＋930	130	新护	加固
18	枝江市	黄家台	右	13＋830～15＋950	2120	整修	加固
19	枝江市	坝洲尾	右	10＋870～12＋600	1730	整修	加固
20	枝江市	李家渡	右	8＋230～9＋960	1730	整修	加固
21	枝江市	羊子庙	右	8＋230～7＋150	1080	整修	加固
22	枝江市	郝家洼子	右	6＋780～4＋790	1990	整修	加固
23	枝江市	解放	右	1＋800～0＋030	1770	整修	加固
24	枝江市	双红滩	右	67＋000～66＋150	850	整修	加固
25	松滋市	朝家堤至财神殿	右	727＋600～727＋050	550	整修	加固
26	松滋市	财神殿	右	727＋050～726＋800	250	整修	加固
27	松滋市	朝家堤	右	726＋800～725＋900	900	整修	加固
28	松滋市	采穴镇至黄昏台	右	723＋800～725＋200	1400	整修	加固
29	松滋市	黄昏台	右	723＋700～723＋600	100	整修	加固
30	松滋市	浣市镇	右	717＋500～715＋400	2100	整修	加固
31	松滋市	浣市镇	右	714＋450～714＋250	200	整修	加固
32	松滋市	浣市横堤	右	714＋200～713＋400	800	整修	加固
33	松滋市	浣市横堤	右	713＋400～712＋600	800	整修	加固
34	荆州区	陈家湾闸	右	708＋600～708＋800	200	整修	加固
35	荆州区	陈家湾矶头	右	707＋400～707＋800	400	新护	新护
36	荆州区	陈家湾	右	707＋200～707＋400	200	新护	新护
37	公安县	北闸	右	696＋000～696＋800	800	新护	新护
38	公安县	腊林洲	右	695＋500～696＋000	500	新护	新护

续表

序号	行政辖区	地　名	岸别	治理及监测桩号范围	长度/m	水上工程	水下工程
39	公安县	陈家台	右	680+650～680+700	50	整修	加固
40	公安县	新四弓	右	675+200～675+280	80	整修	加固
41	公安县	雷家渡	右	675+000～675+050	50	整修	加固
42	公安县	青龙庙	右	657+480～655+750	1730	整修	加固
43	公安县	斗湖堤	右	654+880～652+790	2090	整修	加固
44	公安县	二圣寺	右	651+200～651+260	60	整修	加固
45	公安县	朱家湾	右	648+100～648+130	30	整修	加固
46	公安县	南五洲围堤	右	37+370～37+000	370	新护	新护
47	公安县	南五洲	右	31+000～29+960	1040	新护	新护
48	公安县	南五洲	右	29+340～27+800	1540	新护	新护
49	公安县	农丰	右	27+800～26+300	1500	整修	加固
50	公安县	南五洲	右	26+300～25+970	330	整修	加固
51	公安县	南五洲	右	25+000～24+200	800	新护	新护
52	公安县	黄水套	右	620+050～620+400	350	整修	加固
53	公安县	黄水套	右	619+900～620+050	150	整修	加固
54		新增突发崩岸			5000	新护	新护
55					6000	整修	加固
	合计				61220		

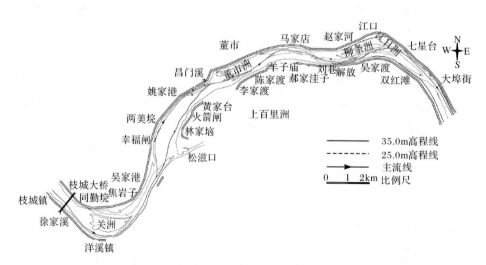

图 7.3　上荆江河段(枝城～大埠街段)崩岸综合治理工程地理位置图

根据 2011 年 11 月测绘地形图绘制

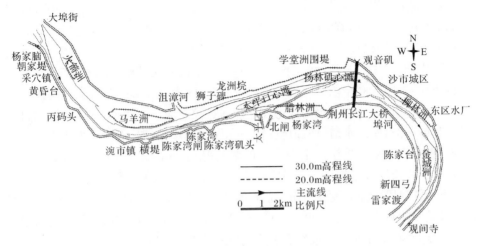

图7.4 上荆江河段(大埠街～观音寺段)崩岸综合治理工程地理位置图

根据2011年11月测绘地形图绘制

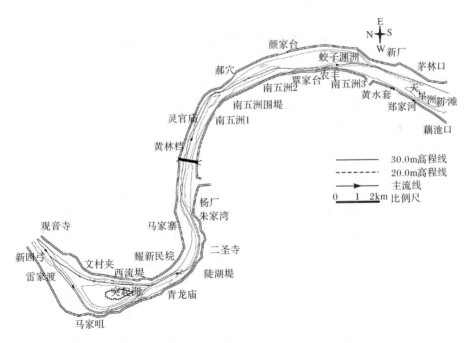

图7.5 上荆江河段(观音寺～藕池口段)崩岸综合治理工程地理位置图

根据2011年11月测绘地形图绘制

2) 下荆江河段

三峡水库蓄水运用以来,下荆江河段的冲刷调整已引起了北门口(下段)、北碾子湾末端至柴码头、中洲子(下段)、铺子湾(上段)、天字一号(下段)、洪水港(下段)、杨岭子、八姓洲西侧沿线、七姓洲西侧、观音洲末端等未护岸段先后出现较大幅度的崩岸现象;已护岸段出现护坡滑挫、垮塌的地段主要有北碾子湾、金鱼沟、连心垸、中洲子(中段)、新沙洲(下段)、铺子湾(中段)、团结闸、姜介子、荆江门、七弓岭(下段)、观音洲(中段)等地段。下荆江河段的崩岸及影响范围累计叠加总长度约为 51.2km,其中部分崩岸段已在荆江河势控制应急工程 2006 年实施项目和藕池口、碾子湾、姚监水道等航道整治工程项目中得到治理,不列入本次崩岸治理工程布置范围。对未护岸段采用水上护坡工程、水下护脚工程的措施;对已护岸段,水上工程按原水上护坡的材料结构形式进行整修,水下工程进行加固。

　　下荆江河段可能突发新增崩岸段长度初步估计为 2003 年 6 月~2012 年 8 月崩岸及其影响范围累计总长度的 30%(约 15000m),其中,已护段可能突发新增崩岸总长度 8000m,未护段可能突发新增崩岸总长度 7000m。

　　统计下荆江河段崩岸综合治理工程规模,护岸总长度 90965m,其中新护岸 37900m,护岸加固 53065m。下荆江河段崩岸综合治理工程布置见表 7.4、图 7.6 和图 7.7。

表 7.4　下荆江河段崩岸综合治理工程布置统计

序号	行政辖区	地　名	岸别	治理桩号范围	长度/m	水上工程	水下工程
1	石首市	茅林口	左	33+800~34+135	335	整修	加固
2	石首市	北碾垸	左	2+420~4+200	1780	整修	加固
3	石首市	北碾垸	左	4+980~5+480	500	整修	加固
4	石首市	北碾垸	左	7+200~7+300	100	整修	加固
5	石首市	金鱼沟	左	20+420~22+420	2000	新护	新护
6	石首市	中洲子	左	6+420~8+300	1880	新护	新护
7	监利县	铺子湾	左	16+220~17+300	1080	新护	新护
8	监利县	铺子湾	左	13+350~15+760	2410	整修	加固
9	监利县	铺子湾	左	12+350~13+250	900	整修	加固
10	岳阳市	集成垸	左	0+000~1+960	1960	整修	加固
11	监利县	天星阁	左	43+710~43+820	110	整修	加固
12	监利县	天星阁	左	43+140~43+300	160	整修	加固
13	监利县	天星阁	左	41+000~41+100	100	整修	加固
14	监利县	韩家档	左	34+350~35+200	850	新护	新护
15	监利县	盐船套	左	29+000~25+500	3500	新护	新护
16	监利县	团结闸	左	23+240~23+580	340	整修	加固
17	监利县	姜介子	左	17+120~18+300	1180	整修	加固

续表

序号	行政辖区	地　名	岸别	治理桩号范围	长度/m	水上工程	水下工程
18	监利县	熊家洲	左	6+670～5+160	1510	新护	新护
19	监利县	八姓洲西侧	左	0+000～5+700	5700	新护	新护
20	监利县	观音洲	左	564+440～561+940	2500	新护	新护
21	石首市	北门口	右	S5+860～S5+890	30	整修	加固
22	石首市	北门口	右	S6+000～S8+900	2900	整修	加固
23	石首市	北门口	右	S8+990～S12+200	3300	新护	新护
24	石首市	连心垸	右	0+000～2+000	2000	整修	加固
25	石首市	调关弯道	右	529+500～523+500	6000	整修	加固
26	石首市	八十丈	右	523+120～523+200	80	整修	加固
27	石首市	八十丈	右	522+470～522+530	60	整修	加固
28	岳阳市	新沙洲	右	2+200～13+400	11200	整修	加固
29	岳阳市	顺尖村	右	14+200～14+400	200	整修	加固
30	岳阳市	丙寅洲	右	15+800～16+800	1000	新护	新护
31	岳阳市	天字一号	右	25+300～27+150	1850	整修	加固
32	岳阳市	天字一号	右	27+150～28+650	1500	新护	新护
33	岳阳市	洪水港	右	0+800～5+000	4200	整修	加固
34	岳阳市	洪水港	右	8+800～9+700	900	新护	新护
35	岳阳市	荆江门	右	5+500～6+100	600	新护	新护
36	岳阳市	荆江门	右	3+000～5+500	2500	整修	加固
37	岳阳市	张家墩	右	62+300～63+400	1100	整修	加固
38	岳阳市	张家墩	右	61+750～62+300	550	新护	新护
39	岳阳市	张家墩	右	63+400～64+000	600	新护	新护
40	岳阳市	七弓岭	右	0+000～1+000	1000	整修	加固
41	岳阳市	七弓岭	右	10+500～13+930	3430	新护	新护
42	岳阳市	七弓岭	右	13+930～16+000	2070	整修	加固
43	新增突发崩岸				7000	新护	新护
44					8000	整修	加固
合计					90965		

3. 城陵矶至武汉河段

三峡水库蓄水运用以来,城陵矶至武汉河段的冲刷调整引起了岳阳河段的界牌、新堤夹、叶王家洲、乌林、道人矶、儒溪、鸭栏、童家墩等岸段出现了程度不同的

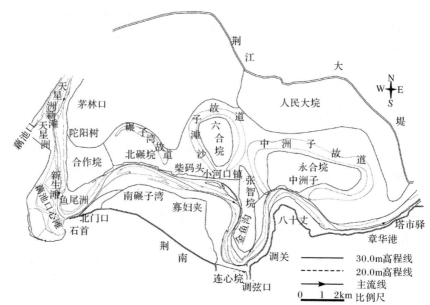

图 7.6　下荆江河段(藕池口～塔市驿段)崩岸综合治理工程地理位置图

根据 2011 年 11 月测绘地形图绘制

崩岸现象,崩岸及其影响范围累计叠加总长度约为 13.9km;陆溪口、嘉鱼河段的中洲右缘、宝塔洲、天门洲、刘家边、赤壁干堤矶湾、窑咀、洪庙、陆溪口、亭子湾、刘家墩、桃红、凉亭等岸段出现了不同程度的崩岸现象,崩岸及其影响范围累计叠加总长度约为 9.4km;簰洲湾河段的胡家湾、新沟、邓家口镇、老官至倒口、簰洲镇、河埠、新洲、居字号、中湾、谭家窑等岸段出现了程度不同的崩岸现象,崩岸及其影响范围累计叠加总长度约为 11.7km;武汉河段的茗窝子、武湖、严家村至海口闸等岸段出现了程度不同的崩岸现象,崩岸及其影响范围累计叠加总长度约为 2.3km。上述崩岸中部分崩岸段已在界牌、陆溪口嘉鱼河段航道整治工程项目中得到治理,不列入本次崩岸治理工程布置范围。对未护岸段采用水上护坡工程、水下护脚工程的措施;对已护岸段,水上工程按原水上护坡的材料结构形式进行整修,水下工程进行加固。

城陵矶至武汉河段可能突发新增崩岸段长度初步估计为 2003 年 6 月～2012 年 8 月崩岸及其影响范围累计叠加统计总长度的 20%。据此计算,岳阳河段、陆溪口嘉鱼河段、簰洲湾河段、武汉河段的可能突发新增崩岸长度分别为 3000m、2000m、2500m、1000m,已护段占比 60%,未护段占比 40%。

统计城陵矶至武汉河段崩岸综合治理工程规模,护岸总长度 55900m,其中新护岸 25700m,护岸加固 30200m。城陵矶至武汉河段崩岸综合治理工程布置见表 7.5～表 7.8 和图 7.8～图 7.14。

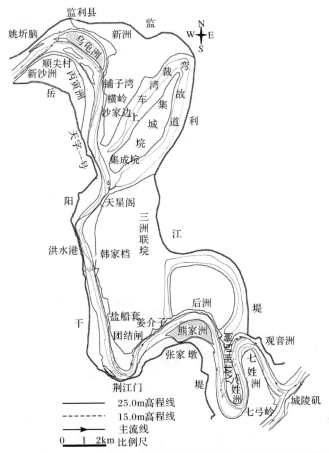

图 7.7　下荆江河段(塔市驿～城陵矶段)崩岸综合治理工程地理位置图

根据 2011 年 11 月测绘地形图绘制

表 7.5　岳阳河段崩岸综合治理工程布置统计

序号	行政辖区	地　名	岸别	治理桩号范围	长度/m	水上工程	水下工程
1	洪湖市	界牌	左	521+500～520+000	1500	整修	加固
2	洪湖市	新堤夹	左	508+180～508+100	80	整修	加固
3	洪湖市	新堤夹	左	508+050～507+900	250	整修	加固
4	洪湖市	新堤夹	左	506+000～507+000	1000	整修	加固
5	洪湖市	新堤夹	左	503+000～502+400	600	整修	加固
6	洪湖市	新堤夹	左	502+400～500+500	1900	整修	加固
7	洪湖市	叶王家洲	左	496+000～497+000	1000	整修	加固
8	洪湖市	乌林	左	491+000～490+900	100	整修	加固

序号	行政辖区	地　名	岸别	治理桩号范围	长度/m	水上工程	水下工程
9	岳阳市	道人矶	右	10+700~11+460	760	整修	加固
10	岳阳市	白螺汽渡	右	11+460~12+500	1040	新护	新护
11	岳阳市	儒溪	右	0+500~1+072	572	新护	新护
12	岳阳市	鸭栏	右	2+350~4+086	1736	新护	新护
13	岳阳市	边洲	右	3+700~4+680	980	整修	加固
14	岳阳市	童家墩	右	13+000~14+750	1750	整修	加固
15	新增突发崩岸				1200	新护	新护
16					1800	整修	加固
合计					16268		

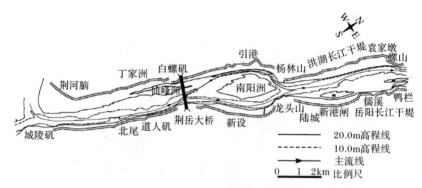

图 7.8　岳阳河段(城陵矶~螺山段)崩岸综合治理工程地理位置图

根据 2011 年 11 月测绘地形图绘制

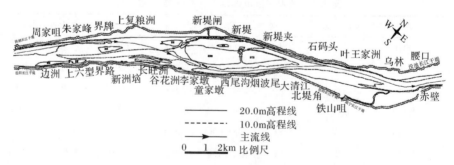

图 7.9　岳阳河段(螺山~赤壁山段)崩岸综合治理工程地理位置图

根据 2011 年 11 月测绘地形图绘制

表 7.6　陆溪口、嘉鱼河段崩岸综合治理工程布置统计

序号	行政辖区	地　名	岸别	治理及监测桩号范围	长度/m	水上工程	水下工程
1	洪湖市	中洲右缘	左	Z0+600～Z1+850	1250	整修	加固
2	洪湖市	中洲右缘	左	Z1+850～Z2+500	650	新护	新护
3	洪湖市	宝塔洲	左	468+300～467+760	560	新护	新护
4	洪湖市	刘家边	左	440+900～440+600	300	整修	加固
5	洪湖市	天门洲	左	430+500～429+000	1500	新护	新护
6	咸宁市	赤壁干堤	右	344+450～344+850	400	新护	新护
7	咸宁市	赤壁干堤矶湾	右	343+300～343+420	120	新护	新护
8	咸宁市	赤壁干堤窑咀	右	342+500～342+900	400	整修	加固
9	咸宁市	赤壁干堤	右	339+220～339+300	80	新护	新护
10	咸宁市	洪庙	右	325+500～326+500	1000	整修	加固
11	咸宁市	陆溪口	右	324+100～324+800	700	整修	加固
12	咸宁市	亭子湾	右	322+450～323+300	845	整修	加固
13	咸宁市	刘家墩	右	318+000～318+750	750	新护	新护
14	咸宁市	邱家湾至下桃红	右	311+020～311+800	780	新护	新护
15	咸宁市	凉亭	右	303+200～303+650	450	新护	新护
16		新增突发崩岸			800	新护	新护
17					1200	整修	加固
合计					11785		

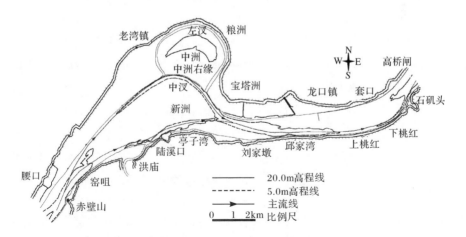

图 7.10　陆溪口河段(赤壁山～石矶头段)崩岸综合治理工程地理位置图

根据 2011 年 11 月测绘地形图绘制

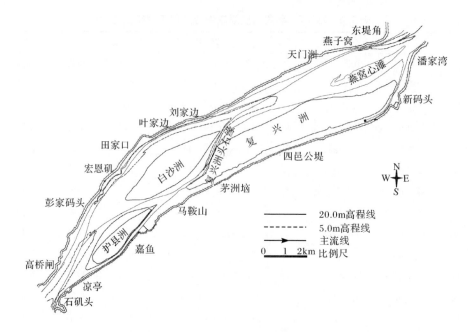

图 7.11　嘉鱼河段(石矶头~潘家湾段)崩岸综合治理工程地理位置图

根据 2011 年 11 月测绘地形图绘制

表 7.7　簰洲湾河段崩岸综合治理工程布置统计

序号	行政辖区	地　名	岸别	治理桩号范围	长度/m	水上工程	水下工程
1	洪湖市	胡家湾	左	394+400~396+300	1900	新护	新护
2	汉南区	新沟	左	394+200~393+500	700	新护	新护
3	汉南区	新沟	左	393+500~392+500	1000	整修	加固
4	汉南区	邓家口镇	左	374+000~373+200	800	整修	加固
5	咸宁市	四邑殷家阁	右	270+500~271+000	500	整修	加固
6	咸宁市	老官嘴至倒口	右	266+730~268+530	1800	整修	加固
7	咸宁市	老官嘴至倒口	右	264+300~264+100	200	新护	新护
8	咸宁市	簰洲	右	10+000~12+500	2500	整修	加固
9	咸宁市	河埠	右	13+500~14+000	500	整修	加固
10	咸宁市	河埠	右	14+000~14+500	500	新护	新护
11	咸宁市	黑埠	右	17+800~18+500	700	新护	新护
12	咸宁市	新洲	右	24+100~25+100	1000	新护	新护
13	咸宁市	沙堡	右	38+250~39+500	1250	新护	新护

续表

序号	行政辖区	地　名	岸别	治理桩号范围	长度/m	水上工程	水下工程
14	江夏区	居字号	右	249+545~249+605	50	整修	加固
15	江夏区	中湾	右	247+860~247+910	50	整修	加固
16	江夏区	中湾	右	247+300~245+300	2000	整修	加固
17	江夏区	谭家窑	右	241+250~241+350	100	新护	新护
18		新增突发崩岸			1000	新护	新护
19					1500	整修	加固
	合计				18050		

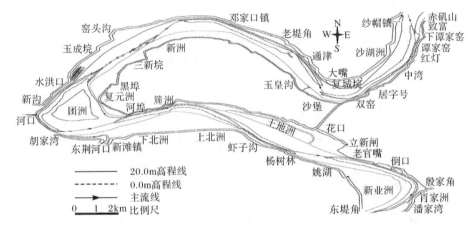

图 7.12　簰洲湾河段（潘家湾~赤矶山段）崩岸综合治理工程地理位置图

根据 2011 年 11 月测绘地形图绘制

表 7.8　武汉河段崩岸综合治理工程布置统计

序号	行政辖区	地　名	岸别	治理桩号范围	长度/m	水上工程	水下工程
1	汉南区	苕窝子	左	350+800~352+300	1500	整修	加固
2	黄陂区	武湖	左	3+200~4+700	1500	新护	新护
3	黄陂区	柴泊湖	左	0+000~-2+000	2000	新护	新护
4	江夏区	郑家湾	右	225+100~225+900	800	新护	新护
5	武昌区	天兴洲尾	右	9+900~12+900	3000	新护	新护
6		新增突发崩岸			400	新护	新护
7					600	整修	加固
	合计				9800		

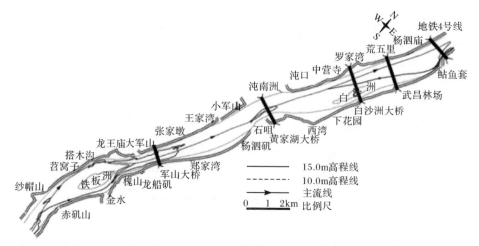

图 7.13　武汉河段(赤矶山～黄鹤楼段)崩岸综合治理工程地理位置图
根据 2011 年 11 月测绘地形图绘制

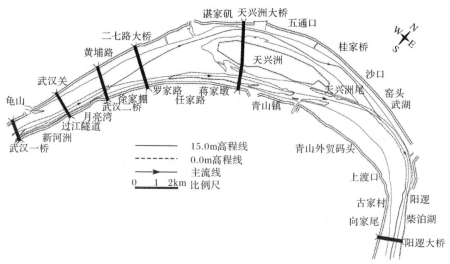

图 7.14　武汉河段(黄鹤楼～阳逻段)崩岸综合治理工程地理位置图
根据 2011 年 11 月测绘地形图绘制

4. 武汉至湖口河段

三峡水库蓄水运用以来,武汉至湖口河段的冲刷调整引起了叶家洲河段的尹魏、团风河段的江咀等岸段出现了程度不同的崩岸现象,叶家洲、团风河段崩岸及其影响范围累计叠加总长度约 1.9km;鄂黄河段的李家洲林场、吕杨林、刘楚贤至三江口、昌大堤团山头、李家湾至四房湾等岸段出现了程度不同的崩岸现象,崩岸及其影响范围累计叠加总长度约 12.04km;韦源口河段的茅山闸、郜家咀、上河口、十五厢、菖湖急水口、道士袱和田家镇河段的富池张湾等岸段出现了程度不同的崩岸现象,韦源口、田家镇河段崩岸及影响范围累计叠加总长度约为 2.2km;龙坪河段的李英段和九江河段(部分)的汪家洲、刘费段等岸段出现了程度不同的崩岸现象,龙坪、九江河段(部分)崩岸及影响范围累计叠加总长度约为 4.8km。上述崩岸中部分崩岸段在团风、戴家洲、轱牛沙、龙坪、九江河段等航道整治工程项目中得到治理,不列入本次崩岸治理工程布置范围。对未护岸段采用水上护坡工程、水下护脚工程的措施;对已护岸段,水上工程按原水上护坡的材料结构形式进行整修,水下工程进行加固。

武汉至湖口河段可能突发新增崩岸段长度初步估计为 2003 年 6 月～2012 年 8 月崩岸及其影响范围累计叠加统计总长度的 15%,叶家洲团风河段、鄂黄河段、韦源口田家镇河段、龙坪九江河段(部分)的可能突发新增崩岸长度分别为 500m、2000m、500m、750m,已护段占比 60%,未护段占比 40%。

统计武汉至湖口河段崩岸综合治理工程规模,护岸总长度 24770m,其中新护岸 17190m,护岸加固 7580m。武汉至湖口河段崩岸综合治理工程布置见表 7.9～表 7.12 和图 7.15～图 7.20。

表 7.9 叶家洲、团风河段崩岸综合治理工程布置统计

序号	行政辖区	地 名	岸别	治理桩号范围	长度/m	水上工程	水下工程
1	新洲区	尹魏	左	253+570～254+070	500	新护	新护
2	浠水县	江咀	左	215+200～216+560	1360	新护	新护
3		新增突发崩岸			200	新护	新护
4					300	整修	加固
	合计				2360		

表 7.10 鄂黄河段崩岸综合治理工程布置统计

序号	行政辖区	地 名	岸别	治理桩号范围	长度/m	水上工程	水下工程
1	黄州市	李家洲林场	左	201+000～204+000	3000	新护	新护
2	浠水县	吕杨林	左	177+300～177+200	100	整修	加固
3	浠水县	吕杨林	左	179+450～179+500	50	整修	加固
4	浠水县	吕杨林	左	180+600～180+740	140	整修	加固
5	鄂州市	刘楚贤至三江口	右	117+800～123+250	5450	新护	新护
6	鄂州市	昌大堤团山头	右	73+500～74+800	1300	新护	新护
7	鄂州市	李家湾至四房湾	右	65+400～67+400	2000	新护	新护
8		新增突发崩岸			800	新护	新护
9					1200	整修	加固
	合计				14040		

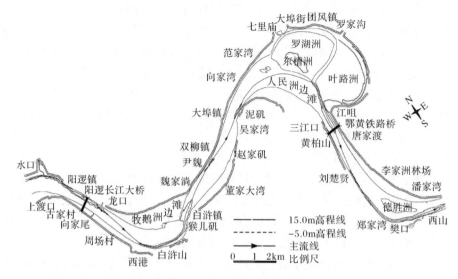

图 7.15　叶家洲、团风河段(阳逻～黄柏山)崩岸综合治理工程地理位置图

根据 2011 年 11 月测绘地形图绘制

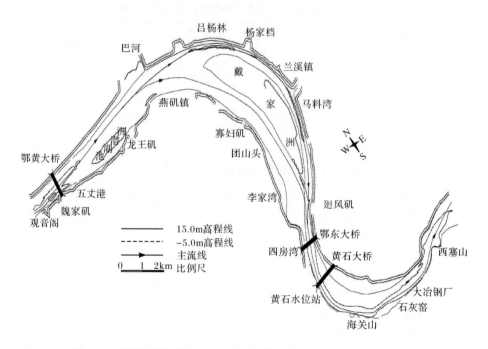

图 7.16　鄂黄河段(黄柏山～西塞山)崩岸综合治理工程地理位置图

根据 2011 年 11 月测绘地形图绘制

表 7.11　韦源口、田家镇河段崩岸综合治理工程布置统计

序号	行政辖区	地　名	岸别	治理桩号范围	长度/m	水上工程	水下工程
1	浠水县	茅山闸	左	143+820～144+000	180	新护	新护
2	蕲春县	上河口	左	118+100～118+200	100	新护	新护
3	蕲春县	鄐家咀	左	113+150～113+350	200	新护	新护
4	蕲春县	十五厢	左	111+030～111+220	190	整修	加固
5	阳新市	道士袱	右	44+650～44+600	50	整修	加固
6	阳新市	菖湖急水口	右	5+400～6+300	900	新护	新护
7	阳新市	富池张湾	右	3+600～4+000	400	新护	新护
8	阳新市	富池张湾	右	0+500～0+700	200	新护	新护
9		新增突发崩岸			200	新护	新护
10					300	整修	加固
	合计				2720		

表 7.12　龙坪、九江河段(部分)崩岸综合治理工程布置统计

序号	行政辖区	地　名	岸别	治理桩号范围	长度/m	水上工程	水下工程
1	黄冈黄梅	李英段	左	1+500～2+800	1300	整修	加固
2	黄冈黄梅	汪家洲	左	34+000～35+000	1000	整修	加固
3	黄冈黄梅	汪家洲	左	32+000～33+000	1000	整修	加固
4	黄冈黄梅	刘费段	左	7+600～9+100	1500	整修	加固
5		新增突发崩岸			300	新护	新护
6					450	整修	加固
	合计				5550		

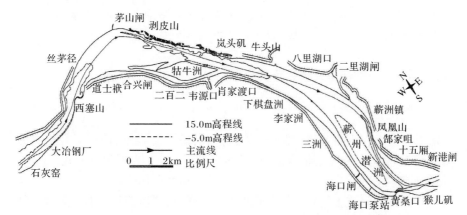

图 7.17　韦源口河段(西塞山～猴儿矶段)崩岸综合治理工程地理位置图

根据 2011 年 11 月测绘地形图绘制

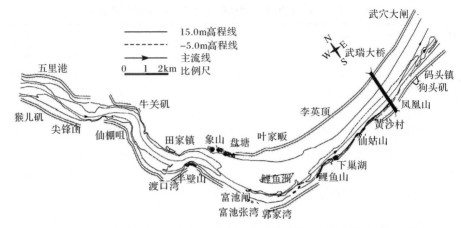

图 7.18　田家镇河段(猴儿矶～码头镇段)崩岸综合治理工程地理位置图

根据 2011 年 11 月测绘地形图绘制

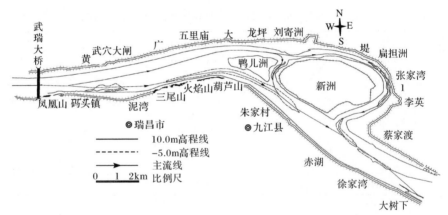

图 7.19　龙坪河段(码头镇～大树下段)崩岸综合治理工程地理位置图

根据 2011 年 11 月测绘地形图绘制

7.1.2　崩岸综合治理工程优势技术分析

1. 水上护坡工程

水上护坡工程主要有干砌块石、浆砌块石、模袋混凝土、预制混凝土六方块、生态混凝土、宽缝加筋生态混凝土、钢丝网石垫和土工格栅石垫等形式。

1) 干砌块石

干砌块石具有施工简单、维修方便、生态环保及适应变形等优点。1998 年以前,干砌块石在长江中下游水上护坡工程中广泛采用,取得了较好的护岸效果。但因干砌石护坡工程对块石的形状、重量、厚度等均有一定的要求,需要从块石中

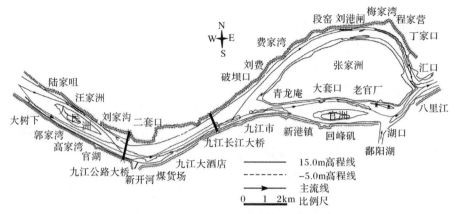

图 7.20　九江河段（大树下～湖口段）崩岸综合治理工程地理位置图
根据 2011 年 11 月测绘地形图绘制

人工分选或二次加工解块,看似取材容易,实际上选择适合护坡的块石材料来之不易,这就直接增加了施工质量控制难度。此外,大量开山采石对料源区的生态环境会带来明显的不利影响。1998 年以后,干砌石在长江中下游水上护岸工程中较少采用。

2）浆砌块石

浆砌块石水上护坡具有干砌块石的优点,而且外形美观、整体性强,可以防止较大风浪的拍击,其料源与干砌块石相同,对采石区的生态环境会带来不利影响,而且造价高于干砌块石,施工相对较难,对坡面守护区的生态环境会带来一定的不利影响。若护坡工程距离块石开采区较近并且块石开采区的材质为石灰岩,采用砌石护坡有一定的技术经济优势。1998 年以后,浆砌块石在长江中下游水上护岸工程中很少采用。

3）预制混凝土六方块

预制混凝土六方块水上护坡具有取材容易、施工简单、施工速度快、工程外观整洁等优点,工程造价略高。1998 年以后,预制混凝土六方块水上护坡被广泛用于长江两岸的护岸、护堤工程。但预制混凝土六方块水上护坡一方面会使被保护的坡面寸草不生,与坡面植被相关的生物群落基本被毁灭;另一方面,其适应变形能力欠佳,在软弱坡面基础部位,很可能因为坡面基础 3～5cm 的下挫变形而出现裂口,在水流的淘刷下,逐渐水毁破坏,从长江中下游河道的预制混凝土六方块护坡水毁案例来看,每处预制混凝土六方块护坡水毁破坏面积均超过 100m²。

从长江中游干流河段边坡生态来看,多年平均中水位至多年平均枯水位之间的区域内,因 5～9 月基本被水流淹没,该区域采用预制混凝土六方块护坡对坡面生态影响相对要小,因此采用预制混凝土六方块护坡具有一定的技术经济优势。

4) 生态混凝土

生态混凝土水上护坡具有取材容易、施工简单、施工速度快、生态环保等优点,生态混凝土由不含细骨料(砂)的透水混凝土和土壤构成,透水混凝土结构强度一般在 3MPa 左右,坡面放牧活动对护坡工程的耐久性有一定影响。

5) 宽缝加筋生态混凝土

宽缝加筋生态混凝土是综合预制混凝土护坡和生态混凝土护坡的技术优势的一种新型水上护坡结构形式,由加筋预制混凝土四方块和生态混凝土构成,加筋预制混凝土四方块按设计方案铺置在坡面上,通过(钢丝或编织带)加筋条与周围的其他预制混凝土四方块连接成一个网状整体,再在预制混凝土四方块间的宽缝(宽 12cm 左右)现浇不含细骨料(砂)的透水混凝土,使整个坡面成为一个整体;待透水混凝土初凝后,浇灌含草籽的泥浆养护。

宽缝加筋生态混凝土具有生态环保、取材容易、施工简单、整体性好、工程造价低等优点,已在长江中游荆江河段的观音洲、杨岭子等处的水上护坡工程中应用,取得了较好的效果。

6) 模袋混凝土

模袋混凝土护坡整体性好,抗风浪能力强,机械化施工程度高,但破损后维修不方便,排水困难,变形适应能力差,并且不具有生态环保功能。模袋混凝土护坡用于多年平均中水位至多年平均枯水位之间的区域内护坡不会影响坡面生态;防滑性好,尤其适用于城镇居民活动较多的地段。

7) 钢丝网石垫

钢丝网石垫(简称石垫)水上护坡既具有整体性又具有柔动性,同时渗透性好,不需垫层,适应坡面变形能力强,表面粗糙,有利于泥沙沉积、植物生长,环保效果好;但工程造价相对较高,相当于预制混凝土六方块护坡的 2 倍。

8) 土工格栅石垫

土工格栅石垫水上护坡既具有整体性又具有柔动性,同时渗透性好,不需垫层,适应坡面变形能力强,表面粗糙,有利于泥沙沉积、植物生长,还具有环保效果好等优点。但是,该形式中的塑料格栅需要经过防腐蚀老化与防火处理,工程造价相对较高,相当于预制混凝土六方块护坡的 1.5 倍。

综上所述,干砌块石、浆砌块石、模袋混凝土、预制混凝土六方块、生态混凝土、宽缝加筋生态混凝土、钢丝网石垫和土工格栅石垫等形式均可以起到护坡的功能与效果。除浆砌块石、模袋混凝土、预制混凝土六方块护坡不具有环保功能外,干砌块石、生态混凝土、宽缝加筋生态混凝土、钢丝网石垫和土工格栅石垫等形式具有环保功能。从耐久性来看,宽缝加筋生态混凝土、钢丝网石垫的耐久性相对较好,生态混凝土、土工格栅石垫相对较差。单位工程造价从低到高的次序是预制混凝土六方块、生态混凝土、宽缝加筋生态混凝土、干砌块石、模袋混凝土、土工格栅石垫、浆砌块石、钢丝网石垫。

2. 水下护脚工程

长江中下游水下护脚工程结构形式主要有抛石、抛柴枕、钢丝网石笼、四面六边透水框架、混凝土铰链板沉排、土工织物砂枕（排）、土工布压载石软体排、网模卵石排、钢筋混凝土网架促淤沉箱等。本节主要从工程的适用性、耐久性、施工质量控制难易程度、生态环保、单位工程造价等方面，综合分析其技术优势。

1）抛石

抛石护岸工程最大的优点是能很好地适应河床变形，适用范围广，任何情况下的崩岸都能用抛石守护来达到稳定岸线的目的，即无论是一般护岸段，还是迎流顶冲段，只要设计合理、抛投准确，护岸效果均较好，尤其是在崩岸发展过程或抢险中更能体现抛石护岸的优越性。

抛石护岸工程是在水面施工，块石经历水体的自由漂移着床，水深越大施工质量越难控制，一般来说，在 15m 施工水深和近岸河床 1.0m/s 平均流速的工况下，施工质量可控制，超出了这一工况条件施工质量控制难度较大；此外，抛石施工是在水面船舶甲板上量方收方，工程质量控制难度大，定位船的移动施工作业面情况和每次移动的抛石估量也直接影响抛石施工的均匀程度。因此，抛石施工看起来简单，但施工质量实际控制难度较大。

抛石护岸工程需要大量块石，开山采石对料源区植被与生态环境有着毁灭性破坏，不利于生态环境保护。近年来，由于劳动力和运输成本涨幅较大，抛石护岸的单价优势逐渐消失。此外，环保税的征收，一方面将减少石料场数量，影响石料的供求关系，另一方面将直接推高石料价格。目前抛石护岸工程的抛石单价约 142 元/m^3（2012 年 10 月武汉价格水平），相对于其他形式的护岸工程的价格优势不明显。

2）抛柴枕

抛柴枕是将石料包裹在芦苇里绑扎成柱状，沉放在施工区域，以保护守护区的岸坡稳定。由于芦苇在水下腐烂变质易遭水流冲失，从而影响工程效果，工程的耐久性欠佳。另外，抛柴枕需要流速较小、水深不大的工况条件。2003 年以后，长江中游水下护脚基本不用抛柴枕的护岸形式。

3）钢丝网石笼

钢丝网石笼是采用防腐处理后的高强钢丝编织而成，石笼是将块石或卵石填充在钢丝网笼里，封口成笼状，用起重吊装设备将其沉放在设计的施工区域，以达到守护岸坡稳定的目的。

吊沉钢丝网石笼适用于任何工况条件；钢丝网石笼间可以串联在一起，其整体性好，冲刷流失的可能性较低；工程施工需要 300t 级的施工船舶和 15t 级的吊装设备,施工机械化水平较高,专业化施工有利于保障工程的施工质量;钢丝网石笼的单价约为 232 元/m³,单位工程价格相对较高。

4) 四面六边透水框架

四面六边透水框架(简称"透水四面体")是由 6 根钢筋混凝土预制杆焊接组装而成的。由于受组成四面体杆件的阻水绕流和挤压作用,四面体保护区内的流速结构分布发生一定调整,结果使四面体保护区内的近底流速小于投放四面体前的流速,从而引起局部流速减小,起着增阻减速的作用,有利于泥沙落淤。因此,在流速较小的地方和崩窝治理时采用四面体具有较好的缓流促淤作用。

单层均匀铺护、双层均匀铺护和覆盖率为 70% 的不均匀铺护试验表明,当四面体铺得均匀且厚度较大时,抗冲稳定性较好。在流速较大情况下,由单个带动会发生一连串的位移现象。在同样的水流和边界条件下,四面体的起动流速显著小于相同重量实体护岸材料(块石)的起动流速,说明透水性材料的抗冲性明显低于实体材料。因此,在流速较大和迎流顶冲地段不宜采用四面体进行护岸。

5) 混凝土铰链排

混凝土铰链排系通过钢制扣件将预制混凝土块连接并组成排的护岸工程结构形式。对于新护段,需加土工布作为垫层,以防止混凝土块之间的泥沙被淘刷而影响排体的稳定与护岸效果。混凝土铰链排是在传统的沉排基础上发展起来的一种新型的护岸结构形式,它集柔性与整体性于一身,能较好地适应河床的变形,并不需要经常性的加固和维修,护岸效果较好,能够保证工程进度,容易控制工程数量和质量。混凝土铰链排施工需要采用专用施工船施工,施工及维修相对较复杂,混凝土铰链排的单价约为 166 元/m²,单位工程价格相对较高。

6) 土工织物砂枕(排)

土工织物砂枕(排)护岸具有取材容易、体积和重量大、稳定性好、工程数量与质量容易控制、造价低、对环境影响较小及施工方便等优点。虽然砂枕的位置可随河床的冲刷变形而发生一定的调整,但由于砂枕尺寸较大,其调整能力明显比块石差,且调整后的砂枕在床面上的形态比较杂乱,有些砂枕间存在空档。另外,砂枕易被船只抛锚所破坏。因此,采用砂枕护岸,一方面护岸工程前沿需加备填砂枕或块石(最好为块石,适应河床变形能力强),以适应河床的冲刷变形;另一方面,考虑到坡面上砂枕投抛及排列存在一定的随机性,为了使砂枕在坡面上形成相对均匀的覆盖层,宜采用双层砂枕量抛护。土工织物砂枕以往多用于崩岸强度小、水流顶冲不强烈的地段,在水流顶冲强烈段使用较少。

7) 土工布压载软体排

土工布上系砂枕袋或混凝土块及加压块石的软体排护岸工程试验结果表明,软体排护岸工程的破坏主要由坡脚河床冲刷后,坡度变陡,排体上面的压载物下滑,排体下垂,严重时出现断裂或撕破而引起;若土工布压载量不够,会出现被水流掀起或发生翻卷现象,从而破坏护岸工程。土工布垫层对护岸工程的作用主要表现为土工布垫层将水流与河床泥沙隔开,有效阻止水流淘刷泥沙,同时,也增强了护岸工程的整体性,有利于护岸工程的稳定。

土工布软体排守护效果是靠其整体性和一定柔性来发挥的,能适应一定的河床变形,若河床变形较大,排体效果不会很好。排体自身稳定,一方面是靠压重物来保证排体不被水流掀起、翻卷;另一方面,由于材料的特殊性,排首锚固作用较差,排体是依靠河床的稳定而稳定。因此,土工布软体排适用于守护段水下坡度缓于 1:2.5 及河床变形不大的河段,同时在守护区船舶不能抛锚。可见,土工布压载软体排具有压载可靠耐久,能适应河床变形,有反滤防冲效果,同时造价较低,沉放施工成熟等优点,土工布软体排施工需要采用专用施工船沉放,不适宜港口码头江岸的防护。土工布软体排上面需要有厚 0.6m 以上的压载抛石,按 0.6m 厚压载抛石计算,土工布软体排+压载抛石的综合成本单价约为 158 元/m²,单位工程价格相对较高。

8) 网模卵石排

网模卵石排是将卵石灌装入聚乙烯纤维绳制成的网状模袋内,形成网模卵石排单元体,沉放入河床(设计位置)。网模卵石排集柔性与整体性于一体,能较好地适应河床的变形,即可用于水下坡度较缓的新护段,又可用于水流条件较复杂坡度较陡的加固段。网模卵石排的主要材料是卵石,在长江中游的主要支流河道和干流的宜昌至枝江河段大量分布,材料资源丰富,取材容易。网模卵石排具有环保、节能的特点,在河道治理工程中,卵石代替块石和其他高耗能材料是可行的。

网模卵石排施工需要采用专用施工船施工,施工模式是预制构件工厂化生产,现场灌装沉放。网模卵石排护岸技术是一种新型护岸技术,工程施工质量可标准化控制,其施工流程和技术设备在实际工程中逐步完善。网模卵石排护岸工程综合成本单价与卵石运距关系较大,按 2012 年 10 月湖北省沿江地区的价格水平,其综合成本约为 65 元/m²;网模卵石排水下护岸一般采用单层拼接、双层错缝铺置的方法,基本达到施工区域河床完全覆盖保护的设计目标。按双层错缝铺置,其功效综合成本单价约为 130 元/m²,较抛石(一般厚 1m)的综合成本单价(142 元/m²)便宜。

9) 钢筋混凝土网架促淤沉箱

钢筋混凝土网架促淤沉箱是通过对四面六边透水框架群进行技术改进,由预制钢筋混凝土构件连接成的网(桁)架、聚丙烯编织布制成的排(围)布等组装而成的,单个促淤沉箱长 6m、宽 4.16m,覆盖面积 23.5m²;沉箱厚 1.0m、轮廓体积 19.82m³,重 4.5t。钢筋混凝土网架沉箱的结构设计吸收了钢筋混凝土铰链排的高强度、铰链连接可自动调整的优点;吸收了四面六边透水框架的轮廓体积的经济优势和促淤特点;吸收了软体排水下护岸的排布覆盖保护河床的优点;吸收了沉梢(柴枕)水下护岸的环保、促淤的优点,耐久性好,可适用深水(水深大于 30m)急流(近岸河床 2.0m/s 以上平均流速)工况地段的护岸工程。由于存在公共连杆,其单位轮廓体积综合成本(147 元/m³)与抛石护岸综合成本(142 元/m³)相近,约为四面六边透水框架群综合成本的 35%。钢筋混凝土网架促淤沉箱施工需要采用专用施工船施工,施工模式是预制构件工厂化生产,单元模块组装,中型机械吊运沉放。钢筋混凝土网架促淤沉箱护岸技术是一种新型护岸技术,工程施工质量可标准化控制,其施工流程和技术设备可在实际工程中逐步完善。

　　综上所述,抛石、抛柴枕、钢丝网石笼、四面体、混凝土铰链板沉排、土工织物砂枕(排)、土工布压载石软体排、网模卵石排、钢筋混凝土网架促淤沉箱等工程结构形式都可以起到水下护脚的功能和效果,但这些结构形式的功能特性有较大的差异。材料本身的耐久性除土工织物砂枕(排)相对较差外,其他材料比较接近;这些材料建造的护岸工程,主要是因近岸河床冲刷水毁而引起工程的耐久性问题,一般地,冲刷深度 3m 以内时上述工程结构形式通过自身调整基本可以应对,冲刷深度 3~5m 时,抛石、抛柴枕、土工布压载石软体排就会出现一定量的块石水毁流失,软体排外缘出现"挂门帘"水毁现象,冲刷程度 5m 以上时,抛石、抛柴枕、土工布压载石软体排就会出现大量的块石水毁流失、混凝土铰链板沉排和软体排外缘出现"挂门帘"水毁现象、内缘出现排首断裂现象;钢丝网石笼、钢筋混凝土网架促淤沉箱、透水框架群、网模卵石排等具有轮廓体积填充功能又可串联为一体的工程结构形式,布置在护岸工程外缘,具有较好的工程耐久性,适用于年际间冲刷幅度累计较大的地段。

　　水下护岸工程的工程基础面是近岸河床,施工作业面是近岸河床上方的水面,施工期工区的水深和流速对工程选材和施工质量、难度起关键作用,对于水深和流速较大的工区,若采用混凝土铰链沉排和软体排技术方案,其施工难度大、并且施工质量难控制;若采用抛石、抛柴枕技术方案,因块石和柴枕漂移落点过度分散,其施工质量难控制;采用钢丝网石笼、钢筋混凝土网架促淤沉箱、网模卵石排等具有轮廓体积填充功能又可串联为一体的工程结构形式,可以解决水深和流速较大的工区施工问题。

　　水下护岸工程结构形式的基本材料是块石、卵石、砂、水泥、钢材、化纤材料,这些材料的开采、加工、运输都需要消耗能源,对环境有所影响,相对而言,开山采石的量大,对料源区的植被和生态环境有明显影响,水泥和钢材的总量相对较少,其影响的程度相对也较小。因此,抛石、抛柴枕、土工布压载软体排工程结构形式因需要大量的块石,对料源区的生态环境有明显不利影响,透水框架群、钢筋混凝土网架促淤沉箱、混凝土铰链排需要的水泥和钢材的总量相对较少,其影响的程度相对也较小;钢丝网石笼、土工织物砂枕(排)、网模卵石排的主要材料是河道的砂卵石资源,相对而言具有较好的生态与环保优势。

水下护岸工程结构形式的技术优势各不相同,不能简单比较其单位工程造价,对于 5m 水深和 1.0m/s 以内的工况条件,抛石、抛柴枕有明显的技术优势,对于 25m 以上水深和 1.5m/s 以上的工况条件,钢丝网石笼、钢筋混凝土网架促淤沉箱、土工织物砂枕(排)、网模卵石排有明显的技术优势,尽管钢丝网石笼成本单价较高,对于水深流急的特殊工况地段采用钢丝网石笼护脚是一个可靠的方案。对于一般工况条件(水深 5～25m,流速 1.0m/s 左右),同等功效情况下,单位工程造价从低到高的次序是土工织物砂枕(排)、网模卵石排、抛柴枕、抛石、钢筋混凝土网架促淤沉箱、土工布压载软体排、混凝土铰链排、钢丝网石笼、透水框架群。

7.1.3　崩岸治理工程技术设计基本方案和优势技术方案组合

1. 水上护坡工程技术设计

水上护坡工程自高向低分别为滩顶、坡身、脚槽、枯水平台四个分部工程(图 7.21)。其中,滩顶分部工程包括滩顶平台与截流沟(必要时设置);坡身分部工程包括坡面(含垫层)、马道、导滤沟、排水沟。水上护坡工程顶部高程一般应达滩顶;当堤外无滩堤岸合一时,护坡应护至堤顶。

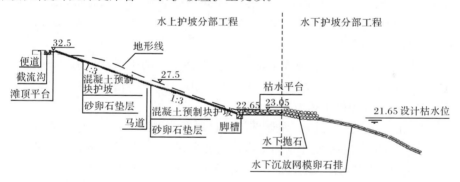

图 7.21　护岸工程典型断面示意图(单位:m)

1) 滩顶分部工程

截流沟。主要是拦截工程段滩面暴雨汇流,以免其对工程段水上护坡工程的冲蚀。截流沟的截面形状有矩形和梯形,矩形截流沟一般采用浆砌块石砌筑,梯形截流沟一般采用预制混凝土块砌筑;由于有形有面的块石料需要从石料场中人工分选或块石二次解体,成本费用较高,相对而言,采用预制混凝土块砌筑截流沟的材料结构形式的工程成本费用较低,并具备标准件生产的基本条件。

预制混凝土块砌筑截流沟开挖尺寸可根据工程具体情况确定,一般可采用:开口宽 70cm、沟底宽 55cm、深 50cm;沟底为现浇混凝土(标号 C_{20}),沟边壁为预制混凝土块(标号 C_{20}),厚 10cm;预制混凝土块立于现浇混凝土面上,斜靠边壁土基础,用水泥砂浆(标号 M_{10})勾缝。成型截流沟截面形状为梯形:开口宽 50cm、沟底宽 35cm、深 50cm。截流沟与坡面排水沟相通,工程结构形式相同。

滩顶平台。是护坡面层工程和截流沟间的连接性工程,其作用主要是护坡面层工程封顶固定和方便工程安全检修。一般来说,滩顶平台宽 80~100cm,由厚 5cm 砂石料垫层(或找平层)和 10cm 现浇混凝土(标号 C_{20})构成。滩顶平台与截流沟外边壁预制混凝土块浇筑联为一体。

2)坡身分部工程

指脚槽以上至滩顶的整个护坡体,其坡度一般为 1∶2.5~1∶3.0,包括马道、导滤沟、排水沟、坡面(含垫层)等。

(1)马道。主要是增强坡体稳定和方便工程安全检修。一般来说,马道宽 50~100cm,其结构由厚 5cm 砂石料垫层(或找平层)和 10cm 现浇混凝土(标号 C_{20})或预制混凝土块或浆砌石构成。

(2)导滤沟。是保证护坡工程稳定的重要措施之一,是护坡工程排水设施的重要组成部分。导滤沟根据地下水逸出点及渗流量大小、岸坡土质条件设置,其形式一般采用 Y 形(也有 T 形导滤沟),纵向间距 10m,起点可以设在地下水逸出点以上 1m 左右,分汊点在沟长 1/2 处。导滤沟截面形状为长方形,深 60cm,宽 40cm,填筑砂卵石混合料,按体积计算,其中 5~30mm 的卵石、砾石约占 80%,2~4mm 的粗沙约占 20%。

(3)排水沟。及时排出滩面截流沟及护坡面汇集的雨水,以保证坡面工程的稳定与防止雨水冲蚀。坡面排水沟与截流沟相通,工程结构形式相同;顺水流方向平均每隔 100m 布设 1 条坡面排水沟。

(4)垫层。主要是找平和反滤,垫层的材料有 3 种:10~15cm 厚砂卵石;250~400g/m^2 的短纤涤纶针刺土工布,其等效孔径 O_{95},单位为 mm;应满足 $O_{95} \leqslant 0.5d_{85}$,其中 d_{85} 为被保护土的特征粒径,单位为 mm;三维土工网砂垫(砂厚 2cm)。

不同材料的护坡面层配套相应的垫层。砂卵石垫层一般与干砌块石、浆砌块石、预制混凝土六方块面层配套使用,土工布垫层一般与预制混凝土六方块、钢丝网和土工格栅石垫面层配套使用,三维土工网砂垫(砂厚 2cm)一般与预制混凝土六方块、钢丝网和土工格栅石垫、模袋混凝土、宽缝加筋生态混凝土面层配套使用。

(5)护坡面层。是护坡的主体,主要是保护岸坡免遭河道水流及雨水冲刷而崩退。护坡面层有干砌块石、浆砌块石、预制混凝土六方块、钢丝网石垫、模袋混凝土、宽缝加筋生态混凝土等材料结构形式;其中,干砌块石、钢丝网石垫、宽缝加筋生态混凝土等形式的护坡工程既具有护坡功能,又具有一定的生态环保功能,一些草本植物可以在这类护坡工程上生长。

① 干砌块石护坡面层设计。

护坡块石防冲粒径。水流作用下护坡、护脚工程块石保持稳定的抗冲粒径（折算粒径）可按式(7.1)计算。

$$d = \frac{V^2}{C^2 \cdot 2g \dfrac{\gamma_s - \gamma}{\gamma}} \tag{7.1}$$

式中, d 为折算直径, m, 按球型折算; V 为水流流速, m/s; g 为重力加速度, 9.81m/s²; C 为石块运动的稳定系数, 水平底坡 $C=0.9$, 倾斜底坡 $C=1.2$; γ_s 为块石的重度, 可取 26.0kN/m³; γ 为水的重度, 取 9.8kN/m³。

防浪块石厚度[1]。在波浪作用下, 斜坡堤干砌块石护坡的护面厚度 t 可按式(7.2)计算(培什金公式)。

$$t = K_1 \frac{\gamma}{\gamma_b - \gamma} \frac{H}{\sqrt{m}} \sqrt[3]{\frac{L}{H}} \tag{7.2}$$

式中, t 为护坡厚度, m; K_1 为系数, 对一般干砌石取 0.266; γ_b 为块石的重度, kN/m³, 取值同上; γ 为水的重度, kN/m³, 取值同上; H 为计算波高, m, 当 $\dfrac{d}{L} \geqslant$ 0.125 时, 取 $H_{4\%}$; 当 $\dfrac{d}{L} \leqslant 0.125$ 时, 取 $H_{13\%}$; d 为堤前或岸坡前水深; L 为波长, m; m 为斜坡坡率, $m = \arctan\alpha$, α 为斜坡坡角, (°)。

根据长江中游河道情况, 计算求得 $t=0.2\sim0.3$m, 因此, 干砌块石护坡的护坡厚度一般取为 0.3m。

② 预制混凝土六方块护坡面层设计。

坡身面层。面层混凝土预制块厚度 t 按式(7.3)计算[2]。

$$t = \eta H \sqrt{\frac{\gamma}{\gamma_b - \gamma} \cdot \frac{L}{Bm}} \tag{7.3}$$

式中, η 为系数, 取 0.075; H 为计算波高, m, 取 $H_{1\%}$; γ_b 为混凝土的重度, 可取 24.0kN/m³; γ 为水的重度, 取 9.81kN/m³; m 为斜坡坡率, $m = \arctan\alpha$, α 为斜坡坡角, (°); L 为波长, m; B 为沿斜坡方向的护面板长度, m。

混凝土预制块护坡面层需设置变形缝。其中护坡面横向一般设置 3 条变形缝, 分别位于马道两边、坡面与封顶交界处。纵向每隔 20m 左右设置 1 条变形缝。变形缝宽 2.5cm, 用沥青灌缝。

③ 宽缝加筋生态混凝土护坡面层设计。

宽缝加筋生态混凝土护坡工程坡面可不设置排水沟、导滤沟。坡面结构由加筋预制混凝土四方块(长 45cm、宽 30cm、厚 12cm、标号 C₂₀)和生态混凝土构成, 加筋预制混凝土四方块按设计方案铺置在坡面上, 通过(钢丝或编织带)加筋条与周围的其他预制混凝土四方块连接成一个网状整体, 再在预制混凝土四方块间的宽缝(宽 12cm 左右)现浇不含细骨料(砂)的透水混凝土,使整个坡面成为一个整体;待透水混凝土初凝后,浇灌含草籽的泥浆养护。

④ 钢丝网石垫护坡。

钢丝网石垫护坡工程坡面可不设置排水沟、导滤沟。钢丝网石垫的尺寸有多种规格,具体结合工程需要选定,一般采用 6m×2m 和 4m×2m 两种规格,高0.23m。石垫用钢丝编制成六边形网,网目 60mm×80mm,内装卵石、块石,厚0.23m,块石粒径 8～20cm。将石垫直接铺在开挖成型的坡面上,四周用钢丝绑扎在一起形成一个整体,在沙质和粉沙坡面上加铺 400g/m² 土工布。钢丝抗拉强度大于 350MPa,伸长率大于 10%,镀层量大于 220g/m²,铝含量 5%。

3) 脚槽、枯水平台分部工程

脚槽位于枯水平台内侧的坡身下缘处,顶部高程与枯水平台高程相同。脚槽断面可为矩形或梯形。脚槽填筑为干砌石,其断面面积为 0.6～1.0m²,脚槽上层也可用浆砌块石,厚度 0.25～0.30m;若整个脚槽用浆砌块石或混凝土填筑,其断面面积为 0.4～0.6m²。

枯水平台位于护坡工程的最下部,与护脚工程相接。护坡工程一般应设枯水平台,以保护脚槽不受波浪淘刷,有利于护坡的稳定,同时对护脚工程遭受冲刷时也有预警作用。但枯水平台的宽度直接影响削坡工程量的大小,因此,枯水平台设置应综合考虑治导线及岸坡稳定等因素加以确定[1]。

一般情况下,枯水平台顶部高程为设计枯水位加 0.5～1.0m。枯水平台宽度一般不宜小于 2m,可用干砌块石或浆砌块石铺护,厚度为 0.25～0.3m,垫层厚0.1m;也可用厚度为 0.6～0.8m 平铺石或厚度为 0.1m 的预制混凝土板铺护或厚度为 0.23m 钢丝网石垫铺护。对削坡后平台宽达 4m 以上时,对 4m 宽枯水平台以内至脚槽之间的空坦部位,以平铺块石护面,重要工程其厚度为 0.8m,一般工程其厚度为 0.5m。当枯水平台宽度小于 2m,平台应为具有反滤层的干砌护面,并延护至枯水平台以下 1m 深的岸坡处,同时在岸沿设 2m³/m 接坡石,以防止波浪淘刷脚槽。当没有枯水平台时,波浪和近岸水流更易淘刷脚槽,则在脚槽处宜布设一层土工沙袋或块石,深度不小于 1m,其外设置接坡石 2～4m³/m。

2. 水下护脚工程技术设计

长江中游河段平顺水下护脚工程结构形式主要有抛石、混凝土铰链排、钢丝网石笼、土工布压载石软体排、四面六边透水框架群、钢筋混凝土网架促淤沉箱、网模卵石排等。

1) 抛石水下护脚工程设计[1]

截至目前,抛石护岸是长江中游应用最普遍的护岸工程结构形式,以往在各种水流、边界条件下均实施了大量的抛石护岸工程,取得了较好的护岸效果,也积累了丰富的工程实践经验。试验研究与工程实践表明,抛石护岸工程的效果主要与工程布置、抛护标准、床面块石的覆盖率以及防冲石量、裹头等有关。

(1) 守护宽度。

守护宽度是指横断面上从设计枯水位开始往深泓方向的守护距离。守护宽度是否合理直接关系到护岸工程的效果,在护岸工程设计中应予以充分考虑。具体的守护宽度应根据河道边界条件、水流条件、崩岸强度及已护工程情况合理地确定。

① 对强烈崩岸段(如年崩率大于 40m/a),其守护宽度不宜小于 70m,以适应近岸河床的变形,达到调整后枯水位以下坡度缓于 1:2 的要求;对崩岸强度较小(如年崩率小于 25m/a)、水下坡度较缓(缓于 1:4)的岸段,守护宽度一般控制在 40～50m。

② 对弯道中段,其守护宽度可依据深泓距枯水位时水边的距离确定。当深泓距枯水位时水边的距离较近(一般为 60～100m)时,应守护至深泓。如果距离较远,则可根据崩岸强度和上下游的守护范围确定,一般可守护 60～80m。

③ 对枯水位以下坡度较陡,向下逐渐变缓的岸段,应护至河床横向坡度 1:3～1:4 处或一定深槽高程处,相应守护宽度为 70～100m。

(2) 守护厚度。

合适的守护厚度是使块石层下的河床沙粒不被水流淘刷,并能防止坡脚冲深过程中块石调整出现空档而被水流冲刷并引起岸坡破坏的重要保证。室内试验表明,守护厚度为块石粒径的两倍(两层厚约 0.6m)并抛护较均匀,块石在床面的覆盖率大于 80% 以上时,即能满足上述要求。然而,在目前施工中存在块石粒径偏差较大,水深、流速不稳定,施工工艺还难以使块石达到均匀分布等问题,因此,在水流的作用下,护岸工程仍易遭到破坏。为了工程安全,在设计中采用增加块石层数(厚度)的方式处理。根据工程实践经验,在水深流急、崩岸强度较大的岸段,守护厚度增大为块石粒径的 3～4 倍,即厚度为 1.0～1.2m 为宜,水流顶冲强烈及崩岸强度很大的地段抛护 1.2～1.5m 厚为宜,一般守护段抛护 0.8m 厚左右为宜。

(3) 抛石粒径。

抛石粒径的确定应考虑抗冲、动水落距、级配及石源条件等因素。抛石抗冲粒径可按式(7.4)确定。

$$D = 0.0173V^{2.78}h^{-0.39} \tag{7.4}$$

式中,D 为块石粒径,m;V 为垂线平均流速,m/s;h 为垂线水深,m。

抛石粒径也可按式(7.1)计算。抛石粒径还应考虑较好的级配条件。根据长江中游平顺抛石护岸工程的实践经验,块石粒径范围为 0.15～0.45m,平均粒径为 0.30m。

（4）防冲备填石量。

护岸工程实施后，近岸河床普遍冲深，深泓向岸边移动，守护范围内水下坡度会变陡，为适应河床冲深，并抑制冲刷向纵深发展，应加抛防冲石。另一方面，在正常条件下，随着上游来水来沙条件的变化，近岸河床出现相应的冲淤变化，深泓会继续冲深，尤其是大洪水年或者上游河势发生变化时，冲深幅度将更大，水下坡度会继续调整。此外，因上游水利水电工程拦沙使河道来沙量较自然情况下大幅度减少，近岸河床年际间会出现持续性较大冲刷，水下坡度会随之不断调整。因此，抛石护岸工程坡脚处必须设置足够数量的防冲石，以适应近岸河床冲刷调整。

防冲石量可按式（7.5）～式（7.7）计算。

$$W = W_1 + W_2 \tag{7.5}$$

$$W_1 = K_1 B_t (S_t m_2 / m_1 - S_t + m_2 H) \tag{7.6}$$

$$W_2 = K B_t m_2 (H_{\max} - H) \tag{7.7}$$

式中，W 为防冲石量；W_1 为初期防冲石量；W_2 为最大冲深防冲石量；B_t 为坡脚处的抛石厚度；S_t 为坡脚处的抛石宽度，水深流急地段可取 10m，其他地段可取 6～8m；m_1 为工程实施前守护范围内的平均坡度；m_2 为工程稳定坡度，可取 2.25～2.5；K_1 取 1.1；K 为系数，水深流急、迎流顶冲段可取 1.2～1.3，其他段取 1.1～1.2；H 为工程初期河床冲刷调整基本结束时守护前缘可能发生的最大冲深值，$H_{\max}$ 为可能发生的最大冲深值，其值可参照同类地段已实施工程的实测资料分析确定。

据长江中下游实测资料，在自然条件下，迎流顶冲段 $H_{\max}$ 为 10～15m，一般段为 8～10m；考虑到长江中下游河段因受干支流水利水电工程建设的影响来沙量大幅度减少，沿程会出现长时间的累积性冲刷，冲刷深度较自然条件下更大。

根据上述公式估算和长江中下游工程实践经验，在自然条件下，防冲石重要工程段为 15～25m³/m，一般工程段为 10～15m³/m，防冲石量可按宽度 10～20m均匀分布在抛石前沿，不超出或可略超出设计的守护范围；考虑到长江中下游河段因受干支流水利水电工程建设的影响会出现长距离、长时间的累积性冲刷，防冲石量及守护宽度均须结合近岸冲刷作适当调增。

（5）裹头。

护岸工程实施后，其上下游两端未护河床也会发生不同程度的冲刷，造成已护工程的破坏。如石首北门口崩岸段 1999～2000 年护岸工程实施后，2000 年汛后在已护工程下游端发生长 40m 的崩岸，致使已护工程末端 40m 长的护岸工程遭到破坏。因此，护岸工程上下游两端应作裹头处理。裹头纵向长度可根据崩岸强度来确定，一般为 20～50m；沿横断面的守护范围可较工程段适当缩短，厚度0.6～1.0m。水上护坡应同时实施，在护岸工程上下端自枯水平台边缘至滩顶平台区间沿水流方向开挖宽 5～10m、深 1m 的沟槽，并在沟槽里填筑满块石。

2) 混凝土铰链排水下护脚工程结构设计

混凝土铰链排整体性好,能有效地防止床面冲刷,也能适应一定冲深幅度内的变形调整。混凝土铰链排护脚工程一般由排体和系排梁组成。

(1) 系排梁设计。

① 系排梁顶面控制高程的确定。

排首高程主要根据工程运行、施工条件及施工期的要求确定。为保证工程的稳定性,并尽量减小护脚工程量,排首高程应尽量设置在较低高程处。但从施工条件及施工工期的要求来看,排首高程又不宜太低。长江中游沉排工程施工期为 2~3 个月,排首高程必须选在水位低于该高程的时间满足沉排施工期要求的某一高程处,且应满足系排梁施工期的要求。因此,需对沉排工程段附近各站多年 11~4 月的水位进行统计分析,考虑风、雨、雪、雾等不能施工的气候因素,确定各段的系排梁顶面控制高程。长江中游河段的系排梁顶面控制高程一般高出设计枯水位 1.0~1.5m。

② 系排梁平面位置的确定。

系排梁需根据岸线情况,尽量沿岸线平顺布置。为保证系排梁的稳定,系排梁基础应避免建在填方上。为保证排体之间的搭接效果,系排梁应尽量减少转折。

系排梁断面尺寸为 3.0m(宽)×1.0m(高,部分高为 0.7m)。系排梁混凝土标号为 C_{15}。系排梁中受力筋为 ϕ12mm,构造筋为 ϕ10mm。为使系排梁适应地基不均匀沉陷,系排梁需横向分缝,系排梁长度方向缝距为 50m。另外,为保证系排梁的稳定,系排梁下需根据岸坡地质条件设置一定厚度的垫层。

(2) 排体设计。

① 混凝土板尺寸选定。

选定混凝土板尺寸时,除考虑施工及受力条件外,主要还需考虑混凝土板在工程运行期间的稳定性,即满足压重要求。一般地段混凝土板尺寸为 80cm×50cm×8cm(长×宽×高),冲刷强度大及特别重要保护地段混凝土板尺寸可适当加大。

② 混凝土标号与配筋。

排体混凝土预制块标号为 C_{20}。

沉排板内需根据施工期荷载计算布置纵横向受力筋,并在板内加设箍筋。纵横向受力筋呈封闭环型结构,在环型钢筋搭接处采用点焊连接。

③ 混凝土板间的连接。

排体混凝土板间的连接采用“U”形连接环,连接环抗拉强度和抗剪强度均应满足施工期荷载要求。

④排体长度。

排体长度主要根据护岸段近岸区最大可能出现的冲刷坑及最陡稳定边坡等条件确定。就长江中下游护岸工程而言,最大可能出现的冲刷坑高程应结合三峡水库运用后下泄的水沙条件,综合考虑其下游河道的冲淤变幅来确定。

⑤排体宽度。

排体宽度主要根据工程的施工条件和施工设备确定。排体宽度应在施工设备允许的前提条件下,按尽可能满足工程的整体效果,最大限度地节约工程造价的原则确定。

⑥坡度控制。

排体布置时,当河床岸坡坡度较陡或坡面不够平整时,须对断面进行还坡或填平处理,然后盖排。新护段按不陡于1:2控制,加固段按不陡于1:1.75控制。

⑦排体间搭接。

为保证沉排护脚工程的整体性,相邻排体之间不应留有空隙。根据沉排施工定位的精度要求,兼顾拟定的混凝土板尺寸,确定相邻排体之间搭接不少于两块混凝土板,宽度不小于2m。并要求上游排的下游边压在相邻的下游排的上游边之上。

⑧排体上下游侧的裹头。

为保证沉排护脚工程不致因守护范围上下游岸线受到冲刷后退而影响工程稳定,在沉排区上下游适当抛石防护,抛石施工在沉排施工前实施,以免抛石砸坏排体上的混凝土预制块。沿岸线守护长度,上游裹头一般为20～40m,下游裹头一般为40～60m。裹头与排体搭接长度不少于10m。

(3)排体垫布设计。

为保护河床土体不被冲刷,混凝土铰链排下铺有土工布,排体即为土工布与混凝土铰链板相结合形成的一个有机整体。排体垫布形状大小一般与排体相同,垫布采用聚丙烯纤维编织布,规格为150g/m²;在排布上需缝制加筋条和系结条,系结条缝制在加筋条上,聚丙烯系结条单根长35cm,行距90cm,列距120cm。施工时用系结条将排布与排体联结为一体。

(4)排体外缘防冲备填体。

由于混凝土铰链排没有轮廓体积的填充还坡功能,一旦排尾部出现一定幅度(3m以上)的冲刷,就会出现"挂门帘"式断裂破坏而失去护岸功能。一般在排尾外缘布置防冲备填体。防冲备填体可用块石、编织布土枕、网模卵石排、网模卵石枕材料,如果混凝土铰链排施工在前,排体外缘防冲备填体宜选用编织布土枕、网模卵石排、网模卵石枕等具有相对软接触的材料,以免损坏排体。若混凝土铰链排施工在后,排体外缘防冲备填体可选用抛石、编织布土枕、网模卵石排、网模卵石枕等材料。防冲备填体的用量按确定抛石护岸工程的防冲备填石工程量方法计算。

3) 钢丝网石笼水下护脚工程结构设计

钢丝网石笼由钢丝网箱和鹅卵石或小块石(粒径 8～15cm)构成,外形尺寸:
长 4.5m、宽 1.0m、高 0.9m(图 7.22),装石料约 4m³,重 7t。

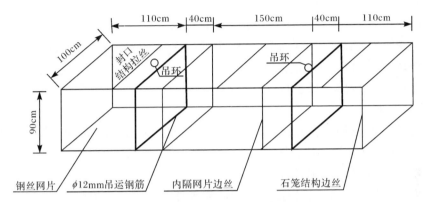

图 7.22　钢丝网石笼大样图

钢丝网石笼的网片为五铰格网片,允许公差±5%,铰制部分长度不得小于
50mm;五铰格网采用锌-5%铝-混合稀土合金镀层钢丝制造,符合 EN 10244－2
和 BS 1052 标准的规定。石笼网丝直径 3.0mm,扎丝直径 2.2mm,边丝直径
4.7mm;抗拉强度不小于 350MPa；延伸率不得小于 10%。吊运放置钢筋为
ϕ12mm 的 I 级钢筋;每个石笼安置 2 套吊筋,材料用量共计 9.2m,吊环为 2 道绕
曲环。石笼封口后,将两端吊环下端相互绞结。填石要求:材料为小块石或卵砾
石,最大粒径范围不超过 15cm,最小平均粒径不低于 8cm,大小搭配、级配要均匀;
湿抗压强度大于 50MPa,软化系数大于 0.7,密度不小于 2.65t/m³。

4) 土工布压载石软体排水下护脚工程结构设计

土工布压载石软体排护岸工程包括软体排排首施工锚固、软体排体、压载石
和排体外缘防冲备填体等。

(1) 排体锚固。

为了施工的需要,沉软体排的新护段一般采用枯水平台内的浆砌石的脚槽加
以锚固,脚槽尺寸为 1.0m×1.0m 的浆砌石;加固段锚固采用在脚槽内侧打钢管
桩的方式。

(2) 软体排体。

软体排体由排布和混凝土预制系结块组成。软体排的断面防护范围根据水
下地形及河床冲淤幅度确定,单块软体排长一般 45～65m,宽 20～40m;为保证护
脚工程的整体性,相邻排体之间不应留有空隙,上下游排体的搭接宽度一般为 2～

5m,并采取上游排压在下游排之上的搭接方式。排布采用 230g/m² 的丙纶长丝机织布和 150g/m² 的丙纶短纤无纺布(共 2 层)缝制而成。加筋条沿排长方向缝制,宽 5m,长与排长相等,纵向加筋条的首尾端缝制成 φ5cm 的圆环,便于排体间的连接。加筋条中心距除靠外两根为 47.5cm 外,其余为 50cm。加筋条与排布之间缝制每两根一组的系结条(用于捆绑混凝土块),系结条长 80cm,宽 3cm,组与组之间的间距为 30cm,每组内两根系结条间隔 20cm。

编织布排压载体为 C₂₀ 混凝土块,其尺寸为 40cm×25cm×10cm(长×宽×厚),单块重 17.49kg。为使混凝土块与排体系结牢固,沿混凝土块两侧长边各设两个弧形绑系凹槽,凹槽中心间距为 20cm。

(3)压载石。

为了保证软体排的稳定与安全,需在软体排上加抛一定厚度的块石,软体排上一般加抛 0.6m 厚的块石压载。

(4)排体外缘防冲备填体。

为了预防软体排出现"挂门帘"式断裂破坏现象而失去护岸功能。一般在排尾外缘布置防冲备填体。防冲备填体可用抛石、编织布土枕、网模卵石排、网模卵石枕材料,如果软体排施工在前,排体外缘防冲备填体宜选用编织布土枕、网模卵石排、网模卵石枕等具有相对软接触的材料,以免损坏排体。若软体排施工在后,排体外缘防冲备填体可选用抛石、编织布土枕、网模卵石排、网模卵石枕等材料。防冲备填体的用量按确定抛石护岸工程的防冲备填石工程量方法计算。

(5)排体稳定分析[2]。

长江中游河道洪水期流速最大,此时排体在深水处,不承受船行波和风成波力荷载,只承受水流作用力;枯水期水深小于 3m 时,排体承受水流作用力、船行波和风成波力荷载,此时流速较小。因此,在校核水下排体的稳定时,只需校核洪水期单个压载的稳定性,若单个压载达到稳定,则护底排体结构就能达到整体稳定;排体水下稳定安全系数 k 满足大于 1.2 的要求,说明排体在最不利的条件下仍然稳定。

排体水下稳定安全系数 k 为

$$k = \frac{P \times f}{F} = \frac{V(\gamma_{混凝土} - \gamma_{水})f}{F}$$

式中,$F = \dfrac{2.32\gamma_{水}u^2}{2gA}$,为水流作用力,$u$ 为作用于混凝土块的流速,m/s,可采用指数流速垂线分布公式 $u = u_{max}\left(\dfrac{y}{h}\right)^m$ 或适用于工程河段的对数流速分布公式计算,u_{max} 为最大表面流速,m/s,h 为水深,m,y 为混凝土块以上水深,m,m 为指数,可取 1/6;$\gamma_{水}$ 为水的重度,kg/m³,取 1000kg/m³;P 为混凝土块的水下质量,kg;V 为混凝土体积，m^3；$\gamma_{混凝土}$为混凝土的重度，kg/m^3，取 $2400kg/m^3$；f 为摩擦系数，可取 $0.4\sim0.5$。

5）四面六边透水框架群水下护脚工程结构设计

透水框架由 6 根长 1m、横截面 $0.1m\times0.1m$ 的钢筋混凝土杆件焊接拼装而成，杆件中央预埋 1 根长 1.2m 的 $\phi10mm$ 钢筋，混凝土设计强度为 C_{15}，外露钢筋段以沥青涂刷作防锈处理。框架抛投一般不少于两层，并以 $3\sim4$ 个框架串在一起抛投为好，以形成群体作用。

6）钢筋混凝土护底促淤网架箱水下护脚工程结构设计

钢筋混凝土护底促淤网架箱由预制钢筋混凝土构件连接成的网（桁）架、聚丙烯编织布制成的护底布等组装而成，单个钢筋混凝土护底促淤网架长 6m、宽 4.16m，覆盖面积 $23.5m^2$；护底促淤网架厚 1.0m，轮廓体积 $19.82m^3$，重 4.5t。护底促淤网架由（边长为 8cm 的正方形截面）预制钢筋混凝土（C_{20}）构件连接成，其中，长 120cm 构件 210 根、长 208cm 构件 2 根、长 70cm 构件 8 根；构件连接端圆环的钢筋头绕曲两周，冲压成型；用 1kg 直径 1.6mm 的涤纶纤维绳固定在构件上；构件间用 2 根直径 3.6mm 的热镀锌钢串联铰结；护底促淤网架护底布为聚丙烯编织布。

7）网模卵石排水下护脚工程结构设计

详见 6.2.2 节相应内容。

3. 护岸工程优势技术方案组合

平顺护岸工程按施工作业面分界，在旱地陆基础施工的分部工程称水上护坡工程，水上护坡工程一般由滩顶平台、坡身、脚槽、枯水平台四部分组成，其中坡身包括坡面、马道、导滤沟、排水沟；在水面施工完成近岸河床防护的分部工程称水下护脚工程。其工程分部如图 7.21 所示。

1）水上护坡工程

（1）滩顶工程。

滩顶工程包括滩顶平台和截流沟，长江中游护岸工程中滩顶工程的材料结构形式有浆砌块石、预制混凝土块＋粉面、现浇混凝土、砌砖＋粉面等，在工程施工和运行中发现其优缺点：浆砌块石结构形式耐久，但有型有面的块石来之不易；现浇混凝土耐久，但浇筑立面不易；预制混凝土块＋粉面结构形式会因不均匀沉陷出现一些破损裂缝；砌砖＋粉面结构形式会因冬季寒冷出现砌砖冻融破坏。综合这些结构的技术优劣，滩顶平台和截流沟底面采用现浇混凝土、截流沟边壁采用预制混凝土块，这种组合能有效利用不同材料的结构技术优势，达到耐久、施工简便的技术经济目标。

（2）坡身工程。

坡身工程包括坡面、马道、导滤沟、排水沟。马道分项工程一般采用现浇混凝土的材料结构形式；导滤沟分项工程一般采用砂卵石填筑的材料结构形式；排水沟与截流沟的情况相同，沟底采用现浇混凝土、边壁采用预制混凝土块的材料结构形式比较科学、经济。

坡面分项工程主要有干砌块石、浆砌块石、模袋混凝土、预制混凝土六方块、生态混凝土、宽缝加筋生态混凝土、钢丝网石垫和土工格栅石垫等形式。从护坡和生态环保的基本要求来看，马道或多年平均中水位以上至滩顶平台部位，宜采用既能护坡又具有生态功能的材料结构形式，一般采用宽缝加筋生态混凝土和钢丝网石垫护坡形式，在靠近石料场的工程段，采用干砌块石的形式，土工格栅石垫在解决其抗老化与防火问题的基础上也可用于水上护坡工程。马道或多年平均中水位以下至脚槽部位，因在 5～9 月植物主要生长期淹没在水下，植物存量稀少，只需采用具有护坡功能的材料即可，在一般地段采用预制混凝土六方块护坡和在城镇地段采用浆砌块石、模袋混凝土等结构形式，均能达到科学、经济、人文关怀的设计目标。

（3）脚槽工程。

在长江中游的护岸工程中，脚槽分项工程的材料结构形式主要有干砌块石、浆砌块石、干砌块石＋浆砌块石、钢丝网石笼。从工程施工和运行的效果来看，下层 0.7m 厚干砌块石＋上层 0.3m 厚浆砌块石的形式科学、经济，并且施工便利。

（4）枯水平台工程。

在长江中游的护岸工程中，枯水平台分项工程的材料结构形式主要有干砌块石、平铺块石、钢丝网石垫。从工程施工和运行的效果来看，钢丝网石垫的形式科学、经济，并且施工便利。

2）水下护脚工程

水下护脚工程结构形式主要有抛石、抛柴枕、钢丝网石笼、四面六边透水框架群、钢筋混凝土网架促淤沉箱、混凝土铰链排、土工织物砂枕（排）、土工布压载石软体排、网模卵石排等。综合考虑工程科学合理、经济实用性，对于 5m 水深和 1.0m/s 以内的近岸浅水区域采用抛石的材料结构形式；对于水深 5～25m，流速 1.0m/s 左右的区域采用抛石、混凝土铰链板沉排、土工布压载石软体排、网模卵石排等都能达到设计目标；对于水下护脚工程外缘和水深 25m 以上、流速 1.5m/s 以上的区域需要采用钢丝网石笼、钢筋混凝土网架促淤沉箱、土工织物砂枕等具有轮廓体积填充功能的材料结构形式。

7.2　崩岸综合治理非工程措施

随着长江干支流水库陆续建设、水土保持工程的逐步实施及其他人类活动影响的增强,进入长江中游河道的水沙条件较自然条件下已发生了较大变化,特别是来沙的大幅度减少对长江中游河道的冲刷将带来深远影响,河道冲刷必将影响长江中游河道岸坡的稳定。基于河道冲刷对岸坡稳定性影响的隐蔽性与长期性,以及重点险工段岸坡失稳所造成巨大危害性,对长江中游河道河势进行监测与河岸稳定性评估是十分必要与迫切的。通过对河势监测资料的分析与岸坡稳定性评估,及时发现崩岸或存在崩岸潜在风险的岸段,提出治理措施,并及时进行治理。长江中游干流河段河势监测与评估岸段的范围详见表7.1~表7.12,监测与评估岸段总长约245.2km,按4~5月和9~10月的时间区间布置汛前和汛后险工段近岸河床地形测量,按4月中旬和11月中旬的时间区间布置汛前和汛后河势巡查。

根据长江中游河道岸坡稳定性分析,岸坡稳定性与水位变化密切相关,三峡水库运用后,改变了长江中游河道的径流过程,对下游河道水位变化也带来了一定影响,特别是汛后三峡水库蓄水阶段,下泄的流量较自然条件下减少,下游河道水位下降速度会加快,不利于岸坡的稳定,因此,建议三峡水库在蓄水过程中考虑下游水位的降落速度,不宜造成下游水位的陡落。另外,河岸稳定与岸坡荷载大小及护岸工程的局部破损是否得到及时维护也有关系,这需要河道管理部门加强对沿岸人类活动的管理,不宜在岸坡稳定性有限的地段堆沙及其他附加荷载,加强对护岸工程的现场巡视,防止存在人为破坏,并对损坏的局部位置进行及时修复,从而达到护岸工程能长期发挥作用的目的。

7.3　小　　结

(1) 长江中游河道崩岸综合治理研究的工作方法主要是通过对2003年6月~2012年8月长江中游河道崩岸情况和在此期间对部分崩岸段进行治理的情况调查分析,初步确定崩岸综合治理工程的范围;综合考虑三峡工程蓄水运用后长江中游河道沿程冲刷的长期性和其较大冲刷强度沿程分布逐渐下移,以及崩岸综合治理工程的实施存在建设周期影响(在建设期内可能还有其他地段出现新增崩岸情况),确定崩岸综合治理工程的基本内容和规模。

(2) 长江中游河道崩岸综合治理工程的基本内容包括护岸工程和河势监测评估分析等。主体工程是护岸工程,工程总体规划规模247.7km护岸工程,其中,新护岸工程102.6km、水上护坡整修水下加固145.1km;河势监测工程的范围总长度247.7km,按4~5月和9~10月的时间区间实施汛前和汛后近岸河床地形测量;按4月中旬和11月中旬的时间区间布置汛前和汛后河势巡查。

(3)通过对各类水上护坡和水下护脚工程材料结构形式的技术优势分析,确定长江中游河道崩岸综合治理工程的技术设计基本方案,针对不同工程部位的施工条件和运行条件以及各部位工程的功能作用不同,确定优势技术设计基本方案的应用组合。

参 考 文 献

[1] 水利部水利水电规划设计总院. GB 50286—2013 堤防工程设计规范. 北京:中国计划出版社,2013.

[2] 余文畴,卢金友. 长江河道崩岸与护岸. 北京:中国水利水电出版社,2008.

第8章 环境友好型护岸技术及应用评价

8.1 环境友好型护岸技术概念

1992 年联合国里约环境与发展大会通过的《21 世纪议程》中，200 多处提及包含环境友好含义的"无害环境的"（environmentally sound）概念，并正式提出了"环境友好"（environmentally friendly）理念。随后，环境友好技术、环境友好产品得到大力提倡和开发。20 世纪 90 年代中后期，国际社会又提出实行环境友好土地利用和环境友好流域管理，建设环境友好城市，发展环境友好农业、建筑业等。2002 年召开的世界可持续发展首脑会议通过的"约翰内斯堡实施计划"多次提及环境友好材料、产品与服务等概念。2004 年，日本政府在其《环境保护白皮书》中提出，要建立环境友好型社会。

环境友好型社会，就是全社会都采取有利于环境保护的生产方式、生活方式、消费方式，建立人与环境良性互动的关系[1]。反过来，良好的环境也会促进生产、改善生活，实现人与自然和谐。建设环境友好型社会，就是要以人与自然和谐相处为目标，以环境承载力为基础，以遵循自然规律为准则，以绿色科技为动力，倡导环境文化和生态文明，构建经济社会环境协调发展的社会体系，实现可持续发展。环境友好型社会的核心目标是将生产和消费活动限制在生态承载力、环境容量限度之内，通过生态环境要素的质态变化形成对生产和消费活动进行有效调控的关键性反馈机制，特别是通过分析代谢废物流的产生和排放机理与途径，对生产和消费全过程进行有效监控，并采取多种措施降低污染产生量、实现污染无害化，最终降低社会经济系统对生态环境系统的不利影响。

环境友好型经济发展模式是环境友好型社会的核心。生产力水平和生产活动的组织方式决定了经济基础，进一步决定了上层建筑。所以，经济发展模式的优劣直接影响着社会发展形态的性质和方向。传统的经济发展模式是以对自然资源的过度索取和以牺牲环境容量为代价来获得财富数量的增长，表现出典型的高消耗、低效益和高污染排放的特征。因此，环境友好型经济发展模式的首要任务是实现低能源消耗、高经济效益、低污染排放和生态破坏，也就是要大力发展循环经济。

生态护岸技术是基于"河道近自然治理"理念，提出的一种既能发挥防洪护岸、稳定河势功能，又不明显影响河道原有生态功能的护岸手段。目前国内外常见的生态护岸方法大致可以分为三类：一是单纯的植被护岸，即利用植被筋络的固土功能，保护河道岸坡；二是植被护岸与工程措施相结合，如通过土工网、生态混凝土现浇网格、种植槽或使用预制件、土工织物或编织袋（纤维袋）填土等方式，对植被进行加筋，增强岸坡抗侵蚀的能力；三是生态材料护岸，如利用网笼或笼石结构进行护岸，或者利用生态混凝土进行护岸。

单纯的天然植被护岸技术是通过在岸坡种植植被（乔木、灌木、草皮等），起到固土护岸的作用。植被种植形式往往比较简单，主要应用于中小河流和湖泊港湾处，水流较平缓，在一些城市的亲水景观设计中也有采用。随着人们环境保护意识的增强，目前植被种植也有向多层次和多样化发展的趋势。长江中下游河道比较平缓，但径流量大，因此单纯的植被护岸难以大面积的推广应用。不过在水流较少到达的岸滩可以种植合适的植物，起到防止水土流失、抵御短时间的径流冲刷的作用。

植被护岸与工程措施相结合，对植被进行人工加筋，可以有效增强岸坡抗侵蚀的能力，起到更好的防护功能，适用于流速较大的大中河流。目前我国在植被加筋技术的生态护岸方面已有大量应用，如上海浦东张家浜采用了混凝土框架种植槽以及预制板护岸槽等；河北引滦入唐工程采用了网格反滤生物组合护坡；天津潮白河、永定河上采用了土工网的生态型护岸工程，均取得了较好的效果。这类方法需要选用合适的材料预先加入土体中，然后在土体中培育相应的植被，最后形成具有较强的护岸能力的结构。但是，一方面，该方法从护岸工程实施到工程发挥效果存在一个过渡期，过渡期间，工程的护岸功能相对较弱；另一方面，土体中预先加入的材料，具有一定的使用寿命，其生产制造过程的低碳环保工艺也是需要考虑的重要因素[2]。因此选用和研制具有超长耐久性能的低碳环保材料是该类方法需要解决的主要问题。

生态护岸材料利用非生物的网笼或笼石结构，或者生态混凝土，对河道岸坡进行保护。该类结构具有很好的抗冲性能，同时特殊的结构和材料也能为河道生态系统的恢复提供较好的平台，如网笼或笼石结构使河流水流流速分布更有利于水生动物和微生物的生存；而生态混凝土技术在材料透水性能、植被生长等方面都取得了较大的突破。该类方法适合在河岸的水陆交错地带应用，以抵御强烈的水流冲刷和频繁变化的水陆环境。但与前两类方法相比，其植被生长能力和景观效果均相对较差，因此其应用范围也受到一定的限制。

综合上述分析可以发现，现有的生态护岸技术具有各自的适用条件，不同河段或者同一河段的不同部位，适合采用的护岸方法可能不同，需要综合考虑护岸方法本身的性能和当地的水流、泥沙及河道形态等条件。长江中下游水流条件复杂多变，不同河段的本地植物物种也存在较大差异，因此不能仅用单一的护岸方法。

环境友好型护岸工程的社会发展模式要求：在护岸工程的建设过程中满足"低资源能源消耗"，同时在使用过程中满足与周围环境的协调性。所谓建设过程中护岸工程的"低资源能源消耗"，首先是低资源，也就是说，达到相同的护岸效果利用的资源最少，这就要求在护岸形式、护岸结构上是最优化的设计，最大限度地减小资源的消耗。实际上这一要求在以往的护岸工程中均从经济的角度进行过考虑，但它和防洪的高标准要求有一定的冲突，尤其在经济情况比较宽松的情况下，更应该注意到采用低资源的措施，设计过程中的过高要求和对河道过多的保护均可采用高资源的措施。其次是低能源消耗，达到相同的护岸效果消耗的能源最少，这就要求在材料的使用上多利用一些低能耗的材料，达到相同的护岸效果。所谓在护岸工程的建设过程中满足与周围环境的协调性，则要求在满足护岸工程结构稳定性和生态安全性的前提下，尽量做到护岸工程与周围景观相适宜，并保持生态健康（图 8.1）。

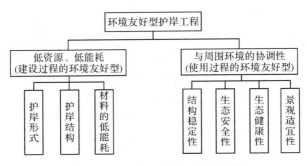

图 8.1　环境友好型护岸工程含义框架

8.2　长江中下游护岸带植物群落分布调查

2011 年 4 月起长江科学院与华中农业大学联合开展环境友好型护岸的评价方法及方案相关研究。研究范围主要针对长江中下游近几年实施的生态护岸试点工程。第一阶段研究在长江汛期水位上涨前进行，第二阶段研究在汛期后水位下降后进行。研究小组先后赴湖南岳阳、湖北监利县、荆州市江陵县和石首市 4 个县(市)开展了野外植被样方调查和植物生境调查。在此基础上，结合室内理化分析和物种水淹试验，开展了长江荆江河段护岸带护岸植物的初步筛选工作。

8.2.1　样地选择与调查方法

植物群落调查分汛前和汛后两个阶段进行。汛前的主要调查任务为摸清实施护岸工程河段护岸带的植物种群特征与生境条件。

　　2011 年 4 月,研究团队在 4 县(市)正在实施环境友好型护岸工程的部分河段附近,选择与施工河段生态条件基本一致的河岸护岸带开展野外调查工作。调查数据作为实施生态护岸工程所在地的植被与土壤背景资料。2011 年 10 月的主要任务为不同生态护坡种植方式的人工群落情况调查和部分半自然群落调查,调查地点与 4 月的相同。

　　本书以湖南岳阳,湖北监利、江陵、石首地区长江枯水线和洪水线的带状区域为研究区域。向当地居民了解河流常年淹水状况,结合收集河流的特征数据选取调查点,共选取了 16 个样地(表 8.1)。

　　在季节性淹水地带的不同坡位进行点位的设置,在每片区域拉了样线后在样线的上下各选三个点来进行土壤样品的采集,最后将这三个点所取的土样混合在一起作为该地土壤样品,取土壤样品时先用小铲刮去最上面成分比较复杂的薄层土壤,然后取 0~20cm 土壤样品多点混合。

　　护岸带现有的植被群落组成调查采样方法具体为:每个样地根据样线的长度,在样线两边均匀地选取样方,50m 的样线取 6 个,30m 的样线取 5 个。采样对象主要是低矮的灌草丛,每个样方面积为 1m×1m。调查内容包括样方内植物种类、组成种的多度、盖度、高度、频度。生态因子包括海拔、基质土壤类型、坡度等。

表 8.1　汛期前后调查点分布

样地地点名称	调查时间	样地编号	地理位置	坡度/(°)	坡向
岳阳市洪水港	汛前	Aa、Ab	N29°33′44.09″,E112°54′55.05″	20	东坡
		Ac	N29°33′44.09″,E112°54′55.05″	0	—
	汛后	Aa_1、Ab_1	N29°33′44.09″,E112°54′55.05″	20	东坡
监利县观音洲	汛前	Ba、Bb	N29°28′32.08″,E113°07′57.31″	24	南坡
		Bc	N29°28′32.08″,E113°07′57.31″	0	—
	汛后	Ba_2、Bb_2	N29°30′04.3″,E113°06′35.6″	24	西南
		Ba_3、Bb_3	N29°30′04.3″,E113°06′35.6″	24	西南
		Ba_4、Bb_4	N29°30′04.3″,E113°06′35.6″	24	西南
监利县团结闸下段	汛前	Ca、Cb	N29°46′18.92″,E112°51′15.78″	40	西坡
	汛后	Ca_5、Cb_5	N29°30′57.0″,E112°56′26.1″	40	西坡
		Cb_6	N29°30′57.0″,E112°56′26.1″	25	西北坡
监利县团结闸上段	汛前	Da、Db	N29°34′17.00″,E112°55′27.22″	15	西坡
		Dc	N29°34′17.00″,E112°55′27.22″	0	—
	汛后	Da_7、Db_7	N29°34′16.0″,E112°55′27.9″	15	西坡
		Da_8	N29°34′17.00″,E112°55′27.22″	15	西坡
		Db_{14}	N29°34′01.8″,E112°55′30.0″	15	西坡

样地地点名称	调查时间	样地编号	地理位置	坡度/(°)	坡向
石首市中洲子	汛前	Ea	N29°45′25.07″,E112°41′58.08″	34	南坡
		Eb	N29°45′25.07″,E112°41′58.08″	0	—
	汛后	Ea₉、Eb₉	N29°45′29.9″,E112°41′53.2″	34	南坡
		Ea₁₀、Eb₁₀	N29°45′28.7″,E112°41′55.8″	34	南坡
		Ea₁₁、Eb₁₁	N29°45′26.6″,E112°41′58.2″	34	南坡
		Ea₁、Eb₁	N29°45′25.7″,E112°41′58.8″	35	西南
江陵县马家咀	汛前	Fa、Fb、Fc	N30°09′38.3″,E112°13′05.8″	20	南坡
	汛后	Fa₁、Fb₁、Fc₁	N30°09′38.3″,E112°13′05.8″	20	南坡
安庆市峨眉洲	汛前	Ga、Gb	N30°49′30.04″,E117°16′15.04″	60	西南坡
铜陵市子胥圩	汛前	Ha、Hb	N31°05′19.09″,E117°50′13.02″	40	西坡

注：样地编号中大写字母 A、B、C、D、E、F、G、H 分别表示岳阳市洪水港、监利县观音洲、监利县团结闸下段、监利县团结闸上段、石首市中洲子、江陵县马家咀、安庆市峨眉洲、铜陵市子胥圩等，小写 a、b、c 分别表示坡下、坡中和坡上；下标 1 代表半自然护坡；2 代表香根草＋狗牙根；3 代表空心六方块＋香根草＋藕草＋芦苇；4 代表实心四方块＋黑麦草＋狗牙根；5 代表预制六方块(香根草，撒狗牙根)；6 代表干砌石缝种香根草，撒狗牙根；7 代表干砌石缝种香根草；8 代表削坡栽种香根草，撒播狗牙根；9 代表先撒后覆土；10 代表混合体(草＋营养土)；11 代表先撒种后抛石。

8.2.2　护岸带植物群落的总体分布规律

1. 汛前半自然植物群落调查分析

1) 护岸带半自然生境植物群落类型

通过对 16 个样地 46 个样方中植物优势度的计算，长江中下游护岸区半自然植被主要由草本和多种草丛组成，主要植物群落类型见表 8.2。

表 8.2　护岸区主要植物群落类型

低矮草丛	高大草丛	高大木本
狗牙根 1	芦苇 10	意杨 11
荠菜 2		
藕草 3		
蒿蓄 4		
水芹 5		
广州蔊菜 6		
三籽两型豆 7		

低矮草丛	高大草丛	高大木本
日本看麦娘 8		
棒头草 9		

注:1. *Cynodon dactylon*;2. *Capsella bursapastoris*;3. *Phalaris arundinacea*;4. *Polygonumaviculare*;5. *Oenanthe javanica*;6. *Brassicaceae*;7. *Amphicarpaea edgeworthii*;8. *Alopecurus japonicus*;9. *Polypogon fugax*;10. *Phragmites australis*;11. *Populus euramevicana*。

按照生态学中植被分类系统,结合本次调研的结果,本次调查的区域植被以低矮的草丛为主,人工栽植的高大乔木基本都是意杨林,偶有桑树和枫杨出现(意杨林在以上调研样地中仅在监利县团结闸 Cb 样地和安庆市峨眉洲 Gb 样地出现,但在其他样地的不远范围内也有出现,下层可形成䕷草丛、水芹丛、狗牙根丛、棒头草丛等)。

调查区域内可分为 13 个群丛:䕷草群丛、狗牙根群丛、䕷草-狗牙根群丛、䕷草-广州薅菜群丛、荠菜-日本看麦娘群丛、芦苇群丛、狗牙根-益母草群丛、朝天委陵菜＋石龙芮群丛、狗牙根-天蓝苜蓿群丛、狗牙根＋萹蓄群丛、棒头草-细叶水芹群丛、广州薅菜-细叶芹群丛、笔筒木贼群丛。

(1)䕷草群丛。优势种为䕷草,高度为 35～60cm,盖度为 65%～85%,伴生种很少,有广州薅菜、水苦荬、荠菜等。

(2)狗牙根群丛。总盖度为 80%～90%,优势种主要为狗牙根,伴生种有细灯心草、石龙芮、棒头草、水芹等。

(3)䕷草-狗牙根群丛。优势种为䕷草、狗牙根、救荒野豌豆。伴生种有泥蒿、天蓝苜蓿、黄鹌菜等。

(4)䕷草-广州薅菜群丛。优势种为䕷草、广州薅菜,伴生种有泥蒿、天蓝苜蓿、黄鹌菜等。

(5)荠菜-日本看麦娘群丛。优势种有日本看麦娘和荠菜,群落高度为 30～45cm,伴生种有碎米荠、稻槎菜、双穗雀稗等。

(6)芦苇群丛。总盖度为 70%～85%,优势种主要为芦苇、三籽两型豆、棒头草,伴生种有黄鹌菜、棒头草、䕷草等。

(7)狗牙根-益母草群丛。优势种主要为狗牙根和益母草,伴生种有艾蒿、细灯心草、石龙芮、棒头草、水芹等。

(8)朝天委陵菜＋石龙芮群丛。优势种为朝天委陵菜和石龙芮,盖度为 35%,伴生种有细叶水芹、棒头草、水芹。

(9)狗牙根-天蓝苜蓿群丛。优势种为天蓝苜蓿、狗牙根,群落高度为 8～15cm,盖度为 20%～45%,伴生种有泥蒿、天蓝苜蓿、黄鹌菜等。

(10) 狗牙根＋萹蓄群丛。优势种主要为狗牙根和萹蓄,伴生种有藨草、细灯心草、石龙芮、水苦荬、水芹等。

(11) 棒头草-细叶水芹群丛。优势种为棒头草和细叶水芹,群落高度为 15～45cm,盖度为 30%～55%,伴生种有泥蒿、附地菜、天蓝苜蓿、草苜蓿、黄鹌菜等。

(12) 广州薸菜-细叶芹丛。优势种为广州薸菜和细叶水芹,群落高度为 15～45cm,盖度为 30%～55%,伴生种有朝天委陵菜、附地菜、通泉草等。

(13) 笔筒木贼群丛。优势种为笔筒木贼,高度为 20～30cm,盖度为 40%,伴生种罕有。

2) 护岸带植被的优势种组成

通过对 16 个样地 46 个样方中植物调查,长江中下游护岸区半自然植被主要由草本和草丛组成,出现的植物种类共有 87 种。主要的优势物种是:荠菜、日本看麦娘、藨草、救荒野豌豆、狗牙根、天蓝苜蓿、广州薸菜、萹蓄、水芹、细灯心、益母草、朝天委陵菜、石龙芮、三籽两型豆、棒头草、牛繁缕、意杨。其中意杨基本上是人工栽植,作为一种经济木材普遍种植于河岸。

根据调查数据的统计和计算,调查的 7 段护岸带均有分布的植物种类包括狗牙根、藨草、救荒野豌豆、日本看麦娘、广州薸菜和附地菜等。

(1) 狗牙根。多年生草本,具根状茎或匍匐茎,秆平卧部分长达 1m,节上生根,蔓延力强;生旷野、路边。耐旱能力强。能在砾石、块石、壤土、沙地等基质中生长。

(2) 藨草。长根茎性禾草,根状茎发达,富含养分,芽点又多,在刈割情况下能促进芽点萌发和出土,能在砾石、块石、砂土、壤土等基质中生长。

(3) 救荒野豌豆。二年生草本,茎条柔软,对土壤基质生境要求不高,耐瘠薄,耐寒性强,不耐炎热、不耐水淹,分布在护岸带中上部,在沙地、壤土、粉砂质壤土中生长良好。

(4) 日本看麦娘。根须柔弱,少数丛生。较耐水淹,短期淹水后,又可以恢复良好的生长状态,分布在护岸带中上部,能适应沙地、壤土、砾石等贫瘠的基质环境。

(5) 广州薸菜。两年生草本,茎直立或呈铺散状分枝;喜湿性植物,耐水淹性强,能在沙地、壤土、粉砂质壤土中生长良好。

(6) 附地菜。一年生草本,茎纤细直立,或丛生;适应性强,不耐水淹,能适应沙地、壤土、砾石等贫瘠的基质环境,在整个护岸带分布广泛。

2. 汛后植物调查分析

1) 生态护岸工程区植物群落调查分析

通过对 19 个样线 114 个样方中植物重要值的计算,主要植物种类见表 8.3。

植物分布及样方调查现场如图 8.2 所示。

表 8.3　汛后生态护岸工程区人工栽培群落植物种类分析

样地编号	位置地点、坡位、朝向	工程植物措施	优势种	伴生种	层盖度
Ea$_9$	中洲子、坡下、南	先撒种后覆土	狗牙根	香附子、萹蓄、齿果酸模	0.7
Eb$_9$	中洲子、坡中、南	先撒种后覆土	野毛豆、狗牙根、画眉草	藤草、益母草、芦苇、无芒草、水苦荬、牛筋草	0.9
Eb$_{10}$	中洲子、坡中、南	混合体(草＋营养土)	狗牙根	黄花蒿、海蚌含珠、荔枝草、水苦荬、益母草	1
Ea$_{10}$	中洲子、坡下、南	混合体(草＋营养土)	狗牙根	藤草、广州薸菜	0.35
Ea$_{11}$	中洲子、坡下、南	先撒种后码石	狗牙根、芦苇		0.01
Eb$_{11}$	中洲子、坡中、南	先撒种后码石	狗牙根	水蓼、芦苇、水苦荬、萹蓄	1
Ca$_5$	团结闸下、坡下、西	预制 6 方块＋香根草,撒狗牙根	香根草		1
Cb$_5$	团结闸下、坡中、西	预制 6 方块＋香根草	香根草、狗牙根	画眉草、水花生、水蓼、益母草、狗尾草	1
Cb$_6$	团结闸下、坡中、西	干砌石缝种香根草,撒狗牙根	香根草、狗牙根	水蓼、水花生、齿果酸模、鸡矢藤、苍耳、水芹、萹蓄、水苦荬、画眉草	1
Da$_7$	团结闸上、坡下、西	干砌石缝种香根草	香根草	短穗苋、狗牙根	0.7
Db$_7$	团结闸上、坡中、西	干砌石缝种香根草	香根草、狗牙根	短穗苋、旱柳、牛筋草、双穗雀稗	1
Da$_8$	团结闸上、坡下、西	土坡香根草＋狗牙根	狗牙根、藤草	香根草、通泉草、香附子、荔枝草	1
Db$_1$	团结闸上、坡中、西	半自然护坡	狗牙根	水花生、苦苣苔	0.95
Ba$_2$	观音洲、坡下、西南	香根草＋狗牙根	香根草、萹蓄	朝天委陵菜、广州薸菜、齿果酸模、荔枝草、狗牙根、通泉草、藤草	1
Bb$_2$	观音洲、坡中、西南	香根草＋狗牙根	香根草、狗牙根	芦苇、泥蒿、芦苇	0.8
Ba$_3$	观音洲、坡下、西南	6 方块＋香根草＋藤草＋芦苇	藤草、香根草	狗牙根、齿果酸模、广州薸菜	1

续表

样地编号	位置地点、坡位、朝向	工程植物措施	优势种	伴生种	层盖度
Bb$_3$	观音洲、坡中、西南	6 方块＋香根草＋藕草＋芦苇	香根草、狗牙根	芦苇、紫苏	1
Ba$_4$	观音洲、坡下、西南	4 方块＋黑麦草＋狗牙根	狗牙根	藕草、苍耳、葎草、狗尾巴草、马鞭草、画眉草	1
Bb$_4$	观音洲、坡中、西南	4 方块＋黑麦草＋狗牙根	狗牙根	芦苇、益母草、齿果酸模	0.9

　　从表 8.3 可以看出,人工植物群落的优势种主要以栽培的植物为主,但在不同的坡位优势种会有差别。例如,中洲子只播种狗牙根的样地 Ea$_9$ 和 Eb$_9$、Ea$_{11}$ 和 Eb$_{11}$,在高的护岸区域当地的野毛豆、画眉草和芦苇也处于优势;在团结闸上段只栽种香根草的样地 Da$_7$ 和 Db$_7$,高的坡位是以狗牙根和香根草为主,较低的坡位则是香根草占主导地位。

(a) 中洲子

(b) 团结闸上段

(c) 团结闸下段

(d) 观音洲

（e）洪水港　　　　　　　　　　　　　（f）马家咀

图 8.2　植物分布及样方调查（2011 年 10 月 15～17 日）

伴生种主要以当地自然生长的植物为主，在中洲子的样地 Ea_{11} 和团结闸下段样地 Ca_5 中没有伴生种。中洲子样地 Ea_{10}、Eb_{11} 偏低，特别是样地 Ea_{11}，仅为 0.01。

层盖度能反映植物形成的覆盖程度。在调查的植物群落中层盖度大多在 70%～100%，能很好地形成覆盖效果。中洲子样地 Ea_{10}、Ea_{11} 偏低，特别是样地 Ea_{11}，仅为 0.01。

同一地点不同护岸方式对植物生长也有影响。从表 8.4 可知，中洲子样地 Ea_9、Eb_9、Ea_{10}、Eb_{10} 的重要值在 0.6～0.9，以样地 Ea_{10} 的最高，样地 Eb_{11} 最低，为 0.167。样地 Eb_9 播种狗牙根的重要值因当地其他植物的生长而受其影响。团结闸下段，香根草占优势，重要值在 0.4～1，狗牙根的较低，为 0.1 左右。团结闸上段样地 Da_7、Db_7 和 Db_8，干砌石缝栽种的香根草占优势，而削坡栽种的方式形成狗牙根＋藟草群落，香根草在样地 Da_8 中是伴生种。观音洲 3 种护岸方式中，样地 2、3 栽种香根草和狗牙根的重要值均在 0.3～0.5；样地 4 实心六方块护岸中黑麦草不能适应生长，调查中狗牙根占主导地位。

表 8.4　不同样地优势种的重要值分析

样地号	Ea_9	Eb_9			Ea_{10}	Eb_{10}	Eb_{11}	Ea_{11}		Ca_5
优势种	狗牙根	野毛豆	狗牙根	画眉草	狗牙根	狗牙根	狗牙根	狗牙根	芦苇	香根草
重要值	0.855	0.322	0.257	0.256	0.917	0.820	0.167	0.688	0.167	1.000

样地号	Cb_5		Cb_6		Da_7		Db_7		Da_8		Db_1
优势种	香根草	狗牙根	香根草	狗牙根	香根草	香根草	狗牙根	狗牙根	藟草		狗牙根
重要值	0.701	0.119	0.419	0.154	0.767	0.261	0.235	0.660	0.219		0.966

样地号	Ba_2		Bb_2		Ba_3		Bb_3		Ba_4	Bb_4
优势种	蕌蓄	香根草	香根草	狗牙根	香根草	藟草	狗牙根	香根草	狗牙根	狗牙根
重要值	0.318	0.347	0.406	0.484	0.418	0.402	0.380	0.380	0.633	0.874

2）汛前和汛后半自然植物群落植物种类对比

选择了三个地点，调查其汛前、汛后植物群落的种类区别，见表 8.5。汛后，三个地点不同坡位的优势种大多为藠草，其中，高坡位的中洲子的优势种是芦苇和藠草，马家咀的优势种是狗牙根。与汛前相比，中洲子、洪水港坡位植物差别较大。汛前群落类型分别是朝天委陵菜＋石龙芮、荠菜＋日本看麦娘＋碎米荠，但汛后均为藠草群落。伴生种类在汛前、汛后也有较大变化，汛后的种类相对较少。藠草在中洲子和洪水港的低坡位由汛前的伴生种转为汛后的优势种。

表 8.5　汛期前后植物种类的对比分析

编号	优势种		伴生种	
	汛前	汛后	汛前	汛后
Aa	朝天委陵菜＋石龙芮	藠草	细叶水芹、齿果酸模、扁蓄、藠草	芦苇、香附子
Ab	三籽两型豆＋棒头草＋藠草＋芦苇	芦苇＋藠草	芒、早熟禾、碎米荠	水芹、朝天委陵菜、荔枝草、通泉草、水花生、水苦荬
Ea	荠菜＋日本看麦娘＋碎米荠	藠草	水苦荬、稻槎菜、牛繁缕、藠草、双穗雀稗、小毛茛	泥蒿、野豌豆
Eb	藠草＋救荒野豌豆	藠草	泥蒿、乳浆大戟、水芹、细叶水芹、稻槎菜	野豌豆、益母草、泥蒿、问荆、狗牙根、芒、乳浆大戟、苍耳
Fa	藠草＋牛繁缕	藠草	野豌豆、附地菜、细叶水芹	—
Fb	藠草＋狗牙根＋草苜蓿	藠草＋狗牙根	野豌豆、天蓝苜蓿、细叶水芹、泥蒿	泥蒿、香附子
Fc	狗牙根＋野豌豆	狗牙根	草苜蓿、天蓝苜蓿、细叶芹、野老鹳草、泥蒿	小白酒、艾蒿、泥蒿、一年蓬、野豌豆、藠草、芦苇

8.2.3　护岸带物种分布的环境影响因素

影响物种分布的因素是多种多样的，主要包括光照、水分、温度、空气组分、经纬度、海拔高度、坡度、坡向、土壤的理化性质等。由于本次研究采样点的地理位置差别不大，且位于堤岸坡处，具有一定的坡度，所以选取了坡度、坡位、坡向和土壤理化性质等对物种分布影响较大的因素。其坡向用地质罗盘测定，坡度用坡度尺测定，坡位根据调查点多年平均枯、洪水位现场确定（本书将坡位分为坡下、坡中和坡上；坡下为常年淹水区域，即枯水线附近；坡中为间歇性淹水区域，即洪水线附近；坡上为非淹水区域）。土壤样品采集与理化性质分析方法参考《土壤理化分析》(中国科学院南京土壤研究所)。具体的技术路线如图 8.3 所示。

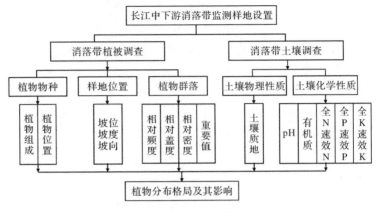

图 8.3　技术路线

荆江岸坡的草本植物是一个比较特殊的植物群落,与其他植物群落相比,具有较大的差异性,群落中所有的植物均为草本,无灌木或乔木出现;均匀程度较高;群落结构单一。影响植物分布格局的因素是多种多样的,主要包括以下几点。

(1)坡位因素对植物分布格局影响是最大的,不同坡位决定了植物生长的水环境,从坡上到坡下分别为常年较干旱、季节性淹水和常年淹水。不同植物的耐淹水程度不一样,从而不同坡位的植物分布不一样,例如,蒴草主要生长在河流最低水位线的河漫滩地区,当河水上涨时,能够及时补充土壤中的水分,适应淤泥肥土,受水淹过的潮湿土壤使它能生长繁茂,当坡位较高时,由于水分补充不足,而土壤保水能力又不好,所以会不利于其生长。坡位对土壤理化性质也会产生较大影响,进而也影响植物的多样性。

(2)土壤质地与坡位的相关度很高,可以说坡位的不同决定了土壤质地的不同。所以质地对植物分布的影响与坡位具有很大的一致性。土壤养分含量对植物的分布格局也产生了较大的影响。

(3)土壤养分一般情况下是影响植物生长的决定性因素之一。本次研究中发现由于汛期的间歇性淹水或长期淹水所造成护岸带较肥沃的表层土被冲刷,被江水带走;江流平缓时又重新淤积较贫瘠的土壤;经过这样反复冲刷和淤积后,汛后护岸带上的表层土,尤其是中下坡位的表层土为新淤积土壤,其土壤有机质和 N元素与汛前相比含量下降。汛前、汛后 P、K 含量变化不大,这是因为 P、K 易被土壤固定,被冲刷土壤携带的 P、K 与淤积土壤携带的 P、K 含量相差不大。

由此可见,坡位、土壤质地和土壤养分均会对护岸带植物分布格局产生影响。其中坡位的不同对各坡位土样质地差别有很大的相关性,对土壤汛期的冲刷和淤积起主要作用。因此,坡位是植物分布不同的决定性因素。

8.2.4　耐淹性护坡物种

通过为期约 120 天的水淹试验可以看到,四种备选植物在不同淹水深度下都能正常生活较长时间,但各自间有一定的差异。狗牙根和香根草在除全淹水处理以外所有水分条件下进行较快速、较长时间生长,并且在全淹水处理下能存活 30 天左右;王草在正常和根际下生长情况较好,藕草则在正常、根际和半淹水处理下生长较好,二者在全淹条件下均生长不良。同时王草再生能力较强,淹水条件下地上部分已经枯萎的植株在水排干后仍然可以再次生长。

8.2.5　不同护岸措施对植物种类和多样性影响的调查成果

1. 不同护岸形式和坡位对植物种类的影响

汛前植物调查时,长江中下游护岸区半自然植被主要由草本和草丛组成,出现的植物种类共有 87 种,在每个调查点均有分布的植物有 6 种,其中狗牙根、藕草是主要的优势种。汛后半自然植被组成与汛前有所区别,种数减少,伴生种发生变化,但优势种也主要为狗牙根、藕草。变化原因可能是,汛前的植物中有一些一年生与两年生植物,在汛期到来时已完成其生活史,如荠菜、碎米荠等;有一些植物不耐水淹,在淹水期自然死亡。

人工栽培群落主要以栽培植物为主,伴生种中大多是当地的植物种类,其中藕草和芦苇分布较多。说明护坡工程对当地的植物破坏严重,但当地自然分布物种也会繁衍到人工护坡上。

坡位对植物种类的影响主要是淹水时间,低坡位的淹水时间长,导致这个坡位汛后植物种类明显减少,3 个调查地方 a 坡位植物种类均由 10 多种变为 1 种或 3 种(藕草、狗牙根和芦苇)。汛后人工栽培群落调查时,在离水岸线 10m 之内的栽培植物均死亡,而 15m 以上的生长较好。

不同的护岸措施对人工栽培植物也有影响。例如,在中洲子 3 种不同播种狗牙根的方式中,以先撒种后覆土方式为佳,不同坡位的层盖度值可达到 0.7 或 0.9;而另外两种方式,在不同坡位值不一样,草种混合营养土的播种在高坡位可形成很好的覆盖效果,而先撒种后抛石的播种在低坡位形成较好的覆盖效果。原因可能是狗牙根的种子较小,护坡一般都选用先撒种后覆土的方式,这样可以起到保护种子的作用,包括先撒种后抛石的方式。而草种混合营养土的方式,种子可能露在表面而受影响。

在团结闸上段栽种香根草和狗牙根的方式中,3 种方式形成的层盖度都较高,都在 0.7~1.0。不同坡位的优势种有所区别,干砌石缝种香根草的方式在低坡位以香根草为主;高坡位时以香根草和狗牙根为主,两者的重要值差不多;在离水位线 10m 内,栽种的香根草基本上死亡;而削坡栽种香根草和撒播狗牙根的方式中,狗牙根和当地生长的蒻草占优势,香根草为伴生种,层盖度为 1。实心方块播种狗牙根的方式中在高坡位是狗牙根占优势,低坡位(离水面 18m 范围内)基本没有植物。削坡栽种香根草和撒播狗牙根的位置比较特殊,在团结闸的一个小分支上,整个护岸区域只有 18m 左右,而其他工程一般为 30m 左右。在这段区域,香根草为外来种,是一种应用较多的水土保持和斜坡固土植物。通过试验可以看出,香根草能适应江边的生境条件,但栽种在离水面很近的区域较容易死亡。

团结闸下段,预制 6 方块栽种香根草和撒播狗牙根方式中,离水面 2m 的距离内栽种的香根草均死亡,也没有其他植物;在低坡位香根草占优势,高坡位则是香根草和狗牙根占优势。干砌石缝种香根草和撒播狗牙根方式中,高坡位和前面方式一样。而在观音洲,护坡上直接栽种香根草和狗牙根方式中,不同坡位 Ba_2、Bb_2 的优势种跟团结闸上段(Da_7、Db_7、Da_8)、下段(Ca_{11}、Cb_5、Cb_6)的基本相同,不过在离水面 10m 范围内植物分布很少。这几种方式的层盖度大多数为 1。

观音洲的其他两种护坡方式中,空心 6 方块栽种香根草、蒻草和芦苇方式较实心 6 方块播黑麦草和狗牙根的方式好。前者在离江面 4m 范围内没有植物,而后者是 10m 范围内;前者低坡位时优势种为香根草、蒻草,高坡位时优势种为香根草和狗牙根,芦苇是伴生种;后者优势种类均是狗牙根,伴生种中也有蒻草或芦苇。蒻草是当地自然分布的物种,适应性强,调查发现一般生长在低坡位的范围内。黑麦草属于冷季型草,越夏能力差,不耐高温,夏季基本死亡。因此在汛后调查只有狗牙根,黑麦草不适合作为南方护坡植物。

2. 不同护岸形式和坡位对植物多样性的影响

汛前与汛后半自然群落植物多样性相比,汛后的物种丰富度指数均低于汛前,多样性指数的变化主要体现在坡位上,特别是低坡位,而 b、c 坡位变化不是很大。低坡位种类减少主要和植物不耐淹水等因素有关。

不同护岸措施对人工栽培群落也有影响。从表 8.6 和表 8.7 可以看出,半自然群落植物多样性指数均高于人工栽培群落。人工栽培群落中,多样性指数较高的有团结闸上段 Db_7 干砌石缝种香根草、团结闸下段 Cb_6 干砌石缝种香根草和撒狗牙根、中洲子 Eb_9 先撒种后覆土以及观音洲 Ba_2 直接栽种香根草和狗牙根等方式,多样性指数均在 2~3。较低的有团结闸下段 Ca_{11} 预制 6 方块种香根草和撒狗牙根、团结闸上段 Bb_4 实心方块播狗牙根、中洲子 Ea_9 先撒种后覆土、中洲子 Ea_{10} 草籽营养土混播以及观音洲 Bb_4 实心方块播黑麦草和狗牙根等方式,多样性指数在 0~1。说明人工栽培植物较适合在高坡位上生长,实心方块播种方式较差。其可能原因:一是护坡植物是在 2011 年 4 月份栽种的,长江水位上涨时,低坡位的植物较容易被水流带走;二是低坡位淹水时间长,栽培植物也可能生长不良而死亡。

观音洲 3 个样地的植物多样性值都高于其他地点,这可能与观音洲的土壤条件和周边环境的物种多样性较高有关。

表 8.6 不同人工植物群落多样性分析

地点	样方	种植方式	物种丰富度指数	多样性指数	均匀度指数	生态优势度指数
中洲子	Ea_9	先撒种后覆土	4	0.768	0.384	0.742
	Eb_9		9	2.353	0.742	0.241
	Ea_{10}	混合体(草+营养土)	3	0.490	0.309	0.844
	Eb_{10}		6	1.083	0.419	0.680
	Ea_{11}	先撒种后抛石	11	1.681	0.486	0.499
	Eb_{11}		2	0.862	0.862	0.056
团结闸下段	Ca_{11}	预制 6 方块+香根草,撒狗牙根	1	0	0	1.000
	Cb_5		11	1.632	0.470	0.513
	Cb_6	干砌石缝种香根草,撒狗牙根	21	3.000	0.680	0.217
团结闸上段	Da_7	干砌石缝种香根草	5	1.142	0.492	0.610
	Db_7		20	3.019	0.699	0.164
	Da_8	削坡栽种香根草,撒播狗牙根	8	1.488	0.496	0.489
	$1Bb_4$	实心方块+狗牙根	4	0.264	0.132	0.934
观音洲	Ba_2	香根草+狗牙根	17	2.528	0.618	0.244
	Bb_2		11	1.682	0.486	0.401
	Ba_3	空心 6 方块+香根草+蒲草+芦苇	7	1.759	0.627	0.353
	Bb_3		9	1.967	0.621	0.315
	Ba_4	实心方块+黑麦草+狗牙根	12	1.925	0.537	0.434
	Bb_4		4	0.737	0.369	0.770

表 8.7 汛前各取样点养分含量

编号	土壤有机质含量 /(g/kg)	全氮 /(g/kg)	硝态氮 /(mg/kg)	铵态氮 /(mg/kg)	全磷 /(g/kg)	速效磷 /(mg/kg)	全钾 /(g/kg)	速效钾 /(mg/kg)
Aa	9.01	0.21	9.84	89.40	0.59	63.75	2.62	63.39
Ab	14.96	0.14	7.96	81.40	0.63	53.39	2.65	79.02
Ac	25.84	0.34	11.24	112.30	0.69	59.18	4.97	98.05
Ba	17.06	0.22	10.07	72.65	0.66	55.99	4.42	64.05
Bb	13.48	0.15	17.26	91.07	0.54	50.42	2.03	49.53
Bc	12.18	0.15	17.26	91.07	0.54	50.42	2.03	49.53

编号	土壤有机质含量/(g/kg)	全氮/(g/kg)	硝态氮/(mg/kg)	铵态氮/(mg/kg)	全磷/(g/kg)	速效磷/(mg/kg)	全钾/(g/kg)	速效钾/(mg/kg)
Ca	12.24	0.54	8.86	88.37	1.00	141.90	7.15	446.36
Cb	14.80	0.38	10.50	82.73	0.60	47.59	3.77	108.64
Da	11.17	0.37	3.10	79.13	0.55	42.06	4.34	81.83
Db	29.30	1.11	11.40	101.51	0.68	46.70	5.20	78.89
Dc	15.60	0.52	23.62	85.69	0.61	37.38	5.40	73.68
Ea	12.16	0.31	9.32	75.01	0.62	43.60	3.82	72.42
Eb	45.92	1.41	27.59	114.80	0.84	52.00	4.38	222.74
Fa	3.39	0.17	16.13	88.19	0.66	46.30	1.43	38.81
Fb	6.70	0.21	9.73	58.45	0.60	51.98	2.00	34.62
Fc	18.77	0.59	3.56	79.83	0.70	70.95	4.73	92.23

8.3　生态护岸工程的优化方案

8.3.1　护岸工程的材料优化

护岸工程材料的综合能耗除一些天然材料如块石、砂卵石等外,还有一些工业制成品如水泥、钢材和土工布等,这些工业制成品能耗比天然材料大得多,而护岸工程许多材料既有天然材料又有工业制成品,目前在护岸工程中广泛使用的水泥、钢筋和土工合成材料是我国材料工业的能源消耗大户。水下护脚工程中采用预制铰链混凝土排碳排放较大,是普通机抛的 4～7 倍,人工抛石的 10.2 倍;水上护坡采用混凝土预制块为一般干砌块石的近 8 倍。在护岸工程的优化设计过程中,从环境友好型的角度选择材料往往被忽视,因此,优化设计过程中,重视材料对环境的影响应该提到优化设计的日程上。从方案优化的角度,护岸工程应尽可能减少水泥、钢筋等工业产品的使用,而多采用生物工程措施。

8.3.2　护岸工程的结构优化

从目前的护岸工程看,护岸工程在纵向布局上过分强调了平顺和统一标准,而从环境友好的河岸带的角度出发,应根据水流强度特点,以软质和硬质护岸相结合的方式进行守护,应充分论证,避免过度守护的问题。过度守护不仅是对资金的浪费,更是对资源和环境的破坏。环境友好的河岸带护岸工程在横向和垂向结构上,在保证防洪安全的前提下,坡度结构等应做到有利于陆生生物和水生生物的栖息和迁移。环境友好的河岸带护岸工程在河与岸的连通上应考虑具有削减地下水和地表水污染物的功能。因此,目前的护岸工程结构单一化和岸线简单化,应是今后优化的重点。

8.3.3 护岸带物种选择原则及优化方案

从生态护岸带中的植物特性来考虑,护岸区绿化与植被修复和友好型护坡工程相结合时,所选植物除了考虑其观赏价值外,还应注意以下几个原则。

(1) 生态适应性原则。长江中下游属于亚热带湿润季风气候区,而护岸区又介于湿地与陆地生态系统之间,土壤贫瘠,且大多偏向于酸性或碱性。选择树种时,要充分考虑其生态特性,既要能耐瘠薄,又能适应高水分湿度梯度,耐水淹。在水位消退后,冬季被淹植物的营养繁殖体能快速萌芽,形成景观。因而,应选择以乡土植物为主。

(2) 繁殖容易原则。长江中下游地理变化比较大,周围的溪流湖泊较多,因而对树种的需求量大,考虑到种源问题,所选树种应繁殖容易,成活率高,以既能有性繁殖又可无性繁殖(如扦插、水培、压条等)为佳,同时也有利于护岸区植被的恢复。

(3) 水土保持能力原则。护岸区植被的护岸功能主要表现为:减小河岸一侧水流流速从而降低河水的侵蚀速度;通过河岸植物根系增强河岸亚表层的强度以提高河岸的稳定性;作为河岸缓冲带可以防止漂浮物或冰块对河岸的影响从而保护河岸。因而,选择的植物应根系发达(有根状茎或匍匐茎更好),枝繁叶茂,萌蘖性能强,既能遮挡漂浮物,又能抗浪抗冲刷,且能持水固土,从而保护河岸。

(4) 生态安全性原则。一般来说,在护岸区环境建设和保护方面,不能仅仅注重短期效果,更要考虑各种活动行为的长期后果,而在开展护岸区植被建设和水土保持工作时应更加慎重。因为以水流散布植物的各种繁殖体,如果没有对引入的外来植物的潜在生态危害进行了解,就大面积推广,很可能引起杂草危害。

(5) 经济价值原则。护岸区面积广大,在考虑其他原则的基础上,选用具有药用价值和经济价值的树种。在淹水前对一些植被进行收割,可为工业提供大量原材料;水落后,又能快速萌芽,形成景观,从而充分发挥护岸区的经济效益和景观效益。

通过实地调查,适宜长江中下游友好型护岸工程绿化植物种类有:狗牙根、香根草(*Vetiveria zizanioides*)、意杨(*Populus euramevicana*)、芦苇(*Phragmites australis*)和蔺草(*Phalaris arundinacea*)。

适宜长江中下游友好型护岸工程不同坡位绿化的优化方案如下:①离枯水期水位线 10m 范围内,可直接栽种蔺草和王草。该地段大多植物由于汛期长期水淹均会死亡,蘼草和王草在洪水过后种子能较快萌芽,部分植株还可能重新恢复生长。结合野外物种分布的调查结果,优先推荐分布最广泛的蘼草。试验中的香根草、狗牙根不适合在此区域栽种。可以采取撒播方式,也可以结合人工工程护坡,除实心方块外,其他方式均可。中洲子可选用先撒种后覆土或先撒种后抛石方式;团结闸上段、下段可选用干砌石方式;观音洲可选用直接栽种植物或空心6方块方式。也可参照半自然群落调查中岳阳市洪水港和江陵县马家咀的坡位护岸方式。②离水位线10~30m范围内,可直接栽种的植物较多,香根草、狗牙根、蘼草等均可。建议人工护坡方式与低坡位的基本相同。

8.3.4　护岸工程的分区优化方案

　　生态护岸时应对护岸工程进行分区,可从频率水位的角度将生态护岸带分为四个区域,并定义了生态护岸带的下限,即与水下护脚的分界。四个区域分别为生态基流过渡区、生态景观护岸区、植物护岸区和植物护滩区。生态基流过渡区:最低生态水位至240d频率50%水位区间,是护脚工程最接近水面的一部分,它是生态护坡的过渡区域,这一区域植物多为一年生或几天生的植物。生态景观护岸区:240d和90d频率50%的水位的区间,主要选择一年生或两年生的草本为主的护岸区域,这一区域植物固岸作用有限,因此,需要对岸坡的底质进行处理,通过加筋和硬结构措施,使得土壤不致流失。这一区域一年生或两年生的草本植物不仅可起到景观效果,同时可作为水生生物的饵料;植物护岸区:90d频率50%水位至30d频率10%水位的区域,主要是通过多年生的草和灌木对土壤进行加固,这一区域植物固土作用较强,但要承受两年一遇的30~90d洪水淹没,可选的植物相对较多,前期植物的养护非常重要,通常通过适当的土壤加筋与植物根系的固土起作用,在流速较小、坡度较缓的岸线可直接采用植物护岸,对水流较急,坡度较大的岸坡,宜采用硬结构加筋与植物相结合的措施。植物护滩区:90d频率50%水位至30d频率10%水位的区域。一般情况下,滩面流速较小且水淹时间较短,因此完全可利用纯植物进行护滩,而对于急弯段滩面流速较大的地段,不宜采用较密的乔木进行固滩,因为过密乔木冠叶会使滩面植物稀疏,而应采用固土作用较强的多年生草本与间距较大的乔木进行护滩。

8.4　环境友好型护岸技术应用评价体系及评价模型

　　近年来,长江中下游开展了多处生态护岸工程试验,水上护坡如长江航道局实施的马家咀航道整治工程、周天藕水道航道整治工程中运用的钢丝网石垫;长江水利委员会工程建设局实施的荆江河势控制应急工程洪水港段土工格栅石垫,下荆江河势控制剩余工程中洲子、团结闸、观音洲处的多种生态护坡工程,安庆河段峨眉洲处植生块生态护坡工程等;水下护脚采用了网膜卵石排护岸新技术。这些生态护岸工程试验为长江中下游护岸工程积累新的经验,也为在长江中下游推广生态护岸技术奠定了良好的基础。

2011 年 4 月 9～11 日,2011 年 10 月 17～19 日,分两次对几个典型的生态护岸试验段进行了汛前和汛后护岸效果调查,除两次系统的生态状况调查外,还于其他时间进行了多次实地查勘,收集了大量的第一手资料。

8.4.1　环境友好型护岸技术评价指标体系

在人类认识自然的发展过程中,科学技术的发展常常呈现出两面性:一方面,科学技术发展是人类在认识和改造自然界中的能动作用,具有促进社会进步的作用;另一方面,科学技术也是双刃剑,不合时宜地使用也会损害到自然环境,从而危害人类自己。河道整治中护岸技术的发展也是如此,从远古向农耕社会过渡时期,人类就开始实施河道整治和护岸工程,这一个过程也是与人从自然界脱离出来的过程相适应的。人类希望利用自然界的优越条件为自我的生存服务,如果将原始社会向农耕社会的转变视为人类从自然脱离出来成为独立于自然的个体的标志,依河筑堤而居则是水利兴起的起源。

洪水既提供了河道两岸肥沃的河漫滩用作农耕之地,又对不期而至的人类及其劳动成果是一个严重的威胁。筑堤而居、依水护岸就成了人类利用自然界的创造过程中一个重要的组成部分。然而,人类原本是自然界的一部分,是处于生态系统食物链的最顶端的自然界的一分子,而人类利用自然界资源改变了自然界的平衡,虽然这可以视为自然界自适系统的一部分,但这种利用范围程度越大,产生的生态系统的反馈调节越大,有可能成为系统中不可逆转的因素,这一因素甚至有可能成为使一个适合人类生存的系统调节到另一个不适合人类生存的系统的主要诱因,也就是说在系统建立新的自然平衡时,人类有可能成为最大的受害者。认识到这一点,也就不难理解为什么目前人们对于生态和环境关注度与日俱增。

护岸工程具有自然属性和社会属性两方面,即相应地具有自然功能和社会功能。护岸工程作为岸坡的一个组成部分,自然功能主要包括岸坡束水过流功能,承载周边的雨水、地表和地下水渗流蓄滞功能,承载河岸带的动、植物和水生生物栖息功能,区域水气调节功能[1]。而作为护岸工程的社会功能,它应具有为人类服务的功能,同时也具有消减人类活动不利影响的功能。它的社会功能首先应是服务功能,包括筑堤而居、依水护岸的最原始也是目前还非常重要的固岸防洪功能,另外有休闲娱乐功能、为人类提供生物多样性储存地的功能。而作为消减人类活动不利影响的功能,是人类主动去调节失衡生态系统的行为,人类由于择水而居过度地改变自然,自然已开始对人类的生存空间产生了威胁。因此,作为河岸带的护岸工程有承担减小这种不利因素的义务,削减这种不利影响的功能包括削减周边污染物的功能,减小对动、植物和水生生物干扰的功能,减小对局地气候影响的功能,减小对大气循环影响的功能,如生态河岸带在建设和运行期的温室气体排放等。

1. 评价指标选取的基本原则

从事物的本质去评价环境友好型护岸工程,能更清晰地了解人们到底需要什么样的护岸工程,评价不能采用单一的标准或指标,而需要基于众多因素,从防洪安全、资源节约、操作合理、生态健康、环境协调、社会适宜等方面综合分析护岸工程是否符合"环境友好型"要求[3]。为了建立能够反映护岸工程"环境友好型"综合水平的评价指标体系,选取评价指标时需遵循以下基本原则。

(1)科学性原则。评价指标要能客观反映环境友好型护岸的内涵,能较好地度量环境友好型护岸技术的生态、环保等综合特性,指标本身应含义明确,简便易测,评价方法科学规范,评价结果真实、客观。

(2)代表性原则。构成环境友好型护岸的指标很多,选取的指标应能够体现护岸工程在某一方面的主要状况和特征,具有较好的代表性和最大可能的集成度,反映问题深刻且具有实际意义。

(3)综合性原则。选取的指标不仅能够较全面地反映和测评护岸工程是否符合"环境友好型"要求,同时也反映护岸工程与生态、环境、社会等之间的相互关系,具有足够的涵盖面。尽可能采用标准和名称、概念和计算方法,使得评价指标体系清晰易懂,能同时被专业人士和相关政府官员理解和接受。

(4)发展性原则。所选取指标既要反映护岸工程的发展现状,又要反映其发展过程与趋势,动态性与静态性相结合,符合空间和时间上的可比性,使得评价结论能够从纵向上进行自我比较和从横向上与其他工程进行比较。

(5)定性与定量相结合原则。选取的指标应既有定性描述又有定量分析,应尽量使定性问题定量化,便于后期的数据处理,保证综合分析的客观性,难以量化的重要指标可采用分等级(或分类)进行定性分类评价,定性等级不宜过多,一般以 3~5 个为宜。

(6)可操作性原则。选取指标时应充分考虑到数据资料的来源及获取的现实可能性,尽量选取数据可得、成本低、概念明确、计算方法简单的指标,使得评价方法易操作易理解,避免指标过于庞杂、无法操作。

2. 评价指标体系的建立

1) 评价指标体系的基本框架

根据环境友好型护岸评价指标体系设置的基本原则,初步拟定将环境友好型护岸评价指标体系分为四个层次:目标层、准则层、指标层和方案层。

目标层。是指合适的环境友好型护岸工程,也就是满足人们当前对生态型护岸工程提出的基本要求。

准则层。根据决定环境友好型的护岸工程的基本要素,首选是传统护岸工程所具有的造价以及护岸工程所起到的最基本的防洪功能两个准则。另外,目前人们关心的护岸工程还需具有环境功能、生态功能和社会服务功能,这样确定了5个准则层。

指标层。依据准则层提出的量化和定性指标,指标层是评价指标体系的最基本的组成单元,也是评价模型的基本元素。

方案层(措施层)。是要最终选择的方案。

2) 评价指标分析

从五个方面对具体评价指标进行分析。

(1) 投入经济性。造价是所有护岸工程都必须考虑的,而造价又分为一次性投入和后期维护费两部分。Biedenharn 等[4]认为虽然纯植物措施护岸工程的后期要定期维护,但总体费用远没有传统的护岸工程总费用高。

(2) 结构的稳定性。传统硬结构护岸对初期的护岸结构稳定具有一定的优势,但随时间的推移,硬结构护岸则存在适应河床变形、材料老化和剥蚀等问题,然而,纯植物措施护岸工程一旦稳定下来,其植物固土的作用将越来越强,当然,纯植物措施护岸有其适应条件。

(3) 环境协调性。就护岸工程的自然属性而言,应该考虑其资源节约,主要是取材的环保性、材料加工的环保性以及耐久性等三个层面。取材的环保性:护岸材料获取过程是否破坏取材当地的生态环境,例如,大规模的开山采石、砍伐森林等现象,选用的生物护岸材料是否影响当地生态系统稳定性,引进外来物种进行植被护岸时是否会造成物种入侵、挤占本地物种生存空间等现象。材料加工的环保性:生态护岸使用的材料,加工过程是否符合低碳环保要求,例如,广泛使用的生态袋、生态土工布、生态格网等化纤材料的生产过程是否产生大量附加污染物或需要消耗大量资源。材料耐久性:护岸材料是否具有良好的耐久性,废旧材料能否自然降解或者进行回收再利用,护岸工程后期维护是否需要重新使用新材料等。

施工期的环保性。施工期水土流失程度,施工进行河道开挖时是否已编制水土保持方案,尽可能平衡填挖方量以减少开挖量,临时堆放土方进行必要覆盖、围圈处理,以减少水土流失可能。施工过程临时改变水流条件,增加河道含沙量,对水生生物造成一定影响,应尽量减少其影响程度和影响时间,尤其是某些生物可能在特殊时期具有特殊生活条件需求,施工时应考虑予以避让。

水流结构多样性。护岸后河道是否具有多样性水流结构,如跌水、漩涡等不同类型的水流形态,以增加水体复氧机会,提高水体自净能力。

护岸结构净化水体能力。护岸结构对污染物的拦截、吸附功能,能否吸收相关有机质和营养盐成分,帮助其完成迁移和转化过程,从而达到净化水体、改善水环境的效果,护岸结构能否为微生物净化水体提供空间和载体。

护岸工程透水性。护岸后河道径流和地下水之间能否顺利完成交换,使地下水能够在丰水期得到补充,并在枯水期对河道径流予以逆向补给。

(4)生态健康性。选取水生动物和微生物生存空间丰富度、流速分布多样性、滨河植被生长条件、生物通道通畅度、生态系统受干扰度、生态系统自我修复能力等 6 个指标。

水生生物和微生物生存空间丰富度:主要考虑水生生物栖息地的丰富程度,特别是在大洪水或持续枯水期等特殊水文条件下鱼类及其他水生生物的生存空间;微生物附着和生存空间。

流速分布多样性。护岸后水流是否具有多种不同流速分布区,以满足不同水生生物或者同一水生生物的不同成长阶段对水流流速的不同需求;护岸工程实施后原有水生生物能否较快地适应新的流速分布条件。

滨河植被生长条件。滨河植被能否较快地适应护岸后河道水流、地貌条件的变化,护岸工程本身能否为植被生长初期提供必要的土壤、养分,使其较快地形成多层次和多样化的植被群落。

生物通道通畅度。护岸后生物通道是否被阻隔,水生生物、滨河植被及微生物能否与周围环境顺利完成物质和能量的交换,进而顺利完成其生长过程。

生态系统受干扰度。护岸后河道原有生态系统是否受到较大影响,是否存在本地物种生存条件遭破坏、生态系统种群结构被迫调整等现象,生态系统种群丰富度是否有所降低,生态系统的稳定性是否有所降低。

生态系统自我修复能力。护岸后河道生态系统是否具备较强抵御外界干扰的能力,生态系统遭遇一定程度破坏时,系统是否具有自我修复的能力。

(5)社会服务性。选取工程抗冲性、工程景观效果、工程亲水效果、休闲娱乐服务功能等 4 个指标。

工程抗冲性:护岸工程能否抵御较强的水流冲刷,维护河道岸坡的稳定,保障当地防洪安全。

工程景观效果。护岸后河道是否具有良好的景观效果,即护岸工程实施后河流自然度高还是低,能否较快形成植被丰富、结构完整、生物种类和水体形态多样性高的近自然驳岸。

工程亲水效果。护岸后河道是否具有良好的亲水效果,如河岸是否设置缓坡、沙滩,居民是否可以直接入水、戏水,可以进行水上活动等。

休闲娱乐服务功能:护岸后河岸可否为附近居民提供休闲娱乐服务功能,提升宜居环境。

3) 评价指标体系的建立

在护岸工程设计过程中,护岸工程类型可以选择传统的护岸工程中的混凝土,也可以选择植物护岸工程或两者相结合的工程类型,但如何选择所考虑的因素有护岸工程的费用、防洪功能、生态功能、环境和适宜的休闲功能等。这些因素是相互制约、相互影响的。这样的复杂系统可称为决策系统,可采用 AHP 将半定性、半定量的问题转化为定量计算问题[5]。

护岸工程评价可划分为 6 个准则,并分 2 个阶段,建设阶段主要考虑的是资源节约性和操作合理性,而运行阶段则主要考虑的是护岸工程的 4 个重要功能。

最后分析为了解决决策问题(实现决策目标),在上述准则下,将最终解决方案作为措施层因素,放在递阶层次结构的最下面(最低层)。本方案将护坡中的 3 种典型方式:混凝土护坡、钢丝网护坡和生物工程护坡作为措施层。

根据所确立的评价指标体系的目标和准则及对具体指标的分析,在层次分析和比较借鉴的基础上,确立了由 2 个阶段、5 个功能层和 21 个具体指标所构成的环境友好型评价指标体系(表 8.8),其结构如图 8.4 所示。

表 8.8　适宜的环境友好型护岸工程指标体系

目标层 A	准则层 B	指标层 C	措施层 D	指标标准选取方法
适宜的环境友好型护岸工程	B_1 投入经济性	C_{11} 一次性投入费	D_1 混凝土护坡	以价格构成分段函数
		C_{12} 后期维护费		以价格构成分段函数
	B_2 结构稳定性	C_{21} 防洪强度		专家打分
		C_{22} 使用年限		经验和材料判断
		C_{23} 受损频率		防洪频率水位
	B_3 环境协调性	C_{31} 护岸工程材料碳排放量		计算值构成分段函数
		C_{32} 护岸材料其他环境污染		污染物的缓释量
		C_{33} 施工期水土流失度	D_2 钢丝网护坡	专家打分
		C_{34} 施工期生物受干扰度		专家打分
		C_{35} 运行期碳排放量		计算值构成分段函数
		C_{36} 运行期水环境污染度		水环境污染度
		C_{37} 运行期护岸带纳污能力		护岸带纳污能力
	B_4 生态健康性	C_{41} 植被生存条件		专家打分
		C_{42} 水陆生动物生存条件		专家打分
		C_{43} 生物通道通畅度	D_3 植物措施护坡	专家打分
		C_{44} 河流廊道生态系统受干扰度		专家打分
		C_{45} 生态系统自我修复能力		专家打分
		C_{51} 景观多样性		调查值构成分段函数

续表

目标层 A	准则层 B	指标层 C	措施层 D	指标标准选取方法
适宜的环境友好型护岸工程	B_5 社会服务性	C_{52} 景观多维度	D_3 植物措施护坡	调查值构成分段函数
		C_{53} 植被覆盖度		调查值构成分段函数
		C_{54} 休闲娱乐服务丰富度		专家打分

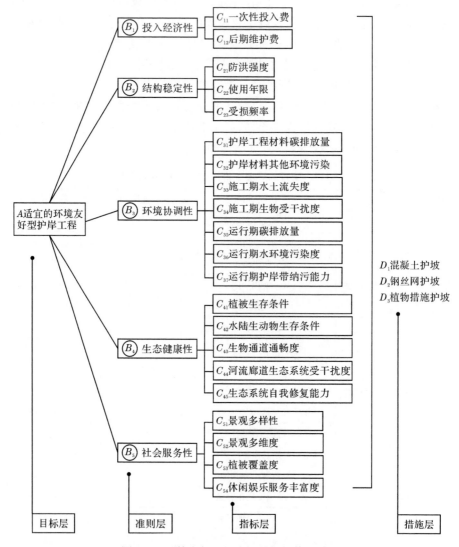

图 8.4　环境友好型护岸评价指标体系结构

4）评价指标体系的评语等级结构

评语是将各评价目标划分为人们容易接受的等级类别。在模糊评价中,等级划分是评价的基础工作,只有在评价等级确定的基础上,才能准确评价。环境友好型护岸工程分为总目标评价等级和子目标评价等级。子目标评价等级包括投入经济性等级类别、结构稳定性等级类别、环境协调性等级类别、生态健康性等级类别和社会服务性等级类别。

（1）总目标评价等级。

环境友好型护岸评价的总目标等级分为理想状态、良好状态、一般状态、较差状态。总目标评价等级及具体含义见表 8.9。所以环境友好型护岸工程总体评语集为{理想状态,良好状态,一般状态,较差状态}。

表 8.9　总目标评价等级及其含义

总目标评价等级	含义
理想状态	投入很少,护岸结构稳定,环境未受损害,生态系统结构完整,社会服务功能很强
良好状态	投入较少,护岸结构基本稳定,环境基本未受损害,生态系统结构尚完整,社会服务功能较强
一般状态	投入较多,护岸结构不太稳定,环境受到一定损害,生态系统结构维持基本功能,社会服务功能一般
较差状态	投入很多,护岸结构不稳定,环境受到破坏,生态系统结构有较大变化,社会服务功能较差

（2）子目标评价等级。

① 投入经济性。

根据经济的特点,将环境友好型护岸工程的经济性分为投入很少、投入较少、投入较多、投入很多四个等级。经济性评价等级及其具体含义见表 8.10。经济性评语集为{投入很少,投入较少,投入较多,投入很多}。

表 8.10　投入经济性评价等级及其含义

子目标评价等级	含义
投入很少	比一般的投入少得多,后期维修很少
投入较少	比一般的投入略少,后期维修较少
投入较多	比一般的投入略大,后期维修较多
投入很多	比一般的投入大得多,后期维修多

② 结构稳定性。

根据结构稳定性的特点,将环境友好型护岸工程的结构稳定性分为稳定、基本稳定、次不稳定、不稳定。总目标评价等级及具体含义见表 8.11。所以结构稳定性评语集为{稳定,基本稳定,次不稳定,不稳定}。

表 8.11　结构稳定性评价等级及其含义

子目标评价等级	含义
稳定	工程寿命期河岸带结构不会发生变形破坏
基本稳定	工程寿命期河岸带结构可能有些松动,但近期内不会发生大的变形和破坏
次不稳定	河岸带稳定性差,护岸体有松动的裂隙,而且护岸体上各种松动的发育,在一定条件下可能发生严重的变形和水毁
不稳定	护岸体被冲走,可能发生较大的水毁

③ 环境协调性。

这里的环境协调性,主要指环境承载力。它是指在某一时期,某种环境状态下,某一区域环境对人类社会、经济活动的支持能力的限度。人类赖以生存和发展的环境是一个大系统,它既为人类活动提供空间和载体,又为人类活动提供资源并容纳废弃物。对于人类活动来说,环境系统的价值体现在它能对人类社会生存发展活动的需要提供支持。由于环境系统的组成物质在数量上有一定的比例关系、在空间上具有一定的分布规律,所以它对人类活动的支持能力有一定的限度。当今存在的种种环境问题,大多是人类活动与环境承载力之间出现冲突的表现。当人类社会经济活动对环境的影响超过了环境所能支持的极限,即外界的"刺激"超过了环境系统维护其动态平衡与抗干扰的能力,也就是人类社会行为对环境的作用力超过了环境承载力。因此,人们用环境承载力作为衡量人类社会经济与环境协调程度的标尺。

体现在护岸工程上,主要是护岸工程所使用的材料对资源环境的消耗以及对温室气体和对环境的影响,同样护岸工程也可能承载削减污染物的能力,起到环境协调性的正面作用。环境协调性等级分为很协调、基本协调、次不协调、不协调。评价等级及具体含义见表 8.12。所以环境协调性评语集为{很协调,基本协调,次不协调,不协调}。

表 8.12　环境协调性评价等级及其含义

子目标评价等级	含义
很协调	碳排放为零或为负,能削减一定的外源污染物,对水生生物无干扰,不造成水土流失,不造成其他污染或虽然造成污染但可以通过削减作用抵消
基本协调	碳排放较少,能削减少量的外源污染物,对水生生物干扰较少,造成水土流失较少,造成其他污染较少,但不能通过削减作用抵消

子目标评价等级	含义
次不协调	碳排放较多,不能削减外源污染物,对水生生物干扰较大,造成水土流失较多,造成其他污染较多,但不能通过削减作用抵消
不协调	碳排放多,不能削减外源污染物,对水生生物干扰大,造成水土流失多,造成其他污染多,但不能通过削减作用抵消

④ 生态健康性。

生态健康性评语,对经过护岸工程改造的河流的健康程度,这里主要指河流与动植物的关系以及对河流廊道生态系统的关系。根据它的特点可将生态健康性划分为很健康、健康、亚健康、病态,见表 8.13。所以生态健康性评语集为{很健康,健康,亚健康,病态}。

表 8.13　生态健康性评价等级及其含义

子目标评价等级	含义
很健康	护岸带生态系统内部物质、能量、信息循环处于良性状态,并具有很强的自我调节能力
健康	护岸带生态系统内部物质、能量、信息循环基本良好,并具有较强的自我调节能力
亚健康	护岸带生态系统内部物质、能量、信息循环处于一般状态,自我调节能力不强
病态	护岸带生态系统内部物质、能量、信息循环处于恶性循环状态,自我调节能力很弱

⑤ 社会服务性。

根据社会服务性的特点可将它划分为高度适宜、中等适宜、勉强适宜、不适宜,见表 8.14。所以社会服务性评语集为{高度适宜,中等适宜,勉强适宜,不适宜}。

表 8.14　社会服务性评价等级及其含义

子目标评价等级	含义
高度适宜	完全满足居民的生活、休闲娱乐的要求,与相邻生态系统的景观非常协调和谐
中等适宜	基本能满足居民的生活、休闲娱乐的要求,与相邻生态系统的景观基本协调和谐
勉强适宜	只能满足居民的生活、休闲娱乐的部分要求,与相邻生态系统的景观不构成破坏
不适宜	不能满足居民的生活、休闲娱乐的要求,而且相邻生态系统的景观不协调、甚至构成破坏

5）评价指标值的确定

在环境友好型护岸指标体系确定以及评语等级确定后，就要对指标体系各具体的指标进行赋值。目前，学术界对环境友好型护岸工程的系统研究非常少，可利用的研究成果也相当少，所以环境友好型的护岸工程只能参照现有的国家、地方标准或规范，同时利用其他与之相关领域的研究成果。评价指标值的确定包括三个方面。

（1）国家、行业和地方规定的相关标准或规范。例如，投入经济性方面可以利用现有的水利行业的概算来计算工程投入。

（2）相关的研究成果。例如，环境协调性中的碳排放指标，可以参照已有的研究成果；生态健康性中的植被覆盖度、多样性等均可参照本章的调查结果进行取值。

（3）专家打分。对于无参照的指标，可以邀请相关专家对其打分，依据打分确定其标准，如社会服务性的休闲娱乐服务丰富度等。

下面主要介绍定量确定相关评价值的隶属度模型。

根据建立隶属度的基本原则，采用专家评定法和公式法来确定隶属度，如降半梯形分布法，曲型的降半梯形分布法如下：

$$U_1 = \begin{cases} 1, & x \leqslant S_1 \\ \dfrac{S_2 - x}{S_2 - S_1}, & S_1 < x \leqslant S_2 \\ 0, & x > S_2 \end{cases} \tag{8.1}$$

$$U_2 = \begin{cases} 1, & x < S_1, x > S_3 \\ \dfrac{S_1 - x}{S_2 - S_1}, & S_1 < x \leqslant S_2 \\ \dfrac{S_3 - x}{S_3 - S_2}, & S_2 < x \leqslant S_3 \end{cases} \tag{8.2}$$

$$U_3 = \begin{cases} 0, & x < S_2, x > S_4 \\ \dfrac{S_1 - x}{S_2 - S_1}, & S_2 < x \leqslant S_3 \\ \dfrac{S_3 - x}{S_3 - S_2}, & S_3 < x \leqslant S_4 \end{cases} \tag{8.3}$$

$$U_4 = \begin{cases} 0, & x < S_3 \\ \dfrac{S_3 - x}{S_4 - S_3}, & S_3 < x \leqslant S_4 \\ 1, & x > S_4 \end{cases} \tag{8.4}$$

在评价中可以通过数值进行转换赋值的，可以通过上述方法获得。

8.4.2　评价的层次分析法模型

1. 构造判断矩阵并赋值

依据递阶层次结构构造判断矩阵,具体为:每一个具有向下隶属关系的元素(被称作准则)作为判断矩阵的第一个元素(位于左上角),隶属于它的各个元素依次排列在其后的第一行和第一列。填写判断矩阵大多采取的方法是:向填写人(专家)反复询问判断矩阵中两个元素两两比较哪个重要,重要多少,并对重要性程度进行赋值(重要性标度值见表 8.15)。

表 8.15　重要性标度含义

重要性标度值	含　　义
1	表示两个元素相比,具有同等重要性
3	表示两个元素相比,前者比后者稍重要
5	表示两个元素相比,前者比后者明显重要
7	表示两个元素相比,前者比后者强烈重要
9	表示两个元素相比,前者比后者极端重要
2,4,6,8	表示上述判断的中间值
倒数	若元素 i 与元素 j 的重要性之比为 a_{ij},则元素 j 与元素 i 的重要性之比为 $a_{ji}=1/a_{ij}$

设填写后的判断矩阵为 $A=(a_{ij})_{n\times n}$,判断矩阵具有如下性质:$a_{ij}>0$;$a_{ji}=1/a_{ji}$;$a_{ii}=1$。根据上面性质,判断矩阵具有对称性,在特殊情况下,判断矩阵可以具有传递性,即满足等式:$a_{ij}\cdot a_{jk}=a_{ik}$,当上式对判断矩阵所有元素都成立时,则称该判断矩阵为一致性矩阵。

(1) 构造目标层对准则层的判断矩阵(A-B),适宜护岸工程评价 A-B 附分情况见表 8.16。

表 8.16　适宜护岸工程评价 A-B 附分

A 适宜护岸工程	B_1	B_2	B_3	B_4	B_5	权重
B_1 投入经济性	1	1/3	1/3	1/2	1/2	0.089
B_2 结构稳定性	3	1	2	3	1	0.324
B_3 环境协调性	3	1/2	1	2	2	0.261
B_4 生态健康性	2	1/3	1/2	1	2	0.168
B_5 社会服务性	2	1	1/2	1/2	1	0.158

(2) 构造准则层对指标层的判断矩阵(B-C),共有 5 个,详见表 8.17～表 8.21。

表 8.17　投入经济性判断

B_1 投入经济性	C_{11}	C_{12}	权重
C_{11} 一次性投入	1	1/3	0.25
C_{12} 后期维护费	3	1	0.75

表 8.18　结构稳定性判断

B_2 结构稳定性	C_{21}	C_{22}	C_{23}	权重
C_{21} 防洪强度	1	1/4	1/4	0.109
C_{22} 使用年限	4	1	1/2	0.344
C_{23} 受损频率	4	2	1	0.547

表 8.19　环境协调性判断

B_3 环境协调性	C_{31}	C_{32}	C_{33}	C_{34}	C_{35}	C_{36}	C_{37}	权重
C_{31} 护岸工程材料碳排放量	1	1	2	2	1/2	4	1/3	0.152
C_{32} 护岸材料其他环境污染	1	1	1/2	2	1/4	1/2	1/4	0.072
C_{33} 施工期水土流失度	1/2	2	1	1/2	1/4	1/4	1/5	0.044
C_{34} 施工期生物受干扰度	1/2	1/2	2	1	1/4	1/4	1/4	0.057
C_{35} 运行期碳排放量	2	4	4	4	1	3	3	0.310
C_{36} 运行期水环境污染度	1/4	2	4	4	1/3	1	1/4	0.107
C_{37} 运行期护岸带纳污能力	3	4	5	4	1/3	4	1	0.258

表 8.20　生态健康性判断

B_4 生态健康性	C_{41}	C_{42}	C_{43}	C_{44}	C_{45}	权重
C_{41} 植被生存条件	1	1/2	1/4	1	1/6	0.081
C_{42} 水陆生动物生存条件	2	1	1/4	1/2	1	0.107
C_{43} 生物通道通畅度	4	4	1	1/2	1/4	0.115
C_{44} 河流廊道生态系统受干扰度	1	2	2	1	1/4	0.153
C_{45} 生态系统自我修复能力	6	1	4	4	1	0.544

表 8.21　社会服务性判断

B_5 社会服务性	C_{51}	C_{52}	C_{53}	C_{54}	权重
C_{51} 景观多样性	1	1	1/2	1/2	0.203
C_{52} 景观多维度	1	1	2	2	0.341
C_{53} 植被覆盖度	2	1/2	1	2	0.286
C_{54} 休闲娱乐服务丰富度	2	1/2	1/2	1	0.170

（3）准则层对措施层的判断矩阵（C-D）。

准则层对指标层的判断矩阵共有 21 个，其中表 8.22 对护岸工程材料碳排放量进行了判断。

表 8.22　护岸工程材料碳排放量判断

C_{31}护岸工程材料碳排放量	D_1 混凝土护坡	D_2 钢丝网护坡	D_3 生物工程护坡	权重
D_1 混凝土护坡	1	1/3	1/6	0.10
D_2 钢丝网护坡	3	1	1/3	0.25
D_3 植物措施护坡	6	3	1	0.65

2. 层次单排序（计算权重）与检验

对于专家填写后的判断矩阵，利用一定的数学方法进行层次排序。层次单排序是指每一个判断矩阵各因素针对其准则的相对权重，本质上是计算权向量。计算权向量有特征根法、和法、根法、幂法等，这里采用方根法进行计算。

（1）计算判断矩阵每行元素的乘积 M_i。

$$M_i = \prod_{j=1}^{n} a_{ij}, \quad i,j = 1,2,\cdots,n \tag{8.5}$$

（2）计算 M_i 的 n 次方根 w_i。

$$w_i = \sqrt[n]{M_i} \tag{8.6}$$

（3）对特征向量 $W = (w_1, w_2, \cdots, w_n)^{\mathrm{T}}$ 进行归一化。

$$w'_i = \frac{w_i}{\sum\limits_{i=1}^{n} w_i} \tag{8.7}$$

则 $w' = (w'_1, w'_2, \cdots, w'_n)^{\mathrm{T}}$，即为所求的权重。

（4）计算判断矩阵的最大特征根 $\lambda_{\max}$。

$$\lambda_{\max} = \sum_{i=1}^{n} \frac{(AW')_i}{nw'} \tag{8.8}$$

需要注意的是，在层层排序中，要对判断矩阵进行一致性检验。

在特殊情况下，判断矩阵可以具有传递性和一致性。一般情况下，并不要求判断矩阵严格满足这一性质。但从人类认识规律看，一个正确的判断矩阵重要性排序是有一定逻辑规律的。例如，若 A 比 B 重要，B 又比 C 重要，则从逻辑上讲，A 应该比 C 明显重要，若两两比较时出现 A 比 C 重要的结果，则该判断矩阵违反了一致性准则，在逻辑上是不合理的。

因此在实际中要求判断矩阵满足大体上的一致性，需进行一致性检验。只有通过检验，才能说明判断矩阵在逻辑上是合理的，才能继续对结果进行分析。

3. 层次总排序与检验

总排序是指每一个判断矩阵各因素针对目标层（最上层）的相对权重。这一权重的计算采用从上而下的方法，逐层合成。

很明显，第二层的单排序结果就是总排序结果。假定已经算出第 $k-1$ 层 m 个元素相对于总目标的权重 $W^{(k-1)}=(W_1^{(k-1)},W_2^{(k-1)},\cdots,W_m^{(k-1)})^{\mathrm{T}}$，第 k 层 n 个元素对于上一层（第 k 层）第 j 个元素的单排序权重是 $P_j^{(k)}=(P_{1j}^{(k)},P_{2j}^{(k)},\cdots,P_{nj}^{(k)})^{\mathrm{T}}$，其中不受 j 支配的元素的权重为零。令 $P^{(k)}=(P_1^{(k)},P_2^{(k)},\cdots,P_n^{(k)})$，表示第 k 层元素对第 $k-1$ 层元素的排序，则第 k 层元素对于总目标的总排序为

$$W^{(k)}=(W_1^{(k)},W_2^{(k)},\cdots,W_n^{(k)})^{\mathrm{T}}=P^{(k)}W^{(k-1)} \tag{8.9}$$

或

$$W_i^{(k)}=\sum_{j=1}^{m}P_{ij}^{(k)}W_j^{(k-1)}, \quad i=1,2,\cdots,n$$

同样，也需要对总排序结果进行一致性检验。

假定已经算出针对第 $k-1$ 层第 j 个元素为准则的 $CI_j^{(k)}$、$RI_j^{(k)}$ 和 $CR_j^{(k)}$，$j=1,2,\cdots,m$，则第 k 层的综合检验指标为

$$CI_j^{(k)}=(CI_1^{(k)},CI_2^{(k)},\cdots,CI_m^{(k)})W^{(k-1)} \tag{8.10}$$

$$RI_j^{(k)}=(RI_1^{(k)},RI_2^{(k)},\cdots,RI_m^{(k)})W^{(k-1)} \tag{8.11}$$

$$CR^{(k)}=\frac{CI^{(k)}}{RI^{(k)}} \tag{8.12}$$

当 $CR^{(k)}<0.1$ 时，认为判断矩阵的整体一致性是可以接受的。

1）指标层的排序

指标层的排序共有 5 个，其中表 8.23 为准则层 B_3 环境协调性排序情况。

表 8.23　准则层 B_3 环境协调性排序

B_3 环境协调性	C_{31}	C_{32}	C_{33}	C_{34}	C_{35}	C_{36}	C_{37}	总排序
	0.1523	0.0718	0.0449	0.0566	0.3097	0.1068	0.2579	
D_1 混凝土护坡	0.0953	0.1047	0.1634	0.1634	0.0953	0.1634	0.1047	0.113
D_2 钢丝网护坡	0.2499	0.2583	0.2970	0.2970	0.2499	0.2970	0.2583	0.262
D_3 植物措施护坡	0.6548	0.6370	0.5396	0.5396	0.6548	0.5396	0.6370	0.625

2）准则层的排序

准则层的排序为总排序，表 8.24 为适宜的环境友好型护岸工程总排序情况。

表 8.24　适宜的环境友好型护岸工程总排序

A 适宜的环境友好型护岸工程	B_1 投入经济性	B_2 结构稳定性	B_3 环境协调性	B_4 生态健康性	B_5 社会服务性	总排序
	0.089	0.324	0.261	0.168	0.158	
D_1 混凝土护坡	0.133	0.366	0.113	0.099	0.153	0.201
D_2 钢丝网护坡	0.304	0.356	0.262	0.287	0.227	0.295
D_3 植物措施护坡	0.563	0.278	0.625	0.614	0.620	0.504

4. 结果分析

通过对排序结果的分析,得出最后的决策方案。植物措施护坡(D_3)的权重(0.625)远远大于混凝土护坡(D_1)的权重(0.113)。因此,最终的决策方案是植物措施护坡工程。根据层次排序过程分析决策思路。对于准则层 B 的 5 个因子,投入经济性(B_1)、结构稳定性(B_2)、环境协调性(B_3)、生态健康性(B_4)和社会服务性(B_5)的权重分别为 0.089、0.324、0.261、0.168 和 0.158,其中投入经济性最低,结构稳定性最高,说明评价中护岸工程主要考虑的是防洪功能,即结构稳定性,而环境协调性和生态健康性也较高,说明在决策中比较看重生态健康性和环境协调性。

8.5　护岸工程的材料评价

护岸工程材料的综合能耗除一些天然材料如块石、砂卵石等外,还有一些工业制成品如水泥、钢材和土工布等,这些工业制成品能耗比天然材料大得多,而护岸工程许多材料既有天然材料又有工业制成品,目前在护岸工程中广泛使用的水泥、钢筋和土工合成材料是我国材料工业的能源消耗大户。如何评价护岸工程中材料的能源消耗,是护岸材料环境友好性最重要的一个方面。这里主要通过国家统计局等权威部门的数据,结合护岸工程材料的典型加工工序,分四个阶段,定量计算了天然建筑材料加工成护岸工程成品材料过程中的能耗,并计算了护岸工程过程中使用的水泥、钢筋和土工合成材料的能耗,采用国际上通用的碳排放模式,对几种典型护岸工程结构形式的碳排放进行了定量计算和比较,对不同护岸工程材料的环境友好性进行了评价。

8.5.1　护岸材料能耗及碳排放研究现状

随着我国国民经济的长期高速增长,近年来出现了煤、电、油、气全面紧张的状况。根据国家发展改革委员会(以下简称国家发改委)公布的数据,2011 年上半年,我国国内原油产量 10176 万 t,进口原油 12575 万 t。据此推算,我国原油对外依存度已达 55.3%。增加能源供应的难度和代价越来越大。在此情况下,提高能源利用效率、减少能源消耗成为我国实现长期可持续发展的必由之路。

材料生产是耗能大户,据统计,作为世界最大的建筑市场,目前我国建筑材料能耗约占全国总能耗的 30% 以上,大量的能源消耗也对环境造成了严重污染。因此,减少材料能耗刻不容缓,节材就是节能、节材就是环保,材料优选也是实现节能环保的一个重要途径。

而材料的碳排放研究则是目前定量化研究环境问题的好方法,因此护岸材料的环境友好性研究,也主要从能源消耗和碳排放研究着手。对于我国来讲,制造业和采掘业是化石能源消费大户,据《中国能源统计年鉴(2008)》统计,2007 年我国能源消费总量的 92.7% 来自于化石燃料,当年我国制造业能源消费量占总量的 58.79%,消耗了 36.42% 的煤炭,98.32% 的焦炭,95.95% 的原油和 47.93% 的天然气。采掘业则消耗了超过 6% 的化石能源。显然,制造业和采掘业是我国主要的碳排放源,是重点减排对象。

当前我国制造业和采掘业正面临着日益严峻的碳减排压力。2009 年 11 月 26 日我国政府已经明确提出了碳减排目标:到 2020 年我国单位国内生产总值二氧化碳排放比 2005 年下降 40%~45%,并且此碳减排目标已经作为约束性指标纳入我国国民经济和社会发展中长期规划,这就意味着未来我国制造业和采掘业经济发展将直接面临来自碳减排压力的考验。而护岸工程的材料广泛用到了制造业和采掘业的产品,理应为我国节能减排作出贡献。

护岸工程使用的材料主要有块石、砂砾料、水泥、钢材和土工合成材料,以往对这些建筑材料的能耗评价往往是借用其他建筑行业的能耗成果,由于护岸工程主要是沿河流进行的,水运比较发达,运输特点以及护岸工程对砾石的尺寸和强度的要求与其他行业不尽相同。护岸工程主要材料,特别是天然开采的砂、石料的能耗指标,现有研究要么缺少,要么相当不准。例如,在文献[1]中有:生产 1t 可用于护岸的碎石消耗为电 1.6kW·h/t,水 0.76L/t,柴油 0.098L/t,并产生粉尘 0.08kg/t,但上述成果没有细分,均引自其他建筑领域,且引用没有权威性。

由于在采掘业综合能耗研究中,没有专门针对护岸工程使用的天然材料进行分项计算和评价的相关研究成果,如果开展对护岸工程天然材料的碳排放和环境保护研究,则没有基础数据的支撑。因此,护岸工程天然材料的能耗计算是护岸工程材料碳排放计算首先需要解决的问题。

另外,护岸工程材料的综合能耗除天然材料外,还有一些工业制成品如水泥、钢材和土工布等,这些工业制成品能耗比天然材料大得多,而护岸工程使用的许多材料既有天然材料又有工业制成品。目前在护岸工程中广泛使用的水泥、钢筋和土工合成材料是我国材料工业的能源消耗大户。

目前,国内外关于护岸工程的能耗和碳排放研究不够深入。20 世纪 90 年代,国家有关部门从块石开采后的植被破坏和开采过程中产生烟炮粉尘出发,在项目的审批和政策上对采用块石的护岸工程进行了部分否定,随后各部门在护岸工程材料选择上大量使用了以水泥、钢材和土工材料为主的所谓"新材料"。然而,护岸工程材料的环境保护问题不仅仅只有植被破坏和烟炮粉尘问题。目前已有技术表明,天然山石开采时破坏的植被和产生的粉尘污染空气可以通过较小的代价进行恢复,如山场采后剥离土覆盖恢复植被,采石过程中通过粉尘场内控制保护环境。

目前在长江沿线的护岸工程中大量采用有别于传统护岸材料块石的其他材料,混凝土预制块护坡、混凝土铰链排、模袋混凝土等均运用了水泥,这些新材料的使用都提到有别于传统采石破坏环境的优点,但实际情况却并非如此,并非所有的新材料都是低能耗和满足环保要求的[5]。文献[6]当时没有进行定量研究,主要是当时的材料能耗和碳排放研究相当混乱,如在塑料的能耗研究中最大和最小相差 7 个数量级。现在国内外材料能源研究和碳排放研究在众多的应用领域取得了长足的进步,取得了大量的研究成果,这为护岸工程材料能耗和碳排放研究奠定了定量研究基础。

护岸工程材料能耗和碳排放研究路线可分三步:首先研究护岸工程使用中由采掘业带来的天然材料的能耗问题,其次研究护岸工程使用中由制造业带来的工业合成材料的能耗,最后在此基础上,结合护岸工程的特点在护岸工程不同护岸结构形式使用材料的碳排放问题上尝试进行较深入的研究。

8.5.2　护岸材料的基本情况

以长江中下游为例,护岸工程使用的原材料基本可分为两类:第一类为天然原材料,主要有块石、卵(碎)石、砂以及各类植物;第二类是经过工业加工或合成的材料,主要有水泥、钢筋、塑料、土工织物和固化剂等。

这两类原材料组成了多种护岸结构形式。以天然材料为主的,如砌石、抛石、抛石枕等;以合成材料为主的,如混凝土砌(抛投、铰链)块、软体(编织布和混凝土)沉排、塑料编织布等;以天然和合成相结合的,如土工模袋、钢筋石笼、软体沉排、固化砂等。上述三类护岸结构形式也不是绝对的,例如,抛石枕中捆扎的绳索是工业制成品等。

天然原材料在护岸工程中被称为绿色材料,是因为它在开采和使用过程中对周围的环境造成的影响较小。但天然材料如块石在开采过程中对植被的破坏同样难以弥补。其实,天然材料还有再加工的问题,在此过程中同样产生碳排放,并可能对环境产生二次污染等。

在护岸工程中还大量使用水泥、土工织物和钢材,这些都是工业制成品,这里主要以三种工程制成品进行环境能耗和碳排放比较。

塑料编织布(PE)。全名为 Polyethylene,是结构最简单的高分子有机化合物,由乙烯聚合而成,根据密度的不同分为高密度聚乙烯、中密度聚乙烯和低密度聚乙烯,主要用于软体排等水下护岸工程中。

土工织物。其原料是涤纶、腈纶、锦纶等高分子聚合物的合成纤维。用于护岸工程中的主要有土工布、土工模袋和编织布,土工布用于水上和水下作反滤材料以及排体加筋,土工模袋则用于模袋混凝土,编织布则主要用于袋装土和排体加筋。

钢材。用于护岸工程的主要有钢筋、钢丝和钢模板。护岸工程中钢筋主要用于铰链混凝土排和透水四面体等,钢丝主要用于水上的石垫和水下的笼体以及一些加筋块,钢模板则主要用于混凝土块等的制作。

8.5.3　主要能源及原材料运输过程中的能耗和碳排放系数

进行碳排放计算,主要能源的碳排放系数和折算系数是计算的权威依据,其护岸工程的原材料运输过程也是影响能耗的主要因素,这两部分取值均采用我国平均值。

1. 主要能源折算及碳排放系数

在护岸工程使用的天然材料的开采和加工过程中,主要使用了电、汽、柴油,要计算护岸材料的碳排放,首先要确定电、汽、柴油的能源折算和碳排放系数(这里碳排放系数指单位碳排放量,单位根据材料不同可以是 kg、t、L 或 m³ 等)。

按国家发改委、财政部的《节能项目节能量审核指南》[7],柴油折算成标煤系数为 1.4571kgce/kg。电力主要由煤、油、汽等火电发电组成,2008 年其发电量占全国发电的 80.7%[8],火电按国家统计局计算电力折算成标煤理论系数为 0.1229kgce/(kW·h),实际系数为 0.404kgce/(kW·h),其他发电耗能忽略不计,综合电力的标煤折算系数取值为 0.326kgce/(kW·h)。

碳排放系数取自 IPCC[9],热值取自国家发改委、财政部的《节能项目节能量审核指南》[7]。能源在进入建筑之前,要经过开采、加工和输送阶段,这些阶段称为能源的内含系数。根据刘锰等的研究[10],以柴油为例,柴油碳排放的内含系数是能源本身的碳排放系数的 1.044 倍。由于护岸工程中各处均有柴、汽油使用,直接引入碳排放内含系数,在后续计算中不考虑柴、汽油的上述因素。换算中 0♯柴油取 0.84kg/L,93♯汽油取 0.725kg/L。

火电折算成综合电力碳排放则为 0.248kgC/(kW·h)。各主要能源的折算及碳排放系数见表 8.25。表中各单位含义如下。

(1) kgC/GJ 为能源单位热值碳排放值,每吉焦(热量单位 10⁹J)碳排放值。

（2）kcal/kg 为能源单位质量的热值，每千克的千卡热值。

（3）kgC/kg 为能源单位质量碳排放值，每千克碳排放值。

（4）kgce/kg 为能源折算成标煤的换算单位，每千克能源相当的标煤。

（5）kgce/(kW·h) 和 kgC/(kW·h) 分别为每度电折算成标煤和碳排放的值。

表 8.25　主要能源的折算及碳排放系数[7~10]

能源种类	碳排放 /(kgC/GJ)	热值 /(kcal/kg)	折算成标煤	碳排放系数	碳排放内含系数	综合碳排放系数
原煤	25.8	5000	0.714	0.54	—	0.54
标煤	36.1	7000	1.000	0.76	—	0.76
柴油	20.2	10200	1.457	0.86	1.044	1.07
汽油	18.9	10300	1.417	0.82	1.044	1.19
综合电	—	—	0.326	—	—	0.25

注：汽油碳排放内含系数取柴油值；折算成标煤中柴油的单位为 kgce/kg，综合电的单位为 kgce/(kW·h)；碳排放系数中原煤和标煤的单位 kgC/kg，柴油和汽油的单位为 kgC/L；综合碳排放系数中综合电单位为 kgC/(kW·h)，其他项单位为 kgC/kg。

2. 主要原材料运输过程的能耗

运输过程是影响护岸工程材料的一个重要方面。2006 年我国内河运输燃油单耗为 3.69kg/(kt·km)[11]，公路柴油货车 2007 年燃油单耗为 6.3L/(100t·km)。采用水运块石、碎石等大宗物品是护岸工程材料运输的主要特点，由于水运相对比公路等能耗小得多，因此它的取值直接影响护岸工程材料综合能耗的大小。按长江上的护岸工程的特点，水运按 100km 的平均距离加上陆运 5km 进行取值，这一取值涵盖了大部分工程段的情况。按上述取值进行计算，每吨块石、碎石和砂的油耗为 0.64kg，换算成每 100m³ 则油耗为 105kg。而水泥则主要通过陆运，取 100km 的平均运距（一般水泥大多就近来自当地水泥厂），则每吨水泥的油耗为 5.29kg。

8.5.4　护岸工程中主要天然原材料生产过程能耗及碳排放系数

1. 能耗计算依据

由于护岸工程的特点，护岸工程中用到块石、碎石、卵石和砂等的能耗与护岸工程的特点密切相关，运距、运输方式和粒径以及加工方式是影响护岸工程材料的主要因素。开采、加工和施工工序能耗问题，目前没有相关的专门研究成果采用。本书结合长江中下游护岸工程使用材料的特点，以水利部 2002 年、2005 年出版的《水利建筑工程预算定额》《水利建筑工程概算定额》《水利工程施工机械台时费定额》[12]《水利建筑工程概预算补充定额》[13]为计算依据进行能耗计算，以下均简称"定额"。

由于原料开采过程中各种工况条件较为复杂，且材料的加工运输过程也直接影响材料的能耗，这里主要是在某种特定工况下的能耗，一般情况取定额中的中间值，计算出的能耗可以代表某种工况下的能耗，材料之间能耗具有一定的可比性。

传统的护岸工程主要原材料为块石和砂卵石料，垫层用的碎石和混凝土用的碎石料均由块石加工而来。仅就长江中下游护岸工程块石、碎石、砂卵石开采和加工过程以及抛石、混凝土制作、模袋制作过程中的能耗问题进行研究。原材料在成为护岸工程材料前主要有石料开采、加工、施工现场制作和运输等四个过程。

原材料及制作过程综合能耗 $W = W_1 + W_2 + W_3 + W_4$。其中，$W_1$ 为材料的开采过程能耗；W_2 为材料的加工过程能耗；W_3 为现场成品制作过程能耗；W_4 为运输过程能耗，其取值在前面已作交待。在换算过程中，碎石和块石的堆积密度取 1650kg/m^3，砂和卵石取 1500kg/m^3。

2. 块石料和砂砾料开采过程能耗

1) 块石料

长江中下游护岸使用的块石等容粒径一般为 $0.15 \sim 0.45\text{m}$，采石场开采出的块石经人工改小后基本合适。计算中选用定额的一般石方采用风钻明挖法计算，开采出的块石用于护岸工程的抛石或碎石料制作。开采过程有钻孔、爆破、撬移、解小、翻渣、清面。岩石级别取中等 Ⅳ-Ⅹ 型。风钻加气选择排气 0.8MPa 的 45kW 螺杆压缩机[14]，相应制风钻用气选用二级节能耗电计算，为 $0.135\text{kW} \cdot \text{h/m}^3$，由于石料开采和加工多在沿江，用水能耗较小，因此不计入能耗折算。开采 100m^3 块石，开采过程用台时 7.89 个，台时用风量为 180.1m^3，其他耗能取 10%，折算耗电 $211\text{kW} \cdot \text{h}$。

2) 砂砾料

砂砾料分为砂和卵砾石，均取自江湖，卵砾石一般粒径为 $20 \sim 40\text{mm}$，主要用于垫层等；砂粒为 $10 \sim 20\text{mm}$ 中粗沙，主要用于垫层和混凝土的骨料。计算中选择定额中 250m^3 链斗式采砂船挖砂砾料，采挖深度小于 12m 的施工方法进行计算，开采过程有挖装、运输、卸至码头、空回、移位、转运上岸。经计算，开采 100m^3 砂耗电 $18.9\text{kW} \cdot \text{h}$，耗油 87.4kg；开采 100m^3 砂卵石耗电 $22.9\text{kW} \cdot \text{h}$、耗油 120.5kg。使用机械及能耗见表 8.26。

表 8.26　每百立方米砂砾料开采过程能耗[12,13]

机械	台时	台时耗电/(kW·h)	电耗/(kW·h)	台时油耗/kg	油耗/kg
采砂船 250m³	0.40	—	—	114.5	45.8
拖轮 353kW	0.67	—	—	43.2	28.9
砂驳 180m³	0.67	19.1	12.8	2.8	1.9
输砂趸船 1500t/h	0.11	—	—	74.8	8.2
胶带输送机 1200mm×100m 组时	0.11	50.9	5.6	—	0.0
其他 3%	—	—	0.6	—	2.5
采砂能耗	—	—	18.9	—	87.4
采卵石能耗	—	—	22.9	—	120.5

注:其他能耗在文献[5]中小于 3%不计,下同。

3. 块石料和砂砾料破碎加工过程能耗

护岸工程中需破碎加工的石料主要有:垫层石料,粒径小于 40mm;石垫用块石,粒径一般大于 80mm,小于 150mm;混凝土需碎石,粒径一般在 15mm 左右。破碎加工过程需要耗能。

1) 垫层石料和石垫用的块石破碎加工

针对长江中下游沿岸采石场的特点,综合选用定额中 50m 长胶带运输机对石料进行运输,碎石分为 80~150mm、小于 40mm 石料计算。加工过程主要有进料、破碎、返回筛分等。经计算加工 100t 用于石垫的块石(粒度 $d<150$mm)需耗电 86kW·h;加工 100t 碎石垫层用料(粒度 $d<40$mm)需耗电 181.3kW·h。换算成开采 100m³ 分别需耗电 141.9kW·h 和 299.1kW·h。使用机械及能耗见表 8.27。

表 8.27　每百吨垫层石料和石垫用块石加工破碎过程能耗[12,13]

项目	粒度 $d<150$mm			粒度 $d<40$mm		
机械	台时/h	台时耗电/(kW·h)	电耗/(kW·h)	台时/h	台时耗电/(kW·h)	电耗/(kW·h)
500/70 型旋回破碎机	0.74	93.9	69.5	0.74	93.9	69.5
1750 型圆锥破碎机	—	—	—	0.74	112.0	82.9
650mm×50m 胶带运输机	59/50	14.0	16.5	103/50	14.0	28.9
合计	—	—	86	—	—	181.3

2）混凝土所需碎石加工

加工过程为上料、粗碎、中碎、预筛、中碎、筛洗、成品堆存。经计算,加工100t混凝土碎石用料需耗电420.9kW·h、耗油5kg,相当于每100m³混凝土碎石用料需耗电694.5kW·h、耗油8.3kg。使用机械及能耗见表8.28。

表8.28　百吨混凝土碎石料加工过程能耗[12,13]

机械	台时	台时耗电/(kW·h)	电耗/(kW·h)	台时油耗/kg	油耗/kg
颚式破碎机 500mm×750mm	2.36	41.6	98.2	—	—
颚式破碎机 250mm×1000mm	4.72	28.0	132.2	—	—
槽式给料机 1100mm×2700mm	1.18	8.0	9.4	—	—
圆振动筛 1500mm×3600mm	1.18	8.7	10.3	—	—
圆振动筛 3-1500mm×3600mm	1.18	8.7	10.3	—	—
砂石洗选机 XL-914	1.18	8.0	9.4	—	—
胶带运输机 B=500mm×50m	7.36	5.5	40.5	—	—
胶带运输机 B=650mm×50m	7.90	14.0	110.6	—	—
推土机 88kW	0.40	—	—	12.6	5
合计	—	—	420.9	—	5

3）天然砂砾料筛选加工

加工过程为进料、破碎、返回筛分。经计算,加工100m³天然砂卵石耗电197.0kW·h、耗油10.6kg。使用机械及能耗见表8.29。

表8.29　百立方米天然砂砾料筛选加工过程能耗[12,13]

机械	台时	台时耗电/(kW·h)	电耗/(kW·h)	台时油耗/kg	油耗/kg
槽式给料机 1100mm×2700mm	1.18	8.0	9.4	—	—
圆振动筛 1500mm×3600mm	1.18	8.7	10.3	—	—
圆振动筛 3-1500mm×3600mm	1.18	8.7	10.3	—	—
砂石洗选机 XL-914	1.18	8.0	9.4	—	—
胶带运输机 B=500mm×50m	8.20	5.5	40.5	—	—
胶带运输机 B=650mm×50m	6.16	14.0	110.6	—	—
推土机 88kW	0.80	—	—	12.6	10.1
其他	—	—	6.5	—	0.5
合计	—	—	197.0	—	10.6

4. 主要护岸材料现场施工制作过程能耗

除材料的开采过程需要耗能外,护岸材料现场施工制作也需要耗能。

护岸工程中现场施工制作过程使用机械较多的主要有混凝土板制作、模袋混凝土制作和石驳抛石等，这里对这三个过程进行能耗计算。

1）混凝土板预制、制作过程

制作过程分模板制作与安装、拆除、修理，混凝土拌和、场内运输、浇筑、养护、堆放。经计算，制作 $100m^3$ 混凝土板预制过程需耗电 223.4kW·h、耗油 9.8kg。使用机械及能耗见表 8.30。

表 8.30　百吨混凝土板预制制作过程能耗[12,13]

机械	台时	台时耗电/(kW·h)	电耗/(kW·h)	台时油耗/kg	油耗/kg
搅拌机 $0.4m^3$	18.36	8.6	157.9	—	—
胶轮车	92.80				
载重汽车 5t	1.28	—	—	7.2	9.2
振动器平板式 2.2kW	29.92	1.7	50.9		
其他 7%	—	—	14.6	—	0.6
合计			223.4		9.8

2）护脚用厚 20cm 模袋混凝土制作过程

制作过程分清理平整、铺设模袋、混凝土拌和及充灌，制作 $100m^3$ 模袋混凝土过程需耗电 540.2kW·h。使用机械及能耗见表 8.31。

表 8.31　百立方米模袋混凝土制作过程能耗[12,13]

机械	台时	台时耗电/(kW·h)	电耗/(kW·h)	台时油耗/kg	油耗/kg
搅拌机 $0.4m^3$	23.14	8.6	199.0		
胶轮车	10.69				
混凝土蒐 $30m^3/h$	12.78	26.7	341.2		
合计	—		540.2		

3）石驳抛石过程

石驳抛石目前在长江护岸工程施工过程中比较普遍。

选用定额中 $120m^3$ 底开石驳抛石进行能耗计算，制作过程：吊装、运输、定位、抛石、空回等。使用机械及能耗见表 8.32。经计算，采用机抛方式，抛 $100m^3$ 块石需耗油 56.2kg。

表 8.32　百立方米石驳抛石(机抛石)过程能耗[12,13]

机械	台时	台时耗电/(kW·h)	电耗/(kW·h)	台时油耗/kg	油耗/kg
挖掘机 $1m^3$	0.98	—	—	14.2	13.9
推土机 132kW	0.49	—	—	18.9	9.3

续表

机械	台时	台时耗电/(kW·h)	电耗/(kW·h)	台时油耗/kg	油耗/kg
拖轮 176kW	1.37	—	—	21.6	29.6
石驳 120m³	1.37	—	—	2.5	3.4
合计	—	—	—	—	56.2

5. 主要护岸原材料及制作过程综合能耗及碳排放系数

根据上述取值计算,每立方米护岸工程天然建筑材料及部分工序过程折算成标煤能耗见表 8.33,折算成碳排放系数见表 8.34。这其中每立方米块石、碎石和砂的能耗为 $2.22 \sim 4.6 \mathrm{kgce/m^3}$,运输过程能耗约占各自的能耗比为 $33\% \sim 69\%$,其中块石最大,为 69%,主要原因是块石除开采外,没有破碎加工过程。

天然开采的卵石、砂卵石料综合能耗为 $4.17 \mathrm{kgce/m^3}$,经块石破碎后的碎石、砂石料综合能耗为 $3.2 \sim 4.6 \mathrm{kgce/m^3}$,两者相差不大。

表 8.33　护岸工程天然建筑材料及部分工序每立方米能耗

编号	材料/m³	耗电/(kW·h)	柴油/kg	标煤综合能耗/(kgce/m³)	W_4 占能耗比重	能耗过程
1	块石	2.11	1.05	2.22	0.69	W_1、W_4
2	石垫用块石	3.53	1.05	2.68	0.57	W_1、W_2、W_4
3	卵石及砂卵石	2.23	2.36	4.17	0.37	W_1、W、W_4
4	碎石垫层	5.11	1.05	3.20	0.48	W_1、W_2、W_4
5	混凝土料碎石	9.06	1.13	4.60	0.33	W_1、W_2、W_4
6	混凝土料用天然砂	2.23	1.92	3.52	0.43	W_1、W_2、W_4
7	混凝土板预制	2.23	0.1	0.87	—	W_3
8	模袋混凝土制作	5.40	—	1.76	—	W_3
9	机抛块石	—	0.56	0.82	—	W_3

表 8.34　主要护岸原材料及施工过程每立方米碳排放系数[12,13]

编号	材料	耗电/(kW·h)	柴油/kg	碳排放系数/(kgC/m³)
1	块石	2.11	1.05	1.65
2	石垫用块石	3.53	1.05	2.00
3	卵石及砂卵石	2.23	2.36	3.08
4	碎石垫层	5.11	1.05	2.39
5	混凝土料碎石	9.06	1.13	3.46

续表

编号	材料	耗电/(kW·h)	柴油/kg	碳排放系数/(kgC/m³)
6	混凝土料用天然砂	2.23	1.92	2.61
7	混凝土板预制	2.23	0.10	0.55
8	模袋混凝土制作	5.40	—	1.34
9	机抛块石	—	0.56	0.60

8.5.5　护岸工程中主要工业制成品的能耗及碳排放系数

1. 主要工业品的能耗及碳排放系数

水泥目前是我国的能耗大户,关于水泥和混凝土的碳和 CO_2 的排放问题,京都会议有文章指出:生产 1t 水泥排放 900kg CO_2,相当于 245.4kg 碳[12]。而文献[6]中对 P.I.32.5、P.I.42.5 和 P.I.52.5 水泥的碳排放进行了研究,分别为 80.6kg/t、107.8kg/t、121.6kg/t,大大低于京都会议公布的值,文献[6]中综合碳排放值与国家统计局的 115kgC/kg 基本相当[8](表 8.35)。造成上述差异有两个方面原因:一是我国的材料制造业单耗从 20 世纪 80 年代到现在已大为减小;二是计算过程中的口径和标准不同,如地区不同、运距和运输工具不同等。本章研究中尽量采用国家统计局的标准和国家定额标准。因为护岸工程中大量使用 P.I.32.5 水泥,故这里采用的水泥碳排放取值为 80.6kg/t。

表 8.35　我国主要高耗能产品综合能耗

品种	能耗[11]/(kgce/t)	碳排放/(kgC/kg)	年份
钢	709	0.539	2008
水泥	151	0.115	2008
乙烯	1003	0.762	2008
合成氨	1340	1.018	2005
纸和纸板	1153	0.876	2008

2. 土工材料的能耗及碳排放系数

护岸工程使用的土工布的主要原材料为锦纶和丙纶,本章取锦纶进行计算。由于绵纶生产土工布有两方面的能耗:一方面是锦纶本身的能耗;另一方面是生产成土工布的过程能耗。这两方面目前均缺少相关的专门研究。这里原材料能耗借用涤纶能耗,生产过程借用 PVC 管的生产过程能耗,对护岸工程使用的土工布进行能耗估算。

我国是世界最大的聚酯涤纶长丝生产、消费国。涤纶长丝纤维的生产能耗在纺织工业生产能源能耗中,2000 年占 20.24%,2005 年占 10.61%。1984 年合成纤维能源消耗中涤纶为 810kgce/t[15]。而 2000 年、2005 年和 2007 年,综合单耗分别为517.4kgce/t、419.7kgce/t 和 344.2kgce/t。这里取 2007 年的数据 344.2kgce/t[14]。该数据没有考虑生产过程中的其他能耗。

乙烯从原料到成品 PVC 管,生产、运输等环节能耗占原材料的 69.1%。参照上述成果对涤纶产品生产成成品的生产过程能耗作近似处理,最终综合能耗在原材料能耗的基础上增加 69.1%,为 581.7kgce/t。

而锦纶的能耗是涤纶的 2.8 倍,因此原材料为锦纶的土工产品综合能耗取值为 1628.8kgce/t。护岸工程用的模袋一般选用绵纶和丙纶,单位面积质量取250g/m²,则能耗为 0.407kgce/m²;土工布按 350g/m² 计算[16],则能耗为0.204kgce/m²,换算成碳排放,护岸工程用的模袋和土工布分别为 0.31kgC/m²和 0.16kgC/m²。

3. 混凝土的能耗及碳排放系数

常规每立方米 C20 混凝土(不含添加剂)主要用料有:水 190kg、水泥 404kg、砂子 542kg、石子 1264kg,配比为 0.47∶1∶1.342∶3.129,砂率 30%,水灰比0.47。P.O.32.5 水泥的碳排放按前述工厂生产出厂阶段,综合能耗取 80.6kgC/t,加上运至护岸工程工地的平均运距后,工地上使用水泥的碳排放系数取 86.3kgC/t。

混凝土的碳排放计算公式为

$$C = \sum_i \beta_i \times Q_i$$

式中,$i=1,2,3$,分别指水泥、砂和碎石。β 为原材料的碳排放系数,Q 为能源消耗量。经计算,护岸工程广泛使用的混凝土碳排放系数为 38.55kgC/m³,其中水泥带来的碳排放为 34.86kgC/m³,占 90.5%。混凝土碳排放系数与京都会议公布的79.1~245.4kgC/m³ 的数字或文献[11]中的 187.84~224.96kgC/m³ 大不相同,主要原因是水泥的碳排放系数取值不同。

4. 模袋混凝土的能耗及碳排放系数

护岸工程用的土工模袋(简称模袋)是一种采用合成纤维机织的单层或双层织物做成的袋子。一般 1m³ 的模袋混凝土[17,18]用 P.O.32.5 水泥 434kg、砂 826和石子 918kg,常见护脚模袋厚度为 15~30cm,这里取 25cm 厚,1m³ 模袋混凝土需 6m² 的模袋,换算成碳排放为 1.86kgC/m³。根据上述计算,模袋混凝土的碳排放系数为 44.02kgC/m³,其中水泥带来的碳排放为 37.5kgC/m³,占 85.1%。护坡模袋一般采用 15cm 厚度,每立方米碳排放比护脚略低。

5. 预制铰链混凝土排的能耗及碳排放系数

预制铰链混凝土排护脚主要材料有螺栓和混凝土板,铰链混凝土有排首、排身,一般排下有土工布,本节中暂不计算土工布碳排放。按上荆江沙市河弯[17]的一次沉排工程,混凝土厚度 10cm,单位立方米用混凝土块 1.04m³,钢筋104.6kg(主要为 Φ,螺栓折入计算),钢筋能耗按照文献[19]的方法进行计算,不考虑矿石开采及焙烧过程的能耗,生产 1t 钢筋的能耗平均约为 2000kg 标煤,1m³ 铰链排钢筋用量碳排放为 159kg 碳。沉排船用能耗,在定额中没有列入,这里按文献[20]计算,100m² 的排体用 0.114 台班,20.4kg 柴油,相当于单位立方米需 2.04kg 柴油。经计算,完成 1m³ 铰链混凝土排需 201.3kgC/m³,且混凝土占碳排放的20%,钢筋占 79%。

8.5.6　主要护岸结构形式的碳排放系数比较

水下护脚工程主要护岸结构形式有人工抛石或采用机械抛石、模袋混凝土和预制铰链混凝土排;水上护坡有干砌块石和混凝土预制块。反滤层分水下和水上,水上主要是碎石、砂卵石和土工布,这里以取 100m² 护坡和护脚工程为比较单位,取不同结构形式达到一致护岸效果的工程所使用的材料进行碳排放计算,并进行比较,计算结果见表 8.36。由表可知,一般情况下护脚工程中每 100m² 工程碳排放量最少的为抛石(人工)198kgC/100m²,其次是机抛 271kgC/100m²,最大的是预制铰链混凝土排 2013kgC/100m²,其次是模袋混凝土 1100kgC/100m²,后两者碳排放是抛石方案中极端水流情况下守护 2.0m 厚的块石方案采用机抛的2.4~4.5 倍;护坡工程中,干砌块石的碳排放量是混凝土预制块的近 1/8;虽然反滤层中土工布较薄,其单位面积的碳排放量相对较低,护岸工程使用较多的克重为350g/m² 和 150g/m²,单位面积碳排放量分别为43.3kgC/100m² 和 18.6kgC/100m²,但其中克重 350g/m² 土工布单位面积碳排放量已大体相当于干砌块石的量。

表 8.36　主要护岸结构形式碳排放比较

项目	护岸形式	平均厚度 /m	碳排放 /(kgC/m³)	碳排放 /(kgC/100m²)	备注
护脚	抛石	1.20	1.65	198	天然材料采掘、加工、运输
	抛石	2.00	1.65	330	
	抛石(机抛)	1.20	2.26	271	
	抛石(机抛)	2.00	2.26	452	工业原料:水泥、钢材和石油产品
	模袋混凝土	0.25	44.02	1100	
	预制铰链混凝土排	0.10	201.30	2013	

续表

项目	护岸形式	平均厚度 /m	碳排放 /(kgC/m³)	碳排放 /(kgC/100m²)	备注
护坡	干砌块石	0.30	1.65	49.5	天然块石
	混凝土预制块	0.10	38.55	386	主要有水泥
反滤层	碎石	0.15	2.39	239	天然材料采掘、加工、运输
	砂卵石	0.15	3.08	308	
	土工布 150g/m²	—	—	18.6	工业原料主要为石油
	土工布 350g/m²	—	—	43.3	

注：按长江中下游平顺护岸工程设计技术要求（试行）[21]规定的长江中下游重点守护标准为块石 4 层 1.2m 厚；表中 2.0m 厚的抛石是考虑极端情况下有可能采用的抛石厚度。

8.5.7　护岸工程材料能耗及碳排放的总体评价

根据上述不同类型护岸工程的能耗及碳排放系数的分析和计算，主要结论如下。

（1）护岸工程所用材料中，采掘业生产的砂、块石等的能耗为 2.22～4.6kgce/m³ 标准煤，运输过程能耗约占各自的能耗比为 33%～69%。因此，在护岸工程中为减小材料能耗，应尽可能选用就近的采石场和砂场，国家应该对就近选用制定优惠政策，鼓励节能。

（2）天然开采的卵石、砂石料和块石破碎后的碎石、砂石料综合能耗相差不大。因此，节能不能成为在江、湖上开采天然砂石料的理由。

（3）一般情况下护脚工程单位碳排放量最少的为人工抛石，是预制铰链混凝土排的 10.2 倍，护坡工程干砌块石单位碳排放量是混凝土预制块的近 1/8，反滤层中土工布单位碳排放量是砂卵石垫层的 1/8～1/16，但与护坡用干砌石单位碳排放量基本相当。因此，护岸工程中应尽量少使用水泥、钢材和土工合成材料。

（4）从护岸工程使用工业品单位碳排放来评价，钢材的使用排在第一，其次是水泥，因此，在护岸工程中应尽量避免采用钢筋铰链排、加筋钢丝排体和四面体钢筋笼等结构形式，水泥标号对碳排放影响较大，因此，在护岸工程设计中不能随意提高水泥标号，并鼓励使用节能水泥。

（5）天然石料开采时破坏植被和产生粉尘污染空气，这些是完全可通过山场采后植被恢复和采中粉尘控制做到保护环境。因此，应大力鼓励护岸工程使用开采的天然块石、砂石、碎石料，扭转 20 世纪 90 年代开始护岸工程以工业制成品为主的所谓"新材料"的使用局面。

这里仅就单一的护岸工程材料进行碳排放研究，下一阶段应对护岸工程材料碳排放整体进行研究,如护面材料和反滤层相结合的碳排放研究等。另外,护岸工程施工过程中人员的碳排放、块石开采和施工过程中滩地和坡面植被的破坏和恢复等也应考虑在碳排放评价范围内。护岸工程的环保问题包括材料、结构和施工等多方面研究,在工程实践中应重视这方面的研究和研究成果的运用,水利科技中也应支持这方面的研究。

8.6　护岸工程结构的评价

护岸工程结构的类型一般情况下可按布局、结构、形式、材料及与水流关系等的不同进行分类,如图 8.5 所示。

按工程的断面形态将护岸工程分为四类[22]:坡式护岸、坝式护岸、墙式(垂直)护岸和其他防护形式。

(1) 坡式护岸(斜坡铺砌护岸)。包括石头中的抛石、砌石、圬工、石笼沉排、灌浆结构,混凝土中的混凝土块、现浇混凝土板、土木织物沉排土工织物和土工膜的有草复合结构、面层和栅格、二维结构织物等。

(2) 坝式护岸。依托堤身、滩岸修建丁坝、垛(短丁坝、矶头)、顺坝导引水流离岸,防治水流、风浪、潮汐直接侵袭、冲刷堤岸,危及堤防安全,是一种间断性的有重点的护岸形式。

(3) 墙式护岸(垂直护岸)。有钢板桩、钢和石棉水泥沟槽板、石笼结构、混凝土和砖以及圬工重力挡土墙、预浇混凝土块、加筋土结构、其他低造价结构等。

(4) 其他护岸形式。有桩坝、枅槎坝、生物工程等。

按材料将护岸工程分为三类,分别如下。

(1) 天然材料护岸。包括草和草皮、块石、柴枕、沉梢坝、少量合成材料加固的草、芦苇、柳树和其他的树、木结构、灌木、临时保护等。

(2) 人工材料护岸。包括水泥、钢筋、以土工合成材料为主的材料,如土工模袋、混凝土异形块、塑料编织布、混凝土预制框格、混凝土护坡、钢筋石笼、混凝土铰链排、四面体、软体沉排等。

(3) 天然和人工材料相结合护岸。包括采用各种人工材料并辅以生物措施相结合的护岸工程。

按与河床的关系可将护岸工程分为三类,分别如下。

(1) 自适散粒体护岸。有块石、水泥土块、砂袋、矿渣块。

(2) 刚性整体护岸。有整体水泥、纯沥青、水泥浆面、水泥土、化学土壤固结、黏土毯。

(3) 柔性垫护岸。水泥混凝土块链接垫、系结块垫、纤维垫、格宾垫、格网垫等。

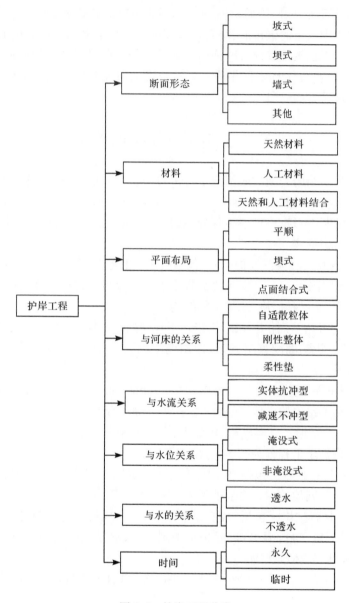

图 8.5　护岸工程分类

按与水流的关系将护岸工程分为两类,分别如下。

(1)实体抗冲护岸。在护岸工程中抵抗河水的冲刷,增加河岸对水流的抵抗能力,抛石、浆砌石、模袋混凝土、混凝土铰链排、混凝土异形块、沉笼、丁坝或矶头,沉排,土工枕,生态工程护岸等均属此类。

(2)减速不冲护岸。可通过改变局部水流流态,降低近岸流速到不冲流速以下甚至达到落淤的效果,防止、减轻水流对河岸的冲刷作用,透水框架、沉梢坝、杩杈、挂柳、钢筋混凝土网格排等即属此类。

此外,护岸工程按与水位的关系可分为淹没、非淹没防护工程;按与水的关系可分为透水、不透水防护工程;按材料的使用年限可分为永久性、临时性工程;根据是否间断,可将主要护岸形式分为连续性护岸与非连续性护岸。

从河道的生态系统考虑,河道是一个连续的具有多样性的水流通道。纵向上河道具有水流的连续性,同时由于滩槽的存在,河道具有形态上的多样性,对于滨岸带的岸线,河道岸线也应具有多样性。横向上河道具有水体的连续性,地下水、表面流等通过滨岸带与河流的流动水体进行物质和能量的交换,同时滨岸的土壤和外界的生物使河道也成为生态系统的一个部分。垂向上河道与地下水之间存在交换,当河道水位较低,洲滩和堤内的地下水通过土壤流入河道,同时也带入河道周边可溶入水的物质,洪水季节,则情况正好相反。因此河道从空间结构上是一个三维的连续体,同时加上一维的时间,就有了河道生态系统的四维概念[23~25],与之对应的就是河岸的四维结构特征,即纵向(上游~下游)、横向(河床~泛滥平原)、垂直方向(河川径流~地下水)和时间变化(如河岸形态变化及河岸生物群落演替)4个方向的结构[26]。从这个意义上来讲,评述环境友好型的护岸工程结构,需从河道的四维结构进行,不仅从河道的纵向连续性和多样性进行评述,而且要从河道横向和垂向的连续性来进行评述,最后从时间连续性来评述河岸形态变化,并可作为生物栖息地合理性分析的依据。

1. 护岸工程的纵向结构

护岸工程平面结构从纵向上可分为平顺式护岸和非平顺式护岸(坝式和点式)。以平顺护岸为例进行说明。平顺护岸也称为坡式护岸,是将构筑物材料直接铺敷在滩岸临水坡面防止水流对堤岸的侵蚀、冲刷。护岸后,岸线比较平顺。这种防护形式对河床边界条件改变较小,基本不存在由于局部水流结构产生的局部冲刷坑,对近岸水流流场的影响也较小,纵横向输沙条件起初并未改变。由于岸坡受到保护,横向变形得以控制,水流只能从坡脚外未保护的河床上得到泥沙补给,故坡脚外河槽普遍受到刷深。当河道弯曲曲率不大时,断面形态调整不大;当弯曲曲率较大时,断面形态可能会向窄深方向发展。

平顺护岸以枯水位为分界线,枯水位以上称为护坡工程,枯水位以下为护脚工程,其中护脚部分是护岸工程的基础,也是防护的重点。护脚工程的结构形式根据岸坡情况、水流条件和材料来源选择,较常采用的有抛石、石笼、沉排、土工织物枕、模袋混凝土、混凝土铰链排、钢筋混凝土块体等。护岸的结构形式根据河道地形、河岸组成特性及侵蚀类型来设定。

上述护岸工程形式,各有优缺点,判断各种护岸工程的结构形式是否为环境友好型,取决于护岸工程的建设过程,主要是护岸工程的结构和形式,是否具有低资源、低能耗、低碳排放的特点;在护岸工程的使用阶段,则是否具有与环境相适应的能力,是否能做到低环境负荷或促进环境的健康发展。

护岸工程的建设过程要做到环境友好型,首先应该做到护岸形式的合理性和护岸结构的合理性,即在护岸工程中尽量使用更加合适的护岸工程,而不是过度牢固的护岸工程形式;在材料的选择上,尽量使用天然的建筑材料,而不是使用能源和温室气体排放过多的工业材料。用一个名词概括,要求护岸工程具有"绿色性"。在现在的护岸工程中,过度护岸是结构形式中最大的问题,在材料的使用上,过度使用水泥、钢筋是存在的最大问题。

护岸工程的使用过程,涉及与周边自然环境的协调性,既有与动物、植物的协调性,又有与人的协调性(景观和生态安全性)。

2. 护岸工程的横向和垂向结构

护岸工程的横向结构可分为直立、斜坡和悬挂式(鱼巢式),对于天然河道,河岸横向的形态,对于非崩岸和水流顶冲部,一般情况是斜坡形态,崩岸地段河岸直立,有天然节点的水流顶冲的部位河岸也是直立的。斜坡更有利于陆生生物和水生生物的栖息,对于土体的稳定而言,斜坡也更有利于岸坡稳定。目前长江中下游的护岸工程一般情况下是在直立崩岸的岸坡实施的削坡减载工程,坡度大部分情况为 1∶3。从生态的角度考虑,河岸应是适应河岸带生物活动和生长的地带。

3. 河与岸之间的连通关系

护岸工程段按河与岸之间的连通关系,可分为全透水式、半透水式和不透水式三种。河岸带地下水和河水存在复杂的交互作用,洪水季节河岸带部分被淹没或地下水水位上升,平水、枯水季节河岸带地下水补给河水,对于季节性积水的湿地,尤其是河岸带湿地地下水和地表水存在明显的补排关系,地下水和河水由于其强烈的交互作用,地下水水质也受到影响[27]。不透水式的护岸实际上是部分阻碍了河岸带地下水位与河岸带之间的关系,也削减了河岸带作为生态缓冲带的关系。文献[28]利用混合植物河岸带、无植物空白带对受污染河水进行处理,对 COD、NH_4^+、TP、浊度和水温进行了监测,并比较了不同季节里混合植物带改善河水水质的效果。研究结果表明,混合植物带在夏、秋季改善河水水质的效果好于冬、春季。混合植物带在夏季对 COD、NH_4^+-N、TP 和浊度的去除率分别为37.01%、69.21%、62.45%和99.17%,在冬季对河水水质也有一定程度的改善。混合植物带可以降低河水温度及河水早晚温差,起到改善局部水环境的作用。混合植物带与空白带的对比表明植物对去除水中污染物、改善局部水环境起着重要作用。

4. 护岸工程结构总体评价

环境友好的河岸带的护岸工程在纵向布局上不应过分强调平顺和统一标准，应根据水流强度特点，以软质和硬质护岸相结合的方式进行守护，应充分论证避免过度守护，过度守护不仅是对资金的浪费，更是对资源和环境的破坏。环境友好的河岸带护岸工程在横向和垂向结构上，在保证防洪安全的前提下，坡度结构等应做到有利于陆生生物和水生生物的栖息和迁移。环境友好的河岸带护岸工程在河与岸的连通上应具有削减地下水和地表水污染物的功能。

8.7　下荆江生态护岸带分区

荆江河段是长江上的重要防洪河段，也是三峡水库运用后受影响最大的河段。受荆江防洪重要性的影响，荆江河段实施生态护岸既迫切又十分谨慎，故实施的生态护岸工程较少，主要原因是荆江和长江的生态护岸工程设计缺少可靠的理论指导，特别是没有明确的护岸带分区理论指导，已实施的工程往往由于设计不合理而失败较多，这一现象严重阻碍了生态护岸工程技术在长江特别是在荆江的推广和应用。本书应用水文频率分析方法对长江荆江监利河岸生态护岸带进行了分区，研究区域位置示意图如图 8.6 所示。根据监利水文站 1981～2012 年 30 多年的资料，将监利河段生态护岸带分为四个区域，并界定了生态护岸带的下限。四个区域分别为生态基流过渡区、生态景观护岸（坡）区、植物护岸（坡）区和植物护滩区，并对每一个区域的分区标准和生态意义进行阐述，通过这项研究以期为长江和其他类似河流拟实施的生物护岸工程和生态河岸建设工作提供科学依据。

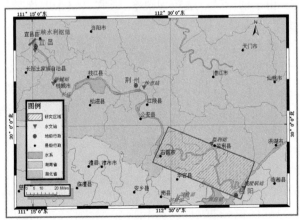

图 8.6　研究区域位置示意图

8.7.1　背景

生态护岸工程实质是人类为满足自身的某种需求对自然河岸带的人工干预过程,生态护岸工程除具有稳定河岸、抗土壤侵蚀功能外,还具有维系河流生态系统、保护河流环境和提供人类休闲娱乐等功能[29]。早期在选择防洪和抗侵蚀措施时,美国学者 Edminster 与 Parsons 等[30~32]均认为植物和生物措施在一些河流是不错的选择,而且价格便宜。在我国古代有这一认识的人很多,明清时期的"埽工"和"柴枕"均为生态护岸工程[33],并被广泛应用到长江和黄河的护岸工程中,这一时期是受科学和经济条件限制而作出的一种自然选择。然而,到了现代由于水泥等工业材料大规模生产,依靠现代工业材料的护岸工程大行其道,而非常成功的生物护岸工程案例却并不多见[2,5,34]。而且许多案例相对传统护岸工程或者没有价格优势,或者地理位置特殊,不具有推广性。该现象一方面与人们现代制造业的思维模式有关,另一方面与目前对生态护岸工程的理论研究还不够有关,特别是对生态护岸工程的分区研究不够。目前,国内在生态护岸工程设计时,大多没有针对不同水位条件下进行的分区设计,也很少有学者对这一问题进行深入研究。美国学者 Logan[35] 与 Mallik[36] 早期提出了这一问题,并进行了初步研究,除此以外,也未见专门的其他研究成果。本书针对这一问题,以长江下荆江为例,通过水文频率分析的方法对长江下荆江河段的生态护岸(或河岸带)进行分区,并对各分区进行理论探讨。

Curnell 等[23]和张建春等[26]认为河岸带是一个空间和时间的四维体,即纵向、横向、垂直方向和时间变化四个方向的结构。对于河岸带的生态恢复和重建,Wenger[37] 提出首先必须根据河岸带的物理和生态特征以及受干扰的状况,正确地进行诊断分类;同时,对影响河流的干扰类型和频率进行分类并预测其物理和生物特征的变化。由于河岸带一般较为狭窄,通常将整个河岸带作为一个缓冲区进行研究,Wenger[37]、Hawes 等[38]、Price 等[39]和 Lee 等[40]对缓冲区横向上的宽度和功能进行了大量的研究,Bernard 等[41]则对缓冲区纵向上的廊道功能进行了研究。对于河岸带的垂直方向上的研究,国内学者沈景文[42]和胡俊锋等[43]主要研究河川径流与地下水的交换和污染物的迁移等问题,而郭泉水等[44]则重点研究水库消落带的河岸植物适应和耐水问题。而对于天然或受水库调节影响较小的河岸带垂向分区和适宜水位的研究却较少有学者涉及。

早期美国学者 Logan[35] 将密苏里河的水位按 1 天、60 天和 6 个月持续时间给出了不同的频率,Mallik[36] 则将河岸划分为坡脚区(toe zone)、浪溅区(splash zone)、河岸区(bank zone)和阶地区(terrace zone)。但他的研究成果并没有系统地将频率水位作为分区的依据,且没有相应频率水位的计算方法。即便如此,Mallik 的分区还是被 Biedenharn 等[4]编写的《河流调查和堤岸加固手册》采用,并由美国陆军工程兵团在随后的工程中应用。国内的护岸工程和护岸生物工程的研究,均未见类似的研究成果。

借鉴 Logan 和 Mallik 的研究方法,并吸收最小生态需水水位和防洪设计水位的概念,本书首次采用连续水位频率分析方法,结合河岸地貌特点和近期植物对水位的适应性研究成果,以长江下荆江为例对河岸生态护岸带进行分区。通过这项研究以期为长江正实施的生物护岸工程和生态河岸建设工作提供科学依据。

8.7.2　计算方法选取

生态河岸带分区水位计算方法的选取与防洪设计水位和生态需水水位有关。本书在计算方法上分别部分借用了两者的方法,形成了连续频率水位的计算方法且应用于生态护岸的分区。

1. 现有的几种水位计算方法

河岸带与护岸工程有关的防洪水位有防洪设计洪水位(频率水位)、防洪设计枯水位(平均水位)。

1) 防洪设计洪水位(频率水位)计算方法与现状

国内堤防工程规范中规定了设计洪水位和设计枯水位,实际上是河岸带从工程角度上的分区方法。《堤防工程设计规范》[22](GB 50286—2013)通常将堤防工程河岸带分为护坡工程和护脚工程,而这一分区与频率水位和平均水位相关。

堤防工程中的堤顶高程通常指设计洪水位加上一个超高值,而设计洪水位应用 P-Ⅲ型理论频率曲线适线法获得[45]。确定堤防设计洪水位采用的频率时,主要是从堤防保护区内能承受频率洪水的容忍度考虑。本书也采用 P-Ⅲ型理论频率曲线适线法,但对于样本的取值则采用了不同的方法,即连续水位频率法。这是因为,选择生态护岸的频率水位时,主要应从岸坡区内植物能承受频率洪水淹没的程度以及植被的固土效率考虑,而不是计算设计枯水位时主要考虑最大洪水出现的频率,这一点生态护岸的水位与防洪设计洪水位考虑正好相反,但与生态需水考虑是一致的。

2) 防洪设计枯水位(平均水位)计算方法与现状

在长江中下游防洪设计时,枯水位一般采用多年最枯的三个月的月平均水位,如在长江近期下荆江堤防工程中,下荆江地区监利以下采用 1980～2003 年 12 月～次年 2 月的平均水位,监利以上则采用的是同年 1～3 月的平均水位[17],计算公式如下:

$$Z_{\text{枯水位}} = \frac{1}{3n}\sum_{i=1}^{n}(\bar{Z}_1 + \bar{Z}_2 + \bar{Z}_3)$$

式中,$\bar{Z}_1$、$\bar{Z}_2$ 和 $\bar{Z}_3$ 分别为最枯三个月的月平均水位;n 为统计年份。

3) 河道内的生态需水计算方法

Gleick[46]最早提出了基本生态需水量,即提供一定质量和数量的水给天然生态环境,以求最大限度地改变天然生态系统的过程,并保护物种多样性和生态完整性。国内学者郑红星等[47]结合国内的情况进行了进一步的探讨。而对生态需水的计算方法,Wallingford[48]归纳有水文指标法、水力学法、整体分析法和栖息地法等4大类,郑红星等[47]2004年对此也进行了论述。这4种方法中水文指标法是最常用的,对于护岸工程的分区,于国荣等[49]结合长江中下游的特点,认为水文法中的最小生态需水法比较适合三峡坝下游的河道生态需水计算。

最小生态需水是指维持河流生态系统最基本的生态环境功能所需的最小流量,是随着时间变化的。一般选用大于20年的河流的实测月径流数据,以河流每月最小实测径流量多年平均值作为河流该月最小生态需水量。在长江下荆江地区采用连续年30天、60天、90天的最小值来建立最小生态径流过程,既体现了河流水文特征,也反映了生物物种对极端条件下的水文要素的耐受时间。

借用这一方法中的连续最小水位的概念,本书对生态护岸工程的分区水位进行了计算。

2. 生态护岸分区连续频率水位的计算方法选取

生态护岸连续频率水位的算法采用《水利水电工程设计洪水计算规范》(SL 44—2006)[50]洪水频率分析方法,按数学期望公式计算实测系列各项的经验频率。这里的水位是连续的且是一年中大于一定天数的水位,与规范中的样本要求一年中出现最大洪水或连续最大洪水正好相反,但两者基本计算方法一致。

洪水计算中根据矩法计算统计参数初值,采用 P-Ⅲ 型理论频率曲线适线,确定统计参数,推算设计值。经验频率按式(8.13)计算,适线参数平均水位 Z、离差系数 C_v、偏态系数 C_s 使用式(8.14)~式(8.16)计算:

$$P_m = \frac{m}{n+1} \tag{8.13}$$

$$Z = \frac{1}{n}\sum_{i=1}^{n} Z_i \tag{8.14}$$

$$C_v = \frac{\sqrt{\dfrac{n}{n-1}\sum_{i=1}^{n}(Z_i - Z)^2}}{Z} \tag{8.15}$$

$$C_s = \frac{n\sum_{i=1}^{n}(Z_i - Z)^3}{n(n-1)(n-2)Z^3 C_v^3} \tag{8.16}$$

式中,n 为实测洪水项数;m 为实测洪水序号;Z 为年日平均(多日)水位,m;Z_i 为实测年日(多日)水位,m;C_v 为离差系数;C_s 为偏态系数。

3. 样本数据处理方法

本书最大的特点是对样本数据的取理方法上。本书选取年日均水位中某段固定时间 m 天范围内,开始和结束时的水位相同为某值 Z'_j,且连续水位值均大小或等于 Z'_j,在一年的期限内 Z'_j 的最大值作为这一年选取的样本值。

样本的选择需要连续时段,因为对于植物来说,只有一定时段内连续的水位才有可能造成陆生植物的减少和消失,进而影响生态护岸工程的效果。而一年中超过某一水位的天数,连续和不连续时相差较大。根据作者计算,以长江下荆江监利水文站 2002 年的日均水位为例,2002 年连续超过水位 32.95m 有 30 天(吴淞),而全年超过这一水位却有 65 天,全年超过水位 34.11m 有 30 天,比连续 30 天超过水位 32.95m 高 1.16m。连续 30 天和不连续 65 天的水淹期,植物所受水淹的影响差异很大。

连续时间 T 分别选取为超过某一水位 1 天、30 天、60 天、90 天、180 天、240 天的水位,为与现有荆江地区采用的设计基水位比较,计算了当年 2 月~次年 12 月的年平均水位。同时也为了与最小生态需水水位进行比较,计算了一年中的连续最小 90 天水位的平均值。

当 T 选取 1 天时,该方法为日最大水位频率分析法,即洪水频率分析,得到的水位为通常的 1 日洪水频率水位。

8.7.3　水位计算成果及分区意义

1. 选取各频率水位的标准

选取长江下荆江监利水文站 1981 年~2012 年 30 年(缺少 1996 年、1997 年资料)的日均水位资料[51]。由于长江中游荆江 20 世纪 60~70 年代的裁弯工程对下游水位的影响较大,但至 1980 年初基本消失[52],因此本次统计起始年定为1981 年。

三峡工程 2003 年运行后水位变化受水库调节影响较大,但总体而言是对高洪水位影响较大,对本章的样本水位统计影响不是很大,本章暂不考虑三峡工程运行带来的影响,将统计结束时间定为 2012 年(其中,2008~2012 年资料根据日瞬时水位整理)。

根据 30 年的年日均水位资料分别计算出持续超过 1 天、30 天、60 天、90 天、180 天和 240 天的水位,以当年 12 月~次年 2 月的月平均水位作为频率水位的样本值,同时计算了生态最小需水水位,部分成果如图 8.7~图 8.12、表 8.37 所示。

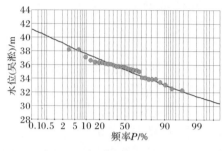

图 8.7　监利站 P-Ⅲ 型频率
水位曲线(1 天)

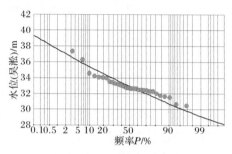

图 8.8　监利站 P-Ⅲ 型频率
水位曲线(30 天)

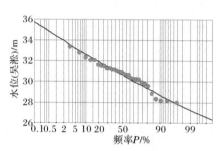

图 8.9　监利站 P-Ⅲ 型频率
水位曲线(90 天)

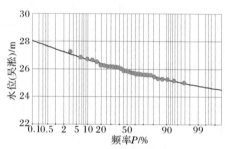

图 8.10　监利站 P-Ⅲ 型频率
水位曲线(240 天)

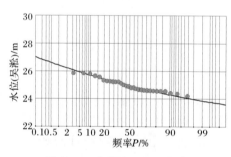

图 8.11　监利站 P-Ⅲ 型频率
水位曲线(当年 12 月~次年 2 月)

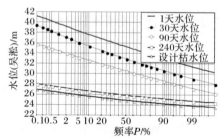

图 8.12　监利站 P-Ⅲ 型频率
水位曲线比较

表 8.37　P-Ⅲ 型曲线参数(吴淞)

时段	统计参数			水位/m				
	平均值/m	C_v	C_s/C_v	$P=1\%$	$P=5\%$	$P=20\%$	$P=50\%$	$P=99.9\%$
1 天	35.33	0.050	3.5	39.66	38.28	36.81	35.30	30.34
30 天	33.02	0.055	5.0	37.60	36.11	34.53	32.95	28.13

续表

时段	统计参数			水位/m				
	平均值/m	C_v	C_s/C_v	$P=1\%$	$P=5\%$	$P=20\%$	$P=50\%$	$P=99.9\%$
60 天	31.43	0.050	10.0	35.65	34.22	32.71	31.31	27.66
90 天	30.65	0.050	3.5	34.40	33.21	31.94	30.62	26.32
180 天	27.59	0.030	3.5	29.58	28.95	28.29	27.59	25.18
240 天	25.93	0.022	20.0	27.43	26.92	26.39	25.89	24.51
当年 12 月～ 次年 2 月	24.97	0.022	20.0	26.41	25.93	25.41	24.93	23.60
生态需水水位	24.79	—	—	—	—	—	—	—

2. 分区水位上、下限的确定

分区上限水位。1 天的频率水位意义,即指通常所说的洪水位,本书将 1 天的频率水位作为生态护岸工程中生态护岸带的上限参考高程。这不是因为超过这一高程不是河岸带,而是因为本书主要关注水淹时植物受胁迫情况下的护岸分区问题,这一高程以上的问题是护岸工程以上的滩面与堤防的生态问题,本书不作考虑。

分区下限水位。确定最小生态需水水位为分区的下限,主要考虑到这一水位位于护岸工程护坡和坡脚附近,这一水位以下的问题是河床生态系统的问题,本书不作考虑。

中间频率分区水位。本书选定 30 天、90 天和 240 天连续频率水位作为研究对象。主要是因为,三峡库区植物水淹的研究成果表明,河岸植物在完全水淹条件下的存活率与其在河岸带上的垂直分布高程密切相关。王海峰等[53]研究三峡库区植物表明,高坡位陆生植物一般不能承受 30 天的水淹条件,但低坡位可承受 240 天的水淹期。而长江下荆江河段,与三峡地区气温、降水和土壤理化性质差别不大,因此,可将最低频率水位计算下限定为超过 240 天的水位。这一区域也是河岸带中最典型的消落区和植物分布呈垂直分布明显的区域,在荆江地区,一般情况下这一区域为 1 个 10～15m 高差的河岸区。而 90 天和 30 天正好为 3 个月和 1 个月,也是一般耐水淹植物和特别耐水淹植物的分界。同时 90 天的水位也正好位于荆江地区护岸工程传统的马道附近(一般位于护坡的中间)。

3. 频率水位对护岸带分区的意义

从表 8.37 中可以看出各频率曲线的离散系数 C_v 和偏态系数 C_s/C_v 差别较大,反映了各频率水位的分布规律并不相同。C_s/C_v 最小值为 3.5,最大值为 20。

由图 8.7 和图 8.8 可知,1998 年洪水位在 30 天时比 1 天时偏离大,说明 1998 年防洪的最主要问题不在瞬时洪峰水位,而是洪峰持续的时间。因此,单一的防洪设计水位往往只是一个指标,多日水位的持续时间的频率指标对于大堤的土壤理化性质和岸坡植被的考验尤其重要。护岸带不同高程部位的土壤、植被和水流剪切力不同,导致了不同的部位应采取不同的措施。

岸坡地质结构。长江下荆江地区的岸坡地质结构是典型的二元结构,上部是黏性土体,下部是砂性土体。砂性土体和黏性土体的理化性质不同,一方面给植物提供了不同的土壤环境;另一方面,岸坡不同部位的土壤反映了长江上不同时段频率水位下泥沙长期堆积的特点,而土壤的空隙和氮、磷等物质直接与水位的持续时间有关,从这点上,频率水位能一定程度地反映土壤的理化性质。

植物的分布。陈吉泉[54]研究认为,河岸带植物的种类从水边往河岸带复杂多变,在多数情况下呈斑块状分布,但植物群落一般随年季水位的升降,垂直地改变了河岸带的生长环境,从河边向两侧大致形成一个演替序列,植物种总数呈抛物状分布。群落中植物的种类组成主要与土壤发育和养分有关,同时与水位的高低有关。具体到长江中下游,康义[55]认为三峡水库蓄水后水库消落带的植被明显从多年生乔灌木向一年和二年生的草本演化,这一演化与三峡水库的蓄水直接相关,因此频率水位对岸坡植物的分布研究具有重要的参考价值。

水动力的分布。水流在坡面的不同部位的冲刷能力不同,且直接与水位相关。研究表明,水流在粗糙的边坡和河底的最大剪切力分别位于水面以下和近岸处,而且边坡越缓越接近于渠脚[56]。对于长江中下游的河道,最大剪切力一般位于近岸水面水深 h 的 2/3 部位处,而越接近水面,剪切力越小。河道持续的水流剪切力作用对土壤及植被有分选作用,时间不同,植被种群的分异也不同。此外,吴福生等[57]认为不同的植物类型、植物高度及其叶、茎和冠对水流的阻力作用也完全不同,全淹和半淹都导致水流对周边岸坡体的作用差异,影响了河岸的稳定性。因此频率水位同样也是研究岸坡不同部位抗冲刷能力及植物的抗冲刷影响作用的重要参数。

4. 频率水位计算结果及生态护岸带的分区

通过分析各频率水位曲线以及最低生态需水水位,将河岸生态护岸带分成四个区,即生态基过渡区、生态景观护岸区、植物护岸区、植物护滩区(图 8.13)。

1) 生态基流分界高程

表 8.37 计算出的最低生态需水水位为 24.79m,比传统的设计枯水位(24.97m)略低,它体现生态系统和生物物种对极端条件下的水文要素的耐受时间,同时也是一般陆生植物生长的下限。这一高程比下面确定的护脚和生态护坡分界高程低 1.14m。也就是说,护脚工程接近水面的一部分可作为整个生态护坡

分区的一部分,它是生态护坡的过渡区域。这一区域植物多为一年生或几天生的植物。

2) 护脚和生态护坡分界高程

从图 8.7～图 8.12 和表 8.37 中可以看出,各曲线中当年 12 月～次年 2 月的曲线 Y 轴加上 0.91～1.02m 后与 240 天线几乎重合。而现有《堤防工程设计规范》(GB 50286—1998)规定:设计枯水位加上 0.5～1.0m 后为护坡和护脚的分界区,堤防设计规范中的设计枯水位为月平均值,相当于频率为 50% 时的频率水位(50% 时间超过这一水位)。可以认为这一水位附近可以生长一年或二年生的植物,同时也是能承受 50% 频率 240 天的淹没期的植物。参考已有的护岸工程分界线,将 240 天频率曲线中 50% 时水位定义为生态护岸带与水下护脚的分区高程,在长江中下游这一高程与传统的定义护脚和护岸的分界基本一致。

3) 植物护岸和生态景观护坡分界高程

树木、灌木和攀援植物都是木质多年生植物,另外草类植物有多年生,也有一年甚至几天生的植物,而植物根系的发达程度直接与植物的寿命有关,植物寿命长根系则发达,寿命短根系则不发达,且起不到固土的作用。因此,从生态护岸的角度来讲,必然有一分界高程,其上的植物主要起到根系固岸的作用,而其下的植物主要起到环境保护和生态栖息地的作用。研究表明,多年生的灌木和多年生的草本能起较好的固岸作用,而一年或二年生的草本的固岸作用则有限。据现有研究成果,3 个月(90 天)的水淹期是大多数年生草本植物的最大承受期,因此将 90 天曲线中 50% 时水位定义为生态护岸带中植物护岸和生态景观护坡的分界高程。这一高程在长江监利河段为 30.62m,比 25.89m 的生态护岸和水下护脚的分界高出 4.73m,比 24.97m 的传统设计枯水位高出 5.65m,基本在目前的长江下荆江监利段护岸工程马道附近或稍高一点(监利段河岸一般设计枯水位至滩顶为 10m 左右)。30.62m 以下以生态和景观护坡为主,以上则以固土为主要目的的植物护岸为主。

4) 植物护岸和植物护滩分界高程

30 天频率曲线中 $P=20\%$ 的频率水位是长江监利段坡面和滩面的分界,同时也是草灌与乔木的分界。这一分界大致相当于 5 年一遇的可持续 30 天的水位。而乔木的成材期也是 5～10 年,由于乔木较高大,因此一般不会被全淹,表中 1 天曲线中 20% 的水位比滩面高出 4m 左右,而乔木高度一般超过 4m。虽然淹水对一些灌木的影响相对大得多,但许多灌木的生长成材期均小于 5 年,因此这一高程以上是以乔、灌为主的生物护岸区,而以下则是以多年生耐水淹的灌、草生态护岸为主的区域。

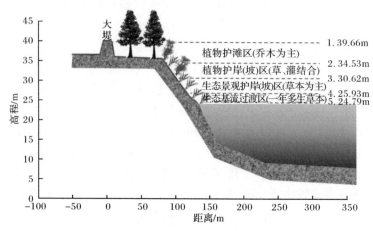

图 8.13　荆江监利段生态护岸带分区示意

1.设计洪水位；2.30 天 20%频率水位,护滩和护岸分界；3.90 天 50%频率水位,生物景观
护坡和植物护岸分界；4.240 天 50%频率水位,护脚和生态护坡分界；5.生态基流分界

8.7.4　河岸生态护岸带分区结果

从频率水位的角度将生态护岸带分为四个区域,并按于国荣等[49]对三峡坝下游生态需水水位的研究,定义了生态护岸带的下限,即与水下护脚的分界,按设计洪水位定义了生态护岸带的上限。

四个区域分别为生态基流过渡区、生态景观护岸区、植物护岸区和植物护滩区,这与 Mallike 定义的坡脚区、浪溅区、河岸区和阶地区范围大体相同,但意义完全不一样,前者是从纯地貌和水动力的角度对山区性河道河岸进行的划分,而本书则更多结合了植物承受淹水能力和生态景观需求对平原性河道进行的划分。

生态基流过渡区。最低生态需水水位至 240 天水位 50%频率区间,是护脚工程最接近水面的一部分,它是生态护坡的过渡区域,研究认为这一区域植物多为一年或二年生的草本为生[59]。

生态景观护岸区。240 天和 90 天频率 50%的水位的区间,康义[55]研究认为这一区域植物多为一年或二年生的草本。根据草本植物根系的特点,这一区域植物固岸作用有限,因此护岸时需要对岸坡的底质进行处理,通过加筋和硬结构等措施,使得土壤不致流失。这一区域一年或二年生的草本植物不仅可起到景观效果,同时可作为水生生物的饵料。

植物护岸区。90 天频率 50%水位至 30 天频率 20%水位的区域。根据黎礼刚等[34]对长江中下游植物护岸的研究,90 天频率 50%水位以上区域是植物护岸的主要区域,且在长江中下游多个区域获得成功。而 30 天频率 20%的水位在长江荆江段接近平滩水位。该区域内主要是通过多年生的草和灌木对土壤进行加固,区域植物固土作用较强,承受频率 20% 30 天至 50% 90 天洪水淹没,在长江上可选的植物相对较多。Biedenharn 等[4]在《河流调查和堤岸加固手册》中认为,植物护岸工程,前期植物的养护非常重要,通常同适当的土壤加筋与植物根系的固土一起起作用,在流速较小、坡度较缓的岸线可直接采用植物护岸,对水流较急,坡度较大的岸坡,宜采用硬结构加筋与植物相结合的措施。

植物护滩区。30 天频率 20%水位的区域在荆江地区一般情况下为滩地。由于滩面流速较小且水淹时间较短,因此完全可利用纯植物进行护滩,而对于急弯段滩面流速较大的地段,不宜采用较密的乔木进行固滩,因为过密乔木冠叶会使滩面植物稀疏,而应采用固土作用较强的多年生草本与间距较大的乔木进行护滩[34]。

比较了传统的护岸分区,并分析了几个高程的确定原则和意义,本书的分区方法和分区意义与传统的分区方法和意义完全不同。生态护岸的设计和规划需在生态带分区的指导下进行,否则频率水位的不同会造成生态护岸工程中植物的选择的失败,从而造成整个护岸工程的失败。对生态护岸的分区不仅应单独从频率水位的角度进行划分,同时还应参考地形地貌、土壤理化等,但频率水位对于植物的影响最大,也是直接影响植物存活的关键。生态护岸带的划分除了考虑生态护岸固岸防洪功能,还应充分考虑河岸带作为河岸环境缓冲带的其他功能,如削减污染物、生态娱乐功能等。下一步可从频率水位与这些方面的结合作进一步的研究。

8.8　结论与建议

8.8.1　结论

现有的生态护岸技术具有各自的适用条件,不同河段或者同一河段的不同部位,适合采用的护岸方法可能不同,需要综合考虑护岸方法本身的性能和当地的水流、泥沙及河道形态等条件。长江中下游沿程水流条件复杂多变,不同河段的本地植物物种也存在较大差异,因此不可能仅用单一的护岸方法。环境友好型的社会发展模式要求在护岸工程的建设过程中满足"低资源能源消耗",同时在使用过程中满足与周围环境的协调性。

环境友好型的护岸工程,是未来护岸工程发展的方向,与目前国家所提倡的"美丽中国"不谋而合。长江流域的管理,目前已走过了以防洪为主的洪水管理阶段,进入了综合管理阶段,需要综合考虑防洪、生态和环境因素。目前所实施的护岸工程过多地强调护岸工程所具有的防洪功能,忽视了护岸工程的生态、环境和其他功能。过分强调的结果是:在对滩面实施护岸工程过程中,有些可不采用硬结构措施的滩面统一采用了硬结构措施。有些可不用水泥、钢筋护岸的滩面而大量采用了水泥、钢筋护岸;有些可不采用平顺护岸的,均采用了平顺护岸。生态护岸等我国自古以来就有的方法被束之高阁,目前的长江护岸带失去了河岸带应具有的生态缓冲带的功能,失去了河岸带应有的生机。

今后应首先重视河道生态护岸带的研究,重新认识环境友好型护岸工程,不应使护岸工程的作用仅局限在防洪功能上,而应综合考虑防洪、生态和环境因素。在较大的护岸工程项目中,均应列入生态护岸带及设计优化的专题研究。其次,在护岸工程的审批过程中,均应加入生态护岸的评审,应该让生态护岸的倡导者从被动变成主动。在评审过程中,辩证处理好传统非生态护岸与生态护岸方案。在确保防洪的前提下,若有些必须采用生态护岸工程的可能投资有所增大,也应从投资上予以大力支持。

8.8.2 建议

1. 适宜长江中游友好型护岸工程绿化植物种类建议

根据长江中游几个典型护坡半自然护岸带的植被调研的观察记录和分析及水淹试验的结果,在友好型护坡工程或植被生态恢复选取乡土植物种类时,可尽量考虑采用以下植物种类。

(1)狗牙根为多年生草本植物,具有根状茎和匍匐茎,须根细而坚韧。匍匐茎平铺地面或埋入土中。狗牙根是适合于世界上温暖潮湿和温暖半干旱地区长寿的多年生草,极耐热和抗旱,但不抗寒也不耐荫蔽。狗牙根要求土壤 pH 为 5.5～7.5。它较耐淹,全淹下维持较长时间的生理活性;耐盐性也较好,是良好的护坡植物。

(2)香根草能适应各种土壤环境,强酸强碱、重金属和干旱、渍水、贫瘠等条件下都能生长。由于香根草生长快,抗性强,具有很好的穿透性、抗拉强度等优良力学性质,可在气温为 $-10\sim50℃$ 和年降水量 $300\sim6000mm$ 的地区生长,陆续被用于保护公路、河堤、梯田等。Kon 和 Lim 研究发现,与裸露土地相比,香根草能将地面径流减少 73%,土壤流失降低 98%。香根草对地表土壤流失的截留量为 $600g/m^2$。

(3)意杨生长快速,树杆挺直。阳性树种。喜温暖环境和湿润、肥沃、深厚的沙质土。可在河岸边栽培,能在几年之内成材,同时也有很高的经济效益。

(4)芦苇是介于陆地生态系统和水生生态系统之间的过渡类型,是一种半水生、半陆生的过渡性植物。芦苇形成的湿地可作为直接的水源或补充地下水,有效控制洪水,防止土壤次生盐渍化。滞留沉积物、有害有毒物质和富营养物质。

有效降解环境的污染物,以有机质的形式存储碳元素,进而减少温室效应,调节气候、旱涝。改良土壤,保护生物多样性。芦苇湿地也是众多动物、植物生育的理想场所。为此,芦苇湿地除具有较高的生物生产能力之外,也为人类提供了丰富食物、原材料和旅游场所。

（5）䅟草为长根茎性禾草,根状茎发达,富含养分,芽点又多,在刈割情况下能促进芽点萌发和出土,因此,其再生性是很强的。其根状茎节部的不定根,部分埋于土中,部分露出地面,这样大量的根状茎和不定根便组成了一个吸收水分养分和透气的根层,所以遇旱涝均能正常生长。据试验数据报道,在极端最低温为−30.9℃的情况下,䅟草能安全越冬。6月份以后温室中极端最高温超过 40℃亦能正常生长。此外,䅟草可做饲料植物,其茎秆可编织用具或造纸,也是良好的水土保持植物。

2. 适宜长江中下游友好型护岸工程不同坡位绿化的建议

根据汛前和汛后半自然护岸带的植被调研及汛后人工栽培植物群落的比较分析,对长江中下游友好型护岸工程不同坡位绿化的建议如下。

（1）离枯水期水位线 10m 范围内,可直接栽种䅟草和王草。该地段大多植物由于汛期长期水淹均会死亡,䅟草和王草在洪水过后种子能较快萌芽,部分植株还可能重新恢复生长。结合野外物种分布的调查结果,优先推荐分布最为广泛的䅟草。试验中的香根草、狗牙根不适合在此区域栽种。可以采取撒播方式,也可以结合人工工程护坡,除实心方块外,其他方式均可。中洲子可选用先撒种后覆土或先撒种后抛石方式;团结闸上段、下段可选用干砌石方式;观音洲可选用直接栽种植物或空心 6 方块方式,也可参照半自然群落调查中岳阳洪水港和马家咀的坡位护岸方式。

（2）离枯水期水位线 10~30m 范围内,可直接栽种的植物较多,香根草、狗牙根、䅟草等均可。建议的人工护坡方式与低坡位的基本相同。

参 考 文 献

[1] 王金南,张吉,杨金田.环境友好型社会的内涵与实现途径.环境保护,2006,34(5):42-45.

[2] 黎礼刚,李凌云,周紧东,等.护岸工程材料综合能耗和碳排放计算及评价.人民长江,2012,43(7):50-55.

[3] 刘联兵,李凌云,王家生,等.环境友好型护岸技术评价指标体系研究.中国农村水利水电,2012,37(9):165-167.

[4] Biedenharn D, Elliott C, Watson C. The WES stream investigation and streambank stabilization handbook: US army corps of engineers. Journal of International Economics, 2010, 3(3):

227-243.

[5] 黎礼刚. 长江中下游堤防加固护坡工程问题. 水利水电快报,2005,26(16):7-8.

[6] 李兆坚. 常用塑料材料生命周期能耗计算分析. 应用基础与工程科学学报,2006,14(1):40-49.

[7] 国家发展和改革委员会,财政部. 节能项目节能量审核指南. 2008.

[8] 国家统计局能源统计司. 中国能源统计年鉴 2010. 北京:中国统计出版社,2011.

[9] IPCC. IPCC Guidelines for National Greenhouse Gas Inventories. The Institute for Global Environmental Strategies,2006.

[10] 刘猛,李百战,姚润明. 水泥生产能源消耗内含碳排放量分析. 重庆大学学报,2011,34(3):116-131.

[11] 周新军. 交通运输业能耗现状及未来走势分析. 中外能源,2010,15(7):9-18.

[12] 中华人民共和国水利部. 水利建筑工程预算定额. 郑州:黄河水利出版社,2002.

[13] 中华人民共和国水利部. 水利工程概预算补充定额. 郑州:黄河水利出版社,2005.

[14] 中华人民共和国国家质量监督检验检疫总局,中国国家标准化管理委员会. GB 19153—2009 《容积式空气压缩机能效限定值及能效等级》标准. 北京:中国标准出版社,2009.

[15] Natesan M,Smith S,Humphreys K. The cement industry and global climate change:Current and potential future cement industry CO_2 emissions // Proceedings of the 6th International Conference on Greenhouse Gas Control Technologies. Oxford:Pergamon,2002.

[16] 黎礼刚,等. 下荆江河势控制工程(湖北段)初步设计复核. 长江勘测规划设计研究院,2006.

[17] 罗恒凯,黎礼刚,等. 下荆江河势控制工程(湖北段)初步设计. 长江勘测规划设计研究院,2001.

[18] 汪红英,黎礼刚,等. 荆江河势控制应急工程可行性研究(2005 年). 长江勘测规划设计研究院,2005.

[19] 邱玉深. 钢筋混凝土构件生产的能耗及其降低方法. 混凝土与水泥制品,1990,10(5):55-57.

[20] 吴永新,杨建贵,顾云峰. 混凝土铰链沉排护岸工程定额分析研究. 江苏水利,2006,24(2):16-18.

[21] 长江科学院. 长江中下游平顺护岸工程设计技术要求(试行). 武汉:长江水利委员会长江科学院,2000.

[22] 水利部水利水电规划设计总院. GB 50286—2013 堤防工程设计规范. 北京:中国计划出版社,2013.

[23] Gurnell A M,Edwards P J,Petts G E,et al. A conceptual model for alpine proglacial river channel evolution under changing climatic conditions. Catena,2000,38(3):223-242.

[24] Amoros C,Roux A L,Reygrobellet J L,et al. A method for applied ecological studies of fluvial hydrosystems. Regulated Rivers:Research & Management,1987,1(1):17-36.

[25] Ward J V. The four-dimensional nature of lotic ecosystems. Journal of the North American Benthological Society,1989,8(1):2-8.

［26］张建春,彭补拙. 河岸带及其生态重建研究. 地理研究,2002,21(3):373-383.

［27］徐华山,赵同谦,孟红旗,等. 河岸带地下水营养元素和有机质变化及与洪水的响应关系研究. 环境科学,2011,32(4):955-962.

［28］李睿华,管运涛,何苗,等. 河岸混合植物带改善河水水质的现场研究. 环境工程学报,2007,1(6):60-64.

［29］张建春. 河岸带功能及其管理. 水土保持学报,2001,15(6):143-146.

［30］Edminster F C. Streambank erosion control in the Winooski River, Vermont. Washington D C,1949.

［31］Edminster F C. Streambank plantings for erosion control in the northeast. Washington D C,1949.

［32］Parsons D A. Vegetative control of streambank erosion∥Federal Interagency Sedimentation Conference, Washington D C,1963.

［33］徐干清. 中国水利百科全书. 第 2 版. 北京:水利电力出版社,2006.

［34］黎礼刚,李凌云. 长江中下游环境友好型护岸评价及方法研究报告. 长江水利委员公长江科学院,2012.

［35］Logan L D. Vegetation and mechanical systems for streambank erosion control along the banks of the Missouri River from garrison dam downstream to bismarck. Forest Service,1979.

［36］Mallik A U, Rasid H. Root-shoot characteristics of riparian plants in a flood control channel: Implications for bank stabilization. Ecological Engineering,1993,2(2):149-158.

［37］Wenger S. A review of the scientific literature on riparian buffer width, extent and vegetation. University of Georgia,1999.

［38］Hawes E, Smith M. Riparian buffer zones: Functions and recommended widths. Eightmile River Wild and Scenic Study Committee,2005.

［39］Price P, Lovett S, Lovett J. Managing riparian widths. Canberra: Land and Water Australia,2004.

［40］Lee P, Smyth C, Boutin S. Quantitative review of riparian buffer width guidelines from Canada and the United States. Journal of Environmental Management,2004,70(2):165-180.

［41］Bernard J M, Tuttle R W. Stream corridor restoration: Principles, processes, and practices. Federal Interagency Stream Restoration Working Group,2001.

［42］沈景文. 地下水与生态环境. 干旱环境监测,1990,(2):107-110.

［43］胡俊锋,王金生,滕彦国. 地下水与河水相互作用的研究进展. 水文地质工程地质,2004,31(1):108-113.

［44］郭泉水,洪明,康义,等. 消落带适生植物研究进展. 世界林业研究,2010,23(4):14-20.

［45］金光炎. 水文频率分析述评. 水科学进展,1999,10(3):319-327.

［46］Gleick P H. Water in crisis: Paths to sustainable water use. Ecological Applications,1998,8(3):571-579.

［47］郑红星,刘昌明,丰华丽. 生态需水的理论内涵探讨. 水科学进展,2004,15(5):626-633.

[48] Lumbroso D. Handbook for the Assessment of Catchment Water Demand and Use. London: HR Wallingford, 2003.

[49] 于国荣,夏自强,叶辉,等. 大坝下游河段的河流生态径流调控研究. 长江流域资源与环境, 2008, 17(4):606-611.

[50] 水利部长江水利委员会. SL 44—93 水利水电工程设计洪水计算规范. 北京:水利电力出版社, 1993.

[51] 长江水利委员会水文局. 长江监利站水文日均统计资料. 2013.

[52] 冷魁. 下荆江系统裁弯对城陵矶至武汉河段的影响. 长江科学院院报, 1991, 8(3):66-73.

[53] 王海锋,曾波,李娅,等. 长期完全水淹对4种三峡库区岸生植物存活及恢复生长的影响. 植物生态学报, 2008, 32(5):977-984.

[54] 陈吉泉. 河岸植被特征及其在生态系统和景观中的作用. 应用生态学报, 1996, 7(4): 439-448.

[55] 康义. 三峡库区消落带土壤理化性质和植被动态变化研究. 北京:中国林业科学研究院博士学位论文, 2010.

[56] 张瑞瑾. 河流泥沙动力学. 第2版. 武汉:武汉水利电力大学出版社, 1989.

[57] 吴福生,王文野,姜树海. 含植物河道水动力学研究进展. 水科学进展, 2007, 18(3): 456-461.

第9章 结 语

9.1 主 要 结 论

本书在概述国内外河道崩岸与护岸工程技术研究现状的基础上,通过资料收集和现场调查、原型观测资料分析、水槽试验、理论分析与现场工程试验等相结合的手段,对长江中游河道崩岸和护岸工程现状、崩岸成因、河道岸坡稳定性及其评估方法、护岸工程的效果及破坏机理、护岸工程新技术及加固技术、长江中游河道崩岸综合治理措施、环保生态型护岸技术与评价体系及应用实例等开展了大量的研究,取得了丰富的研究成果。主要结论如下。

(1)长江中游河道崩岸沿程分布因河岸地质条件不同而呈现出不均衡性,具体表现:在自然状态下,崩岸由弱至强的河段可依次概括为宜枝段、黄石至武穴段、上荆江河段、城陵矶至黄石段、武穴至九江段和下荆江河段。

(2)遭遇大洪水年时,长江中游河道崩岸范围和强度呈现明显增大趋势。在水流动力与岸坡土体受力为主的共同作用下,崩岸年内分布主要发生在汛期和汛后退水期。三峡水库蓄水运用前即2003年6月以前,崩岸主要发生在自然岸段,多以窝崩和条崩的类型出现;三峡水库蓄水运用后2003年6月~2012年8月,崩岸主要发生在已护弯道凹岸中下段,多以挫崩的类型出现,且突发性崩岸增多。

(3)据统计,截至2012年8月,长江中游干流河道的护岸工程总长度为767.46km,约占岸线总长的43.7%,其中左岸护岸长度为410.05km,右岸护岸长度为357.41km。长江中游干流河道护岸工程包括水上护坡工程与水下护岸工程,水上护坡工程的材料结构形式主要有干砌石、浆砌石、混凝土预制块、钢丝网石垫、土工格栅石垫、宽缝加筋生态混凝土等。1998年大洪水前,以干砌石护坡为主;1998年大洪水后,以混凝土预制块护坡为主。水下护脚工程的材料结构形式主要有抛石、混凝土铰链排、压载软体排、模袋混凝土、砂枕、沉梢、鹅卵石及网模卵石排等,以抛石护岸为主。

(4)河道护岸工程系动态工程,会随着河床冲淤、水流动力及岸坡稳定等多重因素作用而不断调整,动态调整后的护岸工程效果关系到守护区的岸坡稳定。就长江中游干流河道的护岸工程而言,经分析评估,主要存在护岸工程的耐久性、较大冲刷幅度条件下护岸工程的稳定性、部分地段护岸工程质量缺陷、护岸段崩岸风险的控制等问题,需引起高度重视。

（5）河道崩岸是水流泥沙运动与河床边界条件相互作用的结果，也是河床演变的一种表现形式。河道崩岸与水沙条件、近岸流速流态与冲刷幅度、河岸坡度及组成等诸多因素有关，利用层次分析法对崩岸的影响因素分析表明，纵向水流冲刷、河弯曲率较大和河岸土质抗冲性差是长江中游河道崩岸发生的主要影响因素。

（6）在模拟二元结构组成的天然河岸基础上，开展了"口袋形"崩窝区内及其附近的水沙输移特性试验研究，结果表明，崩窝区内的水流结构呈现强烈的三维特性，水流紊动强度较大区域主要分布在窝崩区的入口位置与崩窝内与主流之间的过渡区，窝内的回流强度对窝崩的发展和形成及其泥沙输移等起着重要作用，崩窝内的回流强度会随着崩窝的发展而减弱，直至二者的相对平衡。

（7）基于岸坡稳定性模型，计算分析了荆江出口段典型岸坡的稳定性，结果表明，岸坡稳定性与水位变化和河岸组成密切相关，黏性土层较薄的岸坡在洪水期的稳定性更好；河道水位涨落速率对岸坡稳定性影响较大，涨水速率较大时有利于增强河岸的稳定性，退水速率较大时不利于河岸稳定；不论有无护岸工程，坡度冲刷变陡均不利于岸坡稳定；坡顶植被对岸坡稳定性有重要作用，不同类型的植被影响不同，坡顶种植根系直径为 $10\sim20$mm 的草本系植物对岸坡的稳定性效果最佳，可考虑选择相近的易成活的植被种植，增加岸坡稳定性。

（8）研究提出了河道监测与岸坡稳定性评估方法，将岸坡稳定风险评估分为 4 个等级：一般、二级设防、一级设防、警戒，对应的颜色提示分别为绿色岸段、蓝色岸段、橙色预警岸段、红色预警岸段。此方法已在荆江河段 154km 的监测岸线中得到成功应用，2011 年的评估结果表明，荆江监测岸段的一般岸段（绿色岸段）总长 44.06km、二级设防岸段（蓝色岸段）总长 66.215km、一级设防岸段（橙色预警岸段）总长 25.635km、警戒岸段（红色预警岸段）总长 18.09km。

（9）根据浅地层剖面仪系统采集的荆江典型河段图像数据及影像特征分析表明，以往实施的护岸工程基本保持完好，护岸坡面至近深泓处均有块石覆盖，抛石护岸体的流失不明显；采用水下多波束测深技术进行了两次护岸工程地形扫测，研究表明，除已护与未护交界面附近局部断面岸坡较陡而有所崩塌外，已护工程整体效果良好。

（10）试验研究成果表明，护岸工程实施后，坡脚附近护岸后垂线平均流速较护岸前都有不同程度的增大。相同各级流量条件下，护岸后近岸最大垂线平均紊动强度各向都较护岸前有所增大；工程前后近岸处的各向流速和紊动强度的垂线分布都具有三维性，垂线上各点的各向流速和紊动强度都不同，说明空间各点不是各向均匀同性的。近岸处垂线的三向流速均存在多个拐点，并且纵向流速远大于横向和垂向流速。工程后河岸阻力相应发生了调整，断面流速沿垂线分布形态也略有变化。护岸工程实施后或流量增大后，由于河岸边界附近水流强烈的掺混作用加强，在垂线上都有三个方向的紊动强度趋于相等的强烈变化。工程后近岸处横断面的紊动动能分布更为密集，整体来看数值较工程前有所增大。

（11）试验研究成果表明，不同典型护岸工程在涨落水过程中的崩塌过程主要表现为：水下坡脚附近局部河床冲刷→局部河岸变陡→坡面护岸工程随河岸变形发生调整变化→涨水期局部滑塌→落水期坡面和护岸工程崩塌加剧。除混凝土铰链排排体外，其他护岸工程的调整和破坏方式相似，先是坡脚冲刷破坏，其次是坡面中上部单元体下滑，出现空白段后引发冲刷调整，岸坡变陡后出现崩塌现象。混凝土铰链排排体的破坏主要表现为排体头部、尾部和前沿受水流冲刷后引起排体悬空或被掀起，从而导致混凝土块之间的铰链断裂或混凝土块被挤碎，最后排体护岸失效。

（12）根据护岸后工程的崩塌方式和流速分布特点可知，各种典型护岸工程的坡脚前沿需要有加压块石护脚来适应近岸河床的冲深调整。此外，在抛石和四面六边体、混凝土铰链排、网模卵石排、钢筋混凝土网架促淤沉箱等单元体的加固工程中，还需在枯水位附近岸坡中上部实施一定的加固工程如抛石。对于混凝土铰链排排体的加固工程，在护岸工程上下游两侧也需以裹头加以防护，以保持护岸工程的整体稳定。

（13）从生态水利角度出发，研发了长江中游河道护岸工程新技术，即水上护坡采用宽缝加筋生态混凝土，水下护脚采用网模卵石排，该技术在长江中游河道护岸工程中已成功应用，取得了较好的效果。

（14）根据护岸工程的特点、水毁机理以及护岸工程段近岸河床的演变特点分析成果，确定护岸加固工程的技术方案：加固部位的横向分布为抛石带外边缘和枯水平台外边缘附近；加固部位的纵向分布为枯水位时贴流区的上端点至洪水位时贴流区的下端点区间内；控制坡度宜取 $1:1.50\sim1:2.50$。选用块石、预制混凝土块、网模卵石排等具有填筑还坡功效的材料结构形式，视不同地段的具体险情，采取相应的具体技术方案。

（15）综合考虑河道崩岸与护岸工程现状、河道冲刷变化与河势调整情况等因素，提出了长江中游河道各河段的崩岸综合治理护岸工程总长度约 245.2km，其中，新护岸工程 104.5km，水上护坡整修水下加固 140.7km；并针对不同工程部位的施工条件和运行条件以及各部位工程的功能作用，提出了长江中游崩岸综合治理工程的理想设计方案。

（16）长江中游河道崩岸综合治理的非工程措施主要包括河势监测与河岸稳定性评估、加强对沿岸人类活动的管理与护岸工程的现场巡视及优化长江中游水文调度过程等。

（17）开展了长江中下游护岸带植物群落分布的调查与主要物种的淹没对比试验，指出了适宜长江中下游生物护坡工程的先锋物种。总结分析了长江中下游不同类型生态护岸试验工程的效果及其适应条件。构建了环保生态型护岸工程的评价指标体系,重点从护岸材料与护岸结构两个方面评价了不同类型护岸工程的优劣,结合长江荆江河段水文过程,提出了生态护岸带分区的概念。在上述基础上,综合研究提出了生态护坡工程的优化方案。

9.2　展　　望

由于长江中下游河道崩岸的复杂性、干支流水库建设对水沙条件变化的巨大影响、人类与自然界对河道需求的对立与统一等,有必要进一步开展长江中下游河道生态护岸技术研究,以便更好地指导长江中下游河道护岸工程实践。

(1) 长江中下游河道断面形态、边界条件及河床河岸组成非常复杂,崩岸的发生是多种因素综合作用的结果,目前对崩岸进行精确的预测仍存在较大困难,需要进一步加强高新技术手段在崩岸预测预报中的应用,逐步建立河道崩岸预警系统。

(2) 随着以三峡水库为核心的长江干支流水库群建设与水土保持工程的不断实施,进入三峡水库下游河道的水沙条件将发生较大变化,尤其是来沙将大幅度减少,水库下游河道将经历长时间和长距离的持续冲刷,会造成局部河势调整与局部地段崩岸形势严峻的局面,而且已实施的护岸工程也将难以适应近岸河床的累积性冲刷而威胁到工程自身安全等。因此,急需继续加强长江中下游河道河势监测和进一步完善河岸稳定性评估研究,对存在高风险的崩岸段需及时采取治理措施。

(3) 随着国家生态文明建设的不断深入与改善江岸带生态环境的需要,长江中下游河道生态护岸技术应给予高度重视,需开展生态护岸技术、防护机理、生态效应、已实施护岸工程的生态修复技术及生态护岸设计规范等方面的研究。